JN164059

★

この大宇宙には、もはや外形も中身もなくなってしまって、ただ重なり合い、群がりあって空間の全体積を占めるしるしの全体的な厚みがあるばかりなのだった。それはどこまでも続く微細な点描画、線やひっかき傷や浮きだしや刻み目からできあがったスクリーンであって、この大宇宙はどっちをむいても、あらゆる次元においてもごちゃごちゃだった。もう原点の定めようもなかった。天の川は相変わらずむきを変え続けてはいたけれど、わしにはもう到底その回転をかぞえることなどできやしなかった。どんな点だろうとそこが出発点になってもよいのだったし、またどんなしるしだろうと、その上にほかのしるしがどれほど乗っかっていようと、それがわしのしるしであるかもしれなかった。しかし、もうそれを見つけたところで何の役にも立つわけはなかったし、どっちみち、しるしを離れて空間は存在しない、いや、恐らくけっして存在しなかったのだということは、まったくはっきりしていたのさ。

——イタロ・カルヴィーノ『宇宙にしるしを』*Un segno nello spazio*

世界《宇宙誌》大図鑑
著／マイケル・ベンソン
序文／オーウェン・ギンガリッチ［ハーヴァード大学名誉教授］
訳／野下祥子
日本語版解説／松井孝典［東京大学名誉教授］
東洋書林

世界《宇宙誌》大図鑑
2017年10月31日　第1刷発行
［著　者］マイケル・ベンソン
［訳　者］野下祥子
［装丁者］廣田清子＋Office SunRa
［発行人］成瀬雅人
［発行所］株式会社 東洋書林
〒160-0004 東京都新宿区四谷4-24 滝沢ビル
TEL 03-6274-8756 /FAX 03-6274-8759
［印　刷］株式会社 シナノ パブリッシング プレス
ISBN978-4-88721-824-6

定価はカバーに表示してあります

★

［著］マイケル・ベンソン（Michael Benson）
1962年生まれ。作家、写真家、映像製作者のほか、天文写真展のプロデューサーとしても活動。邦訳書にいずれも天文写真集となる『プラネットフォール：惑星着陸』、『ファーアウト：銀河系から130億光年のかなたへ』、『ビヨンド：惑星探査機が見た太陽系』（すべて新潮社）がある。

［訳］野下祥子（Shoko Noge）
翻訳家。訳書にデズモンド他『ダーウィンが信じた道』（共訳、NHK出版）、『戦闘技術の歴史』（ベネット他『中世編』、ブルース他『ナポレオンの時代編』、ともに創元社）、ソルト『ラーメンの語られざる歴史』（国書刊行会）などがある。

《凡例》

- 訳註は該当部に［　］で示した。
- 初出の書籍・印刷物名には、原書記述に準じた原題を欧文イタリックで付した。
- 書籍資料に邦訳がある場合は、その書誌情報を底本・全抄訳の異同に関わらず訳註［　］で付した。なお、関連の訳語は原則独自訳を採っているが、既訳引用の際は左記の書誌情報の末尾に「〜より」と特記した（数詞などの文字遣いは適宜、本書に揃えた）。
- 聖書からの引用は新共同訳に拠った。
- 図版解説文の冒頭には、原書に準じて引用図版の発表年／制作年を示したが、初版年／初出年とは必ずしも一致しない。
- 図版解説文の中で、図版内の説明書き（固有名詞）に言及している場合は、図68のクレーター名“「クラヴィウス」（Clavius）”のように、該当語の後に説明書きの記述に準じた原綴りを（　）で付した。

序文　Foreword　――――オーウェン・ギンガリッチ　6

はじめに　Introduction　9

第1章　創造 ✷ Creation　16
良きものが「創世記」の語るように創造されたかどうかはともかく……

第2章　地球 ✷ Earth　36
初めの頃、宇宙図の作製とは世界図を描くことだった……

第3章　月 ✷ The Moon　70
太陽は別として、空に浮かぶ天体で月ほど早期の人類を魅了し……

第4章　太陽 ✷ The Sun　112
謎めいた魅力こそあれ第2位の神でしかない月と違って、太陽は常に……

第5章　宇宙の構造 ✷ The Structure of the Universe　136
アリストテレス=プトレマイオス的宇宙における複数の天球を伴う地球中心のデザインは……

第6章　惑星と衛星 ✷ Planets and Moons　174
古代から知られている水星、金星、火星、木星、土星という5つの惑星は……

第7章　星座・獣帯・天の川銀河 ✷ Constellations, the Zodiac, and the Milky Way　214
星座にはどこかしら“動き”がある……

第8章　食と太陽面通過 ✷ Eclipses and Transits　252
歴史を通じて常に、“食”はたいへん不吉な知らせだと考えられてきた……

第9章　彗星と隕石 ✷ Comets and Meteors　276
彗星は“食”と同じくかつては破滅の前兆であり……

第10章　オーロラと大気現象 ✷ Auroras and Atmospheric Phenomena　300
本書における天体描写のほとんどからは、その観測状況がいくばくも把握できない……

解説　Postscript　――――松井孝典　316

図版出典　318 ／ 索引　319

序文

Foreword

オーウェン・ギンガリッチ

ぜひともよく見てほしい！　本書に掲載されている極上のヴィジュアルは、人類が天空の美と謎にどう対峙してきたのかを表しているのだから。

何千年ものあいだ、夜は獣が徘徊するときには恐ろしいものだったが、空一面に月や星々が広がるときには静穏を与えてくれた。夜の律動(リズム)は、畏怖と驚異の念を呼び起こしたのだ。「詩篇」（8：4–5）にはこうある――「あなたの天を、あなたの指の業(わざ)をわたしは仰ぎます。／月も、星も、あなたが配置なさったもの。／そのあなたが御心に留めてくださるとは人間は何ものなのでしょう」。

夜の律動は好奇心も呼び覚ました。地平線上の太陽による1年の動きは、変化する季節や、さらには動植物がもつ生物周期にも関連しているように思われた。月の移ろいはそれよりも短くわかりやすかったものの、それにしてもどうしてこれほど煩雑なのだろう？　太陽年において“月(moonth)の数”が一定になることは確かにないが、太陽暦19年と太陰月235回の違いはわずか数時間なのである［太陰月（朔望月）は概ね29.27日から29.83日］。それ以上に悩ましいのは、どうして月が不吉な“食”をもたらすかだった。かくして、恐怖と好奇心から、天文学が生まれた。

やがて天文学は、パピルスや羊皮紙、ぼろ布からつくった紙などの上に、白黒だけでなくさまざまな色彩で描かれるようになった。そのような驚異や発見、理解についての色鮮やかな記録が本書なのだ。天文学の歴史書を意図した一冊ではないが、テーマに沿った図版がほぼ年代順に並んでいるため、ある種の概史としても読めるし、著者マイケル・ベンソンのエッセイと熟考がそれらの図を人類の知という物語の中に組み込んでもいる。またこの“宇宙図集(コズミグラフィクス)”は、中世の修道院で羊皮紙に描かれた緻密なミニアチュール（彩画）から、現代のコンピュータを駆使したデザインにいたるまでの描法に関する歴史書でもある。そしてさらに手短かに言えば、美を愛でる者にとっての賛歌でもあるのだ。

現代の天文学者の数は1950年以前の総数よりも多い。少しばかりの例外はあるものの、彼らは科学や芸術を通して宇宙の姿を明らかにしてきた先駆者たちに大きな尊敬の念を抱いている。10世紀以前の貴重な史料はわずかではあるが、それは単に早期の手稿や写本がきわめて稀少というだけのことだ。1000年前を振り返って、1540年頃を境に2分してみよう。前半では、地球が宇宙の中心に確固として存在し、土と水、空気、火というわずか4つの元素で構成されていると信じるように教えられていた。一方、後半の初め頃はといえばアメリカは“発見”されたばかりで活字印刷はごく初期の段階、そして血液が心臓を通って循環することを知る者はおらず、天然痘はワクチンのない“疫病”として扱われ、定期的な瀉血などの健康法を行う日は占星術によって決められていた。

★

1540年、その世紀で最も壮麗な書物が出版された。ペトルス・アピアヌスによる『皇帝の天文学』*Astronomicum caesareum* である。高さが約46センチもある同書には114頁にもわたる鮮やかな手彩色画が綴じられ、その多くが何層にもなる複雑な“可動部”で構成されていた。まさに、神聖ローマ帝国皇帝カルル5世（スペイン王カルロス1世）への献呈にふさわしい一冊だった。アピアヌスはこの努力の甲斐あって、新しい紋章と桂冠詩人の任命に関わる権利、さらに庶子を嫡出子とする権限を勝ち得ている。可動式のヴォルヴェル［volvelle。ラテン名称でウォルウェッラ volvellaとも。同心の回転円盤で構成された観測器具］には、紀元後150年からの往年のプトレマイオス天動説体系の機能がすべて備わっていた［以降、紀元後は「後」と略して適宜表記する］。紙の回転円盤とそこに取り付けられた糸によって、惑星の位置をわずかな誤差で（悪くても5度あまりの誤差という正確さを誇ったプトレマイオスの体系と同様に）測定することができた。本書に最も多く取り上げられている部類に入るのがこのアピアヌスによる『皇帝の天文学』で、紙面いっぱいにあしらわれていたヴォルヴェル6点が収録されている。

アピアヌスが制作した豪華本は、プトレマイオス天動説の最高傑作だった。美しく魅惑的な同書は、まさに人々の見識が劇的に変化する寸前につくられ、そのわずか3年後には、天文学出版における最重要作となるニコラウス・コペルニクスによる太陽を中心とする宇宙論が発表されることになる（稀覯書市場では、アピアヌスとコペルニクスはいまだに好敵手同士でありつづけている――ちなみに2014年時点で『皇帝の天文学』はほぼ100万ドルで手に入れられるのだが、コペルニクスの『天球回転論』*De revolutionibus orbium coelestium*［高橋憲一訳、みすず書房］は200万ドルを超えている）。珍しいことに、『天球回転論』の手稿は現存する。手書きの紙葉はコペルニクスの手許に置かれ、ニュルンベルクの植字工用に写しがつくられたのである（当の写しは制作過程で摩滅してしまったものと思われる）。図**124**として本書に収録された、かの太陽中心説の図表付き手稿は、科学界がかつて目にしたことのなかった偉大な統一概念の証拠品だろう。

コペルニクスの革新的な体系がすぐに受け入れられることはなかった。地球が赤道上で1時間に何千キロも回転しているという概念は、まったくもって非常識だったのである――人が宇宙へ飛ばされてしまうのではないか？「詩篇」（104：5）にも「主は地をその基（もとい）の上に据えられた。／地は、世々（よよ）限りなく、揺らぐことがない」とあるではないか？1世紀半ものあいだ、コペルニクスによる太陽を中心とする体系は、物理的宇宙の説明ではなく惑星位置の計測書と考えられていた。それが変わり始めたのはケプラーとガリレオの諸著作が現れてからなのだが、それらの図版もまた本書に収録されている。

本書で取り上げた作品の数々については読者自身の気の向くままに眺めてもらいたいが、とりわけ惹きつけられ、想像力をかきたてられた数点について、以下に語っておきたい。

★

興味深い月の望遠鏡画像は5世紀分に及ぶため、すぐには目に飛び込んでこないかもしれないが、細部が特に魅力的だ。ガリレオは地形に地図製作以上の興味をもっており、高低描写のために月が地球めいて見える。しかしそれでも、彼による月の図（図**56**）は1609年12月18日に描かれたことがわかるほどに正確だ。前掲となるトマス・ハリオットによる北を上にした図**55**は、同様に正円をしているものの影がなく、よって山もない。ハリオットが初めて月のスケッチをしたのはガリレオよりもかなり前だったのだが、当初の装置がクレーターをはっきり目視するほどの性能に欠けていたため、彼によるクレーターの図解は望遠鏡が改良されガリレオが発表した素描を見たあとに制作されることになった。ハリオットが描いた（ただし、日の目を見ることのなかった）最高の円い月の“地図”は、ガリレオの諸作のどれよりも優れていたものの、月の地形や月面の山々の高さに関する記述は皆無である。

ガリレオによる望遠鏡を用いた先駆的研究の直後となる数年間、大部分の天文学者がより広い視界が得られる一方で像が倒立してしまうケプラー式のレンズ配置を採用していた。初めの頃、天文学者は右側を上寄りにして月を描きつづけていた。図**67**のマリア・クララ・アイマルトによる1693年から1698年の「満月（プレニルニウム）」図がその例で、下部の南極からほど近いところには明るい光を反射する南のクレーター「ティコ」がうかがえる。しかし、ヴィルヘルム・ゴットヘルフ・ロールマンが1878年に巨大な月面図（図**80**）を描いた頃には、本格的な図では南が上になり、北の巨大な乾いた海（「晴れの海」と「雨の海」）が下になっていた。

エティエンヌ・トルーヴェロが1875年に「湿りの海」の美しい細部を描いたとき（図**81**）、その北側の巨大な「ガッサンディ」クレーターは画面下の縁にあり、次の図**82**でも「湿りの海」と「ガッサンディ」は月の2時方向の端に同様に配置されている。しかし、図**91**として「湿りの海」が現代の地勢図上に現れたとき、「ガッサンディ」はその上方へと戻っている。宇宙飛行士には、きちんと北が上になっている本物の地図が必要なのだ！

ガリレオに再び魅せられるのが、第4章「太陽」に収録された黒点のある太陽の細密なエッチングだ（図**103**）。彼は太陽に望遠鏡を向けた最初の人物ではないが、1613年の著作によって連続25日の太陽の姿を提示している――「完璧な」太陽には実のところ斑点があって回転しているのだ、と読者を説得したのである。この図では濃い本影を環（わ）のように縁取っている繊細な半影が描かれているが、これを再現するのはきわめて難しく、まず複写(ファクシミリ)ではこれほどはっきりとは再現できない。ガリレオの書に記載された日の翌日、つまり7月8日の図像を見ると、Bと記された黒点が太陽の縁まで回転して大幅に縮小し、それが雲ではなく太陽表面に存在するということが明確に示されており、これによって当時の激論に決着がついたのだった。

頻繁に複製されるのが図**39**だ。最近までのほとんどの複製に「大地と空との境を発見した旅人を描いた、中世後期の図」という説明がついていたもので、これがチョーサーであれば平らな大地と球状の空をつなごうなどとは考えもしなかっただろうし、このような架空の天体装置を想像すらしなかっただろう。中世には、こうした好奇心は歓迎されざるものだったのである。全体としては時代遅れな図ではあるが、それでもなお魅力的で、かつ印象的だ。この図版の出典を探ろうという幾度とない試みは失敗に終わり、現在ではフランスの著名な天文学普及家カミーユ・フラマリオンがみずから制作した著作である『大気：一般気象学』*L'atmosphère: météorologie populaire*の中で発表したものと考えられている。

第5章「宇宙の構造」で特に素晴らしいのが**136**と**137**の各図だろう。図**136**はロス卿ウィリアム・パーソンズの手になる“渦巻星雲”で、彼自身がこの螺旋構造をアイルランドの巨大な望遠鏡で発見した。卿はスケッチを1845年のイギリス科学振興会の会合で発表し、一般向けの天文学書を準備していたグラスゴーの天文学教授J・P・ニコルがその使用許可を求めたのである。本図はニコルの書から採録したもので、初めて発表された“渦巻銀河”の図版となるが、1846年には誰もそのなんたるかを知らなかった。それから約40年後（1889年)、フィンセント・ファン・ゴッホが「星月夜」を描いた。この絵画作品には渦巻星雲らしきものが描かれており、フラマリオンの概論から構想を得たのではと示唆されている（図**137**)。ゴッホが油彩のあとに葦ペンで描いた線描画には、紙面の右余白にロス卿のスケッチらしきものがあるのだという。

図**223**からの一連の図像には、胸が躍った。最初の1点は渦巻銀河の内部の様子だが、1750年当時のトマス・ライトはその渦巻銀河がどういうものかを知らなかっただろう。縦方向に並んだ星々は銀河系の断面である。望遠鏡を透して乳状に見える銀河系の部分は無数の星々から構成されており、あまりにもかすかなために肉眼では判別できないことをガリレオが明らかにしているが、端では平らな円盤状になっているとまでは言っていない。

スカルナテ・プレソ天文台の20世紀の先駆的星図のプレート［図版のみで構成された頁］には、天空を大きく占める薄青の区域がある（図**234**)。不明瞭な天の川銀河の輪郭をなぞったもので、その中には宇宙塵で視界が妨げられた暗い紫色の星雲が点在している。画面最上部の中ほどには天の川銀河内にあるカシオペア座のWの形が見受けられる。そのまま視線を画面下に落とした左側にプレアデス星団がかたまり、星々そのものの光によって照らされた薄いベールが緑で示されている。ひと際目につく大きめな赤い2つの楕円は、銀河系の眷属となる渦巻銀河だ。右側がごく小さな楕円と対になっているアンドロメダ銀河で、その左下のやや小さな楕円が地味なさんかく座銀河M 33となる。天の川銀河が集めた“塵”をくぐり抜けてくる、よりかすかでよりはるかな銀河のささやかなさんざめきのどれほどかがうかがい知れるだろう。

★

本書の扱う広い範囲とバラエティに富んだ魅力的な図版について著者マイケル・ベンソンと議論した際、締めとして彼の気に入りそうな作品がファイルに入っていることを思い出した。終末の時に天空の巻物を掲げる天使を描いたフレスコ画（図**300**）である。修道院名こそ思い出せなかったが、イスタンブールにあることはわかっていた。根気強いのがベンソンの長所で、彼はほんのわずかな説明から翌朝までにその作品を探し当てていた。14世紀初期のコーラ修道院にあったその絵画作品が、本書の最後で終わりを告げるだろう。

――――マサチューセッツ州ケンブリッジにて

★

◉Owen Gingerich――――1930年生まれ。ハーヴァード大学名誉教授（天文学・科学史)、スミソニアン天文物理観測所上級名誉天文学者。編集代表を務めた『オックスフォード 科学の肖像』シリーズ（全22冊、大月書店）の他、著書多数。

はじめに

Introduction

イタロ・カルヴィーノであれば、本書の題辞(エピグラフ)から内容を見抜こうとすることだろう [本書巻頭の『宇宙にしるしを』の引用は、『レ・コスミコミケ』(米川良夫訳、ハヤカワepi文庫)より]。同様にイメージであれテクストであれ、そうしたものはそれ自体のしるしを通して理解される。人は、何かを介して大いなる宇宙と交流している。言葉の世界を創り、絵画の宇宙を創る。これらなくして、対象物は存在しないかもしれない。

この“宇宙図集(コズミグラフィクス)”は、宇宙とその中にある人類の場所を描き出そうという試みの記録だ。前2000年頃にさかのぼる過去の遺物から、気が遠くなるほどはるか彼方にある銀河群間の相互作用を写した高解像度による現代のヴィジュアルまで、という長期にわたるイメージがここにある。取材範囲は幅広い。知られているものの中では最古の迫真性にあふれた宇宙描写である延ばした銅と金でできたネブラの天文盤に始まり、1画素が何百万もの星を抱えた銀河ひとつを表すスーパーコンピュータ生成の雲にまで及ぶのだ。最古から最先端のあいだには、獣皮紙に手彩色を施された写本図版や、木版や銅版、鋼版などのさまざまな手法の版画、元々はオフセット印刷で発表された詳細な惑星や月面図、さらには現代のデジタルファイルが存在している。なお本書では、手工品の記録や原物による図解の提示以外の写真は取り上げていない。

これらの資料はテーマごとの10章立てで構成されており、各章が最初の1点を除いてほぼ年代順に並べられている。同一書物からの図が複数章で取り上げられることもあるが、数年間のリサーチで大量に集めた資料を構成するには、テーマ別分類が最善だった。

本書はまったくの主観によっている。必ずしも天文のみを表していない図版であっても、自由に採り上げた。直接的に科学研究と関連せず、ときには天文学上の発見への保守的な反応を表す描法であったとしても、それがグラフィックという枠組の中で広範囲にわたるテーマをどのように表現するか、という難問への革新的なアプローチであれば興味がもてるというものだ。たとえ、かつてそれほどヴィジュアル上の評価を受けていなくとも、印象的で並外れたものに惹かれてしまうのである。本書は天文学図版の客観的な歴史ではないが、ときには主観的なアプローチが包括的な手法以上に文化や歴史の真実を明らかにするものと信じている。

★

今現在、自明のこととしてとらえられている定義のほとんどは、時間という曲がりくねった旅路の果てにある。本書中のくせのある作品を除外しても、それぞれの図版の作者は現代人が考えるような科学者や画家などではなく、むしろ学僧や「自然哲学者(ピロソプス・ナトゥラリス)」、もしくは神学者だった。その多くが占星術師、錬金術師、司祭を兼ねたものだが、中にはこれら3つのすべてを兼務した人物もおり、ひとりは今や聖人に列せられてさえいる[1]。多くの場合、彼らの動機は、現代の研究者やグラフィック制作者とはかなり違っていた。1世紀以上にわたった急激な科学・技術革新のあとでは考えにくいことだが、「科学(サイエンス)」という言葉自体が17世紀の新語だったし、19世紀までは自立的な分野とは理解されなかったのである。天文学と物理学は歴史上の長いあいだ、神学や占星術と深く結びつけられていた。

古代の偉大な天文学者であり、天文学史上最も影響力のある『アルマゲスト』*Almagest*［藪内清訳、恒星社厚生閣］の著者でもあったクラウディオス・プトレマイオスは、占星術の要となるテクストを著した。また、史上最も重要な物理学者で、万有引力の法則を編み出し、微積分学を考案したアイザック・ニュートンは貴重な半生を錬金術の研究に費やしており、卑金属を黄金へと変容させる実験で大量の鉛毒を吸入したために神経衰弱になった、とまで言われた。彼をして「理性の時代における最初の人物などではなく、最後の魔術師だった」とジョン・メイナード・ケインズは語っている。

神学的な確信に突き動かされたドイツの天文学者、占星術師のヨハネス・ケプラーは、プラトン立体、すなわち正多面体が惑星間の距離を決定するという複雑な多面体宇宙論を考案した。神による天球の調和に向かう幾何学的な“鍵”を生涯かけて追究し、その途上で革新的な惑星運動の法則を見出したのである。謎に包まれている18世紀の天文学者トマス・ライトは複数の銀河からなる宇宙を思い描き、啓示を受けたかのように天の川銀河の形状にたどりついたが、「天の宿（セレスティアル・マンション）」、つまり“銀河”の中心に神の目を見ていた。ライトについては、またあとで触れよう。

★

宇宙を理解して描こうという試みは天文学者自身、あるいは職業画家や挿画家の手によってなされたが、しばしば天文学者が皮切りとなる詳細な描画を手掛け、次に彫版師が大量印刷に適した形にするという2人の連携によっても行われた。写真の出現は望遠鏡の発明から約200年後ではあったものの、天文学研究に使えるほど高感度の写真乳剤となると当のガリレオの時代から300年を待たなければならず、写真のない時代、見たものを描写できる技能は研究にいそしむ天文学者にとっての大きな財産だった。

本書は芸術書なのか科学書なのか？　答えはどちらもイエスだ。科学と同様に、歴史における芸術の役割は現代的な意味をはるかに超えていたのだから。17世紀以降まで、芸術と科学は本質的に溶け合っていたのだ。偉大なルネサンスの画家たちは光の科学を発展させ、自然を現実的に描く能力が尊重された。現代人が称賛するのが彼らの芸術だとしても、多くの画家たちは芸術家であるとともに科学者であり技師だった。啓蒙主義の時代の自然哲学者たちは、自然現象をより的確に表現するために模倣能力を発展させた。天文学者ジョン・ハーシェルは1833年に南アフリカに旅をして当該半球の星を分類し、約6.4メートルという巨大望遠鏡のために建てた観測所から、1835年のハレー彗星を記録に残した。しかし彼と妻マーガレットは、ケープ植民地の植物相にも夢中になり、今でも植物学者が利用する132点もの美しい彩色画を描いている（彼による彗星画は図**276**）。

ルネサンス以前からロマン主義の時代まで、芸術家は本質的に技術職と考えられており、職人は教会建築や写本、都市の建物の装飾を仕事とする比較的低いランクのギルドに加入していた。優秀な者が名をなしたとしても、その名前は必ずしも重要ではなかった。シエナの画家ジョヴァンニ・ディ・パオロは後者の職人の部類に入る。今や彼はルネサンス最盛期の偉大な画家のひとりと考えられているが、15世紀の壮麗な写本『神曲』*La divina commedia*［『神曲：天国篇』、平川祐弘訳、河出文庫］に掲載された挿画の多くが彼の手になる、と21世紀の美術史家が確認するまでに、かなりの調査が必要だった。ディ・パオロによるその図版は本書に9点収録されている。

科学的な試みは神学から独立していないばかりか、神のデザインを理解する方法とまで考えられていたため、絵画作品という形で表現された。第1章の印象的な図版のいくつかは、聖書における天地創造の逸話を描いており、アリストテレス＝プトレマイオス的な地球を中心とする複数の天球からなる宇宙と、旧約聖書の一神教的な表現法が組み合わされている。その中には、ポルトガルの画家、哲学者で、ミケランジェロの弟子でもあったフランシスコ・ドランダの荘厳な作品が数点と（**13**から**16**の各図）、ディ・パオロの「天地創造と楽園追放」が含まれている（図**20**）。

★

ここに取り上げた絵画遺産は、人類が進化させてきた理解の段階を主に記録している。いわば何千年にもわたる、しだいに開けていくが永遠に不完全な宇宙についての状況認識と、その中における“人間”の位置づけの集成である。支配的な主題がもしあるとするならば、それは想像を絶するほど茫漠として不可解な宇宙の中に人間が自意識をもつ存在として出現した謎なのだ。その謎は故意に守られているわけではないが、暗号表が与えられてもいない。実際には、暗示や兆候、手がかり、明示という形で乱雑にばらまかれているのだ。

このように途轍もなく茫漠として複雑な主題——惑星か星雲か、銀河か銀河群か、さらには時空の全体像か——について、両手でもてるほどの大きさの2次元図という形で意味ある描写を生み出そうという試みには、たいそう人間味がある。代替策ももたず、必要に迫られて大胆に行ったのでなければいささか尊大というものだろうが、実のところこのような試みは、がたつく飛行機械をつくり、自然を原子レベルまで解析し、発見したものを分類し、人類を月へと送り込めるよう弾道ミサイルをロケットに転換するのと同様に、ヒトという種にとって不可欠なのだ。建築理論家ダリボル・ヴェセリーによる『分断された表現の時代における建築』*Architecture in the Age of Divided Representation* の言葉を引用すると、「我々の限られた能力のためにむしろ制限された表現形式は、現実の尽きることない豊かさと折り合いをつける唯一の方法なのである」。

★

向上すれば、デザインが見えてくる。本書の図版のいくつかは、石の矢尻や石の車輪、あるいは宇宙望遠鏡のように道具の役割を果たした（今なお役割を果たすものもある）。その裏にある理解がいかに不完全であろうと、それは“人間”を宇宙と関連づけ、そのデザインの中に入り込ませるひとつの方法なのだ。人類の知の力で創り出した道具が、必要とされる新しい神経回路を効果的に進化させてきたように——つまり「人類の頭脳」が創った道具の利用法を学んできたように——手描き図版を載せた写本や木版画に描かれた推定上の宇宙の姿、あるいは進化なのか確信なのかはともかくとして、スーパーコンピュータによる銀河の雲の姿は、それまでの概念的な宇宙構造を洗練させてきた。

媒介となるイメージへの依存——カルヴィーノの言う“重なり合ったしるしの厚み”——は、ピュグマリオンが乳白色の彫像ガラテアに恋をしたように、みずから創り出したものを現実と錯覚する危険がある（偶然にも、比較的新しい「銀河」galaxy という言葉は、「乳」milk と同じ語源をもっている。「ミルキーウェイ」Milky Way という言葉はラテン語で via lactea（ウィア・レクテア）となるが、そもそもこれも「乳環」を表すギリシア語 galaxias kyklos（ガラクシアス・キュクロス）の訳語であることは、つまり古代ギリシア人の天才ぶりをあますことなく示している。他の人々には単に「道」via としか見えていないというのに、彼らは正確に「環（わ）」kyklos の存在を見て取っているのだ）。この視点に立つと、アリストテレス＝プトレマイオスの地球中心の複数天球論が15世紀間にわたって繰り返し描かれてきたことで、人類の進歩が妨げられてしまったとも言える。なぜなら、宇宙はすでにそれで解明されたと考えられていたからだ。ヴェセリーは、物理学者ヴェルナー・ハイゼンベルクによる次の言葉を引用している——「現代の思考は、科学が描いた自然の絵画によって危険にさらされている。今や絵画はそれ自体が自然の完璧な描写とみなされており、自然を研究しているときにみずからが描いたものを研究していることを科学が忘れている、という事実の中にこの危険が横たわっているのだ」。

しかしそれでも、イメージには2面的な強みがある。弁証的／対立的なのだ。時代を超えて引き継がれている正教会の聖母子像のような（個人の画才をふるう絵画作品として）繰り返し描かれてきた地球中心の宇宙図なしには、コペルニクスによる反応もなかっただろうし、他の宇宙論を打ち立てる基礎もなかっただろう。定着した物語はやがて新たな別の逸話へと移行していったが、それには長い時間を要した。コペルニクスと彼の弟子たちは、のちにハイゼンベルクが警告することになる危険をはっきりと認識していた。従来とは異なる絵画が、もしくは少なくとも修正が必要なことを、である。

すべては、それなりの自然選択なのだ。天文学を発見した偉大な父ウィリアムと高名な彗星ハンターの叔母カロラインが前世紀につくり始めた北天の星表に、南天の星を追加するためケープタウンで観測を行っていたジョン・ハーシェルは、「絶滅種が他種に取って代わられる」ことを熟考するようになり、こうした事象を時間とともに進化していく言語と比較した。1836年に英国海軍軍艦（HMS）〈ビーグル〉号でケープタウンを訪れたダーウィンは、明らかにハーシェルの発想に影響を受け、のちに『種の起源』*On the Origin of Species* の巻頭で彼のことを「さる偉大な哲学者」[上下、渡辺政隆訳、光文社古典新訳文庫より]とほのめかしている。

★

本書の図版は、各章で主題が展開するにつれて以下に挙げる類いの“革新”が理解できるように配列してあるが、その“変化”があまりにも小さく感じられるきらいもあるため、注意深く見てほしい。1576年にイングランドで初めてコペルニクス説支持を表明した、イギリスの天文学者トマス・ディッグズを例にとろう。一見したところ、日心の状態にある“太陽系”を表した木版画を掲載した暦書（アルマナク）『天体軌道の完全なる記述』*A Perfect Description of the Caelestiall Orbes* は、コペルニクス自身による1543年の描写などとほぼ同様に見受けられる——ただしそれも外縁の星々がきれいな円をなしていないことに気づくまでは、だが（図 **214**）。

これらの星々は四方に散らばっているのだ。ディッグズは、星々が回転する外側の天球にきらめく飾りのように固定されているという概念を捨て去り、無数の星々は無限の宇宙に散在していると考えた。これはコペルニクス的概念でこそないが、確実にそこから影響を受けている一方で、15世紀ドイツの哲学者、天文学者のニコラウス・クザーヌス枢機卿の過激な宇宙論を採用した可能性もある。クザーヌスは、地球を宇宙全体に分布する無数の星々のうちのひとつだと考えていた。同時代には類似の発想をもつ先見的なイタリア人ジョルダーノ・ブルーノがいたが、そのブルーノにしても1583年までイングランドを訪れていないのだから、ディッグズが彼の思想を知ることはなかったように思われる。

各章が扱う時代の初期に相当するその他の図版も、中世にさかのぼるとはいえ充分に革新的だ。一例として挙げられるのが、1121年の百科全書である『花々の書』*Liber floridus* から採った、極上の図表だろう（図**161**）。上質皮紙（ヴェラム）への手彩色だが、方眼に書かれた時間経過における惑星運動の折れ線――「視覚的に表示された定量的情報」の初期典型――は、驚くほど現代的な印象を与える。この目を見張るような「情報画（インフォグラフィック）」が、グーテンベルクより300年も前に描かれた写本のものなのだ。半木骨造（ハーフティンバー）の家々が建ち並ぶ中世の村の中心に、突然アメリカのモダニズム建築家ミース・ファン・デル・ローエによる摩天楼が出現したようなもので――ヴェセリーが語る迫真性の「数式化」における早期の手技（てわざ）だろう。

もうひとつの好例が**270**と**271**の各図で、ケプラーによる1619年の論考『3彗星の記録』*De cometis libelli tres* から採った驚異的な曲線波形が描かれた2点の版画となる。ケプラーが50年にわたって発表した17冊もの著作のほとんどには、当時のいわゆるバロック期らしい図版が添えてある（図**128**）。しかし、内惑星の軌道を通過するときの彗星尾の角度変化を記した、ドイツの現代建築家フランク・ゲーリーばりの彗星描写は、20世紀と21世紀の技術や建築、デザインを予見したかのようで、まさにコンピュータ処理の時代から何世紀も前に現れたコンピュータ・グラフィックだ（これはハイゼンベルクの警告の好例でもある。こうしたイメージが完全に分析的かつ確定的に見えたとしても、実際にはケプラーが描いた彗星は直線軌道を動いている――これは決してあり得ないことだ）。

このような前兆としての様式と手法とがようやく一般的になるのが数世紀後になるという事実は、決して偶然ではない。なぜなら、ケプラーが彗星の飛ぶ経路を理解した方法はきわめて数学的であり、無駄のないプレートは完全に実用的で、無関係な上にこれ見よがしな装飾とは無縁だったからだ。得られたデータのみを描く試みからすると、これらはヴェセリーの言う「有用な」観点なのである。つまり、技術的思考を予見するものでもあったのだ。

★

本書全体で表現と理解のあいだの象徴的な関係がわかると思うが、必ずしも理解が表現より先にあったわけではない。図版の多くが、制作中に理解にいたるという確信のもとでつくられている――自然の実用モデルの描写それ自体が、ひとつの認識なのだ。これらのモデルの中に他と矛盾しているものがあるのも、不思議ではない。16世紀半ばに始まる“コペルニクス的転回”から1820年代のニュートンの死亡まで、プトレマイオスやアラトゥス、コペルニクス、ブラーエ、リッチョーリ、ニュートンなどの宇宙論は、論敵の著す論考と頁上で決闘をしているように思えるときがある。対向もしくは補完する姿勢は、あらゆる議論を取り上げようとした、アンドレアス・セラリウスによる1660年の『大宇宙の調和』*Harmonia macrocosmica* のような天空を描く豪華な星図に表れてもいる。同書からは8点［拡大図を入れると9点］の星図を収録した。

このような図版が真剣に扱われた理由は、述べられている科学理論に関連する制作物だったからだ。多くの場合、付属的なヴィジュアルはその仮説とは別ものでも劣った要素でもなく、議論に不可欠とされていたし、この種のイメージが審美的に優れた作品になることもしばしばだった。アタナシウス・キルヒャーによる水文学と地球の地下におけるマグマの動きに関する着想は、テクスト付きの見開き2頁にわたる魅力的な図版（**31**と**32**の各図）に依存している。フランスの画家、天文学者のエティエンヌ・トルーヴェロによる太陽黒点や彗星、月の地形を描いた多色刷石版画は、ハーヴァード大学天文台職員としての仕事の直接的な結果だった（本書全体で彼の作品が11点［拡大図を入れると12点］収録されている）。また、デンマークの画家ハラルド・モルトケによる2回の北極探検への参加は同国気象研究所の出資で行われた北極光［北のオーロラ］研究のためで、彼が描いた空に激しくゆらめく“電気の幕”は探検本来の研究目標だった（**298**と**299**の各図）。

これらのイメージは理論あるいは観測のためのものだが――あるいは、そのためにこそ――形状を決定する概念（コンセプト）が純粋な審美的関心を超えて優先される、現代のコンセプチュアルアートの先駆けであるとさえ言えるかもしれない。

ヴェセリーの考察にあるなぜそうなのかのあらましは、ここで長めに引用する価値がある。

心に留めおくべきは、系統だった技巧／芸術（アルス）への理解には、靴づくりや道具づくりから算法や幾何学における組み立てまでの、あらゆる種類の作成（メイキング）が含まれるということだ。それらはそのものごとと手仕事との関わりの程度によって区別され、ほとんどの場合、単に修辞次第で異なってくるさまざまな区分に分別される。機械的な技巧（アルテス・メカニカエ）には労働が関わるため、通常は階層の下位に位置づけられる。継いで挙がるのが3学（文法学、修辞学、論理学）と4科（算術、音楽、幾何、天文学）が含まれる自由の技巧（アルテス・リベラレス）［「自由7科」とも］、そして最後は科学（スキエンティア）と呼ばれるときもある神学、数学、物理学からなる理論的な技巧だ。技巧／芸術（アルス）は単に経験と技とを表すばかりでなく、知識の重要な様式でもあり、そのことが科学との関係の多義性に反映されるのである。

模倣モデルをつくることが自然のありさまへの理解へとつながるという確信は、本書のいたるところにあるさまざまな円形に表れている。古代ギリシアの天文学者たちは、天体運動は複雑な循環を展開しているだけでなく、自然のデザインがもつ循環性の表出でもあると考えていた。本書で後述するように、現代技術のすべては、このような循環的機構を理解する必要にせまられた古代人の思惑に端を発するのだ。その結果、本書にあるような2次元表現と、前1世紀の驚異的な歯車式コンピュータ「アンティキティラ島の機械」のような機構が生み出されたのである。これらはともに予行演習だった。

把握できる物体に、手の届かない天体にある物体の運動と類似の動きをさせることで、ある種の変質が起こった。この場合、パンとワインが血と肉になったというより、「ここで」理解できる地球の物体が「彼方」の手の届かない天空の物体と同じように動いたのだ——少なくとも、天球運動の正確な予測ができる程度には。これは形而上学（メタフィジクス）が物理学（フィジクス）になったとも言える[2]。

プトレマイオスの宇宙モデルやヴォルヴェル、つまり紙製の計測盤がこうしたものの起源となる。最も良い例がドイツの出版者、数学者、天文学者で地図作製も手掛けたペトルス・アピアヌスの著書『皇帝の天文学』だろう。最初の“装置”が描いているのは、北極星を中心とする北の星座の極の平面天体図への投影で（図**213**）、3万6000年ごと——つまりプトレマイオスによる歳差運動周期に基づいて1回転するようにつくられている（歳差運動とはねじり力（トルク）によって別の回転軸を回る物体の回転軸が動くことで、このため地球の極は長期間をかけ円錐型を描いて動く）。ヴォルヴェルの端にあるつまみ（タブ）のそれぞれが惑星を表し、増加する地球の歳差運動を補正できる。正しく合わせたあとの位置は、この書物全体に掲載されている次のヴォルヴェルに使われる。言うなれば、最初のヴォルヴェルがすべてを決定するのだ。

本書を執筆している2014年はアピアヌスの書の474年後となるが、その要のヴォルヴェルは今、75分の1回転したことになる。

★

イングランドの天文学者、数学者のトマス・ライトが、宇宙の動かしがたい循環性と球体性について考えていたことは明らかだ。彼の1750年の著作『宇宙の新理論もしくは新仮説』*An Original Theory or New Hypothesis of the Universe* は、イメージを通じた科学的推論の事例研究（ケーススタディ）におけるひとつの好例だ。総84頁の同書には32プレートが収録され［特に初期の印刷物の場合、豪華図版を載せた大判書籍の概ねがプレート部と解説部に分かれている］、その多くが紙面いっぱいに図をあしらっている。ライトは銀河の形状と宇宙の構造についていくつもの独創的な発想の転換を生み出したが、その人物像については不確かなままだ。彼が物理学者ではなく、ケプラーやニュートンのように理論を裏づけるエレガントな法則を打ち立てなかったというのもその理由だろう。また彼は、直接的な観測天文学を通じて何かを発見したこともなかった。

贅沢な造本にもかかわらず、『宇宙の新理論』はさして注目を浴びなかった。哲学者イマヌエル・カントがドイツの定期刊行物で詳しい書評を読まなかったならば、ライトの発想は跡形もなく消え失せてしまっただろう。カントは書物そのものを手に入れようとはしなかったようだが、これをきっかけにその主題についてみずから筆を執った。1755年に出版されたその著作には、ライトの発想における中核の多くがうかがえる——そしてカントは、それがライトの発想だと明記しているのだ。カントのキャリアの比較的初期に出版されたこの著作もまた、さほど注目はされなかった——版元が当時破産したという理由もある。しかし、カントの名声が高まるにつれてより広く読まれるようになり、その結果彼は複数の銀河によって構成される宇宙を着想したという誤った評価をしばしば受けることになった。

振り返ると、ライトの宇宙論的な瞑想はコペルニクスの地動説とニュートンの万有引力の法則を論理的に補完している。しかもそれは、天の川銀河があまりにかすかで肉眼では見えない無数の星々で構成されていることをガリレオが初めて世に伝えてから、わずか150年後のことだったのである。また『宇宙の新理論』が出版されたのは、ウィリアム・ハーシェルが空の奥深くにある星以外の物体、つまり星雲の系統的分類を開始し、やがてその多くが銀河であると判明する何十年も前のことだ。ライトの時代から1925年頃までは、"人類の銀河"「こそ」が宇宙であり、その形状については完全な謎だった。

ライトによる散文体は不明瞭な場合もあるが、それが指し示す図版と組み合わせてみるとその意味は明白だ。『宇宙の新理論』は知識の一形式としてのイメージの好例だろう。星々はすべて動いており、太陽が他の星々と類似した星だという観点を書き記した彼は、惑星がはるかに大きな太陽を周回し、太陽とその他の星もまた別の物体を周回しているという太陽系の構成原理についても言及している。その後ライトは、星々が仮説上の中心のまわりを回っているかもしれないという別の2つの可能性を提議しているが、「この2つのどちらに賛同が得られるかは、あえて述べない」とも書いている。

★

彼の最初の銀河モデルによると、太陽とその他の星々は「すべて同じ**経路**で動き、ほぼ同じ**平面**にある。つまり日心の**運動**を行う惑星は、日の**天体**のまわりを回るのである」。彼はこの概念を一連のプレートで図示し、そこに表現されたものを解説するテクストを添えた。そのうちの1点が、天の川銀河を内側から見た「完璧な光の帯」である——これはまさに地球からの視点だ（図**223**）。もう1点は銀河を外側から見た図で、星は中心核のまわりに同心円状に集まっている（図**132**）。ライトは太陽系を平らな円盤状と考え、自分なりに天の川銀河の実際の形状を推定した。彼はそのようなことを考えた最初の"人間"だったのである。

ライトは、完成した書物の中で渦巻構造について触れていない（準備稿には、いくぶん不明確ながら見受けられる）[3]。しかし、彼は素晴らしい洞察力でみずからの銀河形状仮説を土星とその環に比較してこう書いている。「観測能力の高い望遠鏡を透して土星を見ることができたならば、無数の小さな**惑星**、いわゆる**衛星**からなる**環**がみつかるはずだ」。彼の判断はまったく妥当だった。土星の環は無数の氷と石で構成されているのである。

ライトによる2つめの銀河形状説は"球形"だった。星々の「すべてがひとつの共通の中心のまわりを異なった方向に動いている。惑星と彗星はともに太陽のまわりを回るが、ある種の殻状もしくは凹面形の軌道で回っている」（図**222**）（すべてが同一面で回転する惑星とは異なり、長周期の彗星はあちこちから太陽系へと飛び込んでくる。その源はオランダの天文学者ヤン・オールトにちなんで名づけられた球状の雲だ）。詳細はともかく全体的な形状からすると、ライトによる2つめの形状は現在"楕円銀河"と呼ばれる天体の説明となる——その多くは球形に近い。ひとつめの概念で星々は平らな円盤状の中心核のまわりに同心円状に位置していると想像したように、別々の殻状を成した星々が最外縁層の内側に集まっているという2つめの概念を想像（かつ図示）したのである。

どちらの場合も彼の考えた構造は誤っていた——銀河は平らな円盤状だが、中心核のまわりの同心の環ではなく、むしろ渦巻く腕のような形をしている（つまり、渦状腕なのである）。そして球形銀河が同心の殻からつくられることはないが、確かに星は共通の中心のまわりをさまざまな方向で動いている。しかしそれでも、ライトは純粋な推論を通じて2種類の銀河を思い描いたのだ。その2つはそれから約2世紀後、広く流布した天文学者エドウィン・ハッブルによる1936年の「音叉」銀河形態図に表れた。

2つの主要な銀河形状を解明したライトは、18世紀の望遠鏡がちょうど識別し始めていた、謎の曖昧な星雲へと注目を移す。その多くは実際に星雲だった——"人類の銀河"にある星間ガスと宇宙塵の雲である。しかしごく少数は、天の川銀河の面よりずっと外側にあった。これらは遠く離れた銀河で、昼間の望遠鏡であっても不明瞭な灰色の点として見えるほど明るいことが今や知られている（当時「銀河」という言葉はあまり広く使われておらず、どの言葉を使うかを考えたライトは、辞書で定義を調べながら草稿を練っていた）[4]。

彼は、自著をこう結ぶ。「我々の星々の範囲のはるか外にあり、ようやく気づくことのできる多くの雲状の領域の明るく光る空間では、ひとつの星もひとつの天体も識別できないだろう。おそらくそれらは望遠鏡でさえ届かないほど遠くにあり、既知の天体の外にある被造物だろう」。ライトは、多くの銀河で構成された宇宙に人類は住んでいると語っていた。彼はその発想を、図**133**として採録した驚異的なメゾチントとして描いている。アメリカ独立戦争以前に、北イングランドのダラムに住む知られざる天文学者によって書かれた1冊の書物は、現在の認識と事実上同一となる矛盾のない宇宙像を提示していたのだ。

★

めまぐるしく変わりゆくライトのヴィジョンは、何十億もの銀河が生み出される泉だった。2014年の春、銀河群を扱う天体物理学を専門とする天文学者R・ブレント・タリーが、3000の銀河を網羅するめくるめくようなスーパーコンピュータ画像を添えた論文を「ネイチャー」誌に寄稿した。そこには、直径で5億光年以上にわたる時空を行き交う流線が描かれていた（図**160**）。1987年のうお座・くじら座超銀河団の発見と同時期に先駆的な『近傍銀河星図』*Nearby Galaxies Atlas*を出版したタリーは、宇宙の大規模構造を理解しようと何十年も努力をつづけていた（図**140**）。

新しい論文で発表したのは大規模な複合超銀河団の発見で、その中のひとつが天の川銀河を含んでいるおとめ座超銀河団だった。添えられた画像には広範囲にある銀河団をつなぐ流線が描かれており、思考としてのイメージ、もしくはその逆となるイメージとしての思考におけるまったく現代的な例だった。タリーは論文を査読に出す前、この種の大規模な銀河マッピングで発見と視覚化が同時にできることを確認していた。観測データから大規模な構造を組み立て、それから星図をつくるのではなく、スーパーコンピュータ画像そのもので構造を識別することができる。星図製作は発見に不可欠なのだ。

タリーと共同研究者はこの論文で初めて、巨大な重力井戸をまるで地球の河川流域のような形でとりまく、重力の流れの全範囲を明確にした。大規模な構造はその流れによって定義され、“人類の銀河”はこのような曲線を描く2つの重力の流れのあいだに位置している。タリーはこう記す。「この区域には名前をつける価値がある。ハワイの言葉で“ラニ”は“天”を意味し、“アケア”は“雄大、広大”を意味する。そこで我々は銀河群の“ラニアケア超銀河団”に住んでいるのだと提案する」。彼が名づけた区域は「それほど小さくはないが」、論文は「現在の宇宙の果てまでに、それぞれが10万の巨大銀河をもつ、500万のこの種の構造が入る余地がある」と結論づけていた。

2013年11月、タリーらはNASAのケプラー宇宙望遠鏡のデータが、天の川銀河だけで人の住める可能性のある地球程度の大きさの惑星が最大400億存在することを示唆していると発表した。この数字を4倍すると、ほぼ可視宇宙にある銀河の現在における推定数となる。それぞれにおよそ1000万から100兆の星が含まれているのだ。今やすべての星はそのまわりを回るひとつ以上の惑星をもっていると考えられている。驚くほどの推計値だ。

★

トマス・ライトは初めて銀河を示した章の終わりに、彼の理論の成功が「現世紀ではほぼ不可知であり、その可否は長い時代をかけた観測によって発見される真実」にかかっている、と残念そうに書いている。彼が32プレートのメゾチントに刻み込んだ真実は、本書で取り上げたイメージによる探求の典型例であり、ブレント・タリーによる流線で描かれた多数の銀河は、その最新例だ。さてそろそろ、ライトに最後の言葉を飾る栄誉を贈ってもいい頃合いだろう。

> このような構造が明らかになるとは、なんと広大で荘厳な力であることか！　群れ集ういくつもの太陽は、我々のかすかな感覚では互いにはるか彼方にある。永遠に人の住まう無数につづく宿（マンション）は、我々のものと同様にすべて同じ創造主の意志のもとにある。すべてが山々や湖、海、ハーブ、動物、川、岩、洞窟、木々で飾られたいくつもの世界の宇宙（……）科学のおかげで、すべての側面が我々に明かされ、人々の観測の前には思いもしなかった真実が可能だと証明された。人類が理解するには深遠すぎる主題を知り、そして我々の理性は永遠の驚異に魅了される。

★

1――――ヒルデガルト・フォン・ビンゲン（図**22**）。
2――――やはりヴェセリーが『分断された表現の時代における建築』で述べている。
3――――プレート番号XXIのための準備稿には、太陽のまわりを回る地球と、さらに銀河の中心を回る太陽が描かれている。ライトはその中心に渦巻を描き、そこに「宇宙の重力の中心」と記しているが、この文言は実際の重力の中心に当たる黒い星まで渦巻状に書き込まれている（現在、ブラックホールが渦巻銀河の中心にあることがわかっている）。渦巻についてのライトの先験的な予見は、プレート製作時に消えてしまった。表題頁に「最高の名人による」とあるだけで、誰がライトのメゾチントを担当したのかについては未詳。
4――――初めて英文中に見られるのは1380年頃のチョーサーの詩の中であり、天の川を意味していた。

第1章

創造

Creation

> 何物かひとつのまとまったものがあって、天と地よりも以前に生まれている。ひっそりとして音もなく、ぼんやりして形もなく、それ自体で存在して不変であり、どこにでもめぐりあるいて止まるときがない。それは天と地との生まれ出る根本だといえる。
> ――――『老子』第25章［『中国古典文学大系』4所収、金谷治訳、平凡社より］

良きものが「創世記」の語るように創造されたかどうかはともかく［「神はお造りになったすべてのものを御覧になった。見よ、それは極めて良かった」（1：31）］、わずかな言葉とおそらくは威厳に満ちたかすかな身振りでなされたであろう永遠の闇からの創造行為は「デザイン」をもたらした。いわゆるある種の誤解と、おそらくは狡猾なそそのかしのせいで、人は浅はかにもあの果実を食べてしまい、長くつづく道へと不意に放り出されることとなった。人は楽園から追放された――だが、宇宙へと着地した。そしてついに人類は、その構造に思いを馳せるようになる。円なのか方形なのか、それともそのどちらでもないのか？　球状の空に囲まれた茫漠とした大洋に浮かんでいる、平らな円盤なのか？　7階建ての聖塔（ジッグラト）なのか？　亀の上に乗っていて、その亀はより大きな亀の背中に乗り、その亀はまたさらに大きな亀たちに支えられており、その亀たちはいっそう下にある基盤の、宇宙の亀とでも言うようなものにまでつづいているのか？

人が口にした果実は、少なくとも最初のうちはその木からほど遠くないところへと落ちた。前6世紀頃、エデンの園のわずかに北西で、ソクラテス以前の哲学者（ピロソプス）たちがいくつかの洗練（ソフィスティケイテッド）された思想をつくり上げたのである。波乱に富んだ数千年後にようやく物事は落ち着き、輝く太陽は静かに海に沈む。そして、熟慮のときがやって来た。まずは、宇宙についての神話的な解釈をうち捨て、代わりに理性やさらには実験を用いてその振る舞いを理解しようとしたのだ。前5世紀から前4世紀のトラキアでは、曖昧模糊としたトロイア戦争前の時代［前13世紀以前］を生きたというモコスなるフェニキア人にことによると影響を受けたアブデラの人、レウキッポスとデモクリトスが、宇宙は不可視のきわめて微細な粒子でできていると提言し、これを「原子（アトム）」と呼んだ。またエペソスでは、自然界において万物は流転するとヘラクレイトスが述べた。彼は、その永遠の流転の中に論理的な様式が認識できるとも語っている。そしてサモスでは、ピュタゴラスがさまざまな自然の定理を案出した。彼については未詳の部分が大半で、1次資料もないが、“ピュタゴラスの定理”として知られる数学的証明はその手によるものとされている。多くの点で、これは古代における $E=MC^2$ だろう。

★

最盛期の古代ギリシアは、北のクリミア、南のエジプトにまで広がっており、観察眼の鋭い市民は緯度によって空の様子が異なることに気づいていた。たとえば、ナイル川からしっかり見えるいくつかの星座も、黒海からは一部しか目にすることができない。この事実が、地球はおそらく球体だろうという発想へとつながり、前3世紀までにはアレクサンドリア図書館館長エラトステネスが地球円周の計測法を編み出したのである。太陽が夏至の正午にエジプト南部のスウェネト（現アスワン）にある深井戸に直接差し込み、その光が水を照らすことを知っていた彼は、一方で古代のファラオの時代にまでさかのぼる測定結果に目を通すこともできた。日時計と基礎的な幾何学、それにスウェネト＝アレクサンドリア間のスタディア値というわずかな装備を携えたエラトステネスは、ぶつぶつとつぶやき、頭を悩ませながらアレクサンドリアにおける太陽の支点角度を計測し、地球の直径を25万2000スタディアと推定した。彼がエジプトとアテナイどちらのスタディアを使ったのかにもよるが、正確な直径との誤差は1.6％もしくは16.3％だった。もちろん、そのどちらだとしても古代にあっては驚異的な成果で、エラトステネスは決して低評価を受けるべき人物ではなかったようである。

エラトステネスの頃より前、アリストテレスは地球が宇宙の中心であり、太陽と月、星、「さまよう者（プラネテス）」（惑星（プラネット）のこと）のすべてが固き大地（テッラ・フィルマ）を周回しているという既存の宇宙モデルを洗練させていた。アテナイにあるプラトンの学園（アカデメイア）外で活動するようになっていた彼は、古典古代の元素である土と水、空気、火は月の軌道内にある球殻だけに存在すると述べている。アリストテレスによると、より上層のすべては彼の言うエーテルという不変の第5元素からつくられており、惑星や太陽、月、星々の動きの所以は、容れ子構造になって独自に回転するエーテルの球体にあるというのだ。

アリストテレスの死後ほどなくして、エラトステネスの同時代人であるサモスのアリスタルコスが、少々異なる仮説を生み出した。アレクサンドリアで研究生活を送っていたと思われる彼は、地球ではなく太陽を中心に置く宇宙構造を提案したのだ。彼はまた、宇宙はそれまで考えられているよりはるかに大きいとも示唆した。中央にいる哲学者の考えが支持されていたため、彼の発想はほぼ否定され、ときとして激しい反感を買うことさえあったようである（批判者のひとりだったストア派の領袖が、中心に不動の地球を据える天体の秩序を乱す企みだとして告発を考えたと言われているが、このときは冷静な意見が勝（まさ）った。このような状況は1000年後に再び起こるが、その結果はまた異なってくる）。このサモス人の非凡な意見に賛同したのは、アリスタルコスのほぼ1世紀後に活躍し、閉ざされたエデンの園のほど近くにあるセレウキアに生きた天文学者、セレウコスだけだった。

みずから宇宙の大きさを計算したセレウコスは、アリスタルコスよりもはるかに先へと進んだ。潮の満ち引きが月に影響されること、特に高潮は月が太陽に近づいたときに起こること——どちらもまさに正しい発想だった——を解明したあと、チグリス川をしばらく眺めていた彼の脳裡にある推測が浮かんだ。“宇宙は無限なのだ”。

この推論の正否は、現在にいたるまでわかっていない。だがおそらく、これは正しいのだ。

残念なことに、セレウキアやアレクサンドリアから生まれた発想は、アテナイの大勢の哲学者に対抗するほどの成果をあげるまでにはいたらなかった。そして、史上最も影響力のある天文学者、クラウディオス・プトレマイオス（後90–168）がアレクサンドリアにおける天界の権威の座を占め、アリストテレス学派の天動説を継承した。当時帝国のエジプト属州（アエギュプトゥス）に住むローマ市民権をもつギリシア人だったプトレマイオスは、古代世界における最高の国際人（コスモポリタン）であり、その名前までもがローマ（クラウディオス）とギリシア（プトレマイオス）の折衷だった。彼は、かつてエラトステネスが籍を置いたアレクサンドリア図書館に蓄えられた知識にたやすく触れることができたようだが、今となってはじかに読むことのかなわないアリスタルコスやセレウコスの書を簡単に読めた可能性があるにもかかわらず、地球中心モデルの支持者だった。

プトレマイオスの主著のほとんどは現代にまで伝わっている。とりわけ重要な論文は13巻で構成されている『数学全書（マテマティケ・スュンタクシス）』だが［執筆言語であるギリシア語題］、アラビア語に翻訳された際に書名が『大全書（キターブ・アル＝ミジスティ）』に変わったものと思われ、何世紀かのち2番めに挙げたアラビア語書名「アル＝ミジスティ」がラテン音に転訛し、『アルマゲスト』として知られるようになった。プトレマイオスは地動説を受け入れなかったが、何世紀にもわたるバビロニアとギリシアの天文学が蓄えた手法とデータから恩恵を受けている。彼はこれらにみずからの観測結果を加えて統合し、太陽や月、惑星、星々の動きについて詳細な数学理論とともに提示したのだ。『アルマゲスト』は以後1500年のあいだ——つまりおよそ1世紀半ののち、うち捨てられた古代の考えにならったコペルニクスが地球ではなく太陽が宇宙の中心だと提唱するまで——事実上天文学の代名詞となった。

『アルマゲスト』の中で、プトレマイオスは周転円と呼ばれる円軌道の組み合わせによって幾何モデルを考案し、惑星や月、太陽、星々の動きにおける不規則性を補正した——今も太陽を中心とした地球の動きにあることが知られている見かけの不規則性である。天文学者ヒッパルコスから受け継いだ周転円の利用はさておき、プトレマイオスは惑星軌道の中心をわずかに地球から離すこと——離心率によって説明される微妙な移動——によって、わだかまっていた不規則性を補正したのだ。周転円と離心率、そしてエカントと呼ばれるいわば第3案となる仮想点を組み合わせる彼のやり方は天体運動の予測に大きく役立ち、この精巧なプトレマイオスの体系は先述のとおり約1500年のあいだ天文学を支配していく。

つまり、宇宙モデルをつくるには多大な創造性が必要なのだ。本章の図版のほとんどは、最後のひとつを除けばユダヤ＝キリスト教を起源とする物語に基づいたアリストテレス＝プトレマイオス的な宇宙構造を反映している——その途上で魅力的な脱線があるにしても、である。そして霧が晴れた今もなお、人類には本質的にアリストテレスの球体が委ねられたままだ——とはいえ、さてそれはと言えば原動天（プリムム・モビレ）［第10天とも。下階層の天球を駆動する最外面の天球］、動と静、物質と非物質の境にある外層をそれぞれ伴う球体であり、果ては羽ばたくか束ねた矢さながらに蝟集（いしゅう）する翼ある者どもとしての天使たちが、中心となる玉座のまわりを取り囲む向こうにある球体なのだが。

一連の中でも極上の部類に入るイメージが、ロシアの前衛画家カジミール・マレーヴィチの描いた画期的な絵画作品「黒の正方形」よりおよそ300年も前となる、イングランドの医師、天文学者だったロバート・フラッドの書に掲載された図版である（**図1**）。1617年、フラッドは『大宇宙、小宇宙なる両世界の形而上的、物理的、および技術的な歴史』*Utriusque cosmi, maioris scilicet et minoris, metaphysica, physica, atque technica hisotoria*［『両宇宙誌』、『大宇宙誌』とも称される］という大著に取りかかった。大仰な書題で示唆されているように、同書では可視宇宙と非物質的宇宙の全体を統合し、説明しようという壮大な試みがなされている。

歴史上のほとんどの時代で、真空という概念が宇宙論についての思考とは無縁だったということを忘れてはいけない。アリストテレスは自然の力のひとつである真空を恐れ、エーテル論にたどりついた。虚と思われる空間を、何かで埋めなければならなかったのだ。彼の言う第5元素の存在が最終的に否定されたのは、19世紀後半のこととなる。フラッドの図版もまた、それが**ある**とされるところを非空間として描くことで、エーテルを排除しているように見える。彼は、**真空を主張している**のだ。

時代に先んじて地平のない空間を描いたロバート・フラッドは、20世紀におけるリアリズムからの完全な脱却と、抽象芸術表現を予見していた。彼の描く色のない方形と（黒は数におけるゼロに相当する）、実際のところ形ではない形は（マレーヴィチの絵画のように方形は明らかに形のないものに境界を定める必要性の産物なのだ）、本章冒頭の『老子』の一節にある「天と地よりも以前に生まれ」た何かを表している。それは、**不在の存在**なのだ。

万物の存在と振る舞いをその逆の位相——絵画ではない絵画の中の無——として描くことによって、フラッドは既知と未知への道程へと乗り出したのである。フラッドの後継者であり、優れた理論家かつ芸術家だったマレーヴィチは、1915年、ある部屋のあるところで「黒の正方形」の初展示を行った——そこは、ロシア正教の伝統において常に最も重要な、聖像画（イコン）のための場所だった。彼はその後のエッセイで「神は“無存在”として、非客観として存在する」と記しているが、一方フラッドの場合は「詩篇」（18:12）から次の一節を引用する。「周りに闇を置いて隠れがとし（……）」。

1935年のマレーヴィチの通夜（パニヒダ）では、信奉者たちが「黒の正方形」を彼の開かれた棺の上に、あたかも最高天への扉であるかのように置いたのだという。フラッドの図版では、四方すべてに「かくの如く無限に」を意味する4語のラテン文［Et sic in infinitum（エト・シク・イン・インフィニトゥム）］が書かれている。

★

もしフラッドの方形が0と1とでできていたなら、本章末の**図21**さながらになったことだろう。これは宇宙マイクロ波背景放射の合成画像で、銀河の全方位の背後でかすかに沸き立つ、すべての物語が始まったビッグバンの確かななごりが現れている。ことと次第によっては、サモスのアリスタルコスとセレウキアのセレウコスという古代の2人の天才が想像したとおりに、宇宙が驚異的に大きいことを断言するものだと見ることもできる。もしくは、旧約聖書のとどろくような最初の下命「光あれ（フィアト・ルクス）」（「創世記」1：3）の余波を確約する類いのものだととらえることもできる。

そして、そのどちらも言い得るのだ——「かくの如く無限に」。

★

1

■1–6

1617年――――本書に掲載する宇宙の創造を描いたさまざまなイメージの幕開けを飾るのが**図1**だ。イングランドの医師で天文学者でもあったロバート・フラッドによる『両宇宙誌』所収の、創造の光に先立つ黒い虚空という革新的な描写。ロシアの絶対主義（スプレマティズム）画家カジミール・マレーヴィチが描いた著名な絵画「黒の正方形」（1915）の300年前に描かれていて、方形の各辺には「かくの如く無限に」を意味するラテン文「Et sic in infinitum（エト・シク・イン・インフィニトゥム）」が書き込まれている。

2

3

4

5

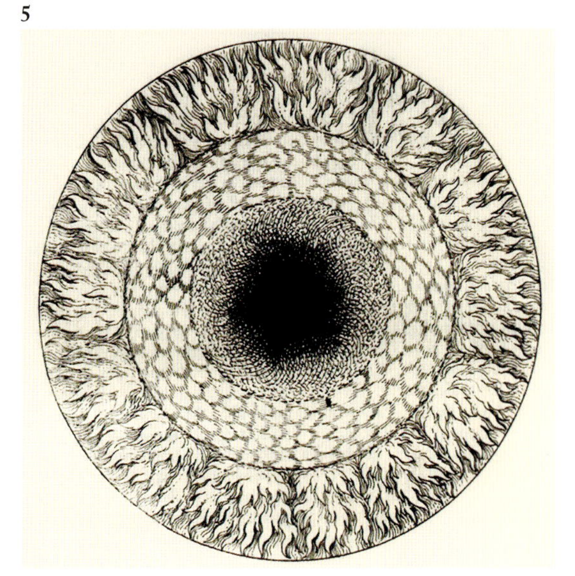

☆

フラッドによる一連の宇宙創造のイメージでは、混沌としたいくつもの炎がしずまって中心に「ある星状の形態」が見られるようになり、そのまわりを煙と塵からなる同心の環(わ)が取り巻いている。興味深いことに、フラッドが天動説を信じていたにもかかわらず(同書所収の天地創造を描いた**図19**を参照)、各図は太陽系形成についての現代の観念に近い。「光あれ(フィアト・ルクス)」の初期段階に当たる**図6**は、光そのものの現象描写と関連づけられ、そこでは輝く環の中に描かれた鳩によって三位一体の聖霊が表されている。フラッドはパラケルスス派の著名な医師であり占星術師であり、数学者だった。彼の仕事には神智学の精神が明白に流れており、人間と神とがひとつに結ばれた宇宙の起源と目的について、ある一貫したイメージを提供しようと試みていた。

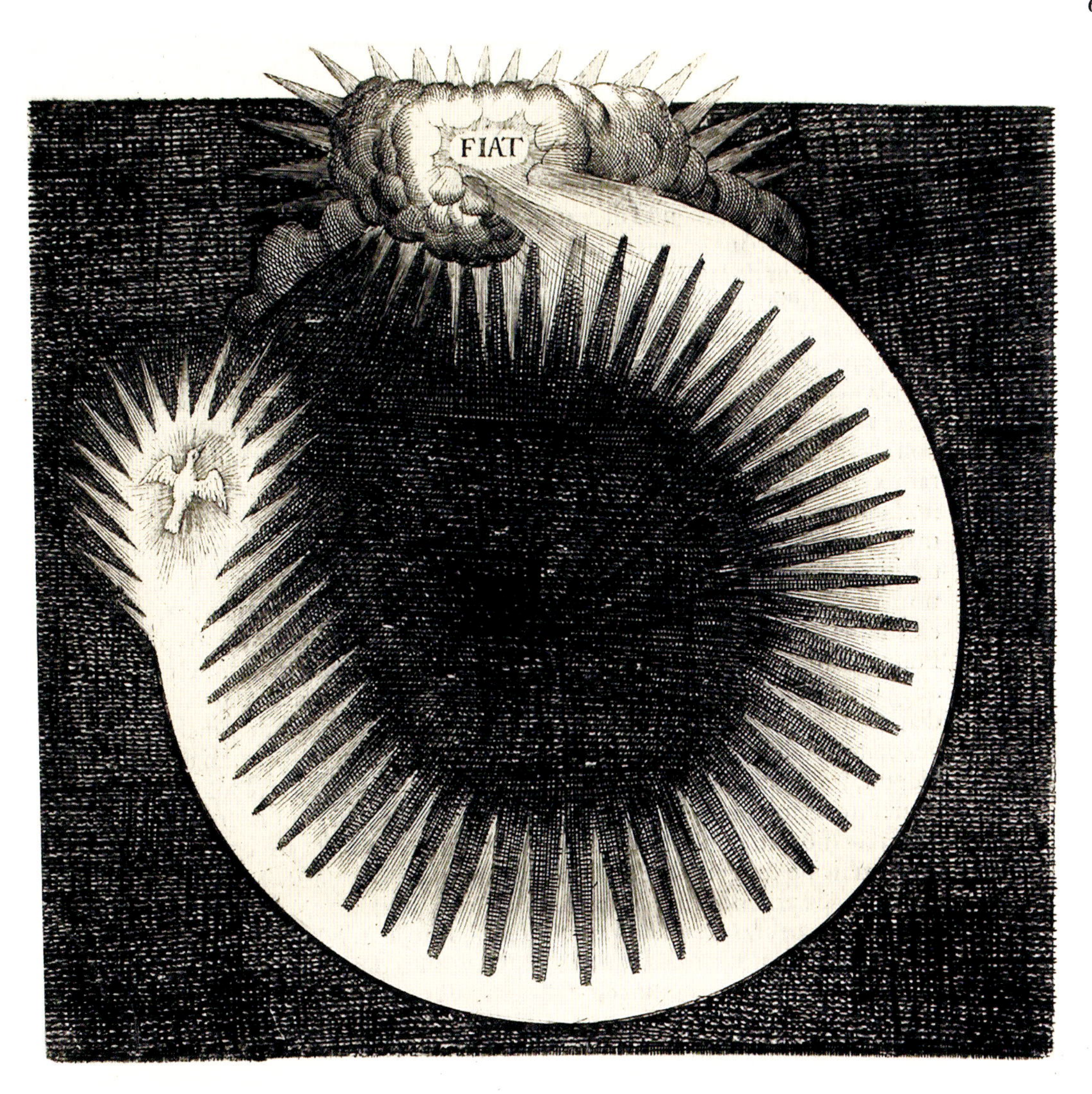
FIAT

7

8

9

10

■7–11

1493年———ロバート・フラッドよりも100年以上前を生きたドイツの医師、地図製作者のハルトマン・シェーデルは、木版画連作を収めた『ニュルンベルク年代記』*Liber chronicorum* で天地創造の6日間を描いたが、上図はそのうちの4日間となる。

図7：2日め。

図8：4日め。宇宙はプトレマイオス的な地球中心の秩序ある構造へと分割されており、上下逆顛した地球がいくつもの天球に取り囲まれている。諸天球は当時知られていた7つの惑星のそれぞれ、星々、そして最外縁に当たる「原動天（プリムム・モビレ）」、つまり「最初に動く天」によって構成されている。

図9：エデンの園の創造。

図10：前図まで手のみだった神が姿を現し、片手で土からアダムを創りながら、同時にもう片方の手で彼を祝福している。“悩み”はここから始まった。

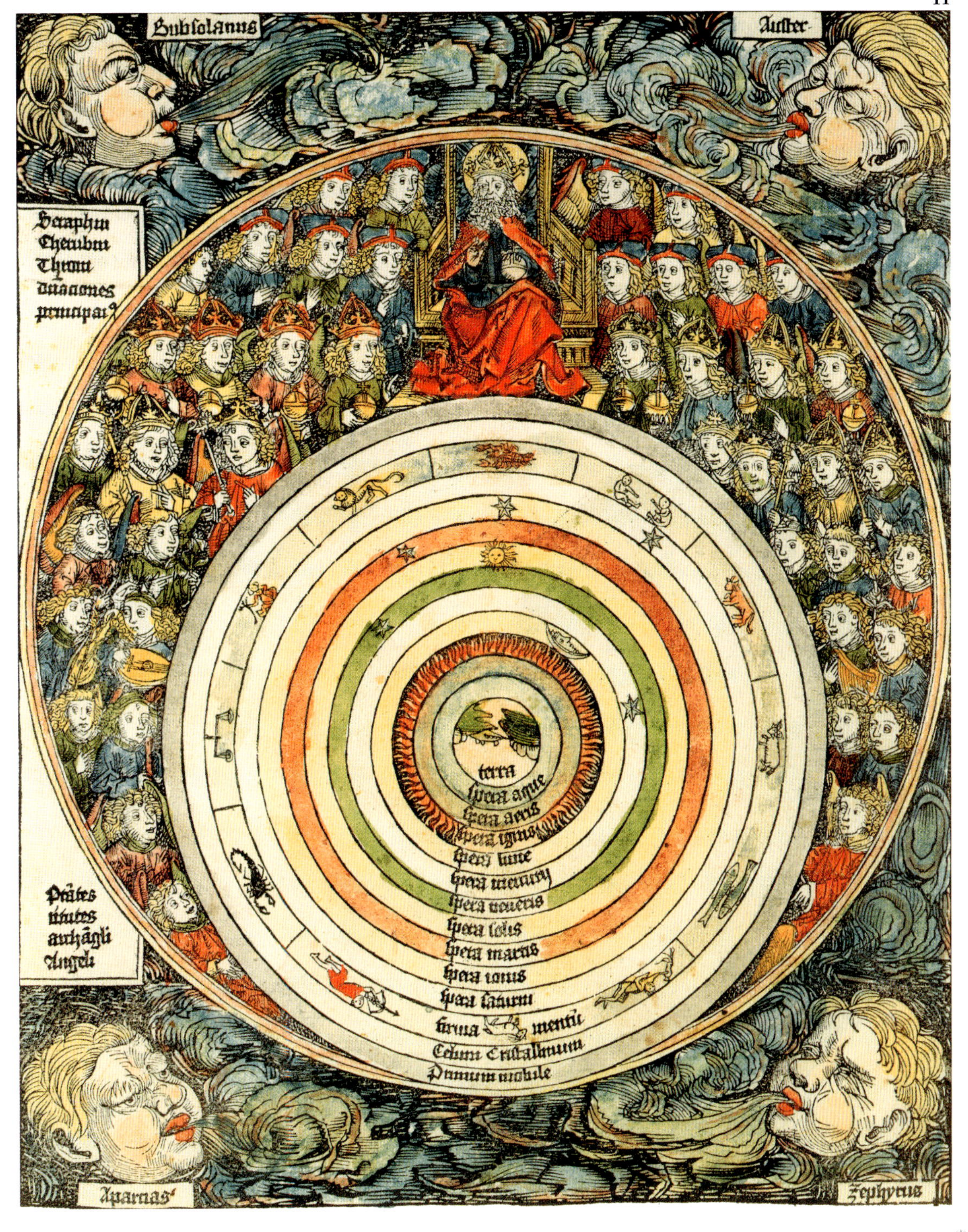

図 11：シェーデルによる神が休息する７日め、つまり安息日の驚異的な描写（以上５点と他の『ニュルンベルク年代記』の木版画は、アルブレヒト・デューラーがニュルンベルクの版画家ミハエル・ヴォルゲムートの弟子だった10代に制作した可能性がある。図版制作はヴォルゲムート工房で行われているのだ）。新たに創られた被造物が複雑な時計のように回転している秩序ある宇宙は、天の玉座に座る神の足下にある。俗界たる宇宙の中心をなす地球は古代人が考えていた水や空気、火などを表す球体に取り囲まれ、その外には10の天球があり、その10の天球は月や太陽などの惑星を含む７つの天球と、星座で表されている星々の天球、ときに「透明球体」と呼ばれる中間の天球、そして最後は物質界と非物質界の境となる第10天（原動天）によって構成されている。この宇宙は神の玉座の両側に控える９つに位階分けされた諸天使によって取り囲まれ、東西南北を示す４隅から風が吹きつけられている。あらゆるものが明確に階層づけられ、すべてが調和する世界は、たとえ人の目には顛倒して映るにせよ、神の御心には充分適うものなのだ。

■12

1507年――――アダムのあばら骨からエヴァが創られる場面をなじみの宇宙構造の中に描いた、オーストリアの旧約聖書所収の図版。4大元素が秩序立てて描かれ、水と空気、火が表現された環（わ）は月と太陽、星々を含む様式化された環に取り囲まれている（実際に星々とは区別されていないものの、そこには間違いなく惑星も含まれているだろう）。天界を表す最外縁の環には天使が描かれ、そして最後に、その外側では風が固き大地（テッラ・フィルマ）から目をそらして広大な虚へと息を吹きつけている。

12

13

■13–16

1573年————ミケランジェロの弟子でもあるポルトガルの画家、歴史家、哲学者のフランシスコ・ドランダによる絵画連作に描かれた宇宙は、それまでにないほど独創的で謎めいたスタイルで、まるで200年後のウィリアム・ブレイクの作品を予見しているかのようだ。20世紀半ばにスペイン国立図書館で発見されたこれらの作品は、ドランダが「世界における諸時代相」と題して聖書の挿画のために描いた大量の素描や絵画作品に含まれていた。

図13：いくつもの三角形からなる複雑な図形が、物質である球体と非物質である球体をつなぐ。ギリシア文字のアルパ（A）とオメガ（Ω）が刻まれた三角形で表現されている顔のない神が「光あれ（フィアト・ルクス=FIAT LUX）」と命じ、画面下部では水と火に覆われた虚の中、〔球体の〕形が出現している。

図14：こちらは父なる栄光のもとでの出現図となり、万能の創造主は三角の形態を維持したままだ。星々の帯を巻いた神が天空を実存の中に召喚し、画面下半では**図13**で現れた粘土質の容器が地球を中心に据えるプトレマイオス的宇宙の透明な天球へと形を変えている。

14

FIANT LVMINARIA
IN FIRMAMENTO CELI

☆

図 15：フランシスコ・ドランダが描いた、「光あれ」という神の下命によって動き出した回転する円の幾何学図。天界の外にある最大円の太陽は地球よりはるかに大きく描かれており、影ができるほど強力な光を放っている。

図 16：地球の水が分かたれ、乾いた陸が現れる。創造主である唯一神がその力を象徴する三角形へと姿を戻しているが、その形態は三位一体の表出を示唆しているものと解される。

17

B.C.2348. THE DELUGE.

■17

1830年――――神の目が、暗黒の雲の切れ目から大洪水直前となる既知の大地（地球）を見下ろしている。切れ目にうかがえるのは、アララト山とエデンの園、ノドの地だ。おそらくはそのどこかで、年老いた家長ノアが方舟をつくっているのだろう。エドワード・クイン『歴史地図』*An Historical Atlas* に所収の図。

■18

1735年――――スイスの医師、自然科学者のヨーハン・ヤーコプ・ショイヒツァーの4巻からなる印象的な『神聖物理学』*Physia sacra* 所収の図版。700点以上の銅版画が掲載されている同書は、世界の全知をまとめるという熱意のもとつくられた。本図には神が最初の人間を創った場面が描かれており、画面左下にはラテン語で「Homo ex Humo（ホモ・エクス・フモ）」、すなわち「土くれから造られた人類」とある。驚異の部屋［ヴンダー・カマー。15世紀から18世紀のヨーロッパ富裕層が自邸にしつらえた珍品陳列室］の様式をもってあしらわれた人もどきの骸骨と胎児の発達段階の描写は、100年以上あとのダーウィン進化論の先駆けにも思われる。

19

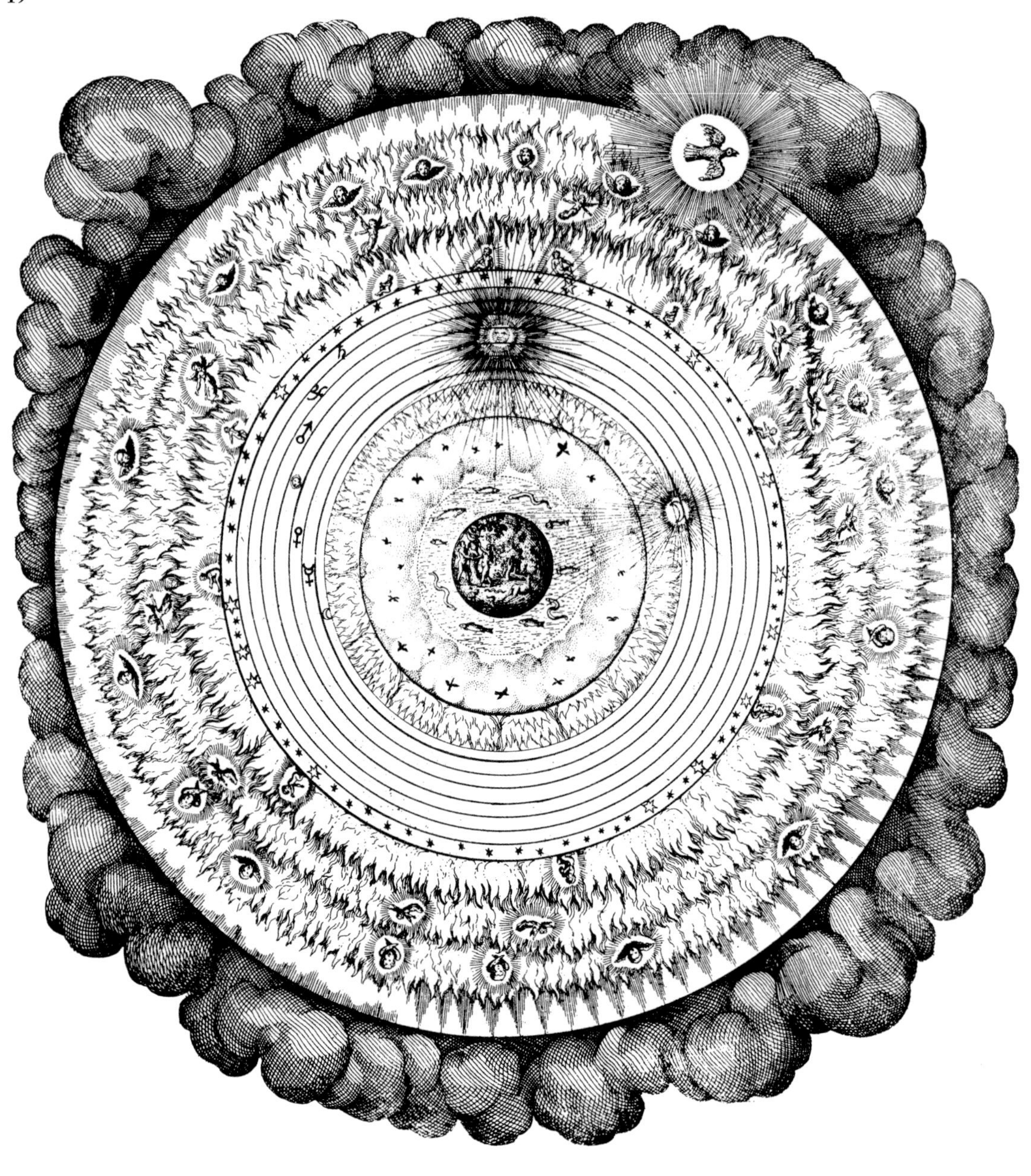

1617年———フラッド『両宇宙誌』所収の完成した宇宙。ハルトマン・シェーデルによる**7**から**11**の各図同様、中心をなす地球のまわりを回転する複数の天球がうかがえる。地球にはアダムとエヴァの姿があり、エヴァは木に手を延ばし、その足下には蛇の姿が見受けられる。図**6**と同じ画面右上の鳩は、彼らが初めて自由意志を行使する様子に目を背ける聖霊を表す。

■20

1445年――――シエナの親方（マエストロ）ジョヴァンニ・ディ・パオロによる「天地創造と楽園追放」の宇宙構造は、本章内の同一描写と微妙に異なっている。世界を図解する際、他図で〔構図上〕あえて省かれているエデンの園の中央を流れる4本の川が、本図には見受けられるのだ。画面右側では、父なる神に命じられた天使がアダムとエヴァを楽園から追い出している。

▶他のディ・パオロ作品は **52、96–97、122、162–165、240** の各図

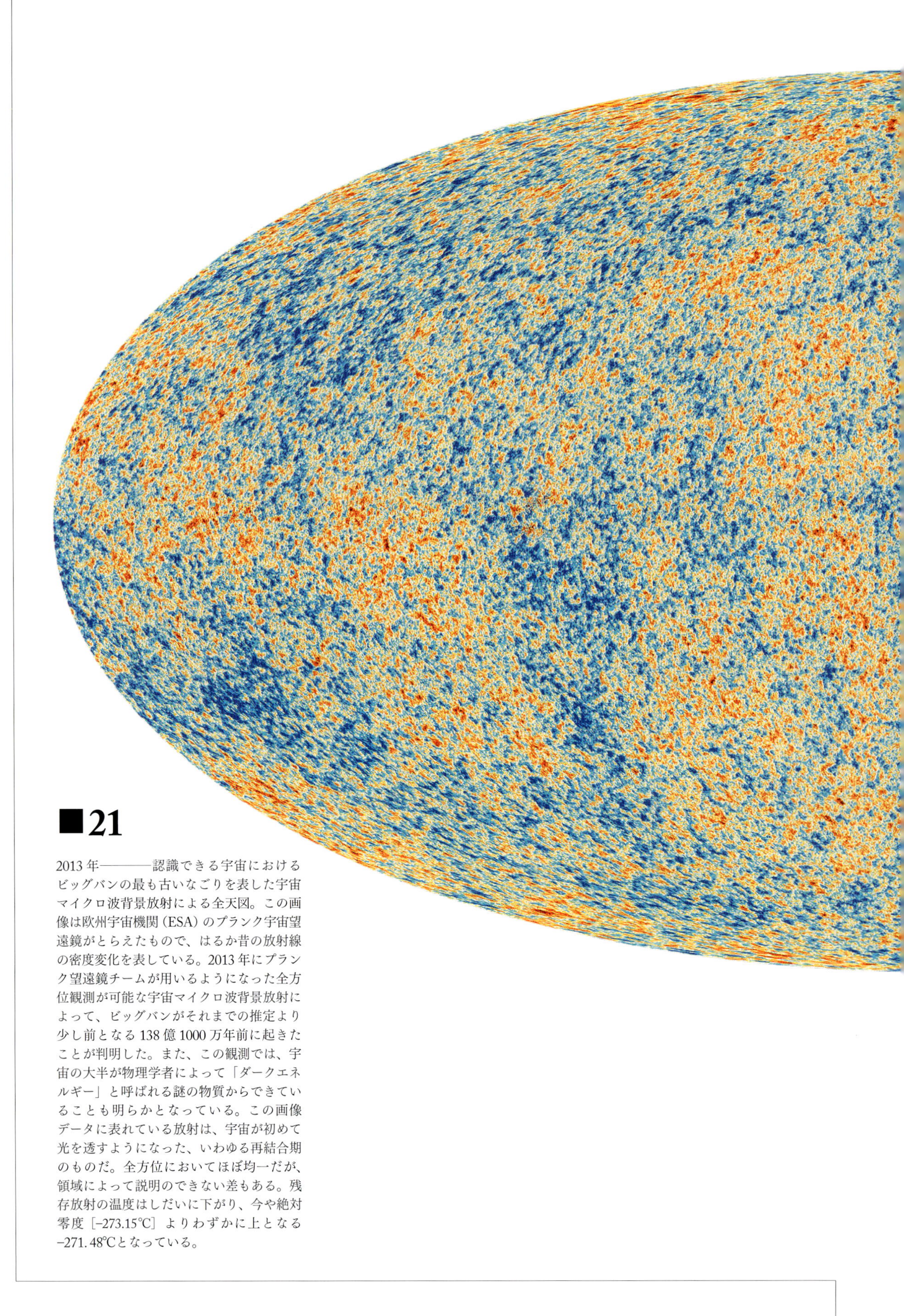

■21

2013年――――認識できる宇宙におけるビッグバンの最も古いなごりを表した宇宙マイクロ波背景放射による全天図。この画像は欧州宇宙機関（ESA）のプランク宇宙望遠鏡がとらえたもので、はるか昔の放射線の密度変化を表している。2013年にプランク望遠鏡チームが用いるようになった全方位観測が可能な宇宙マイクロ波背景放射によって、ビッグバンがそれまでの推定より少し前となる138億1000万年前に起きたことが判明した。また、この観測では、宇宙の大半が物理学者によって「ダークエネルギー」と呼ばれる謎の物質からできていることも明らかとなっている。この画像データに表れている放射は、宇宙が初めて光を透すようになった、いわゆる再結合期のものだ。全方位においてほぼ均一だが、領域によって説明のできない差もある。残存放射の温度はしだいに下がり、今や絶対零度［−273.15℃］よりわずかに上となる−271.48℃となっている。

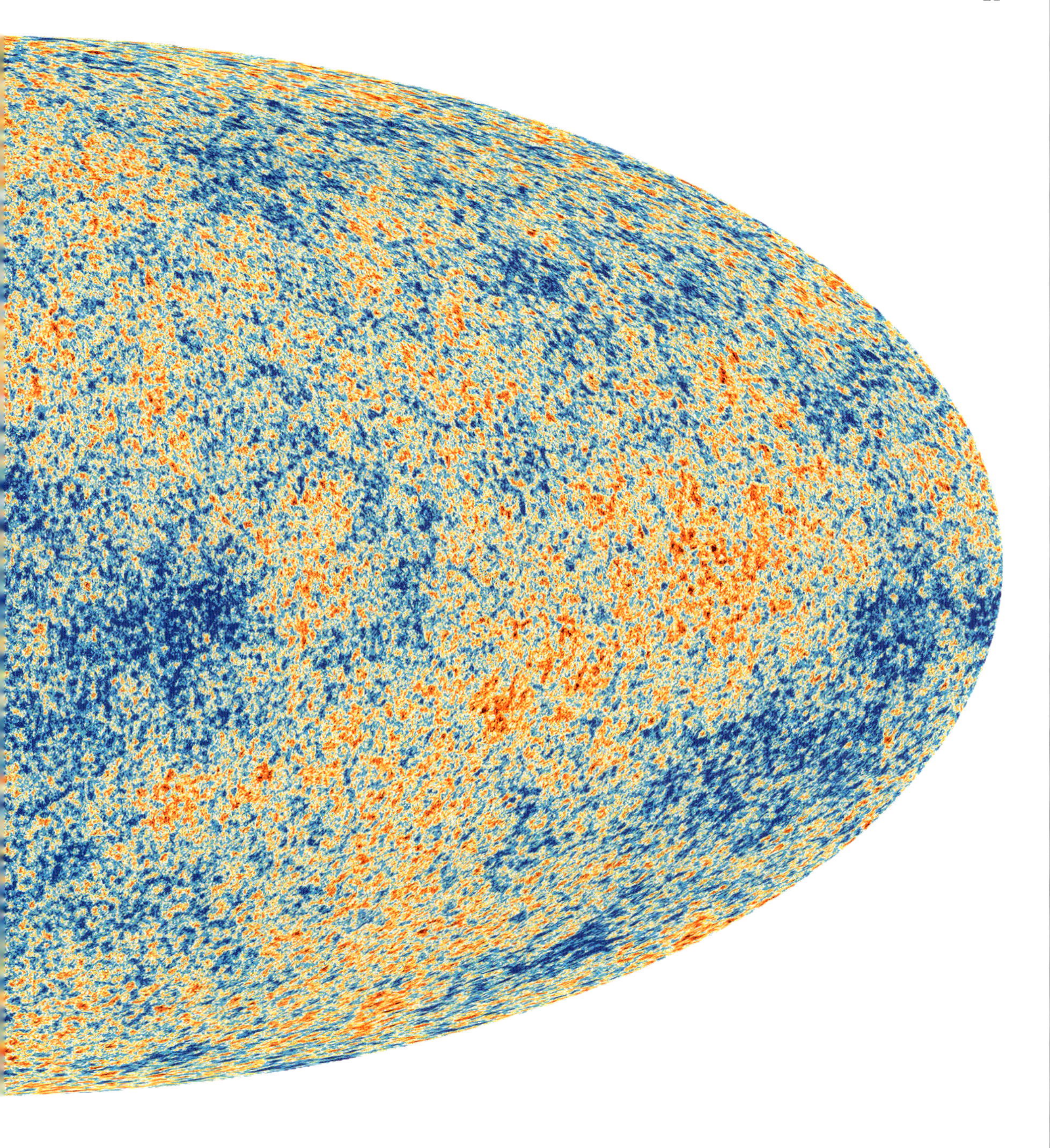

第2章

地球

✺

Earth

> ほかの場所のことを、わたしは知らない、
> でもここ地球には、あらゆるものがたくさんある。
> ここの椅子は悲しさと、
> はさみ、ヴァイオリン、優しさ、トランジスター、
> ダム、冗談、ティーカップでできている。
> ――ヴィスワヴァ・シンボルスカ「ここ」*Tutaj*

初めの頃、宇宙図の作製とは世界図を描くことだった。「宇宙（ユニヴァース）」も「世界（ワールド）」も同じものを意味していたのだ。古典古代からルネサンス期にかけて、世界とは認識できるものがすべてだった――つまり、あらゆるものは迫真性の知覚なのである。イングランドの医師ウィリアム・カニンガムは、1559年の著書『宇宙誌の鏡』*Cosmographical Glasse* の中、言葉の意味の上での“16世紀におけるひとつの展望”を、ギリシアの天文学者クレオメデスの簡単な引用によって次のように規定している。「世界とは、天界と地球、そしてそれらの中に包含される万物からなる、一個の適切な枠組なのだ」。

★

星座を刻んだ天球儀は、現存する中でも最古となる模刻「ファルネーゼのアトラス」より何世紀も前から大理石によってつくられてきたが、宇宙の中で明確に位置づけられた惑星は、古代からの長きにわたって描かれていない。天球の重さに跪（ひざまず）く高さ2メートル超のアトラス像は、失われたギリシア時代の彫刻をローマ時代に複製したものだ。この巨神の背負う荷を飾る星座は、おそらくプトレマイオスの時代にまでさかのぼるように思われるが、その正確な起源についてはいまだ論議の的となっている。いずれにせよこの彫像は、古代にあって地上と天上とが一体だと認識されていたことを何よりも物語っており、類似の球体には地球から眺められる星座の倒立像が常に見受けられる。「ファルネーゼのアトラス」の場合、星々の載った殻を外側から目にすることになり、下部中心に地球が位置していることが暗示されている。言い換えるなら、これは単に夜空を象（かたど）っているばかりでなく、アリストテレスの球体を最外に仰ぎながら内側に地球がある全宇宙をも表しているのだ。

大地と天空の一体性の表現は、その関係が神話的な理解のもとで図示される傾向にあったとはいえ、ヘレニズム期以前のイメージにも見て取れる。たとえば、エジプトの天空女神ヌトの一般的な絵姿は、大地を守るかのように弓なりに反りながら両の手脚を地面につける、星々に飾られた裸の女性だ。それからかなりあとになる2世紀に、エジプト属州で研究生活を送っていた“ギリシア＝ローマ人”の天文学者クラウディオス・プトレマイオスは、天文学に関するみずからの論著『アルマゲスト』を、全体におけるほんの一部にすぎないと明らかに考えていた［ちなみに「アルマゲスト」を天文学書とする評価はあとづけであり、原題は先述のとおり「数学全書」である］。2つめの代表的著作『地理学』*Geographia* では、当時入手できるすべての情報を用いつつ、“8つの書”によって地球を図解しようと目論んでいる。彼は『アルマゲスト』同様、地勢の座標を示すグリッド・システムを考案し、素材を数学的に秩序正しく並べた。緯度計測は赤道から起こされており、これは今日でも用いられているやり方だ。

プトレマイオスは大地が球形であることをよくわきまえており、『アルマゲスト』の中でもこの説を述べている。中世における知の状況は今なお誤解を受けているようだが、この学識はヨーロッパへと伝わっており、中世盛期の彩飾写本にも球形をした地球がたびたび描かれた。中には図**22**のように、地球をまたぐ巨大な人間たちが90度になって描かれたものもある。四季を表すこの図版は、哲学者、作曲家ヒルデガルト・フォン・ビンゲンによる『神の業（わざ）の書』*Liber divinorum operum* の13世紀版に掲載されているのだが、南の人物は北の人物からしてみると上下が逆になっており、一

方西と東とでそれぞれ刈り取りと種まきをする人物は横向きになっている。常識に反するように思えても、これはすべて地球がもたらす謎めいた力によっているのだ。当時はその原因が理解されていなかったものの、今やそれを表す言葉はよく知られている。

★

中世からルネサンス初期の地球図は、アリストテレスによって広まった古典古代の諸元素に取り巻かれた様態を通常表していた。彼は、火が上昇し、土と水が地球の中心に向かって落ち、空気がひたすら気ままに飛び回ると認識したのだ。その結果、水を表す濃い青の環、空気を表す明るい青の環、火を表すオレンジか赤の環（これは温度に応じて3分されるときもある）に中心をなす球体が囲まれた何千点もの地球図が現存している。この始点（地球）のすぐ上には、月を始めとする惑星と星々を載せた透明な球体があり、アリストテレス的秩序に従った諸元素の“ガラス天井”となっている。さらにその上ともなると、たとえ動きがあったにせよ、それによって何かが変わることなど想像もつかなかった。

このデザインの中心に据えられた地球では、通常アジアが上に（つまり言葉どおりに「位置を定める」ためである）、ヨーロッパが左下に、アフリカがその右に位置している。大洋に取り囲まれているこれらの大陸は、さらにいくつもの気候帯――極は極寒地帯、中心は「灼熱」地帯、そのあいだは温暖地帯――に分割された。当該の例となるのが、図**23**として掲載した12世紀の百科全書『花々の書』所収の地図である。仮想はされても当時としては未知だった南方大陸とアフリカとを分かつ海が、黄道帯と関連づけられた惑星、月、太陽の変動を示す折れ線を封じ込めた図表が描かれた赤い帯で、ざっくりと縦に分断されている。天空における太陽軌道を12分割した黄道帯は、実際のところ地球から見た天の赤道に対して斜めに傾いているわけで、『花々の書』におけるこの傾いだ赤い帯は空間と時間の情報を組み合わせたことさら巧みなヴィジュアル表現を構成している（『花々の書』に採用された惑星運動のよりくわしい折れ線図表の作例は図**161**）。

地球の表現法については、3次元物体における2次元断面としての環でこしらえられた球体の中心核とするやり方がより多用された。このような球体は、中心に地球儀を据えた球状の鳥かごのようなもので、地球の主要な緯度線――赤道、北回帰線と南回帰線、そしてときには北極圏――が固定された星々の球体に呼応するよう設計されていた。実際の制作物では、それぞれの構成要素や黄道帯、極を周回する帯を表す微妙に直径の異なる金属の環が、斜めに傾ぎながらともに組み合わされる。

渾天儀（アーミラリ天球儀）を描いたグラフィック表現のいくつかは、実際につくられた装置よりもはるかに洗練されていた。たとえば図**30**として掲載したアンドレアス・セラリウスによる『大宇宙の調和』の図版には、既知のあらゆる惑星や月、太陽のすべてが機械装置の中に搭載されている。実際にこれが3次元の制作物だったとすれば、大型の太陽系儀をつくるほどの複雑な技術水準が要求されたはずだ。しかし、このような時計仕掛けさながらの機械的からくりはあまりにも複雑だったため、本格的な実作は18世紀になってからとなり、しかも中心には太陽が置かれていた。

★

ルネサンス後期になると、古代の人々がすべてを解明していたという固定観念が新たな証拠によって崩れ、アリストテレスとプトレマイオスの整った分類案が激論の対象になる。17世紀のドイツでは、イエズス会士の大学者アタナシウス・キルヒャーが地質学に関心を抱き、40もの著作の1作となる1664年の『地下世界』*Mundus subterraneus*の中で、水と火の地下分布に関する推論を提言するために大判の地球断面図2点を発表した。このキルヒャーの書に掲載された図版では、4人のプット［有翼、裸形の小天使］の顔が楽しげに4隅から風を吹きつけているが（**31**と**32**の各図）――こうした表現は慣例への譲歩だろう――ここではアリストテレスによって手際良く秩序立てられた諸元素が混乱をきたしている。水はもはや外側の元素層ではなく地下世界へと浸透し、火も遠方の月近辺にはなく網の目のような地下の管と溶岩湖の中で燃えさかっているのだ。

同時代以降の印刷物に描かれた地球も、やはり同様に未知を想像したり、その後明らかになるであろうことをもどかしげに待ち構えているように思われる。ある一作では海が干上がり、目に見えるのは朽ちたリンゴと荒廃した海底の上にある大陸だけとなった世界が提示されており、あたかも将来のプレートテクトニクスに関わる議論と、実際の海洋測深に基づいた地図とを予見しているかのようにも映る。また別の図版では、ただ単に空間に浮かび、夜の闇に陰影を紛れさせた明るい三日月型の惑星が描かれている。これは、1968年に初の月周を果たしたアポロ8号の宇宙飛行士たちが人類としてついに目にするヴィジョンの、1664年における前兆だ。

そして18世紀、山頂を起点とする一連の弾道を描く無味乾燥な図解が、1点の小さな図版の形で世に問われた。どの弾道も最終的に地球に戻るのだが、最後に放った最長の軌道だけはついに地球を周回する。ごく早期に発表された——おそらくこの形式としては初となる——その公転軌道図は、『世界体系についての試論』*A Treatise of the System of the World* に掲載された（**図35**）。通常は『プリンキピア』という略題で呼ばれる、アイザック・ニュートンによる『自然哲学の数学的諸原理』*Philosophae naturalis principia mathematica*［中村猿人訳、講談社］第3巻の1685年未発表草稿を、著者没後となる1728年に非公認のまま英訳した一冊である。『世界体系についての試論』は、ニュートンの“万有引力の法則”における地球と月、潮汐に対する影響をきわめて平易に説明していた。『プリンキピア』での複雑な微積分計算なくしてこの理論に到達していなかったニュートンではあるが、これほど理解しやすいテクストを書き上げたあと、なぜか一般読者には解明したことを伝えようともせず、ポピュラーサイエンスのベストセラーになりそうな話題を他の原稿とともに取り除けてしまったのである。

★

20世紀を迎える頃には、キルヒャーによる到達不可能な地球の場所についての推測描写が、実際の情報に基づいた図解に取って代わられた。入手できる情報の増加が、世界のどれほどかに関する見識——世界（ワールド）は宇宙（ユニヴァース）であり、またその逆でもあるととらえる古代からの感覚——を変えた。かくして、地球は一個の惑星となる。1950年代初期にコロンビア大学のラモント＝ドハティ地球観測研究所に籍を置いていた海洋学者メアリ・サープは、単なる「計算係」の女性に独創性などないという、男性科学者の頭に染みついた偏見に挑んだ。地質学者ブルース・ヘーゼンから提供されたソナー・データを使って、初の海底詳細地図を作成したのである。サープ以前、地図製作は付随的な仕事で、実際の調査のほうがより重要だと考えられていた。彼女はこの典例（パラダイム）を変えたのだ（**図43**）。

各ソナー測深地のデータを少しずつ整理していったサープは、ある異変に気づく。大西洋に縦に延びる海底山脈については、1870年代に初の大西洋横断電信ケーブルが敷かれたときから理論上知られてはいたのだが、断続的なソナー音が何かを表していると察したのである。それは不規則に連なる地溝谷で、北から南に延びる海底山脈を分割しているようだった。その上、途切れながらもつながる線は、1カ所だけではなかった。ほぼ連続的に極から極までつながっていたのだ。

サープは地球表面にある継ぎ目、すなわち大西洋中央海嶺を発見していた。地球の大陸はゆっくりと動く巨大な岩石圏の上に載っているのだ、という当時ほぼ無視されていた理論を支持する明確な証拠だった。彼女がその後もヘーゼンの測深結果を用いて全大洋で見出した地溝は、まさに地表下の物質が内部からゆっくり表面へと上がる場だったのだ。

サープとヘーゼンは海底全体の地図製作をつづけ、それまで未知だった地球表面の70%もの場所を明らかにした。彼らが初の北大西洋海底地図を発表した1957年は、ソヴィエト連邦がスプートニク1号を地球軌道に打ち上げ、アイザック・ニュートンの没後に発表された書物に載った小さな説明図の正当性が確認された年だった。海底地図の製作者メアリ・サープは、宇宙時代の幕開けの頃にその作地図法を惑星探査の装備として使ったのである。

★

■22

1210–30年———中世の多作な先験的作家であり、作曲家で女権主義者の原型でもあったヒルデガルト・フォン・ビンゲンの後期著作に所収の図版。球体をした地球の四季が表現されている。著者が没した1179年のあとに発表された版からの採録だが、図は彼女の原画に基づくものと思われる。地球が球体であるという知識は前6世紀頃のギリシア人哲学者たちももっており、ピュタゴラスもまたそれを最初に述べたひとりだと言われている。中世初期から18世紀までには、こうした惑星の形状が知れわたるようになった。聖ヒルデガルトによる"3部作"の最後となる『神の業（わざ）の書』を出典とする本図は、球体をした地球をきわめて劇的に描写した早期の一例だ。

23

■23

1121年――――中世の百科全書『花々の書』の折り畳み式図版。地球のまわりに複数の惑星軌道が描かれ、時間経過による惑星運動グラフの早期作例（斜めになった赤い帯）が画面を分断している。画面下部では金星と太陽、月が各天球帯から引き線によってグラフへと“移動”している。この百科全書は北フランス、サント＝メール司教座の司祭ランベールによる1099年から1120年にかけての編著作で、天文学や聖書学、地理学、博物学を網羅していた。大地の上部にインドが描かれているが、これはアジアを地球の上部に、いわば「位置を定める（オリエント）」ために置くという中世の慣習に基づいてのことである。『花々の書』は中世盛期に刊行された初期の百科全書と目されている。本図は当時の写本を原図とした。同書にある惑星運動を示したグラフは図**161**。

▶他の『花々の書』作品は**95**、**116–118**の各図

■24

1450年頃―――地球の形状が古代から知られていた一方で、やはり古代の概念である天空の下にある“平らな円盤状の地球”が中世やルネサンスの作品にときとして表される。本図はフィレンツェの画家フランチェスコ・ペセリーノが描いた長方形の絵画の一部。そもそも婚礼用チェストに描かれており、ここでは「名声」、「時間」、「永遠」といったものの勝利をイタリア語で記したペトラルカの寓意詩『勝利』*Trionfi* から「永遠の勝利」*Trionfo dell' Etanità* が取り上げられている。陸沿いの海岸線をくわしく描こうという意図はまったく見受けられず、単なる円盤状で、海は空の際（きわ）までつづいている。地球の上部ではいくつもの天球層が聖と俗を区切り、その外には神とそれに従う天使たち描かれている。ペトラルカ『勝利』では、「名声」が「死」に勝利するが、結局は「時間」が「名声」に勝ち、最期には「永遠」が「時間」に勝る。この詩はある種の宇宙の終局で締めくくられる。「すべての変化が終わる時が来たる。／素早く動く環（わ）は止まる。／もはや夏は燃えず、冬も凍ることはない。／何も来たらず、何も去ることはない。／しかし永遠はつづいていく」。

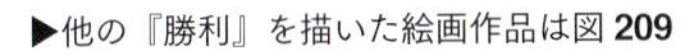
▶他の『勝利』を描いた絵画作品は図 209

24

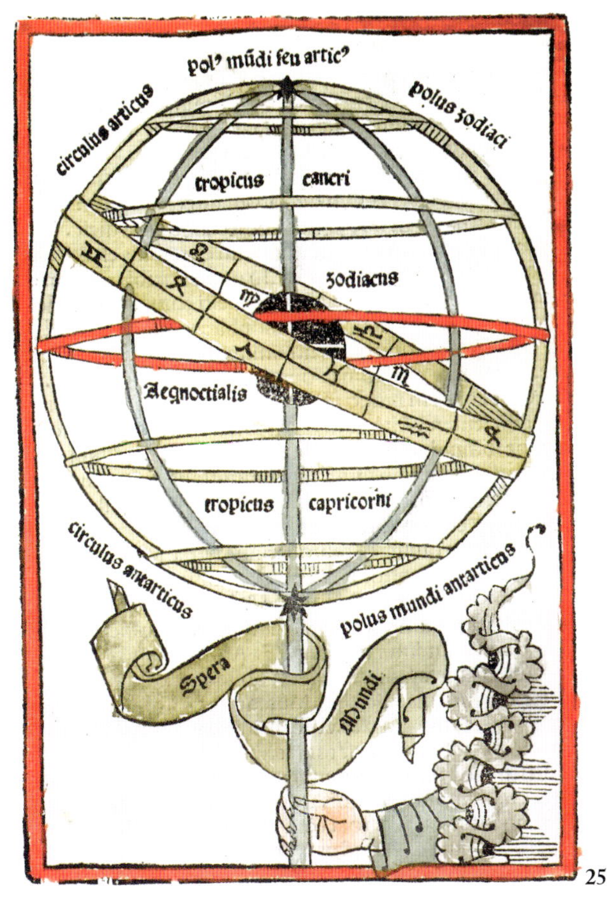

25

■25

1499年―――“手だけの神”がもつ渾天儀（こんてんぎ）図。修道士、天文学者のヨハネス・デ・サクロボスコによって1230年頃に刊行された『天球論』*Tractatus de sphaero* のヴェネツィア版（1499）より。地球は黄道帯と南北の回帰線に取り囲まれている。通常は金属でつくられるこのような球体は、特にコペルニクスの地動説の台頭以来、プトレマイオスの天動説の説明に使われた。サクロボスコ『天球論』は地動説以前にヨーロッパで最も好評を得て手刷りの版が重ねられたが、1455年に印刷機が発明されてからもいくどとなく再版されており、およそ200年のあいだに100以上の版が世に出ることとなった。サクロボスコは本図のような描写を踏まえて、宇宙を「世界機械（マキナ・ムンディ）」と呼んでいた（当時、「世界（ムンディ）」という言葉は全宇宙を意味した）。『天球論』からは、プトレマイオス的宇宙の複雑な惑星運動についての整然とした説明ぶりがうかがえる。

▶同ヴェネツィア版に所収の別作品は図 241

26

■26

1410–1500年———都市が棘のように飛び出す、“重力から解放されたような”地球を描いたこの15世紀の図版はきわめて珍しいことにSFの原型めいた趣をもつ。バルトロメウス・アングリクスによる1240年の百科全書『事物の諸性質について』*De proprietatibus rerum* の後年に刊行されたフランス語版より。

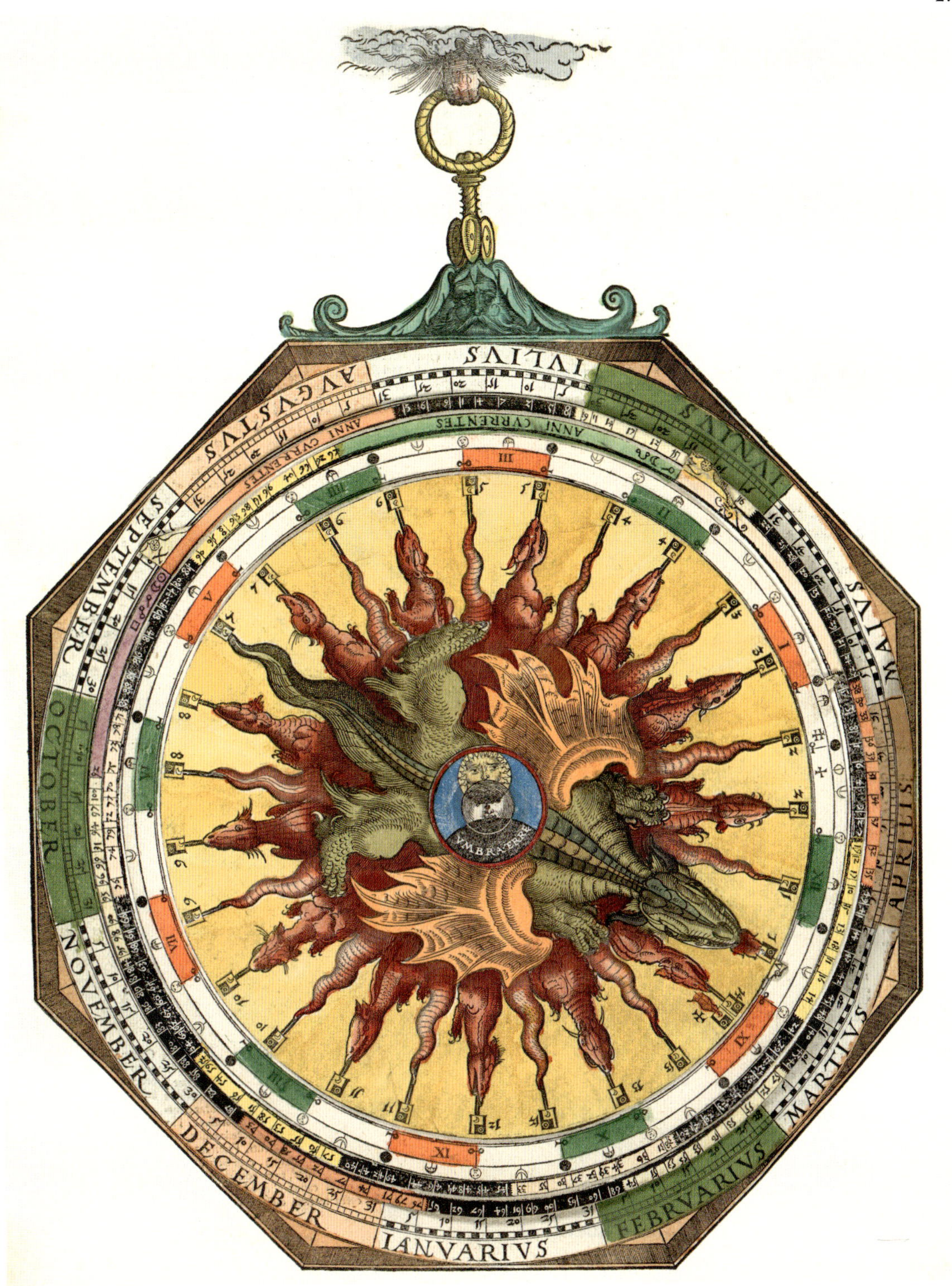

■27

1540年────ドイツの出版者、数学者、天文学者のペトルス・アピアヌスによる素晴らしい『皇帝の天文学』は、神聖ローマ帝国皇帝（スペイン王カルロス１世）に捧げられた。この傑作は今までに出版された中で最も精緻で美しい科学書と考えられており、書物そのものが実際の“科学装置”になっている。本図で示されているヴォルヴェルは、任意時間における地球の“陰”の位置鑑定に特化している。『皇帝の天文学』は、バイエルンのインゴルシュタットにあるアピアヌス自身の印刷工房で印刷、彩色された。

▶他のアピアヌスによる“装置”は **53、100、166、213、247** の各図

28

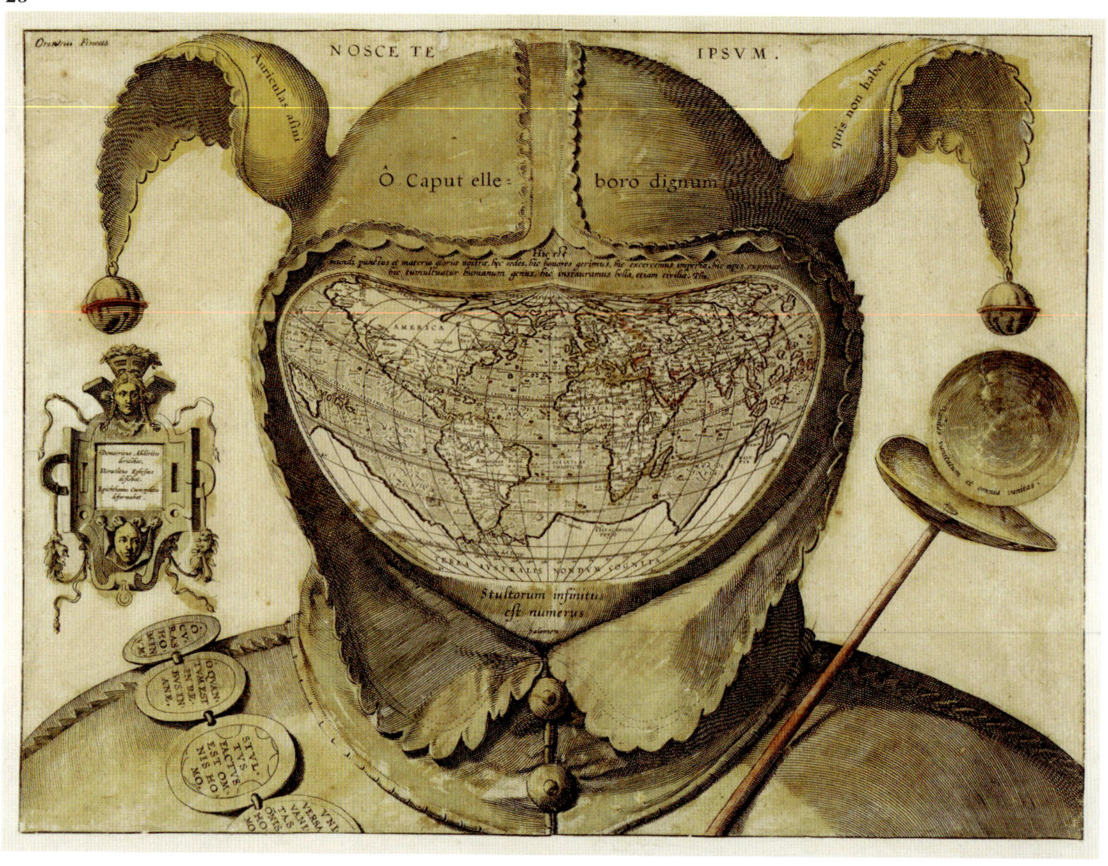

■28

1580–90年————謎めいて不安をかきたてる本図「世界地図の道化帽」は、フランスの数学者、地図製作者のオロンス・フィネが描いたハート型の地球をもとにしている。フィネの地図をここに流用した人物は、興味深い世界観の持ち主だったようだ。「伝道の書」(1:15)にあるラテン語の一節「Stultorum infinitus est numerus(ストゥルトルム・インフィニティウス・エスト・ヌメルス)」、すなわち「道化の数には限りがない」を鈴がついた道化帽の顔出しの下に刻み[新共訳の該当部「コヘレトの言葉」(1:15)では「ゆがみは直らず/欠けていれば、数えられない」となっている]、その中に世界を据えることで、この未詳の"地図製作者"は新しい宇宙図を生み出しているのだ。この他にも「頭の上にはお似合いのヘリボーひと束」といった大意のラテン語のモットーも帽子の上部に書かれている(ヘリボーは毒性のハーブで、古代人が狂気の治療に使っていたものの、むしろ心不全や死を引き起こしたらしい)。シェイクスピアの『リア王』*King Lear*[全集28所収、小田島雄志訳、白水uブックス]などからもわかるように、愚者(道化師)は権力者に向かって真実を語ることを許された数少ない存在だった。

■29

1593年————この「ヨハネ黙示録」のための挿画には画面右下の窓にパトモス島で啓示を受けるヨハネの姿があり、大地と天空にある神の国とのあいだには天球の断面図が描かれている。天地創造を描いたフランシスコ・ドランダによる**13**から**16**の各図と同様に、細長い棒のような三角形が天と地とを結ぶ。そこには新約聖書の最後にある「ヨハネ黙示録」の各場面が描かれ、三位一体の神から直接放たれているのだ。本図でも宇宙はプトレマイオス的な天動説の秩序のもとにあり、地球から元素、惑星、星座とつづく環(わ)の最後となる最上層には天界に住む天使が見て取れる。天界と俗界との境[画面中央よりやや上の帯]には「第10天、駆動部の終焉」という大意のラテン語が記されている。フランドルの版画家ニコラース・ヴァン・アエルストがバイエルンのフェルディナント枢機卿へと捧げた、この精巧な図版の印刷者名は未詳。

CAELVM EMPYREVM IN QVO SANCTA TRINITAS·BEATA VIRGO ANGELI·ET SANCTI OMNES
VISIONES APOCALYPSIS
Troni
Virtutes
Archangeli
Angeli
CAELVM CHRYSTALLINVM IN QVO AQVAE OMNES QVAE SVPER CAELOS
DECIMA SPHERA QVA TERMINATVR MOTVS
NONA SPHERA IN QVA LVCIDI CHARACTERES VT ARABES AFFIRMANT
OCTAVA SPHERA IN QVA OMNES STELLAE FIXAE
SATVRNVS
IVPPITER
MARS
SOL
VENVS
MERCVRIVS
LVNA
IGNIS
AER
Sanctus Ioannes coelo aperto intuetur visiones quae in Apocalypsi continentur et eas ab Angelo scribere iubetur.
Ser.mo Principi Ferdinado Vtriusq. Bauariae Duci picturae, et elegantioru max.o Dño ac Mecoena
Comiti Palatino Rheni cis Guilielmi F. artium admiratori ti Colen.mo
Nicolaus uan Aelst Bruxellens. obseruantiae ergo Romae. d.d. 1593.
GALLIAE PARS
ITALIA
GRECIA
HISPANIAE PARS
FRETVM HERCVLEVM
OCEANVS OCCIDENTALIS
AFRICAE PARS
MARE MEDITERRANEVM

30

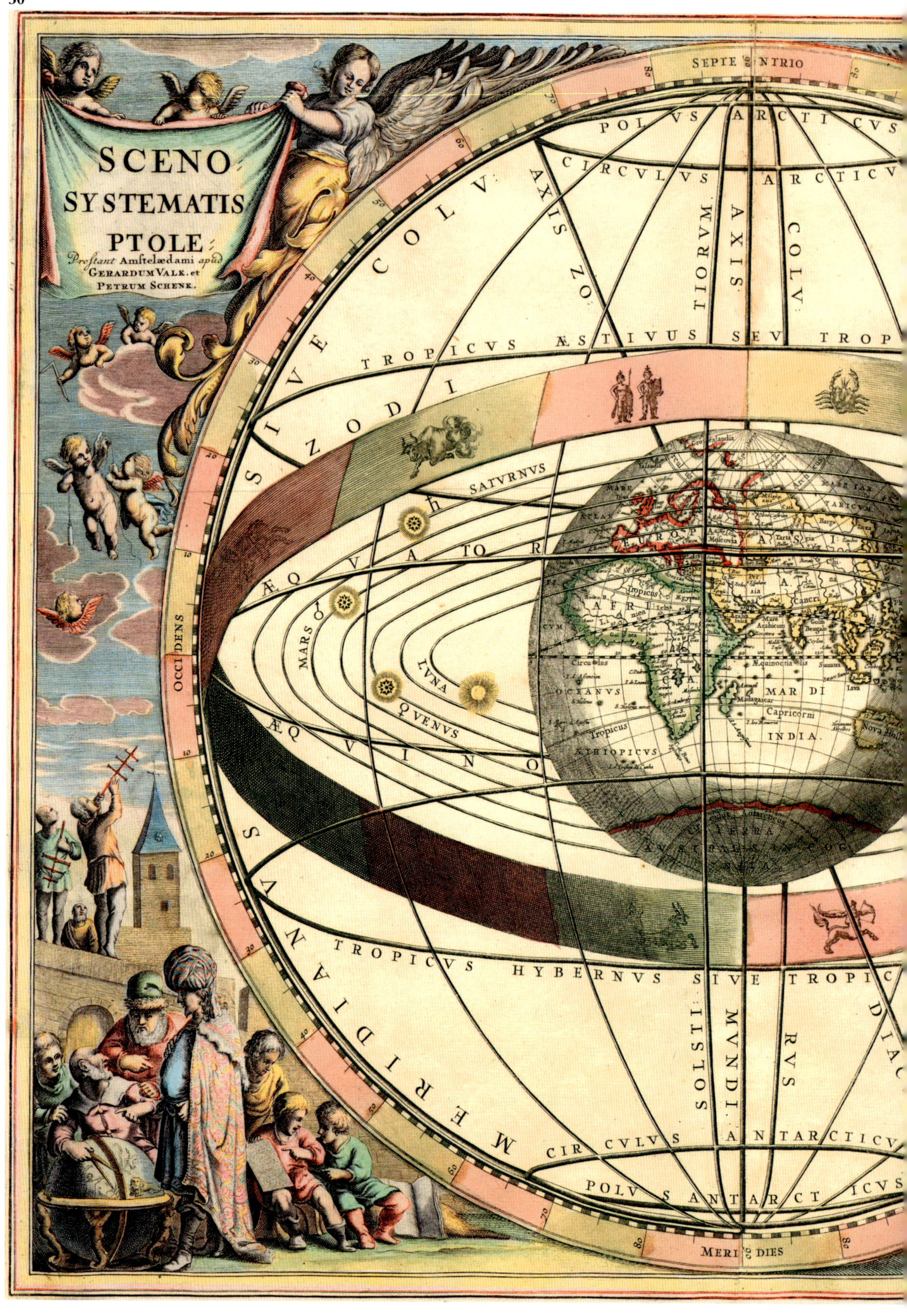
SCENO
SYSTEMATIS
PTOLE
Prostant Amstelædami apud
GERARDUM VALK. et
PETRUM SCHENK.
SEPTENTRIO
POLVS ARCTICVS
CIRCVLVS ARCTICVS
COLVRVS SIVE COLVRVS
AXIS ZODIACI
AXIS MVNDI
TROPICVS ÆSTIVVS SEV TROPICVS
SATVRNVS
ÆQVATOR
MARS
LVNA
VENVS
ÆQVINOCTIALIS
OCCIDENS
TROPICVS HYBERNVS SIVE TROPICVS
MERIDIANVS
SOLSTITIORVM
CIRCVLVS ANTARCTICVS
POLVS ANTARCTICVS
MERIDIES
EVROPA
AFRICA
ASIA
OCEANVS ÆTHIOPICVS
MAR DI INDIA
Capricorni
Tropicus
Nova Holl

■30

1660年――――アンドレアス・セラリウスによるバロック期の豪華本『大宇宙の調和』にあるプトレマイオス的天動説の宇宙図は、17世紀における天球図の最高傑作のひとつだ。中央にある巨大な地球を周回する惑星が、それぞれはっきりと識別できる星の伝統的表象をもって描かれている。黄道帯は黄経30度ごとに12分割されており、そこに割り当てられた星座との対照によって地球から見た太陽の経過を示す。宇宙の軸は地球の極の延長上にあり、また天の赤道は地球における赤道の外方向への投影となる（先行例は図**25**）。画面右下に描かれている人物の中にはプトレマイオスその人の姿が見受けられるともされるが、背景の崩壊しつつあるアレクサンドリアは、コペルニクスによる革命的な発見のあとに彼の宇宙観が失われていくことを象徴しているのかもしれない。

▶他のセラリウス作品は**64、104–105、125–126、168、219–220**の各図

■31–32

1664年———図**31**：ドイツのイエズス会士で大学者のアタナシウス・キルヒャーが著した『地下世界』に所収の、溶けた溶岩の地下網を描いた図版。1638年、調査のためヴェスヴィオ山の“不安定な”火口に降り立ったとされるキルヒャーは、「あらゆる分野を知悉していると主張できる最後の思想家のひとり」と語り継がれており、地球の核へとつづく水と火の管があるという理論を打ち立てた。地球の地下構造と、それがどのように地表の形状を変えるかを理解しようと目論んだ彼は、地球を巨大な自律的体系だとするガイア仮説の3世紀も前に、「惑星の」自意識の表出にまで言及していたらしい。図**106**はキルヒャーによる太陽の描写。

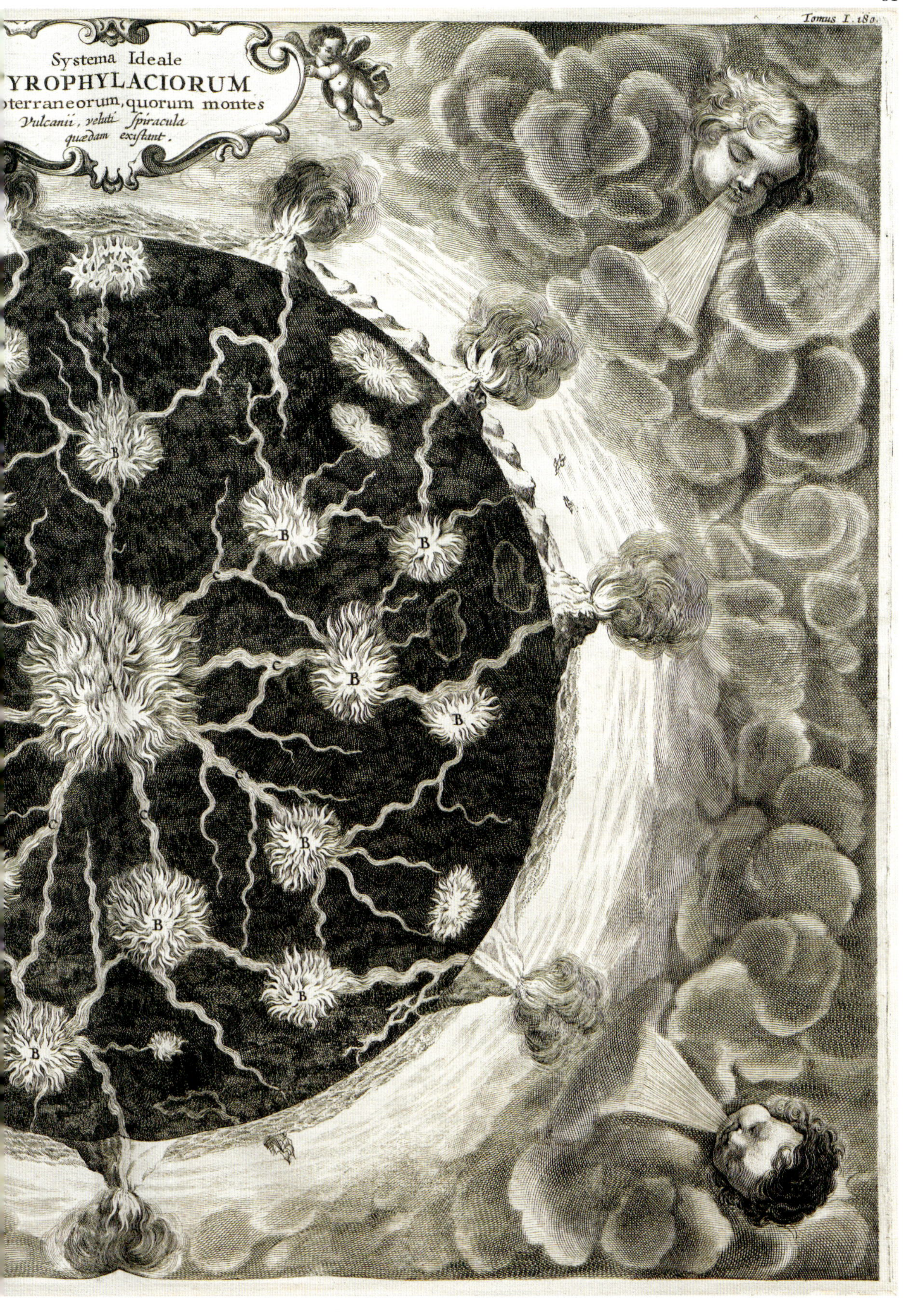
Tomus I. 180.
Systema Ideale
YROPHYLACIORUM
oterraneorum, quorum montes
Vulcanii, veluti spiracula
quædam existant.

32

Systema Ideale
QVO EXPRIMITUR, AQUAR
per Canales hydragogos ſubterraneo
ex mari et in montium hydrophylacia
protruſio, aquarumq; ſubterreſtrium
per pyragogos canales concoctus .
A

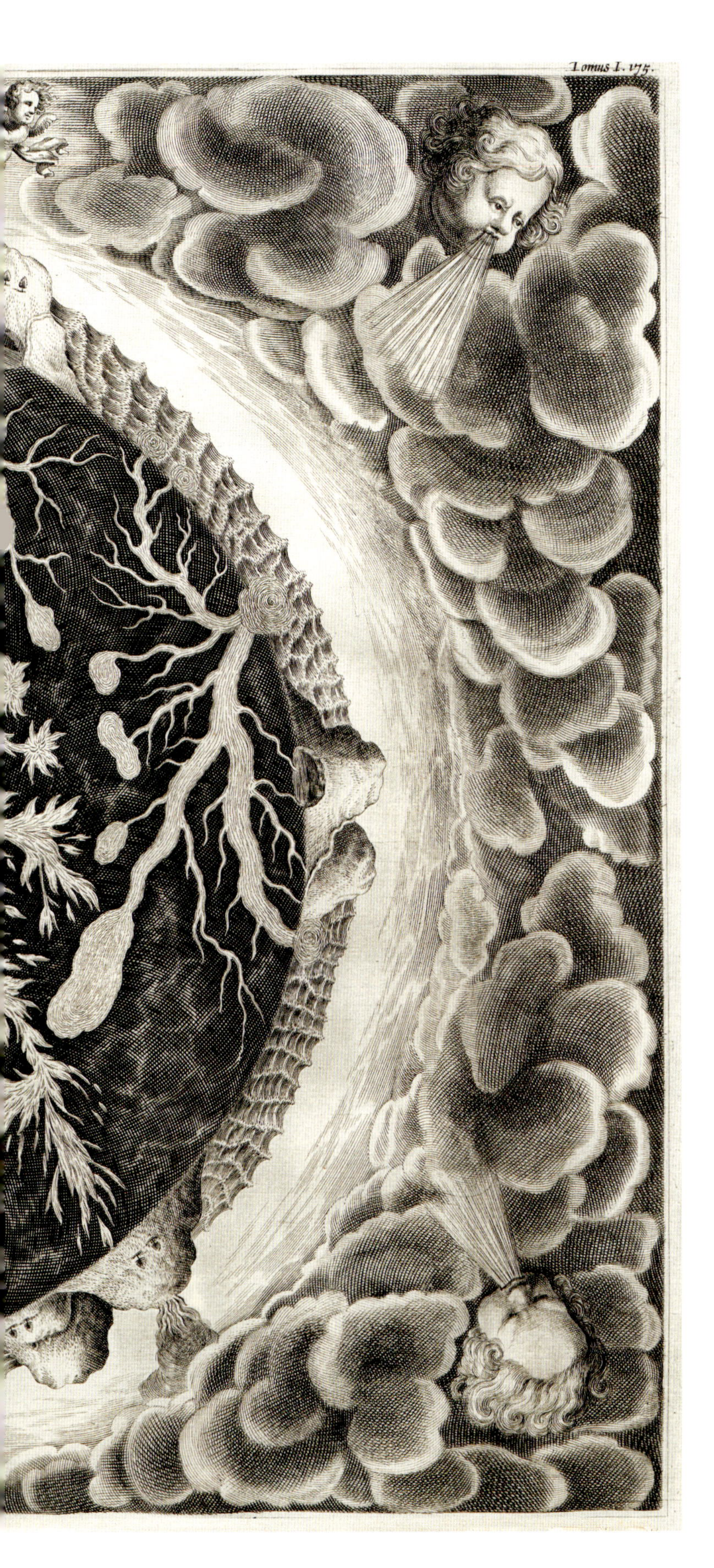

☆

図32：『地下世界』に所収の、“カルスト型水系”の描写（キルヒャーは知らなかったようだが、これより150年前にレオナルド・ダ・ヴィンチが地下世界について同様の結論に達しており、「すべての動物に血がめぐるように、生きた動物であるこの世界を水がめぐっている」と記している）。キルヒャーの発想のほとんどが現代では誤謬とみなされるが、地球における地下世界の描写が完全な誤りというわけではない。水はここ20年の研究によって、この惑星の地殻の奥深くに以前の推定を超えた浸透ぶりを示しているものと指摘されているのだ。その結果、極度の高圧、高温、またきわめて多量の放射線に耐え得る微生物によってその大半が構成された、相当に大規模な地下生物圏が存在するのだという。

33

■33

1665年―――エルハルト・ヴァイゲルによる『スペクルム・テッラエ、もしくは地球の鏡』*Speculum terrae, das ist, Erd–Spiegel* に所収の、彗星が黄道帯を横切る先験的な描写。1664年から1665年にかけて現れた2つの大彗星は、“食”を迎えた月の両側から出現したことによってヨーロッパ全体に恐慌を引き起こした。このような“凶兆”の連続は前代未聞だが、折り悪くロンドンでは1666年にかけペストが最後の大流行を見せて人口の15%が失われており、そして同年9月のあの大火へとつづくのである。月食と彗星については第8章と第9章をそれぞれ参照。

■34

1684年―――オランダで印刷された、イングランドの神学者、宇宙学者トマス・バーネットによる“海がない状態の地球図”。バーネットは自著『地球の神聖理論』*Telluris theoria sacra*（ラテン語による初版は1681年で、後年英語版も出された）の中で、もともとの地球は中空で水のほとんどが地下の貯水池にあり、ノアの大洪水以降に大洋が出現したと書いている。周囲の大洋が干上がり、カリフォルニアが島になっていることに注目されたい。

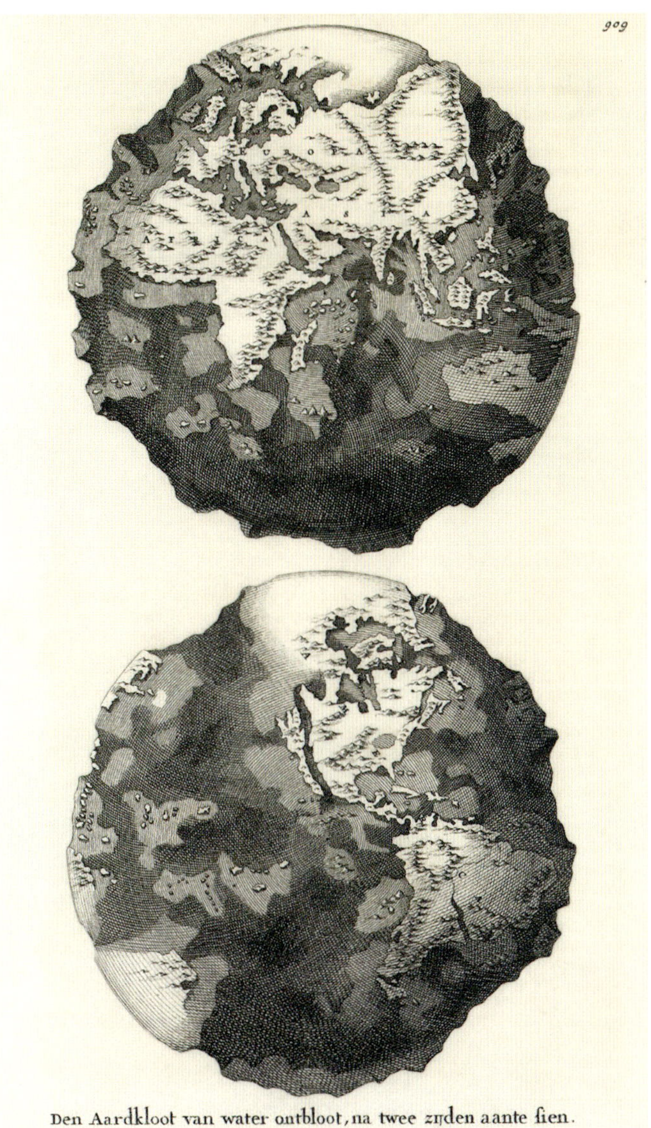

909
Den Aardkloot van water ontbloot, na twee zijden aante fien.

34

35

■35

1728年―――ニュートンによる画期的著作『プリンキピア』のために書かれた1685年未発表草稿に当てた図。地球の周回軌道にいたるまでの一連の弾道が描かれている、この種の描写としては最早期の作品のひとつ。きわめて平易な『世界体系についての試論』では、『プリンキピア』で述べることになる原理による地球と月、潮汐、太陽系への影響が記されている。結局のところニュートンはこうしたわかりやすい筆法を再考し、代わりに難解な数学的記述を盛り込むべく草稿を練り直して発表した。

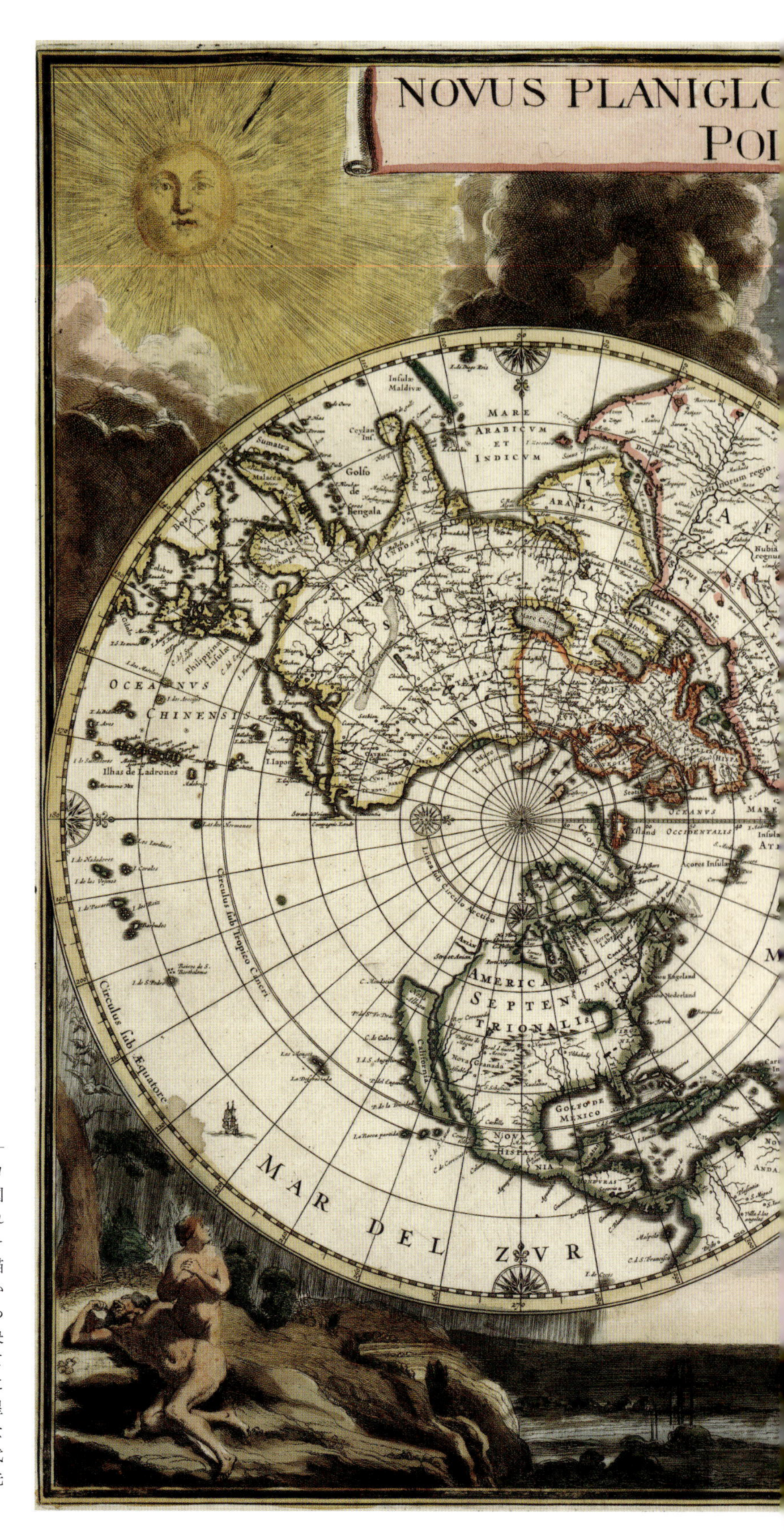

■36

1695年———オランダの地図製作者ヨアン・ブラエによる極を中心とした地図ではカリフォルニアは島で、まだ知られていなかった南極大陸は存在せず、オーストラリア沿岸の一部だけが輪郭線で描かれている。地図上部の両隅には雲間から顔をのぞかせる太陽と月があしらわれ、宇宙空間にある地球の想像図が中央上部の目立つ位置にある渾天儀（こんてんぎ）の中に表されている。この時代には海洋探検が最大の関心事だったが、星がちりばめられた空間に浮かんだ複雑な機械の描写は250年後の宇宙飛行の時代を予見しているかのようだ（渾天儀の先行例は図**25**）。

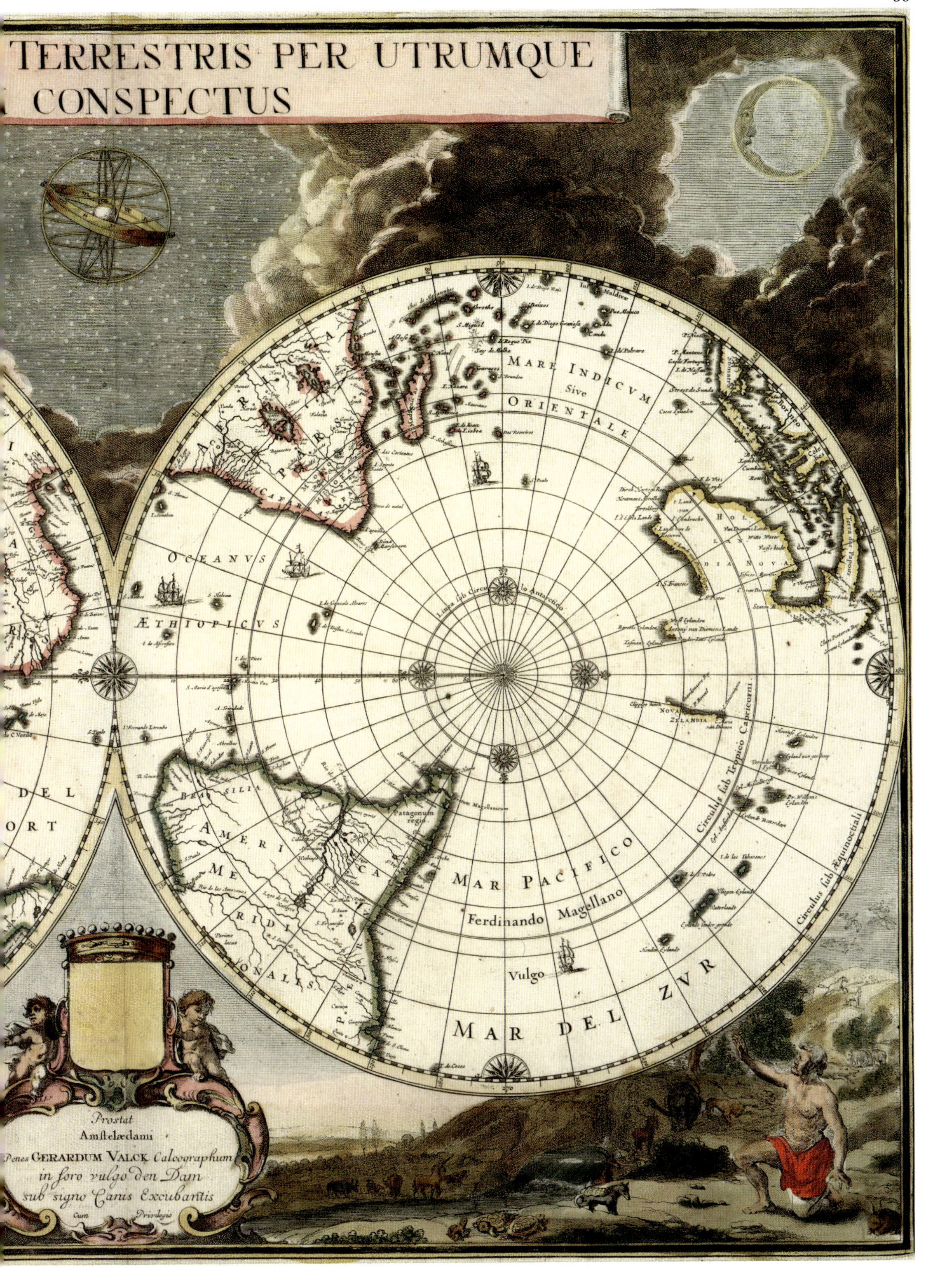
TERRESTRIS PER UTRUMQUE
CONSPECTUS
MARE INDICVM
Sive
ORIENTALE
OCEANVS
ÆTHIOPICVS
Linea sub Circulo Antarctico
Patagonum regio
MAR PACIFICO
Ferdinando Magellano
Vulgo
MAR DEL ZVR
Circulus sub Tropico Capricorni
Circulus sub Æquinoctiali
Prostat
Amstelædami
Penes GERARDUM VALCK Calcographum
in foro vulgo den Dam
sub signo Canis Excubantis
Cum Privilegio

37

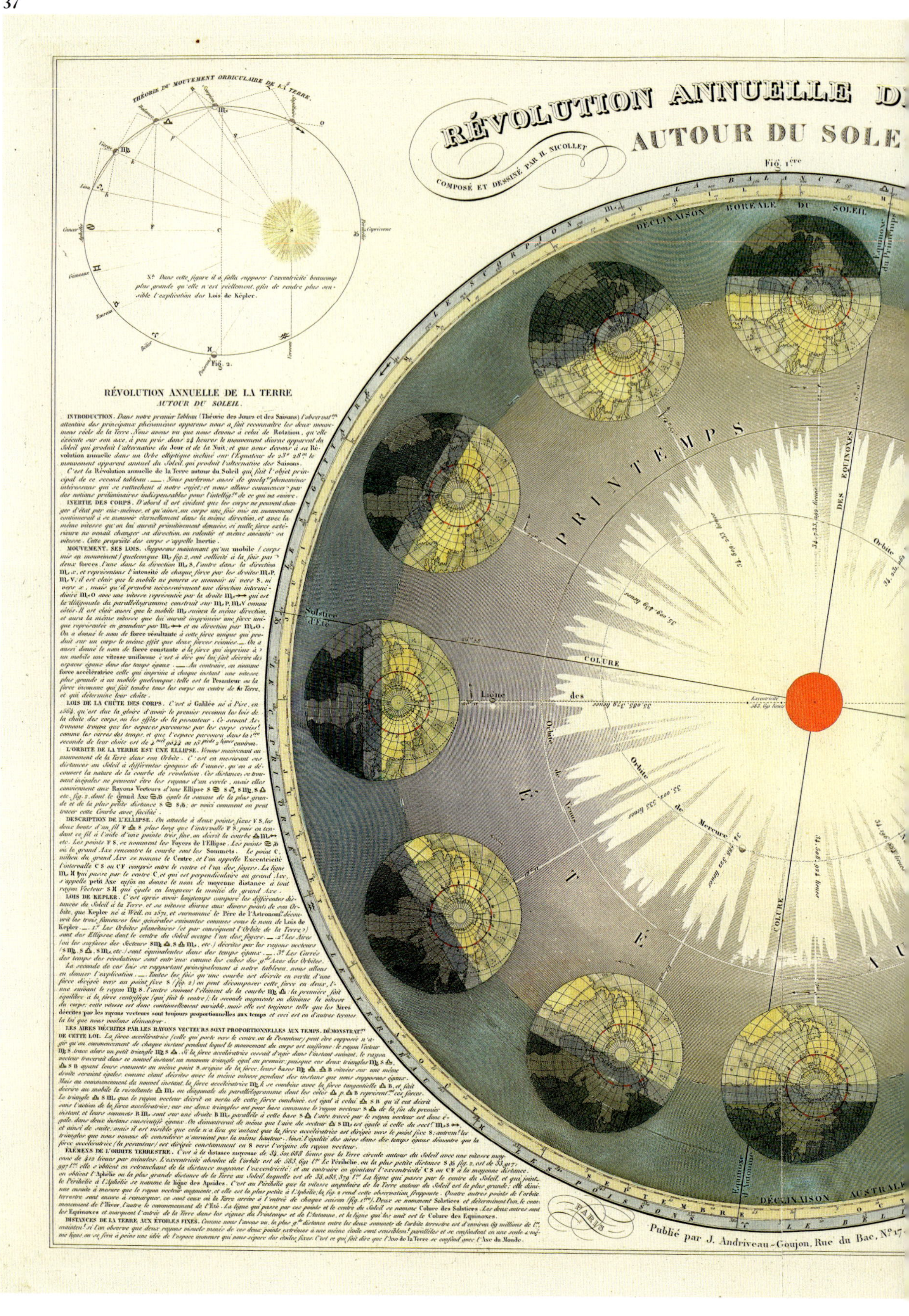
RÉVOLUTION ANNUELLE D
AUTOUR DU SOLE
COMPOSÉ ET DESSINÉ PAR H. NICOLLET
THÉORIE DU MOUVEMENT ORBICULAIRE DE LA TERRE.
Fig. 2.
Fig. 1ère
RÉVOLUTION ANNUELLE DE LA TERRE
AUTOUR DU SOLEIL.
DÉCLINAISON BORÉALE DU SOLEIL
PRINTEMPS
DES EQUINOXES
Solstice d'Été
COLURE
Ligne des
Orbite de Vénus
Orbite de Mercure
ÉTÉ
COLURE
Équinoxe d'Automne
DÉCLINAISON AUSTRALE
PARIS
Publié par J. Andriveau-Goujon, Rue du Bac, N°17

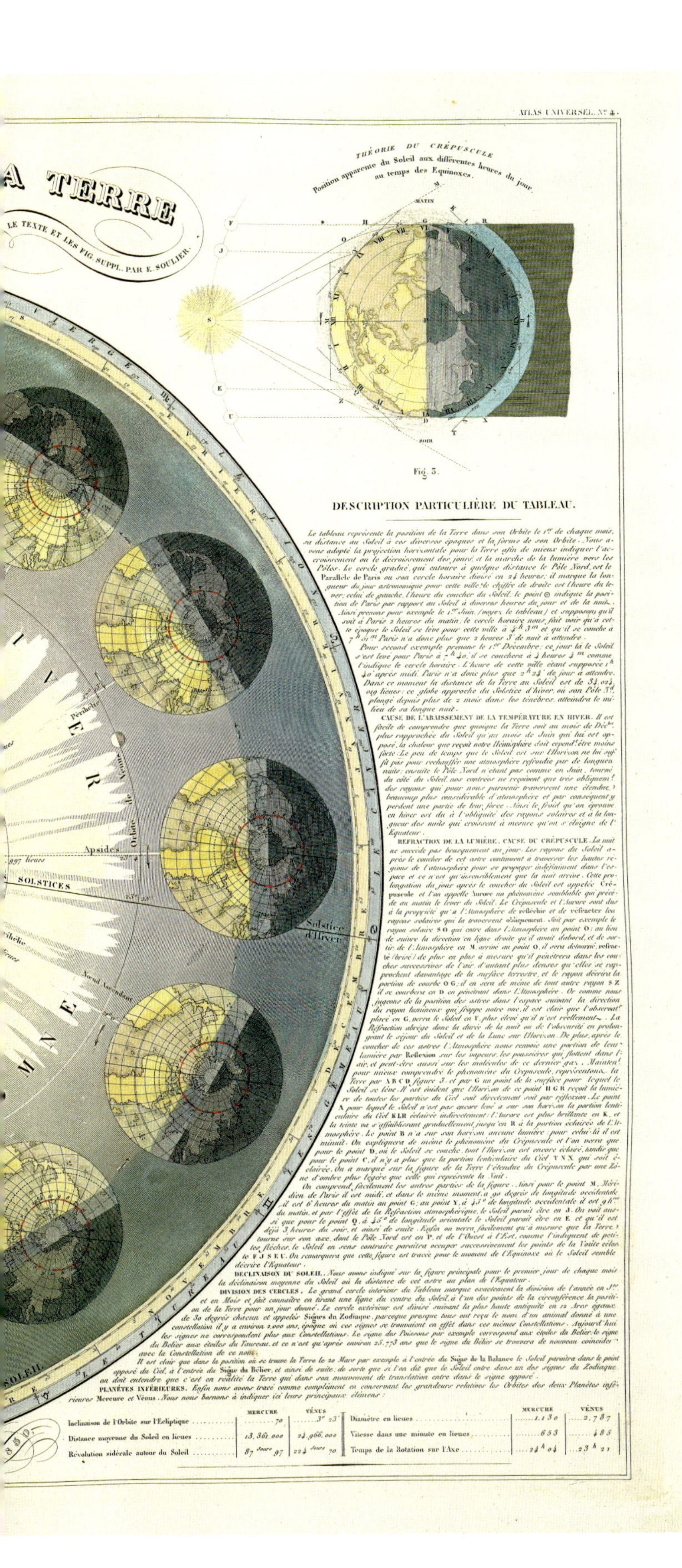

■37

1850年————H・ニコレ『古代地理学と現代地理学の古典的かつ普遍的地図』*Atlas classique et universel de geographie ancienne et moderne* に所収の、1年で太陽を1周する地球。注目点は季節変化が描かれていることで、北極地帯は夏に太陽が差すものの冬には陰っている。この頃ともなると、プトレマイオスの天動説がコペルニクスの地動説に取って代わられてから長い時間がたっていた。天動説から地動説への変遷については第5章を参照。

■38

1880年――――フランスの多作な天文学普及家カミーユ・フラマリオンのベストセラー『一般天文学』*Astronomie populaire*の図版。説明書きには「時に運ばれ、消えゆく目標へと跳躍する地球が宇宙を素早く転がっていく」と記されている。フラマリオンは科学書ばかりかSF作品まで書いている。

■39

1888年———広大で複雑な宇宙機械の内側にある人間の状態を描いた、史上最も知られたヴィジュアルのひとつ。「ある中世の宣教師が天と地が出会う場所を見つけた」と説明書きにある本図が最初に発表されたのは、カミーユ・フラマリオンの『大気：一般気象学』においてだった。フラマリオンによる50冊を超える多量の著作中の図版のほとんどが、10代で彫版師の徒弟となった彼自身の原画によるものと考えられている。同書の対向頁にあるテクストによって、本図が独自に制作されたことは明らかだ。中世めいた世界観を19世紀的に構成した本図から受ける印象とは異なり、中世では地球が球体だということが広く受け入れられていた。

40

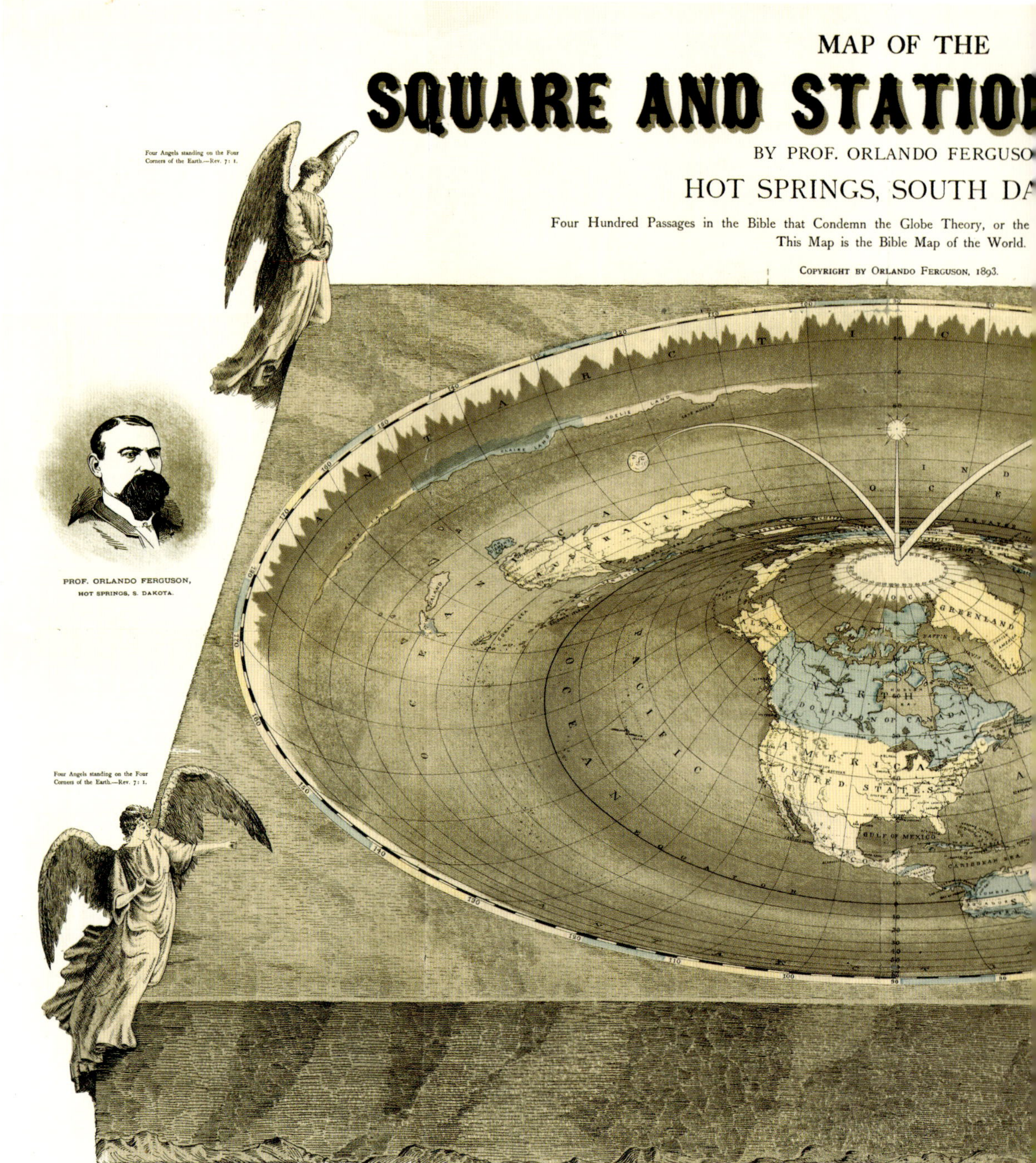

SCRIPTURE THAT CONDEMNS THE GLOBE THEORY.

And his hands were steady until the going down of the sun.—Ex. 17: 12. And the sun stood still, and the moon stayed.—Joshua 10: 12–13. The world also shall be stable that it be not mov To him that stretched out the earth, and made great lights (not worlds).—Ps. 136: 6–7. The sun shall be darkened in his going forth.—Isaiah 12: 10. The four corners of the earth.—Isaiah 11: 12. is at rest.—Isaiah 14: 7. The prophecy concerning the globe theory.—Isaiah: 29th chapter. Woe to the rebellious children, sayeth the Lord, that take counsel, but not of me.—Isaiah 30: 1. So th degrees.—Isaiah 38: 8–9. It is he that sitteth upon the circle of the earth.—Isaiah 40: 22. He that spread forth the earth.—Isaiah 52: 5. That spreadeth abroad the earth by myself.—Isaiah 54: hath laid the foundation of the earth.—Isaiah 58: 13. Thus sayeth the Lord, which giveth the sun for a light by day, and the moon and stars for a light by night (not worlds).—Jer. 31: 35–36. turned into darkness, and the moon into blood.—Acts 2: 20.

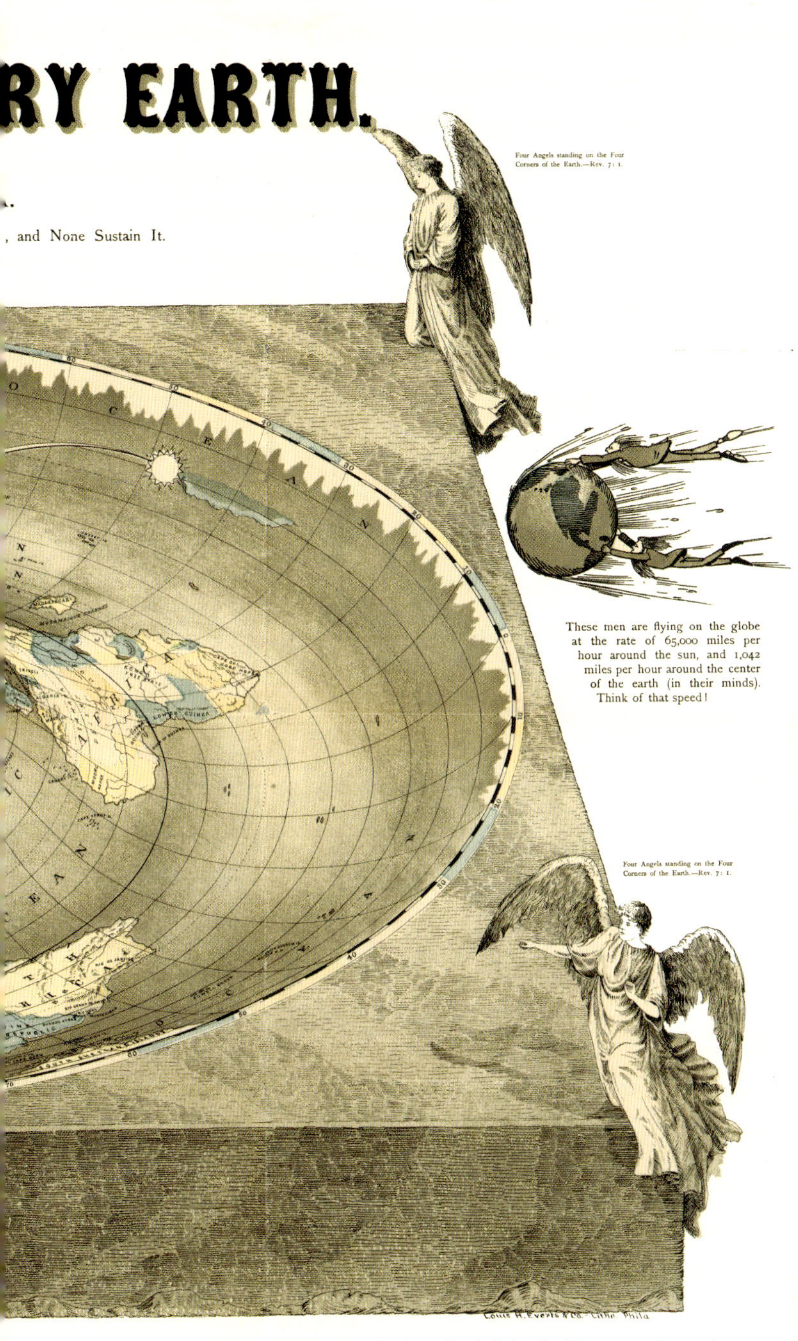

■40

1893年————オーランド・ファーガソン教授はサウスダコタ州ホットスプリングズの公報で「球体理論」に異議を唱え、4隅に角がある方形のルーレット盤のような形状を提唱した。太陽と月、北極星がすべて極から延びた“棒”にぶら下がっていることに注目されたい。ファーガソンの宇宙論は定着しなかった。

■41–42

1944年————19世紀初頭のイングランドの地質学者ウィリアム・スミスに端を発する現代的な地勢図製作という発想は、作法における空間情報の提供量を増加させ、一方で時とともに明らかになる歴史とそのプロセスを取り扱う地質学のために、時間という要素が取り入れられた。1940年代初期、ルイジアナ州立大学の地理学者ハロルド・N・フィスクは、ミシシッピ川下流の沖積平野で大々的な地質調査を行い、陸軍工兵隊のために見事な一連の地図を作成したが、長い時間をかけて生まれた重なり合うリボン状水路を地図化すると、そこに美しい網目模様が生まれた。月や惑星、そして太陽系における他の惑星の月に取材した地勢図については、第3章と第6章を参照。

41

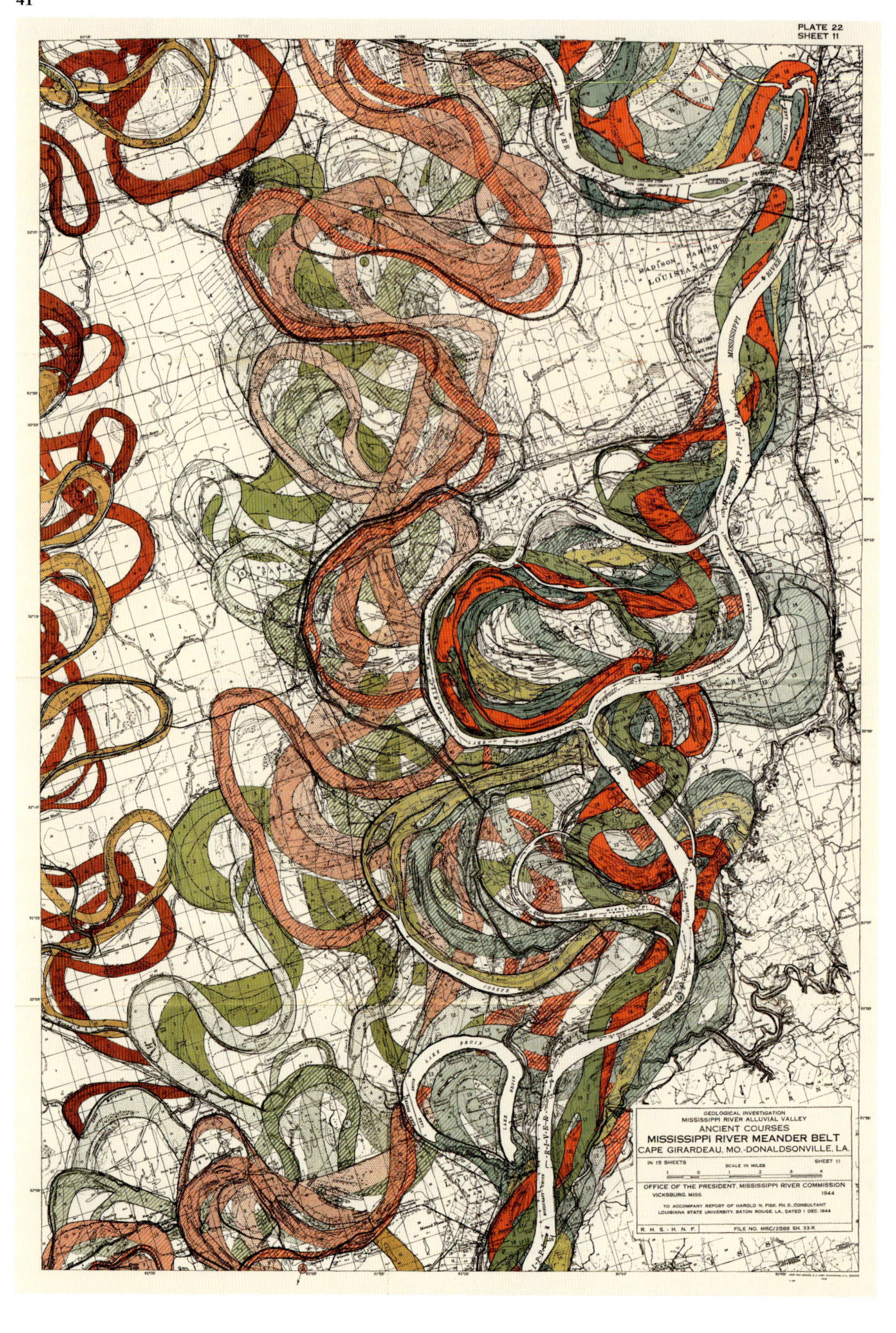
PLATE 22
SHEET 11
MADISON PARISH
LOUISIANA
MISSISSIPPI
GEOLOGICAL INVESTIGATION
MISSISSIPPI RIVER ALLUVIAL VALLEY
ANCIENT COURSES
MISSISSIPPI RIVER MEANDER BELT
CAPE GIRARDEAU, MO.-DONALDSONVILLE, LA.
IN 15 SHEETS
SHEET 11
SCALE IN MILES
1 0 1 2 3 4
OFFICE OF THE PRESIDENT, MISSISSIPPI RIVER COMMISSION
VICKSBURG, MISS.
1944
TO ACCOMPANY REPORT OF HAROLD N. FISK, PH. D., CONSULTANT
LOUISIANA STATE UNIVERSITY, BATON ROUGE, LA., DATED 1 DEC. 1944
R. H. S. - H. N. F.
FILE NO. MRC/2588 SH. 33-K

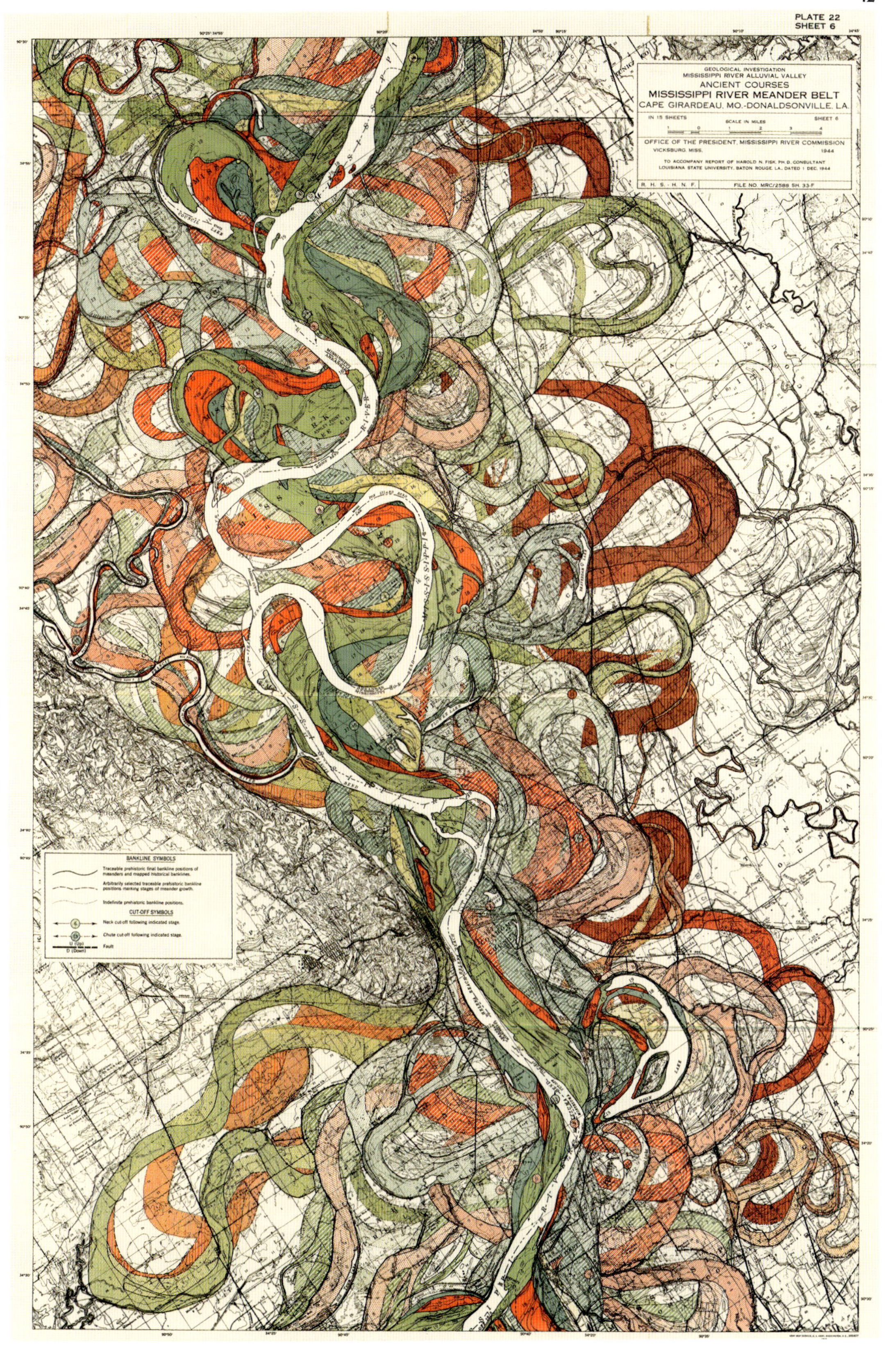
PLATE 22
SHEET 6
GEOLOGICAL INVESTIGATION
MISSISSIPPI RIVER ALLUVIAL VALLEY
ANCIENT COURSES
MISSISSIPPI RIVER MEANDER BELT
CAPE GIRARDEAU, MO.-DONALDSONVILLE, LA.
IN 15 SHEETS
SCALE IN MILES
SHEET 6
OFFICE OF THE PRESIDENT, MISSISSIPPI RIVER COMMISSION
VICKSBURG, MISS.
1944
TO ACCOMPANY REPORT OF HAROLD N. FISK, PH. D., CONSULTANT
LOUISIANA STATE UNIVERSITY, BATON ROUGE, LA., DATED 1 DEC. 1944
R. H. S. - H. N. F.
FILE NO. MRC/2588 SH. 33-F
BANKLINE SYMBOLS
Traceable prehistoric final bankline positions of meanders and mapped historical banklines.
Arbitrarily selected traceable prehistoric bankline positions marking stages of meander growth.
Indefinite prehistoric bankline positions.
CUT-OFF SYMBOLS
Neck cut-off following indicated stage.
Chute cut-off following indicated stage.
U (Up)
D (Down)
Fault

Painted by Tanguy de Rémur.

THE FLOOR

Base
Bruce C.
of the Lamo
Columbia Uni
SUPPORTED B
OFFICE

■43

1976年————海底地図。地球の陸地部分は20世紀までにさまざまな精度で測量されていたが、地球表面の70%を占める海底は違った。1950年代初期にコロンビア大学のラモント=ドハティ地球観測研究所に在籍していた先進的な海洋学者、地図製作者のメアリ・サープは、地質学者ブルース・ヘーゼンと共同で大西洋海底の広範囲なソナー探査を行い、初の科学的海底地図をつくり上げた。サープの研究によって、大西洋の海底山脈の中央を縦に走る嶺、すなわち大西洋中央海嶺の存在が明らかになったのである。それは、

Mercator Projection 1 : 48,000 000 at the Equator.
Depth and Elevations in Meters.

THE OCEANS

udies by
Marie Tharp
cal Observatory
New York, 10964
STATES NAVY
ESEARCH

43

当時否定されていた大陸移動説の正当性を示す明確な証拠だった。サープとヘーゼンは全海底の地図製作をつづけ、1976年に最高傑作となる全海底の完全な地図を完成させている。それが本図である。サープによる大西洋海底の継ぎ目となるプレートの発見は、同様な不規則性と連続性を帯びたインド洋と太平洋の各海底にある地溝の発見につながった。この地図製作によって、地球表面のすべてが高い精度で図示されたことになる。

44

65

Pacific Ocean - Plate Tectonics

2006年———ビル・ランキンによる太平洋のプレートテクトニクス図。黄色い円は地震データを表し、プレート境界と地震頻度に明確な相関性があることを明示している。紫の点の火山もプレート境界に沿って並んでいる。矢印はプレートの動きを表す。このように高度な重層的地図は、データを視覚化し、自然の作用を概念化する新たな方法である。

■45

2008年———カナダの地質調査による北極圏の地勢図。北緯60度までの沿岸、沖合の海底を完全網羅している。火山岩は緑で、砕屑岩（さいせつがん。岩石の鉱物砕片で構成される）は黄、灰、茶で、炭酸塩岩（炭酸イオンを含有）は青で、というように、地質が色別で表示されている。このような地図は、全大陸が地図化はおろか発見もされていなかった頃からすると、作地図法が大幅に進展したことを示している。月や惑星、そして太陽系における他の惑星の月に取材した地勢図については、第3章と第6章を参照。

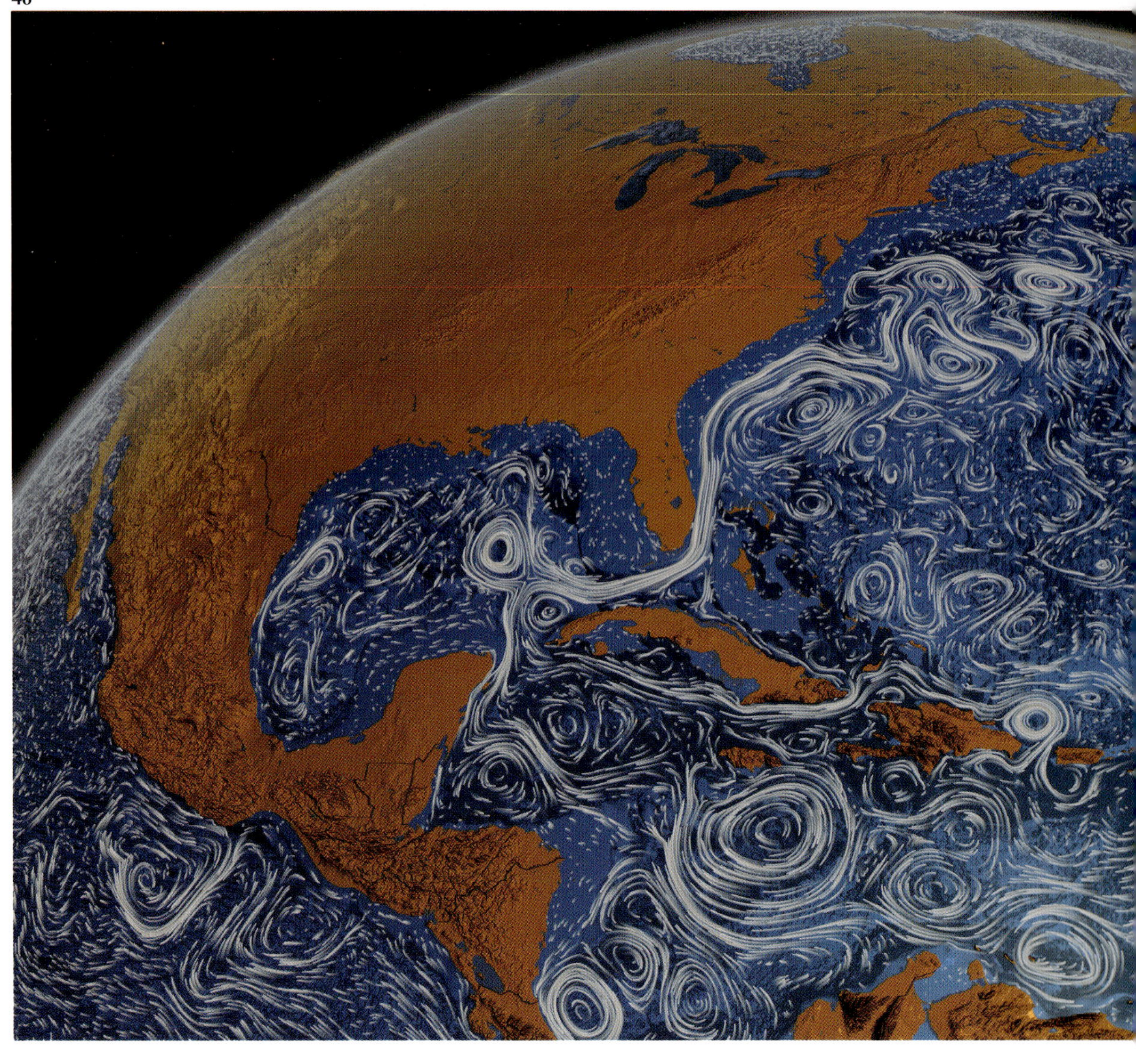

■46

2011年————海流や風向、そしてその速度のような複雑で一時的な現象を視覚化しようという試みは、同時性の高いデータが増加し、スーパーコンピュータがそれを処理できるようになった21世紀初めに急速に洗練された。この表層海流の画像は、2005年から2007年に集められたデータに基づき、NASAのゴダード宇宙飛行センターが所有する科学映像スタジオで作成された。

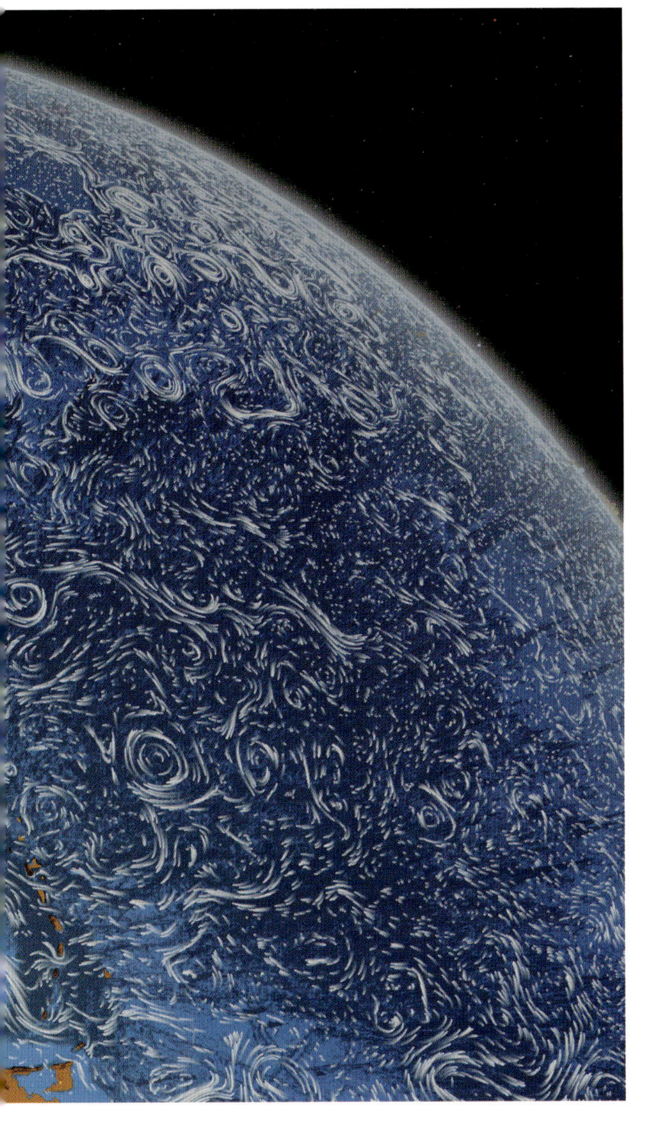

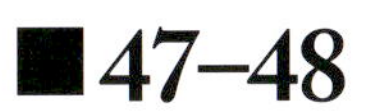

■47–48

2013年———インド洋と大西洋の2012年12月後半における風の流れ。ウェブデザイナーのキャメロン・ベッカリオが開設した地球の風が閲覧できる即応性の高いWEBサイトから収録した画像(URL: earth.nullschool.net)。

47

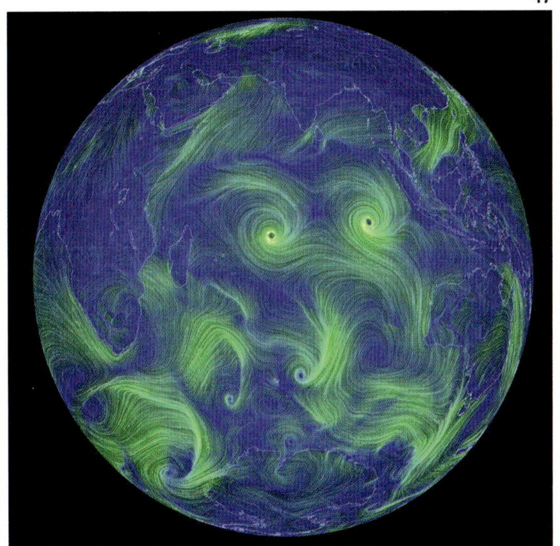

48

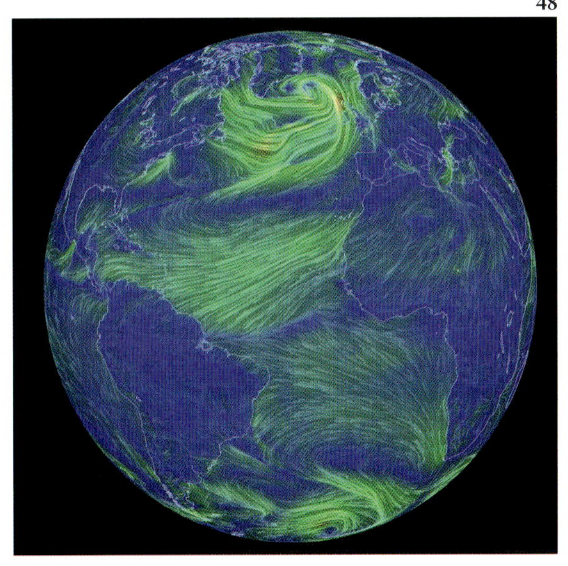

第3章

月

The Moon

月の羊は夢で自分に言いきかせる。
「おれは宇宙の暗黒空間。」
月の羊。
―――クリスティアン・モルゲンシュテルン「月の羊」*Das Mondschaf*
［『絞首台の歌』所収、種村季弘訳、書肆山田より］

太陽は別として、空に浮かぶ天体で月ほど早期の人類を魅了し、理解したいという思いをかきたて、また想像力を刺激してきた存在はない。地球上のほぼすべての生物の日周リズムを支配する明白な力のある太陽は、その強さゆえにさして疑問をもたれることも、研究の対象になることも、さらにはインスピレーションを与えることもない。もちろん抜きん出て優れた天体だが、ひとたび昇るとすぐにあまりにも強力な光で目に見えるはずの他の物体を隠してしまうのだ。ただし月を除いては。

母惑星と比較した大きさにかけては太陽系最大となる地球の巨大な衛星、月は、細い三日月のときでさえ昼間でもはっきりと見える。月の相貌の変化は月ごとのメトロノームのようで、12に区分されたどの暦でも基本となっており、「月（month）」と「月（moon）」は同じ語源をもつ。暦についての事実は、長い歴史にわたって月が文明に影響を与えた秘密を解明する鍵だ。まずは月面に反射する太陽光に応じた形状の変化、つまり月の顔かたちによってそのサイクルに気づかされる。日々の光の変化はともかくとして――2進法的なオフとオン、0か1かの“信号体系”は、変化の度合いを分析する必要をさほど感じさせないのだ――当然ながら太陽の力の反映である月の相貌は、地球では天空の時計だと考えられるようになる。どのように変化するのか？　どういう原理なのか？　そして人類にとってどれほど有益なのか？

知られている限りで最初の歯車は、1900年にギリシアのアンティキティラ島沖で海綿採りによって発見された。その内部機構は古代ギリシアのアナログ式コンピュータとでも言うべきもので、月相の推移を表し、太陽と月、惑星の位置を監視し、月食を予測するよう見事に設計されていた。これ以前の装置の存在は知られていないが、この2100年前の“アンティキティラ島の機械”だけが唯一のものだとは考えにくい。現存する30の青銅製歯車にはっきりうかがえる精巧さと、複雑な機構を組み立てた技量は、これにいたるまでの発展段階があることを示唆している。どういった理由かはわからないが、つづいていた発展は約20世紀前に途切れた。この水準の複雑性をもつ機械装置に再びまみえるには、ルネサンス初期の天文時計の出現を待たなければならない。状況証拠からすると、この機械はギリシアの数学者、天文学者のアルキメデスのような、古代の偉大な天才たちのひとりの手によるものだろう。

★

アンティキティラ島の機械の精巧さが示唆しているのは、人類による技術の土台というものが、突き詰めると文明が天体運動を追跡する必要性にこそあるのだということだ。これらの運動の中で最も重要な指標は月面で変化する光と、月が地球の、そして太陽が月のそれぞれ陰に隠れる“食”だった。このような食の予測は、古代の天文学者にとって最大の課題のひとつなのだ。アンティキティラ島の機械に組み込まれた最大の歯車には223もの歯がある――その歯ひとつがバビロニアの天文学者たちによって日食と月食の予測に使えるとして見出された約18年のサロス周期［日食ないし月食がほぼ同じ状況下で起こる周期］の1カ月に当たっていた。これほどの長期にわたって作動する機械装置の考案は、古代世界における途方もない偉業であり、技術史理解への徹底的な再考が迫られている。それはともかくとして、その後の技術の根源には、天体運動をその複雑性までシミュレートできる装置をつくろうという意欲があることは明らかだ。

アンティキティラ島の機械に匹敵するような他の装置は古代では知られていないが、少なくともギリシアの歯車装置技術のいくつかはアラブ世界へともたらされ、ギリシアの科学文献がアラビア語訳として後世に残されたように、これらの技術も保存されることになった。いずれにせよ、現在の機械式時計はヨーロッパの天文時計を祖としている。要求される小型化や、計時装置をごく小さなケースに詰め込む必要性、努力を重ねて磨き上げられた技量が、ラップトップ・パソコンや携帯電話、GPS装置といった現在使われているほぼすべての技術の開発には不可欠だった。言い換えるならば、月の引力は長いあいだ潮汐をもしのぐ作用を及ぼしていたのだ。

アンティキティラ島の機械が教えてくれるのは、長い物語のごく一部だけだ。この機械とその先祖のはるか前に、ストーンヘンジなどの先史時代の石または土で造られた人工物を始めとする天文考古学的遺跡を建てるために必要な、大型建造物の建築技術があった。こうした建造物は暦づくりのための機能をもつ古代の観測所の役割を果たした――ある種の静止した天文時計として。ここでも月光は――月ごとの相貌の変化と月食を起こす謎めいた、しかし予測できるプロセスをもって――人間の想像力を刺激し、理解への欲求と制作意欲をかきたてたのだ。

ストーンヘンジは農業と家畜が初めて現れた、新石器革命と言われる石器時代の最後に当たる4000年から5000年前のものだ。しかし、月による人間の創造力への影響の最古の証拠はさらに過去となる3万5000年前の刻み目をつけた棒(タリースティック)と呼ばれる記憶装置の時代にまでさかのぼる。“レボンボの骨”はヒヒの腓骨で、南アフリカとスワジランドの現在の国境近くにある西レボンボ山脈にある、ボーダー洞窟と呼ばれる岩窟住居から発見された。この骨には29の刻み目がある。これは月相の計算器と推定されており、先史時代の最古の数学的道具とも考えられている（1年が365日の太陽年をひと月当たりに平均するとおよそ30.4日となるが、月の会合周期［地球から見た太陽との相対位置がひとめぐりする周期］におけるひと月は平均29.55日になる）。ボーダー洞窟に人が住んでいた証拠が20万年前にさかのぼることから、レボンボの骨はさらなる過去からつづいてきた類似の“棒”の代表例だと考えられる。

★

本章に掲載した3点の図は、暦もしくは月相の計算装置と理解することができる。1点はアタナシウス・キルヒャーによる図**65**、もう1点はドイツの出版者、数学者、天文学者のペトルス・アピアヌスによる『皇帝の天文学』に収録されたヴォルヴェル、つまり回転する紙製の装置となる図**53**だ。群を抜いて古いのは――実際に、地球のどこかで発見された宇宙イメージのうちでも最古となる――図**49**の非凡なネブラの天文盤だろう。前1600年から前2000年――ストーンヘンジより数百年前以内――にさかのぼることは確実で、人類が初めて手にしたと考えられる携帯天文装置であり、同時に史上最も古くから知られた天体のグラフィック描写だとみなされている。

1999年にドイツのザクセン＝アンハルトで盗掘され、2002年に警察に押収された“ネブラディスク”は、ケルト文化以前の中央ヨーロッパ青銅器時代のウーニェチツェ文化と関連があるとされている。この円盤は他に類のないものだが――事実、アンティキティラ島の機械同様に類似品が現存していない――徹底的な調査で真正だと認定された。輝く黄金がはめ込まれた青緑の銅板製、幅およそ30センチの円盤にはプレアデス星団、つまりギリシア神話のプレイアデス7姉妹を表すと考えられる7つの星々があしらわれている。盤面右側の三日月と中央の満月（もしくは太陽）のあいだ、やや上の七曜がその星々だ。盤の両縁、中心から82度の円周幅ではめ込まれた黄金の帯2本は（左の1本は欠けている）、発見された場所の冬至と夏至における各日没地点の角度差に対応しているものと思われ、これだけでもこの円盤が暦用具の態をなしていることがわかる。

この結論はさらなる研究によって補強され、新たな機能に関するさらなる可能性が見出された。3600年前、プレアデス星団と新月もしくは三日月の並列が3月に、満月との並列が10月に起こったのだという――どちらの月も農業にとっての重要な月である。盤面のあの星々をプレアデス星団とする見方は、その後の農業文明の記録でそれらの星々が役立てられていることによって補強された。だが天文学者オーウェン・ギンガリッチは、円盤上の星がひとつ多いことを指摘している――現在のプレアデス星団で肉眼によって充分に見えるのは6つだけだと彼は言うのだ。しかしそれでも、多数の古代文明の記録に「消えたプレイアデスの娘」がかつて存在していたという証拠はある。これらの記録に基づき、プレアデスにおける可視の7つ星がネブラ天文盤の製作後に暗くなったと主張している天文学者もいる。

円盤上の他の星々は技巧的に、かつ不揃いに配置されている――あたかも製作者が様式を避けたがったかのように。ルール大学ボーフム校の研究では、真に不揃いなあしらいがよりもっともらしい星群、つまり星の集合体をつくり上げるだろうという指摘がなされている。

ネブラ天文盤は文字通り類例がないため、解釈の問題が起きてしまう。ドイツのある研究者グループは、三日月という明確な月相に関連したプレアデス星団の潜在的役割を検討した。彼らの示唆によると、"ネブラ"におけるプレアデスの描写は三日月から3日ないし5日遅れの状態と思われることから、このような特定の関連性は、ウーニェチツェ文化が太陰暦と太陽暦を一致させるために閏月を入れた手がかりとなるのかもしれない。しかしそもそも、当時の人々が両方の暦を使っていたかどうかはわからないのだ(前に触れたように、会合周期が1回平均29.55日の太陰暦では、1年は354.6日にしかならない。実際に季節を支配している太陽暦との食い違いは、定期的な閏月を加えることで調整しておく必要があった)。

結論を補強しようという試みは、そのための当時の史料がないために手詰まりになっている。あるドイツの研究者は、ムル・アピン粘土板と呼ばれるバビロニアの天文記録を綿密に調べ、前7世紀頃にさかのぼる1日遅れの三日月とプレアデス星団に関する法則を見出したと記している。楔形文字で書かれたテクストは、その配置になったときに13番めの閏月を加えるべきだと示唆していた。他の天文学者は、このような説はあくまでも推測だと警告している。たとえば、ムル・アピン粘土板研究の第一人者のひとり、オーストリアのアッシリア学者ヘルマン・ハンガーは楔形文字で書かれた指示文の存在を認めており、さらに他の研究者たちもそのテクストが前14世紀――ネブラディスクとほぼ同時代――にさかのぼると確信しているとまで述べたものの、一方でハンガーはこの2点の関連性に疑問をもっているのだという。

ネブラディスクは有史以前のものであるため、説は常に仮説にすぎないというのが彼の理由だ。カナダの中世史学者ランドール・ローズンフェルドが示唆するように、ある意味この器具の現代における役割は、人々の知の限界を明らかにする装置、もしくは古代天文学の手法についての想像力を反映する鏡となることなのかもしれない。

★

時を「決定する」という最初の役割、そしてやがて観測して機械的に時を「守る」ための努力の歴史の口火を切った月は、異なったやり方のもとで独創性に富んだ"宇宙意識"を育てた。先述したように、太陽はどんな方法を使っても手に入れることはもちろん、触れることができないほど圧倒的にまばゆい。しかし判読できない模様や常に移り変わる相貌をもち、銀色の軌跡を描いて星々のあいだを動いていく月は、謎めいて手が届かないというのに、それでもどうにかして触れられるのではないかと思わせる――望遠鏡の発明以降はなおのことだ。

月がなければ、太陽系は到達できないほど遠くにある抽象的なものだったろう。月がなく、ただ太陽とはるか彼方の惑星だけがあったならば、妥当な目的地などなかったろう。宇宙旅行が実現することなども決してなかったろう。月――比較的近くに浮かんでいる寄港地――が「あって」こそ、そのような旅も実現できるのだと(そして可能なのだと)思えたのだ。高く飛ぶ方法さえみつかるならば。

■49

前2000–前1600年――――1999年にドイツのザクセン=アンハルトで盗掘された極上品“ネブラディスク”は、人類が初めて手にした携帯天文装置であり、同時に史上最も古くから知られた天体のグラフィック描写だとみなされている。輝く黄金がはめ込まれた青緑の銅板製、幅およそ30センチの円盤にはプレアデス星団、つまりギリシア神話のプレイアデス7姉妹を表すと考えられる7つの星々があしらわれている。盤面右側の三日月と中央の満月（もしくは太陽）のあいだ、やや上の七曜がその星々だ。盤の両縁、中心から82度の円周幅ではめ込まれた黄金の帯2本は（左の1本は欠けている）、発見された場所の冬至と夏至における各日没地点の角度差に対応しているものと思われる。

50

51

Taula del cors e deles diuses figes dela luna
orient
occidet
Empo sapiats
claror e asso dura
que sa luor fal de tot segons
tant entro quel sol fer en son
quels auctors dien que de nei
cors comensa a ueer la luna

52

■50

1277年以降―――月の相貌を表した図。フランコ=フラマン派の無名画家による本図は、月の相貌と月が太陽と向かい合う位置との関係がよく理解されていたことの例証となる。

■51

1375–1400年―――スペイン東部で原版がつくられた写本に見受けられる、月の相貌を表した別図。ベジエのマフレ・エルマンゴーによる『愛の聖務日課書』*Breviari d'amor*より。

▶他のエルマンゴー作品は図 **121**

■52

1444–50年―――中世の約束事に忠実なダンテの宇宙には、可視の5惑星と太陽、月そして星々と原動天［プリムム・モビレ。第10天］といった9つの天球がある。純潔の象徴である月は「第1の星」と考えられ、時とともに変化するすべての元素――土、水、空気、火――は月の下、あるいはその軌道上の天球に存在するだけだ。本図はシエナの親方（マエストロ）ジョヴァンニ・ディ・パオロによる写本『神曲』のための作品で、ダンテ（流れるような青い服を着ている）と彼の美しい導女(どうにょ)ベアトリーチェが「月光天」を訪れている。本図が添えられた“歌（カント）”は、ダンテの超自然的な浮遊飛行の描写で始まる。

「ベアトリーチェは上の空を、私は彼女をじっと見つめた。
そして多分、矢が的を射、飛び、弦を発するのと
同じほどの時の間（ま）に、私は
目がすばらしいものの中へ吸い込まれるようなところへ
はやくも着いていた。私の感情はベアトリーチェには
隠しおおせないのだが、彼女は
私の方を振り向いて、美しく喜ばしげに
こう話した、『神さまに感謝なさい。神さまは
私たちを第1の星へお導きくださいました』」［前掲既訳より］

▶他のディ・パオロ作品は **20**、**96–97**、**122**、**162–165**、**240** の各図

53

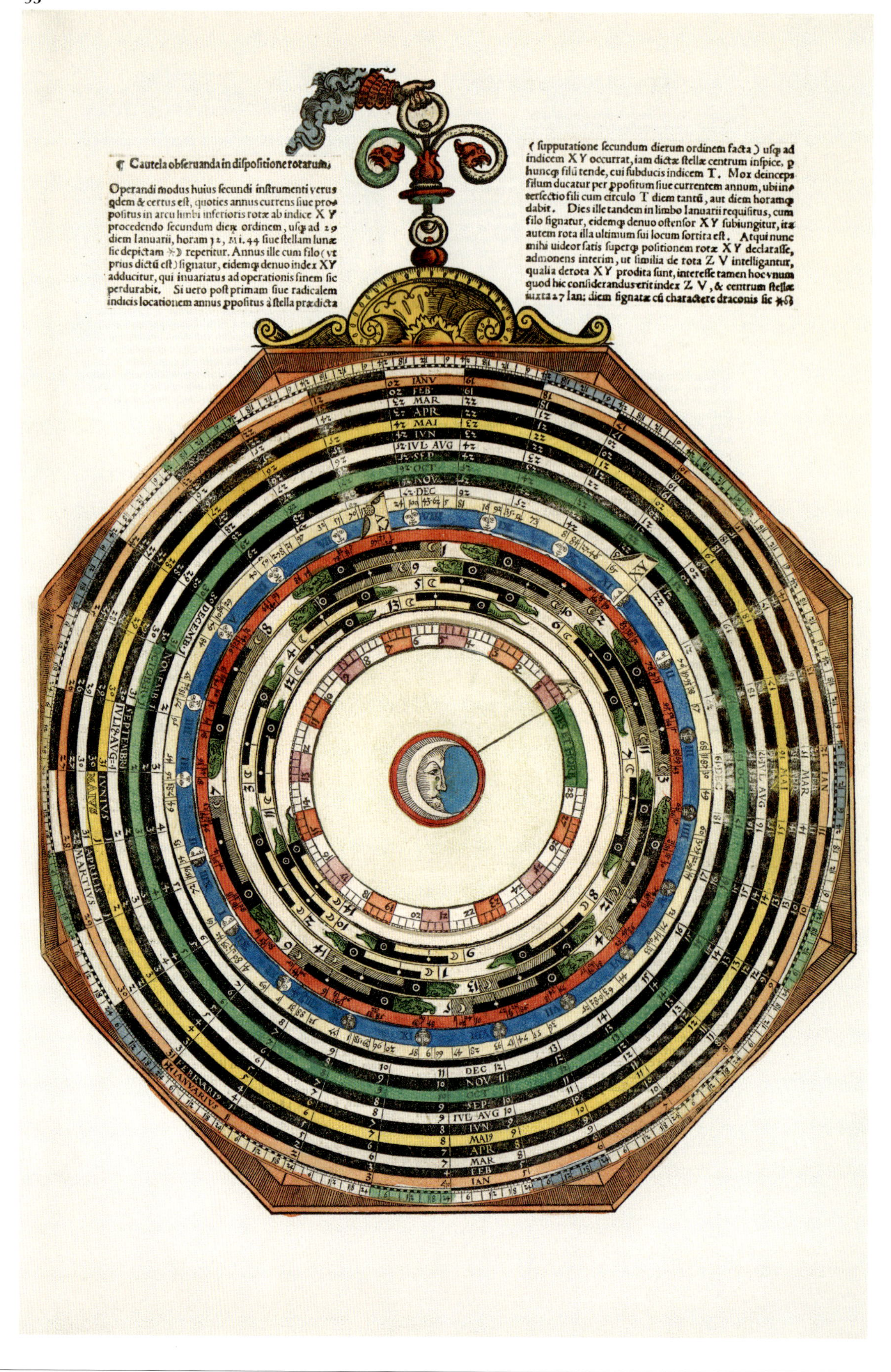

¶ Cautela obſeruanda in diſpoſitione rotarum.

Operandi modus huius ſecundi inſtrumenti verus quidem & certus eſt, quoties annus currens ſiue propoſitus in arcu limbi inferioris rotæ ab indice X Y procedendo ſecundum dierum ordinem, uſque ad 29 diem Ianuarii, horam 12, Mi. 44 ſiue ſtellam lunæ ſic depictam ✳☽ reperitur. Annus ille cum filo (vt prius dictũ eſt) ſignatur, eidemque denuo index XY adducitur, qui inuariatus ad operationis finem ſic perdurabit. Si uero poſt primam ſiue radicalem indicis locationem annus propoſitus à ſtella prædicta (ſupputatione ſecundum dierum ordinem facta) uſque ad indicem X Y occurrat, iam dictæ ſtellæ centrum inſpice, per huncque filũ tende, cui ſubducis indicem T. Mox deinceps filum ducatur per propoſitum ſiue currentem annum, ubi interſectio fili cum circulo T diem tantũ, aut diem horamque dabit. Dies ille tandem in limbo Ianuarii requiſitus, cum filo ſignatur, eidemque denuo oſtenſor X Y ſubiungitur, ita autem rota illa ultimum ſui locum ſortita eſt. Atqui nunc mihi uideor ſatis ſuperque poſitionem rotæ X Y declaraſſe, admonens interim, ut ſimilia de rota Z V intelligantur, qualia de rota X Y prodita ſunt, intereſſe tamen hoc vnum quod hic conſiderandus erit index Z V, & centrum ſtellæ iuxta 27 Ian: diem ſignatæ cũ charactere draconis ſic ✳☊

■53

1540年————ドイツの出版者、数学者、天文学者のペトルス・アピアヌスによる『皇帝の天文学』の、ある種のアナログ式コンピュータである月の回転盤、つまりヴォルヴェル。同書は天体運動の予測に用いる“科学装置”の役割も担っていた。ヴォルヴェル volvelle（ウォルウェッラ volvella）は「回転する」という意味の言葉ウォルウェレ volvere の派生語である。アピアヌスの手ずからなる“装置”におけるすべてのヴォルヴェルは、手彩色を施された上で取り付けられていた。本図のヴォルヴェルは、青い環（わ）で表されている月相と月食を知るために用いられ、月食の時期は緑色のドラゴンが描かれている回転盤を回すことによって特定できた。ドラゴンと“食”との関わりは、それが太陽を食べるためにこうした現象が起こると信じられていた時代にまでさかのぼる。本図のヴォルヴェルはアピアヌスの著作中、最も複雑なもののひとつだが、説明書きは数頁にも及び、あふれた註釈用のテクストが“装置”の頁にまで引き続き書き込まれている唯一の例でもある。

▶他のアピアヌスによる“装置”は 27、100、166、213、247 の各図

■54

1600年頃———肉眼で観測した、現存する中でも最古級となる月面図。イングランドの医師、物理学者のウィリアム・ギルバートによる、著者没後となる1631年まで未発表だった『我々の月下界における新哲学』*De mundo nostro sublunari philosophia nova* に所収［「月の下の世界」はアリストテレス的宇宙観において「地上」を指す］。ギルバートは当時の一般的見解とは逆に、月の明るい部分は水で、暗い部分は陸だと信じていた。本図では、月の"海（マレ）"と呼ばれる部分がまだ島として描かれているが、当然のことながら月は完全に"干上がって"いる。

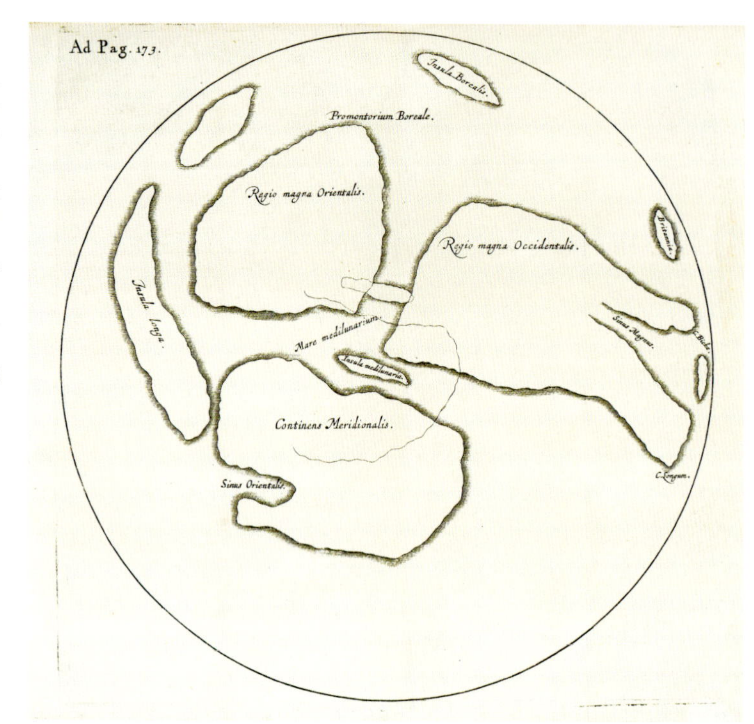

54

■55

1613年———イギリスの天文学者トマス・ハリオットによる詳細な月の描写。彼は1609年7月26日の月を図解する際、初めて新しい装置を使った。追って11月に月を観測したガリレオとは異なり、ハリオットはこの結果を発表しなかった。ハリオットによる後期の地図は、ガリレオによるものよりはるかに出来が良い。後者は斜光のもとで最もよく見える山とクレーターに魅了されていたこともあり、満月に興味を示さなかった（図**56**を参照）。

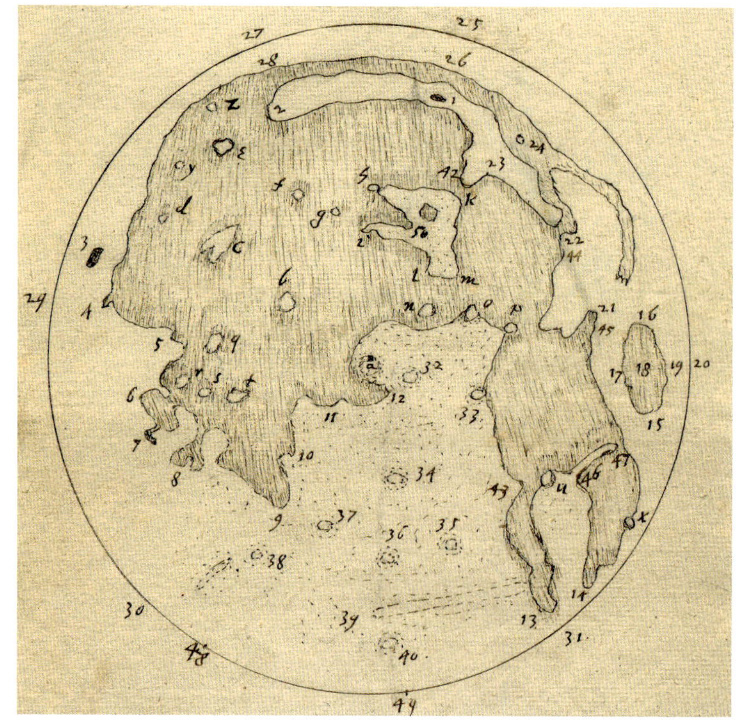

55

■56

1610年———ガリレオ『星界の報告』*Sidereus nuncius*［山田慶児、谷泰訳、岩波文庫］に所収の月の描写。明暗の境界上の巨大クレーターは実際には存在しない。ガリレオはむしろ、月表面に起伏があるという重要点と現象としてのクレーターの性質とを伝えるために自作と思われるこの図を用いた。テクストの上に図が重なっていることに注目されたい。このプレートの印刷における2度めの工程で、図版が刷られた証拠である。

▶他の『星界の報告』作品は **167**、**217** の各図

Hæc eadem macula ante ſecundam quadraturam nigrioribus quibuſdam terminis circumuallata conſpicitur; qui tanquam altiſſima montium iuga ex parte Soli auerſa obſcuriores apparent, quà verò Solem reſpiciunt lucidiores extant; cuius oppoſitum in cauitatibus accidit, quarum pars Soli auerſa ſplendens apparet, obſcura verò, ac vmbroſa, quæ ex parte Solis ſita eſt. Imminuta deinde luminoſa ſuperficie, cum primum tota fermè dicta macula tenebris eſt obducta, clariora mōtium dorſa eminenter tenebras ſcandunt. Hanc duplicem apparentiam ſequentes figuræ commoſtrant.

57

■57–58

1635年――――フランスの名版画家クロード・メランによる最後の4半期めの月（図**57**）と最初の4半期めの月（図**58**）。きわめて精巧なこれらの月相図は天文学者ピエール・ガッサンディの要望と指示のもと制作された。メランは平行線の交差によって陰影をつける単純なクロスエッチングを退け、等間隔の水平線における強弱表現という巧緻なエッチング技術を採用している。興味深いことにガリレオはこの描写が気に入らなかったらしく、1637年秋、ガッサンディから仕上がり数点を送られた際、己が目で月を見た者であればこのようなものをつくるはずがない、と不機嫌な返事を送っている。

Cl. Mellan Gal. ping. et sculp.
Phasis Aquis Sextijs An. 1635. Octob. 7. a claro adhuc crepusculo in occasu usq3.

59

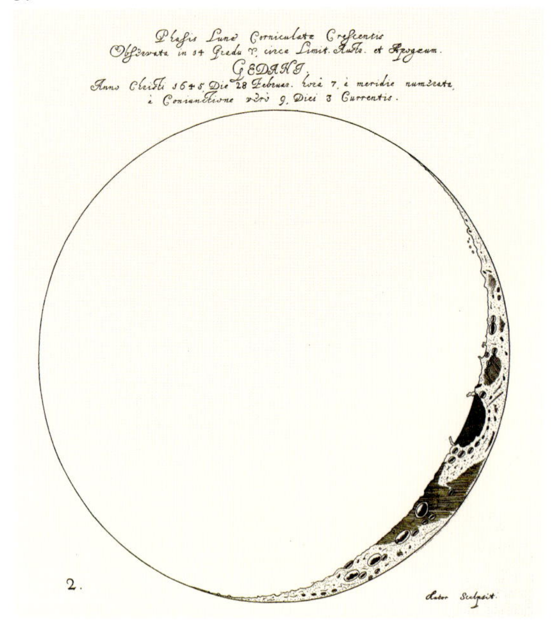

60

Luna Bisecta Crescens.
Observata in 7° Gradu ♊ circa limit. A.
GEDANI
Anno Christi 1644 Die 15 Martii, hora 7° à merid. numer. à
Coniunct. verò Die completo 7°, hora nimirum 7, post veram □ram.
11.
Autor Sculpsit.

61

Phasis Lunæ ab Oppositione recentis.
Observata in 21° gradu ♊ circa limit. A.
GEDANI.
Anno Christi 1643 Die 26 Novemb. hora 11 à merid. num. ab
Oppositione vero 6. Diei 2 Current.
22.
Aut. Sculps.

62

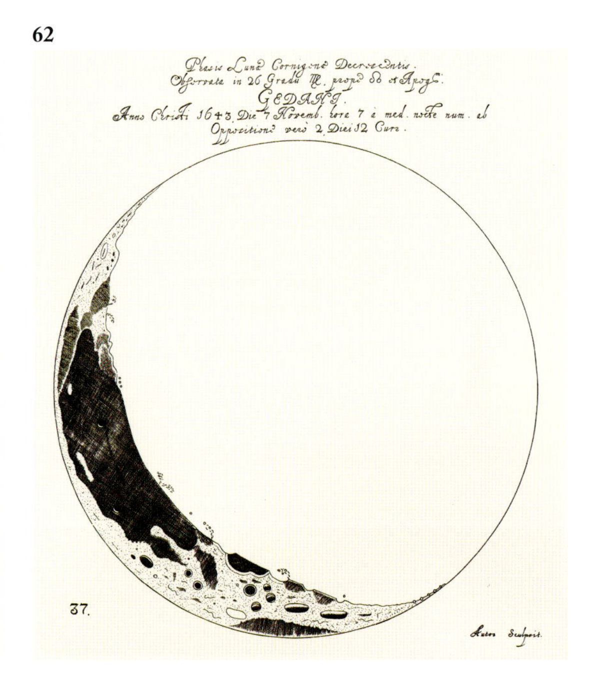

■59–63

1647年———最初期の“月の地図”を収めた『月理学、もしくは月の描写』*Selenographia, sive lunae descriptio* の月相図（**59** から **62** の各図）と月面図（図 **63**）。メランの版画（**57**、**58** の各図）から10年ののち、ポーランドの天文学者ヨハネス・ヘウェリウス（ヤン・ヘヴェリウシュ）が4年間の詳細な観測を経てこの大著を発表した。ふんだんに図版を掲載した本書は、1世紀以上のあいだ類書における決定版となった。著者ヘウェリウスは古典古代の名称に基づく月面の命名体系を導入したが、やがてそれもイタリアの天文学者でイエズス会司祭のジョヴァンニ・バッティスタ・リッチョーリが1651年に取り入れた別のそれに取って代わられ、現在へといたっている。

63

今もヘウェリウスにちなんで命名されたクレーターがひとつあるものの［リッチョーリの提唱した命名体系は“科学者（自然哲学者）名”だった］、むしろ彼は“月面地理学”（月理学。惑星科学の中でも特に月表面の地形研究を指す）の祖と考えられている。図**63**の２重円にはほぼ同じ“地形”の２つの月面図が投影されている。月が地球に対してゆっくりと“前後に身を揺らしている”ためで、この振動によって月面の約59%が地球から観測できるのだ。ヘウェリウスはこの２重投影法の採用によって上限の59%をほぼ表現し得ている。

■64

1660年――――アンドレアス・セラリウス『大宇宙の調和』所収の本図は、最高の星図のひとつに数えられる。月は有史以前から時を計り、植え付けと収穫の時期を決めるために使われてきた。ここに挙げたセラリウスの図では、地球から見た太陽との位置関係の変化に応じたいくつもの月相が描かれている。太陽の経路は、雲に覆われた地球のまわりの環（わ）によって決まるのだが、この雲はすべての元素が月を表す天球を“上限”としており、そこから先が朽ちることも変わることもなく、動きすらないというア

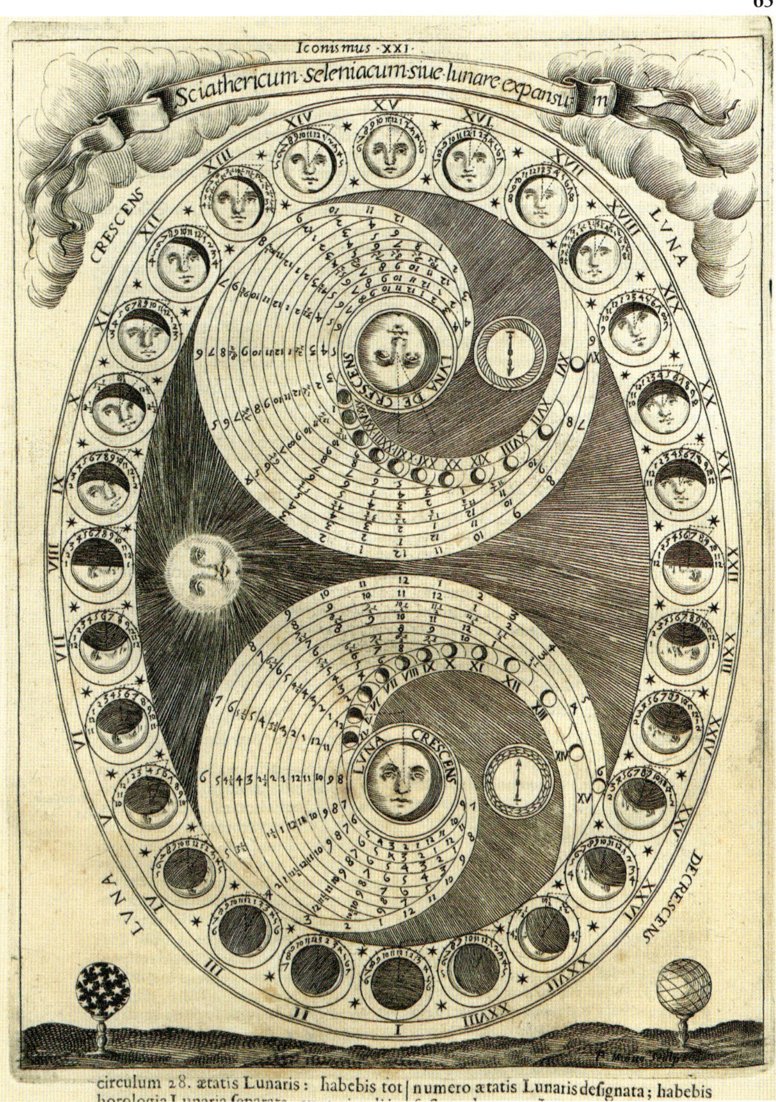

■65

1671年―――「月の陰影図、もしくは太陰月の経過」という標題のもと、図**64**のセラリウスによる星図から11年後に発表された、ドイツの大学者アタナシウス・キルヒャーのまったく異なる月相描写。版画家ピエール・ミオッテによる斬新なこの図版では、月相が互いに逆方向に回転する2つの渦によって表現され、画面上部の欠けていく月の渦が中心へと収束する一方、下部の満ちていく月は外側へと広がっており、これらの対照的な2つの渦のまわりにはさらに月相が描かれている。本図はキルヒャー畢生の大作『光と影の大いなる術』*Ars magna lucis et umbrae*（1646）にもとは収録されていた。

リストテレスによる概念を表している。画面両側にある2つの小さな月相図は、ヘウェリウスの『月理学』からのほぼそのままの写しで、当時としては一般的な“引用”だった。

▶他のセラリウス作品は **30**、**104–105**、**125–126**、**168**、**219–220** の各図

66

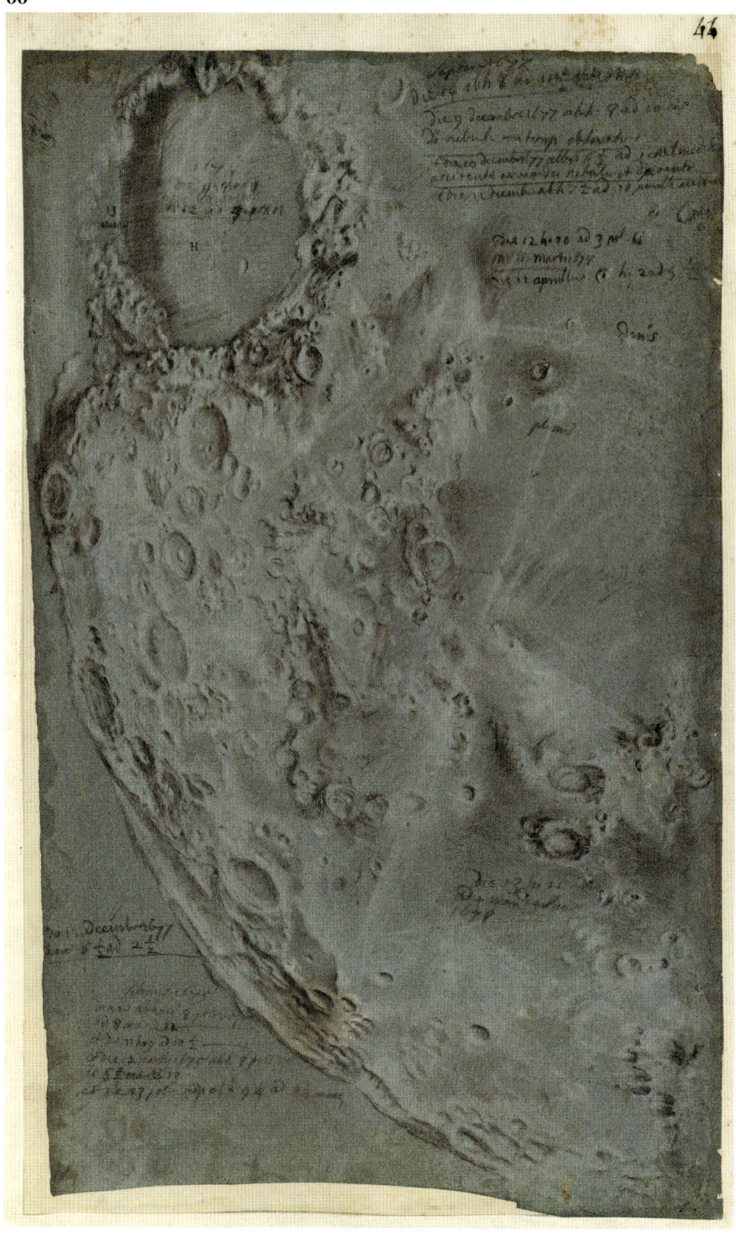

■66

1679年———イタリア系フランス人天文学者ジョヴァンニ・ドメニコ・カッシーニ（仏名ジャン=ドミニク）は1671年、画家ジャン・パティニとセバスティアン・ルクレルとともに月面図——黒鉛筆で書かれた註釈をつけた50点以上の詳細描画をひとつにまとめた大型図——の制作に着手し、1679年に完成したその図をフランス科学アカデミーで発表した。この北西周縁部の図版の左上には、大型の「危難の海」が見受けられる（ケプラー式屈折望遠鏡が映す倒立像と同様に、南が上になるのは当時の典型だ）。画面右の中ほどには「晴れの海」があり、右上の手書きによる註釈の下に位置するのが300年後に初めて宇宙飛行士たちが上陸した地点となる「静かの海」である。

■67

1693–98年———17世紀末、ドイツの天文学者、画家のマリア・クララ・アイマルトがこの壮麗な「満月（プレニルニウム=PLENILUNIUM）」図を含む青を背景としたパステル画を250点以上も制作した。ニュルンベルクの天文学愛好家、画家の父ゲオルク・クリストフが上梓した『月相に見る天体詳細図、300点超』*Micrographia stellarum phases lunae ultra 300* のために描いたのである。本図では北が上になっているものの右に傾いており、「危難の海」もまた月の右上縁部に楕円で描かれている。

▶他のアイマルト作品は図 **169**

PLENILVNIUM
pinxit ad Archetypum M.C.Eimmarta Norimb:

68

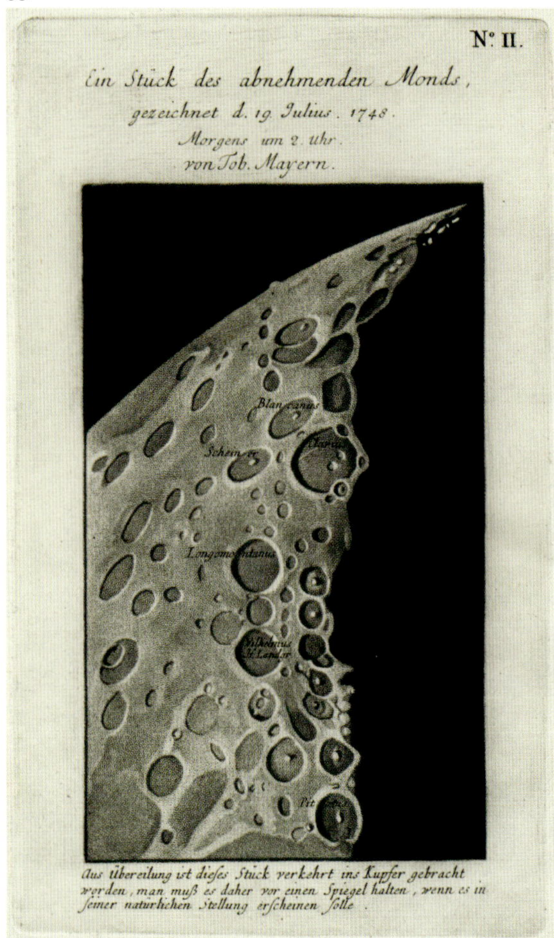

69

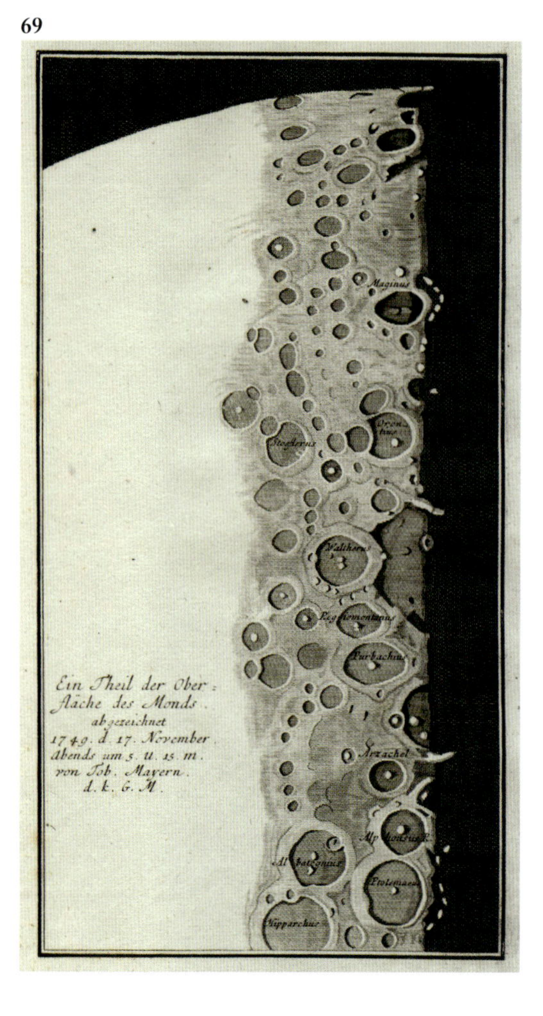

■68–69

1750年―――図**68**：「クラヴィウス」(Clavius) と「シャイナー」(Sheiner)の両クレーターが画面中ほどよりやや上に見受けられる、1748年7月19日に観測された月の高地。図**69**：「レギオモンタヌス」(Regiomontanus) と「ヒッパルコス」(Hipparchus) の両クレーターがそれぞれ画面中ほどよりやや下と画面下部に見受けられる、1749年11月17日に観測された月の高地。

ドイツの天文学者、地図製作者のトビアス・マイヤーは、18世紀半ばに月の運動を念入りに観測し、図解することによって名を上げた。彼は正確な地球の地図を作成するために、月の運動を用いて経度を正確に求め、また望遠鏡の測微計を用いて月面の地勢とそれらの互いの関係とを以前にないほどの確度をもって描いた。17世紀後半に初めて開発された測微計のおかげで、天体の位置や、本図のようなある月の経緯度における状況を正確に観測できたのだ。先行研究者であるカッシーニやアイマルトと同様、マイヤーもまた月と地球の大型地図製作の準備のためにスケッチを大量に残しており、このメゾチントもまたその努力の結晶となる（結局のところ地球の地図はつくられず、この図解自体の出版も1879年のこととなった）。残念なことに、彫版師のミスによって図版が反転しており、正確に見るためには鏡を使うようにという注意書きが図**68**の下に施されている。

70

■70

1842年————天文学者にして写真家の草分けだったイングランドのジョン・ハーシェルによるものと思われる「コペルニクス」クレーターの初期カロタイプ写真。月面クレーターを写したかのように見えるものの、実際のところハーシェルが制作に関わった作品も含めて、1840年代半ばの感光乳剤からはこのような高解像度写真ができるほどの感度は得られなかった。本図からも明らかなように、ハーシェルは初めてこの問題を"解決"した。まず月面の詳細な石膏模型をつくり、それをスタジオ内の管理された環境下で撮影したのだ（その後の技法については**77**から**79**の各図を参照。なお、ハーシェルのスケッチをもとにした作品は図**276**）。カロタイプ写真には硝酸銀溶液をしみ込ませた紙が使われ、その紙をカメラ・オブスクラ内で感光させる。

71

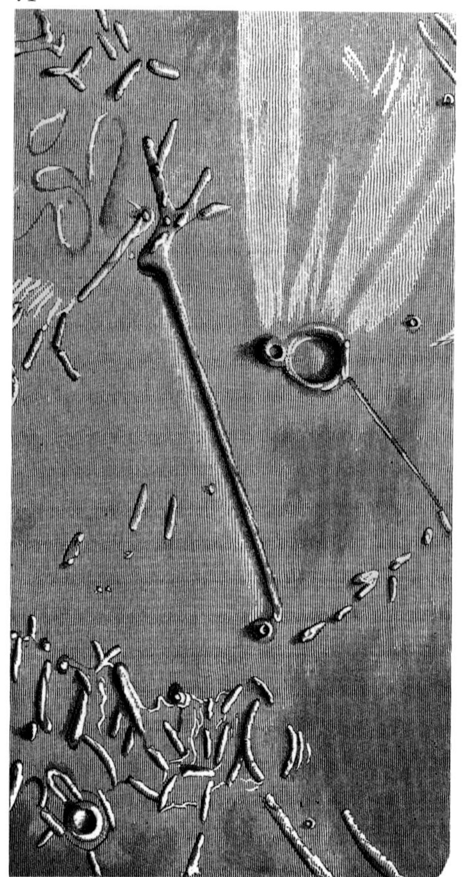

72

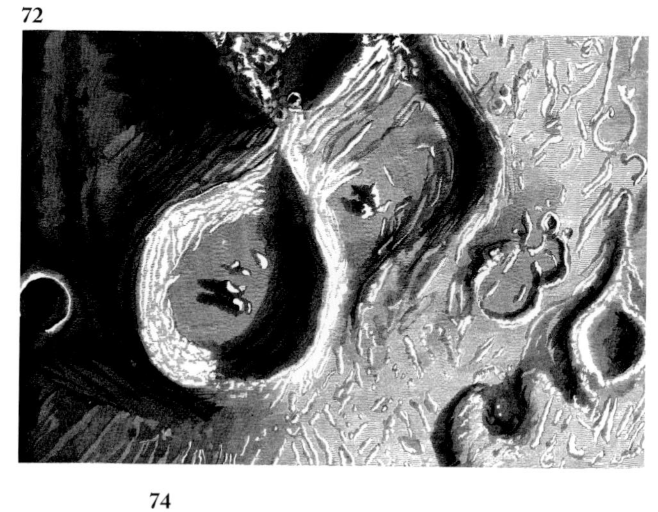

74

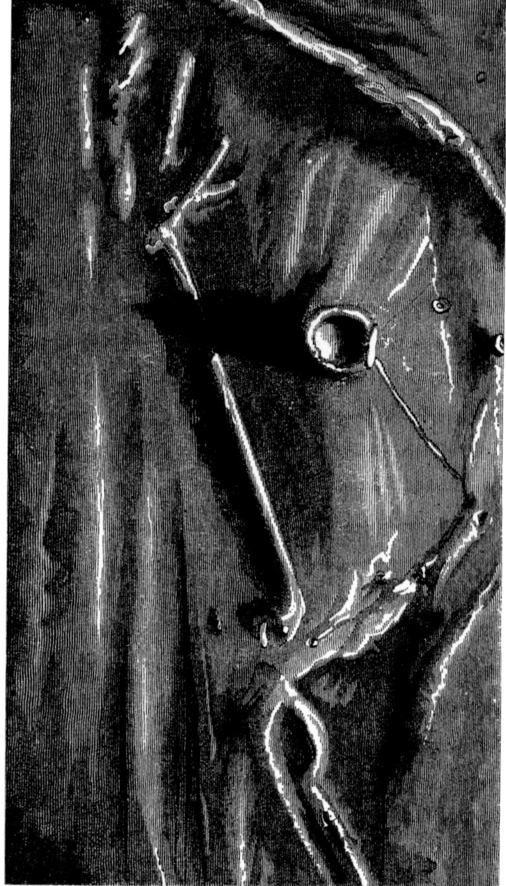

73

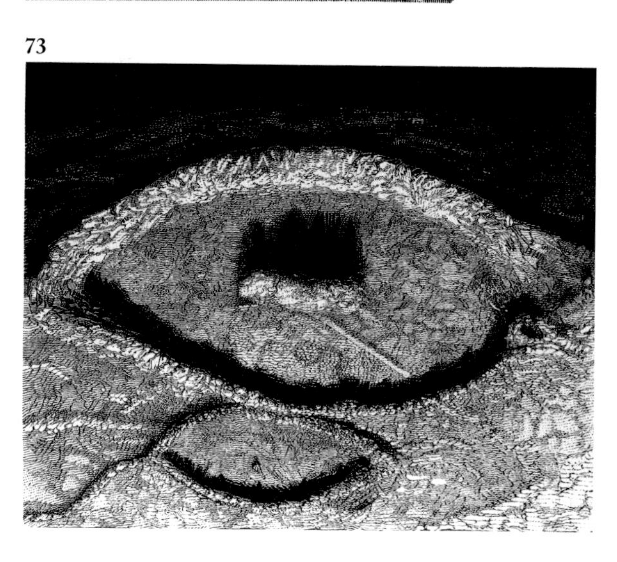

■71–75

1866年────フランスの天文学者、植物学者のエマニュエル・リエによる『天界』*L'espace celeste* 所収の月面の地形図。リエは、1874年から1881年までリオ・デ・ジャネイロにある国立天文台の台長を務めており、ブラジルでほとんどの研究を行った。

図 71：日没前の「雲の海」にある山脈。
図 72：満月から5日めの「テオフィルス」クレーター。
図 73：満月後の「ペタヴィウス」クレーター。
図 74：図 **71** と同地点、日没時。
図 75：「ティコ」クレーターから南西の「バイヤー山」近くまでの拡大図。

▶他の『天界』作品は **226–227**、**291–294** の各図

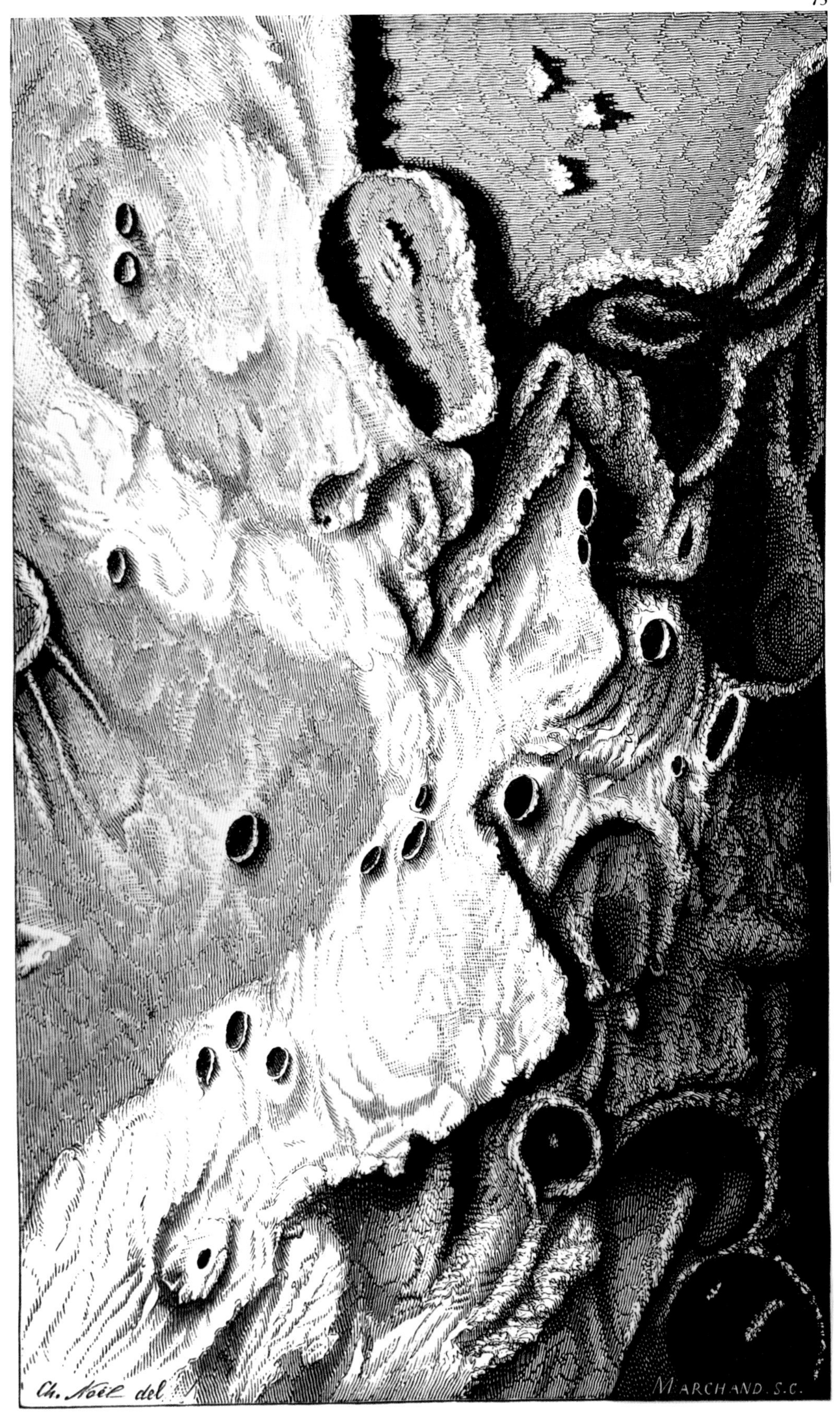
Ch. Noël del
MARCHAND S.C.

76

■76–79

1874年———月の視覚化という試みにおいてきわめて興味深い一冊が、1874年に出版された図版満載の『月：惑星、世界、衛星とみなされる天体』*The Moon: Considered as a Planet, a World, and a Satellite* だ。著者は、スコットランドの発明家、技師、天文学愛好家のジェイムズ・ナスミスとイングランドの天文学者ジェイムズ・カーペンターである。蒸気ハンマーと液圧プレスの発明で財を成したナスミスは、費用を惜しまずに同書をつくった。仕上がった豪華本には「劣化のない」上質のウッドベリータイプ技法による写真など、数種類の制作法による図版が使われている。ナスミスは当時、感光乳剤のせいでぼやけていた月の画質を向上させようと、30年前のジョン・ハーシェルと同様に、月面の精巧な石膏模型をつくり、管理されたスタジオ内で斜光を用いた撮影を行った。

図76：ナスミスは手描き図も残している。この月から見た地球による日食の様子は、そうした手描き図を書籍化に当たり石版画に起こしたもの。
図77：ウッドベリータイプ写真による表現の好例。本図は月の「アペニン山脈」の石膏模型をナスミスが撮ったもの。

77

78

☆

図 78：ナスミス、カーペンター『月』所収の月面を斜め上から見下ろした図。地平線とその上に暗黒の空があるこの写真は石膏模型を撮影したもの。2人の著者は書物の大部分で、月のクレーターが噴火の結果だという19世紀から20世紀初頭に広まっていた説を述べているが、それは1960年代後半に探検隊が月に到達して以来、疑問視されるようになった（クレーターの原因は小惑星の衝突である）。

☆

図 79：ナスミス、カーペンター『月』所収の月の山脈。宇宙飛行によって調査が実施できるようになるまでは、この模型のような“ごつごつとした”表面が想定されていた。望遠鏡による地球からの観測でそのように見えたのは、空気がないために明暗が強調される錯覚による。実際には、40 億年以上にわたる微少な隕石の衝突によって月の山脈はすべて削れて“丸く”なっており、このように尖った山頂は存在しない。

79

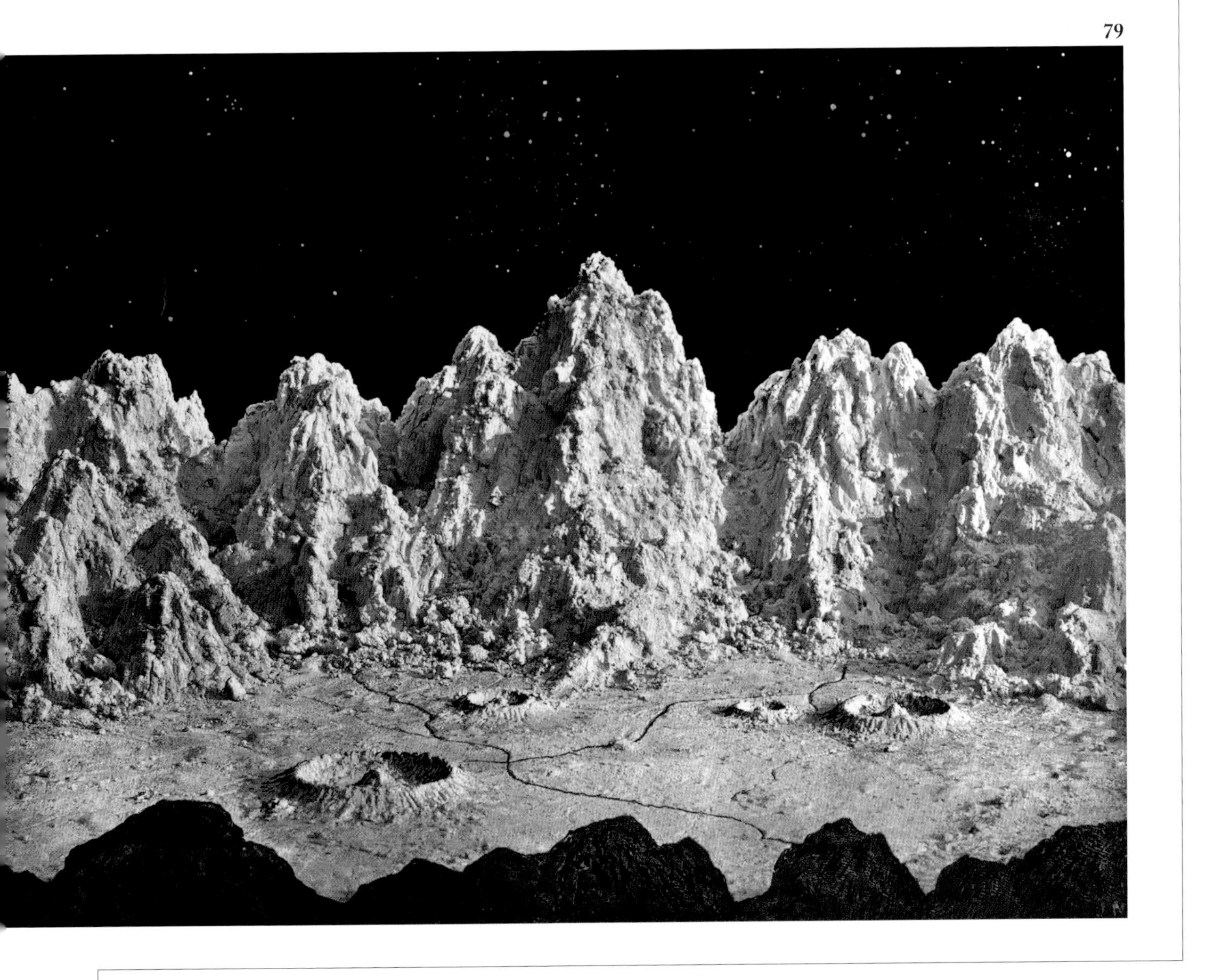

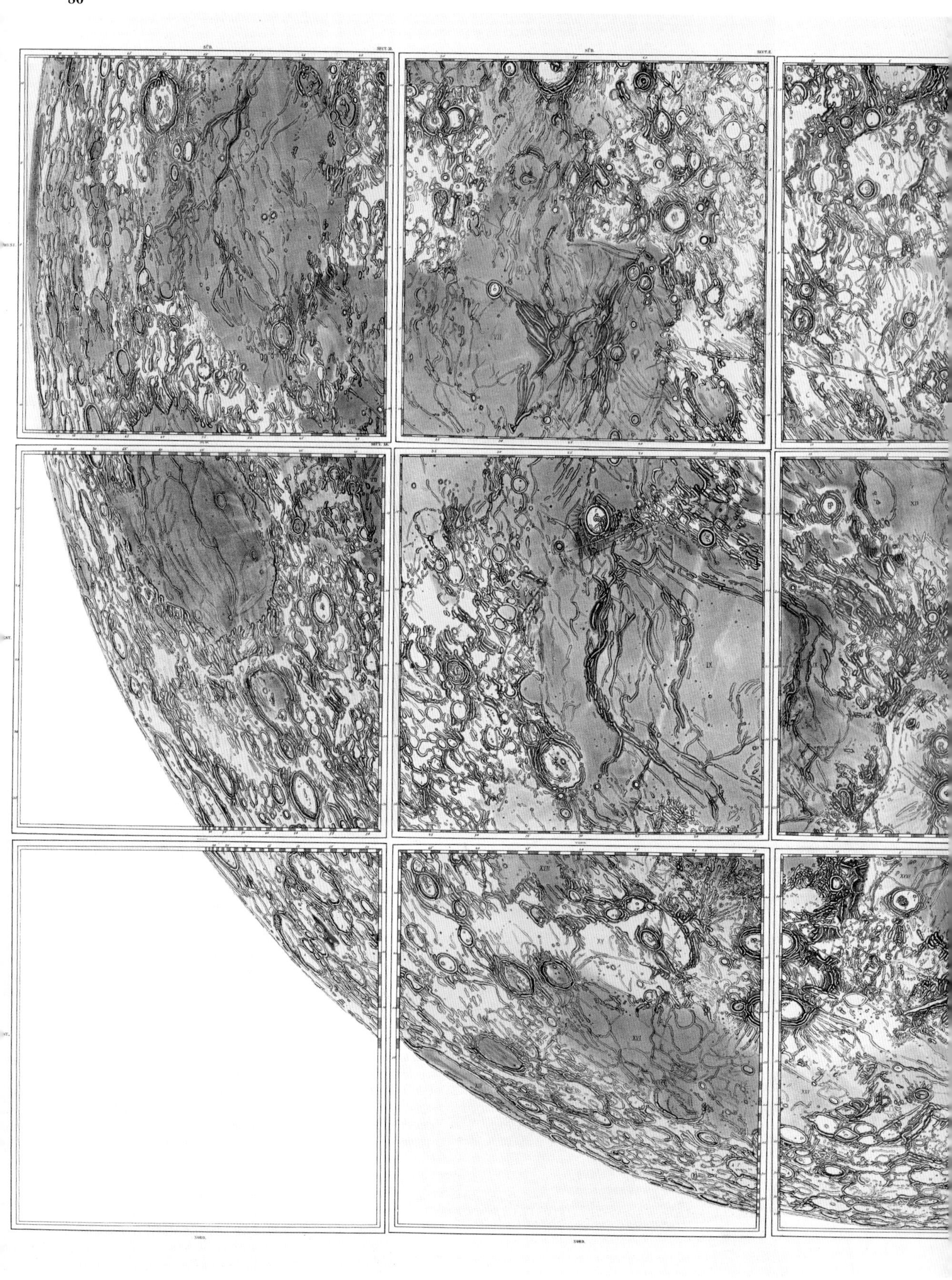
SÜD.
SECT. II.
SECT. I.
SECT. III.
NORD.

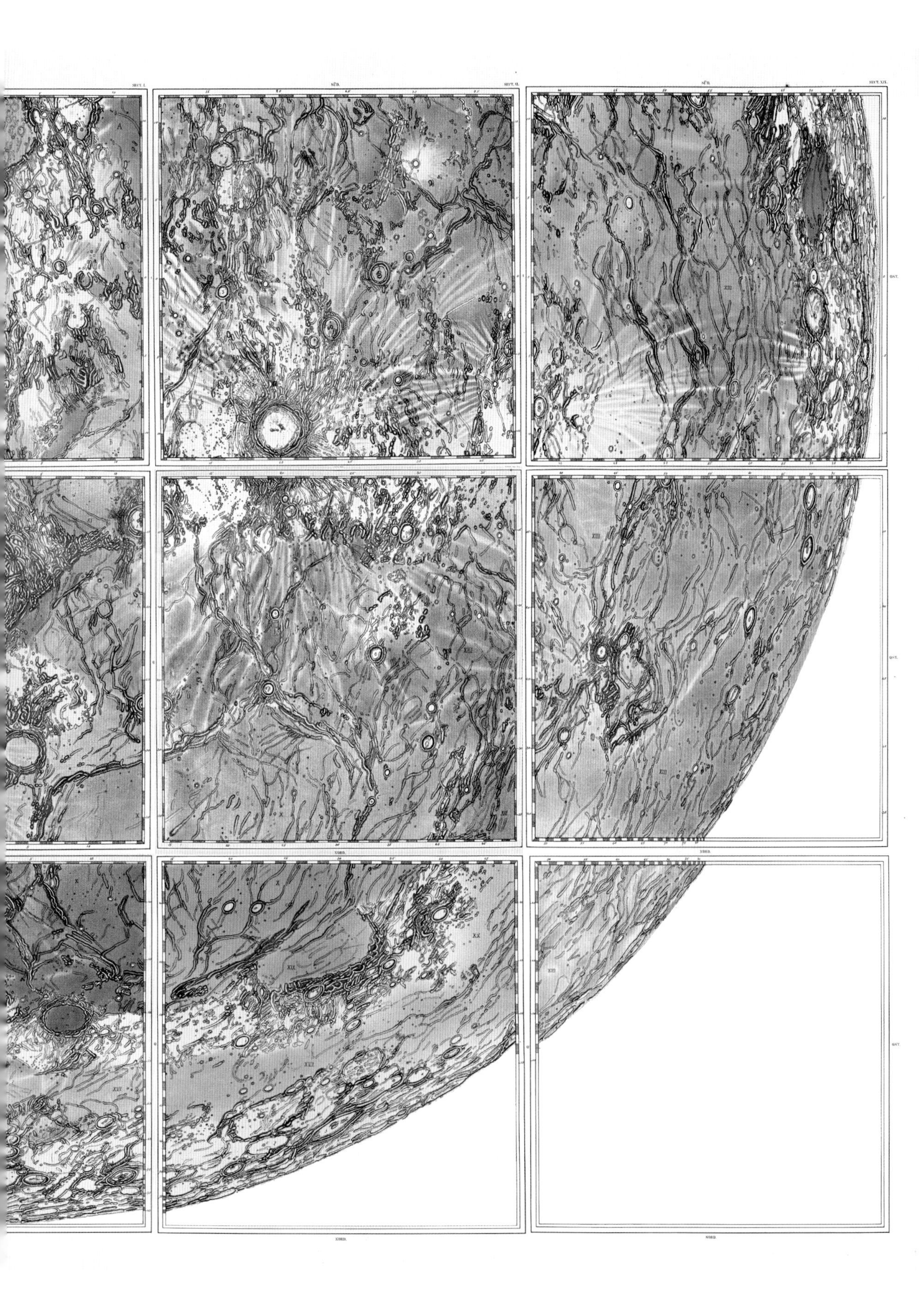

■80

1878年――――19世紀、月面図は急激に洗練された。ドイツの地図製作者、天文学者のヴィルヘルム・ゴットヘルフ・ロールマンは、1821年から1836年にドレスデンで月観測を行い、全部で25点となる部分図を制作したが、1840年の彼の死によって未発表に終わっている。1878年、ドイツの天文学者、月面図製作者のヨーハン・フリードリヒ・ユリウス・シュミットがロールマンの未発表資料を編集し、『月の山脈図』*Charte der Gebirge des Mondes*として出版した。本図からもわかるように同書には山脈図以外も掲載され、15点の部分図によって月の北半球が表現されている(ロールマンとシュミットの描写が「倒立像」なのは屈折望遠鏡による顛倒のためで、当時の月面図ではそれが一般的だった)。

■81

1881年――――画家、天文学者のエティエンヌ・トルーヴェロは1870年から1880年頃に、月や惑星、星雲、彗星、天の川銀河の壮麗な連作を制作した。フランスからの亡命者だった彼は、1872年にハーヴァード大学天文台の職員として招かれ、描画の助けとなる強力な望遠鏡を利用できるようになった。1881年までに、チャールズ・スクリブナーズ・サンズ社からトルーヴェロの出来の良いパステル画が限定版として出版された――科学研究のために開発された技術を用いた観測結果を社会に広めようという、ひとつの真剣な試みだったが、基本的には芸術書の脈絡で発表されている。ここに挙げた多色刷石版画は同社のコレクションのひとつで、1875年の研究に基づく地球に向いた南西側にある衝突盆地「湿りの海」の図。名前は「湿り」であっても、もちろん完全に“干上がって”いる。

▶他のトルーヴェロ作品は108–109、138、173–175、228、258、280、282–283の各図

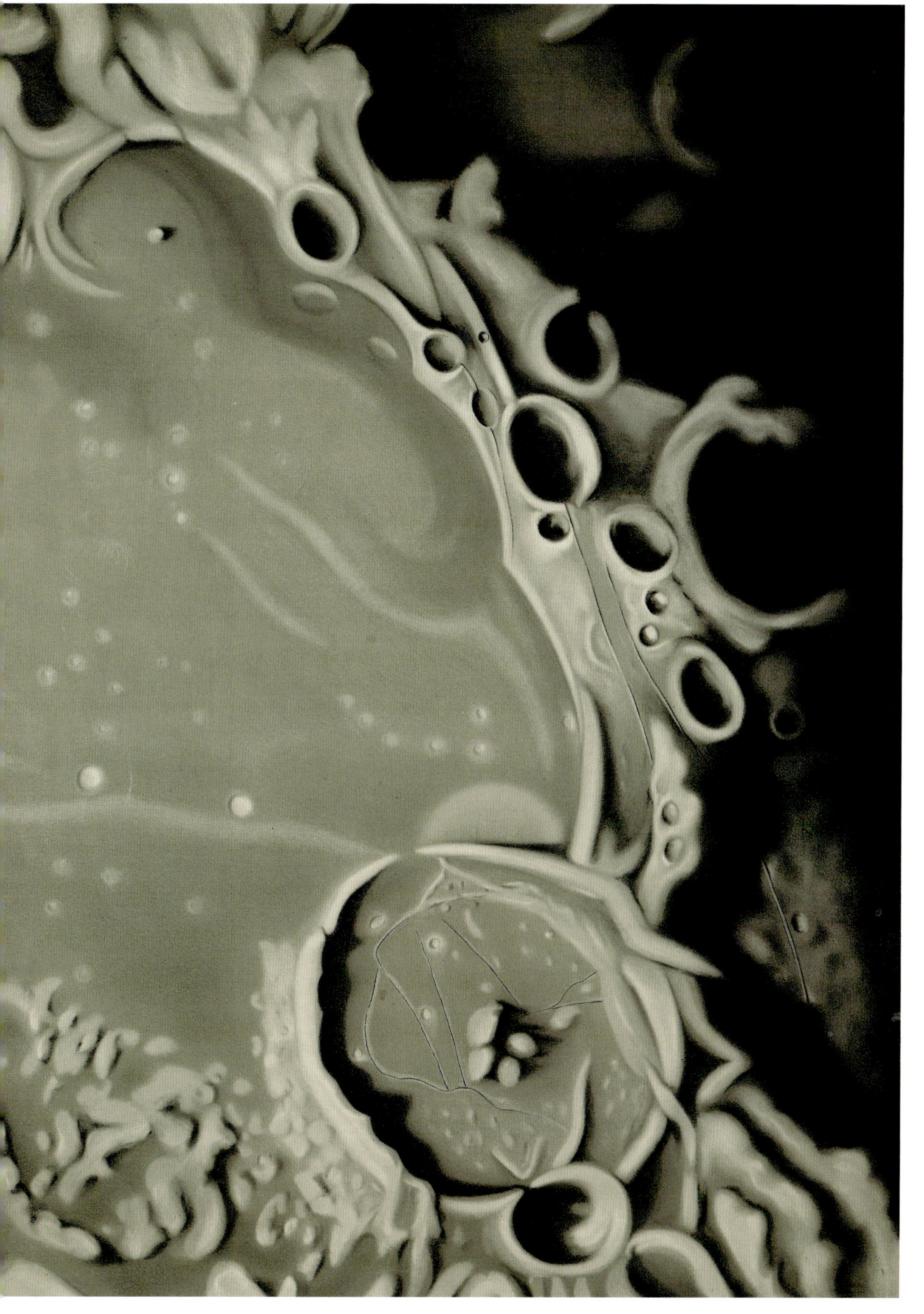

■82

1888年———天文学愛好家、写真家のユリウス・グリムは、1887年にバーデン大公国の宮廷でみずから撮影に当たった月の写真を大公フリードリヒ1世の閲覧に付した。大公の関心を見て取ったグリムは、地球の衛星である月の詳細な油彩画の制作に取りかかり、翌年、大公へと献呈した。凹凸のある表面をもつグリムの画風は独特だ。満月は現実には平板な光のために特徴が浮かび上がらないが、このグリム作品は左方向から斜めに光が当たっているように描かれている。この効果によって通常「平ら」であるはずの絵画が、変化に富んだ表面をもつひと際見事な一作となった(ロールマンによる図**80**同様、ここでも北が下になっている)。

82

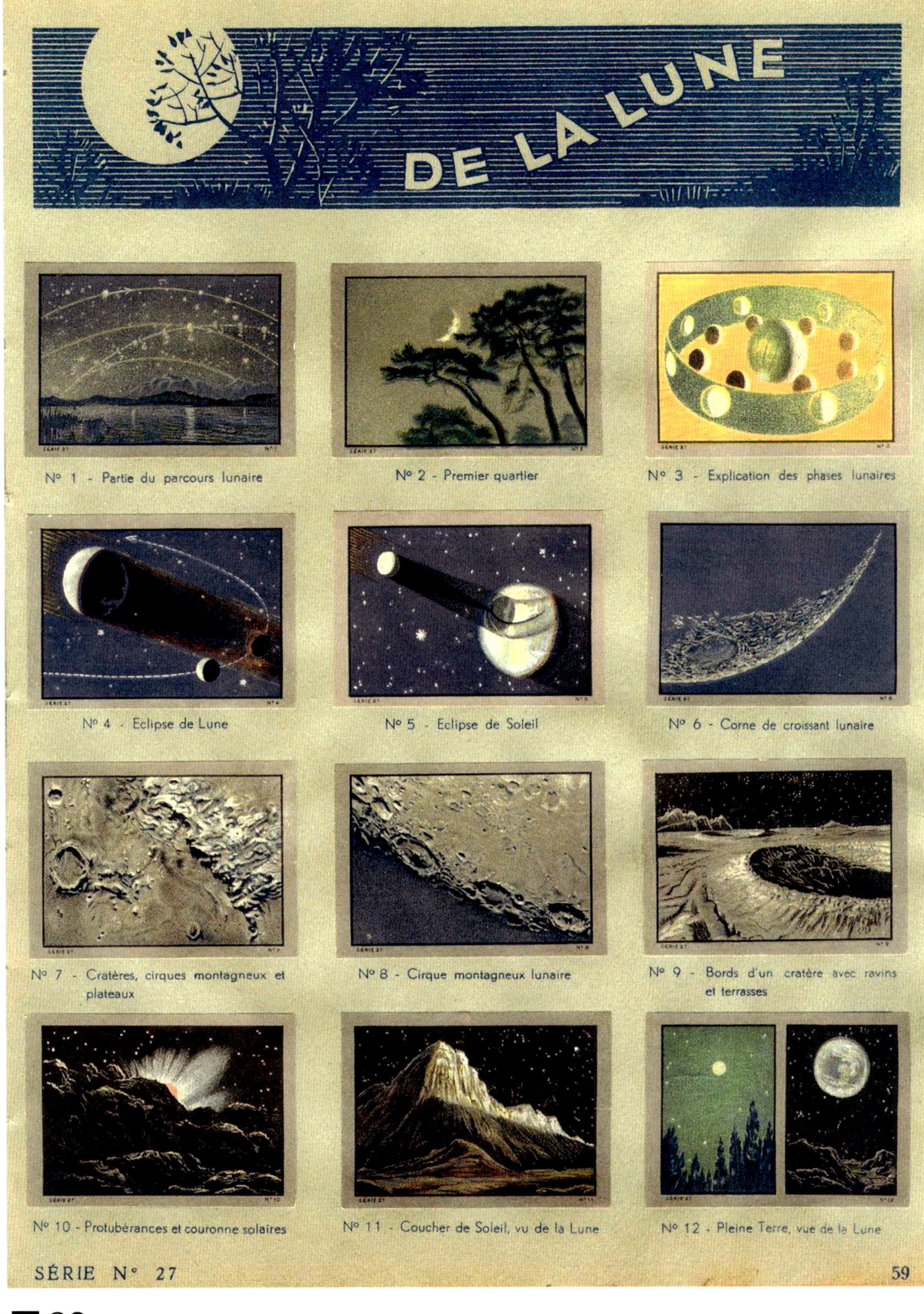

■83

1930年代後半———フランスで制作された「スライド・ホルダー」スタイルの画面構成による図。月や宇宙から見た月食、日食などが描かれている。由来と作者は未詳。左下の2点は明らかにフランスの宇宙画家ルシアン・ルドーの『別世界へ』*Sur les autres mondes*（1937）から採られている。右下枠は地球から見た月と月から見た地球の大きさの対比。

■84

1963年―――チェコの画家ルーディック・ペシェックは、有意義な宇宙探査がまだ始まっていなかった宇宙時代の幕開けの頃に、ヨーゼフ・サディルの『月と惑星』*The Moon and Planets*［島村福太郎訳、岩崎書店］のために数々の太陽系図を描いた。“ごつごつした”月面の地平線の向こうに地球が見えるこの絵画作品は、同書の所

収。ペシェックは、同時代のアメリカの宇宙画家チェズリー・ボーンステル同様、宇宙画の先駆者ルシアン・ルドーの影響を受けている。宇宙飛行以前の一般的イメージだったごつごつした月の山脈は、柔らかく丸みを帯びた月表面の写真が撮影されるようになると、すぐに見られなくなった。

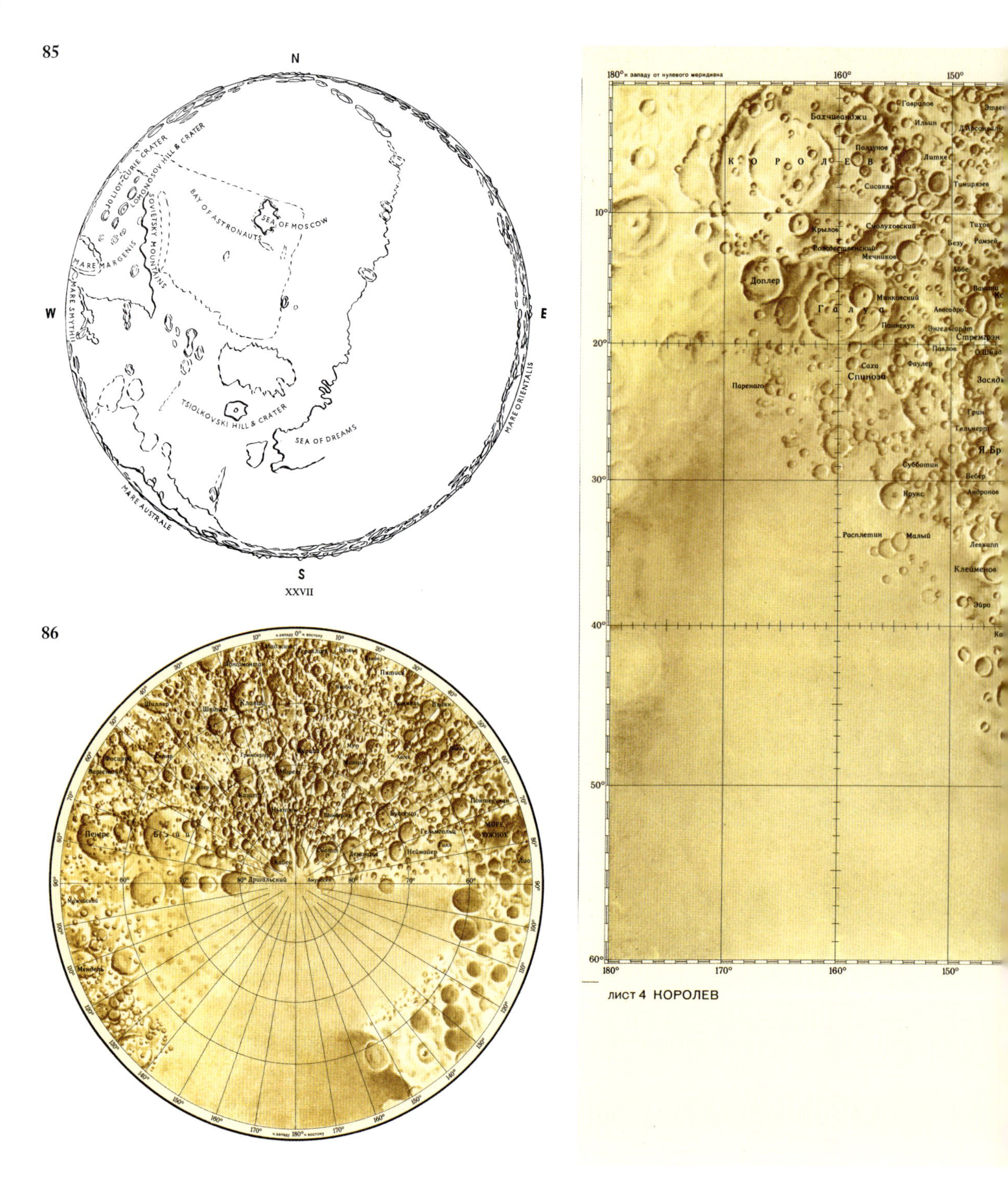

■85

1960年———ソヴィエト連邦が1959年10月に3度めの無人月探査船ルナ3号を打ち上げ、人類は初めて月の裏面をかいま見た。画像こそぼやけていたものの、それは予備的な月面図作製には充分で、月裏面を描いた本図は、イングランドの技師、天文学愛好家のヒュー・パーシヴァル・ウィルキンズによる月面図の一部である。注目すべきは新たに名づけられた「モスクワの海」(SEA OF MOSCOW)と「ツィオルコフスキー」クレーター(TSIOLKOVSKI CRATER)、そして「夢の海」(SEA OF DREAMS)が描かれていることだ。最後の名称は「海」と認められなかったために残っていないが、その他は今なお使われている。

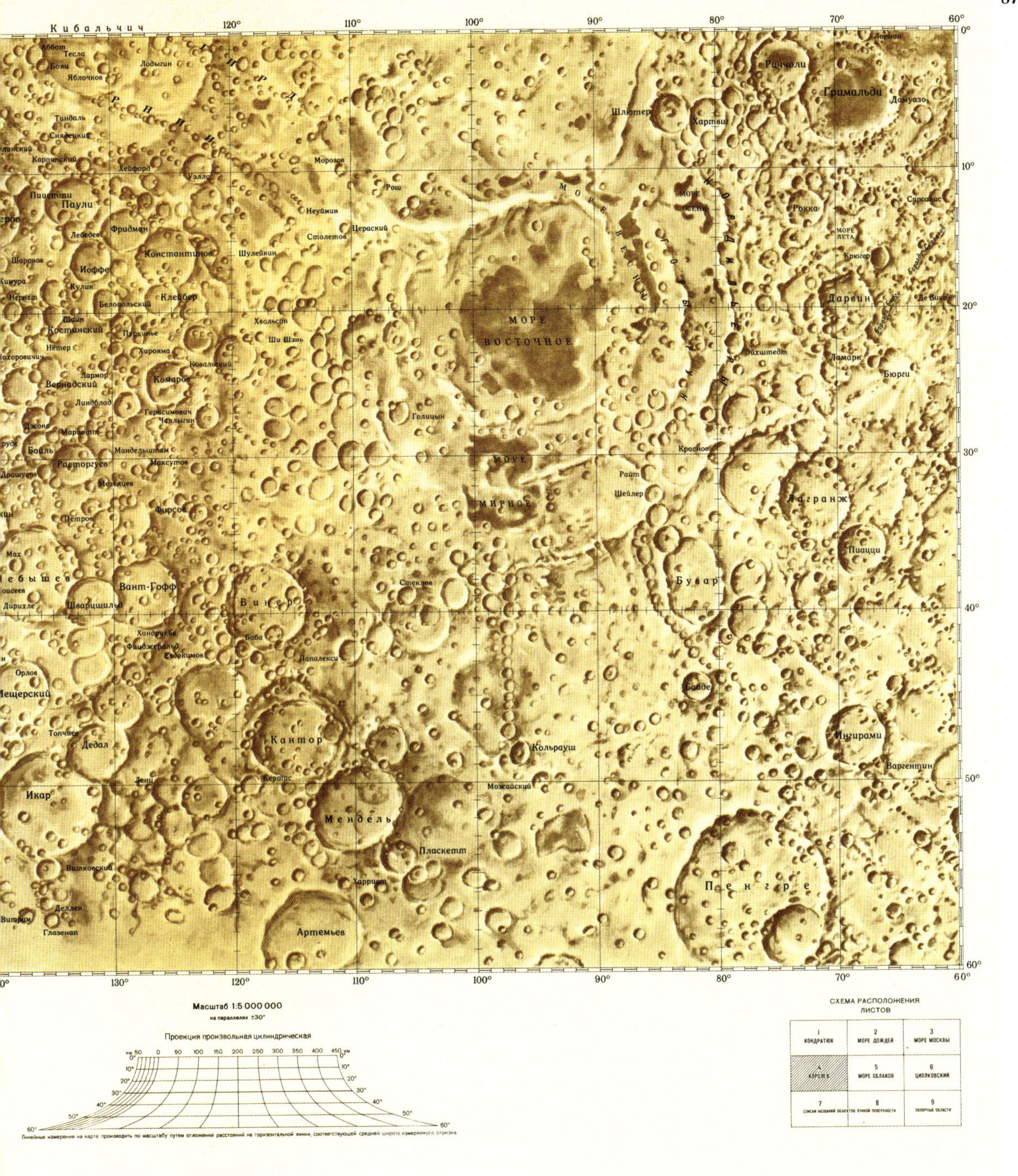

■86–87

1967年―――図**87**：ソヴィエト連邦はこの月面図を完成させるまでに無人探査船を14回打ち上げているが、アメリカの無人探査船打ち上げ計画と同じく、その多くが失敗に終わった。しかし1967年、モスクワのシュテルンベルク天文研究所がルナ3号とゾンド3号のデータに基づいた「月面全図」を発表している。図からもわかるように、ソヴィエトの探査でも裏面の南半球の一部には「未知の月（ルナ・インコグニタ）」が残っていた（全画面の6分の1相当）。その結果、当時の月面図には、当該地域のロシア名の場所とアメリカ名の場所とのあいだに凹凸状の境界がある。たとえば有力なロシア人数学者にちなんだクレーター、「チェビシェフ」（Чебышёв）が図中の140度の経度線と40度の緯度線の交点付近に見受けられるが、アメリカの月探査後に名づけられた「アポロ」クレーターは地図上にない。「チェビシェフ」クレーターは、直径538キロの巨大な「アポロ」クレーターの発見までは付近で最大を誇った。

図**86**：同じソヴィエト月面図の南極からの投影図。

89

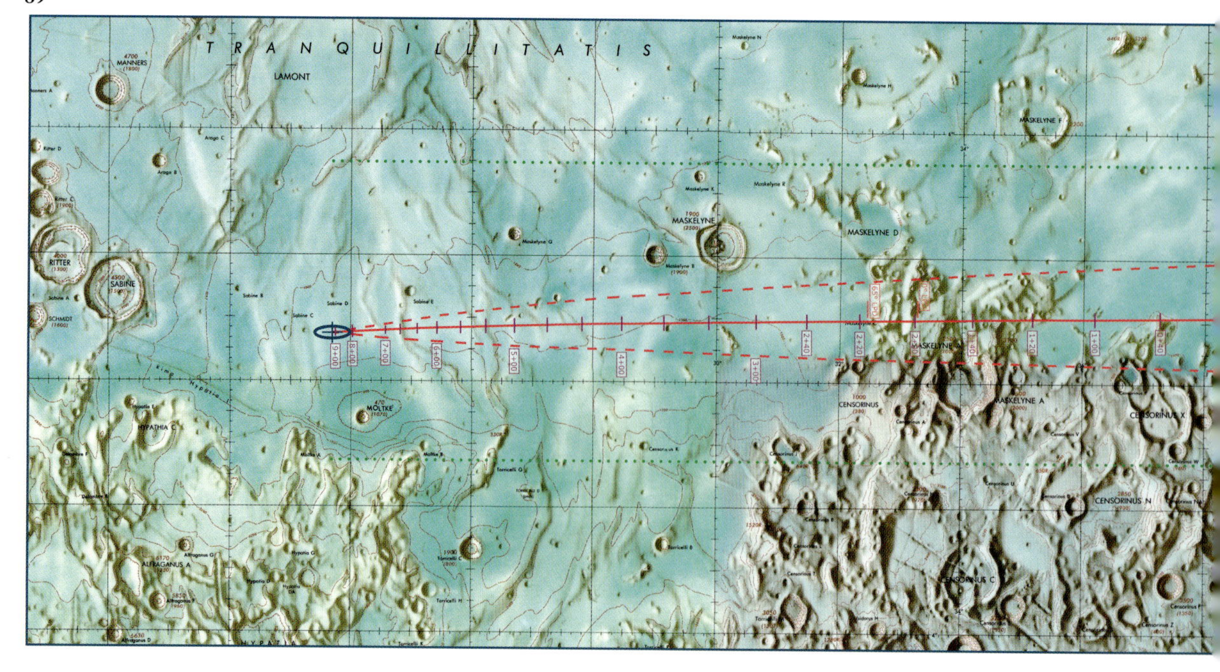

T R A N Q U I L L I T A T I S
LAMONT
MANNERS
RITTER
SABINE
SCHMIDT
MASKELYNE
MASKELYNE D
MASKELYNE F
MASKELYNE A
MOLTKE
HYPATIA C
ALFRAGANUS A
CENSORINUS
CENSORINUS N
CENSORINUS C
CENSORINUS X

88

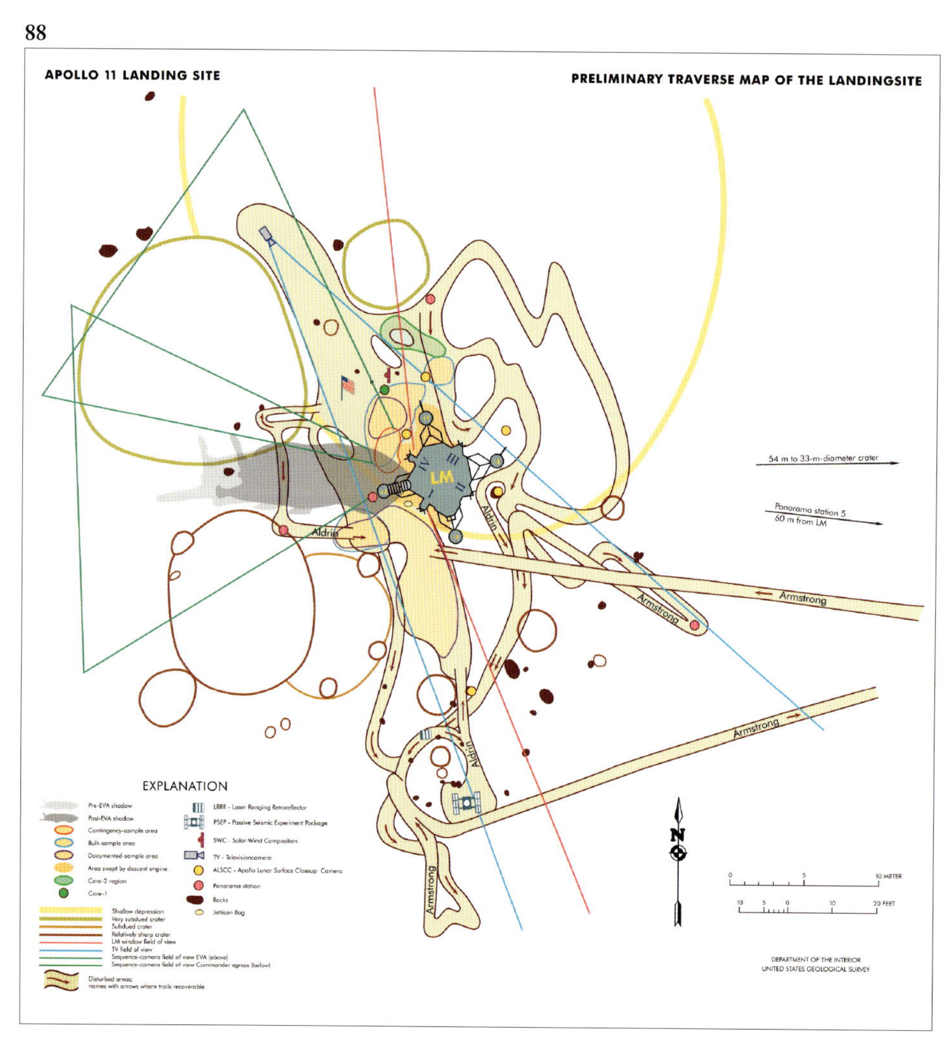

APOLLO 11 LANDING SITE
PRELIMINARY TRAVERSE MAP OF THE LANDINGSITE
LM
Aldrin
Armstrong
54 m to 33-m-diameter crater
Panorama station 5
60 m from LM
EXPLANATION
Pre-EVA shadow
Post-EVA shadow
Contingency-sample area
Bulk-sample area
Documented-sample area
Area swept by descent engine
Core-2 region
Core-1
LRRR - Laser Ranging Retroreflector
PSEP - Passive Seismic Experiment Package
SWC - Solar-Wind Composition
TV - Televisioncamera
ALSCC - Apollo Lunar Surface Closeup Camera
Panorama station
Rocks
Jettison Bag
Shallow depression
Very subdued crater
Subdued crater
Relatively sharp crater
LM window field of view
TV field of view
Sequence-camera field of view EVA (above)
Sequence-camera field of view Commander egress (below)
Disturbed areas; names with arrows where trails recoverable
N
10 METER
20 FEET
DEPARTMENT OF THE INTERIOR
UNITED STATES GEOLOGICAL SURVEY

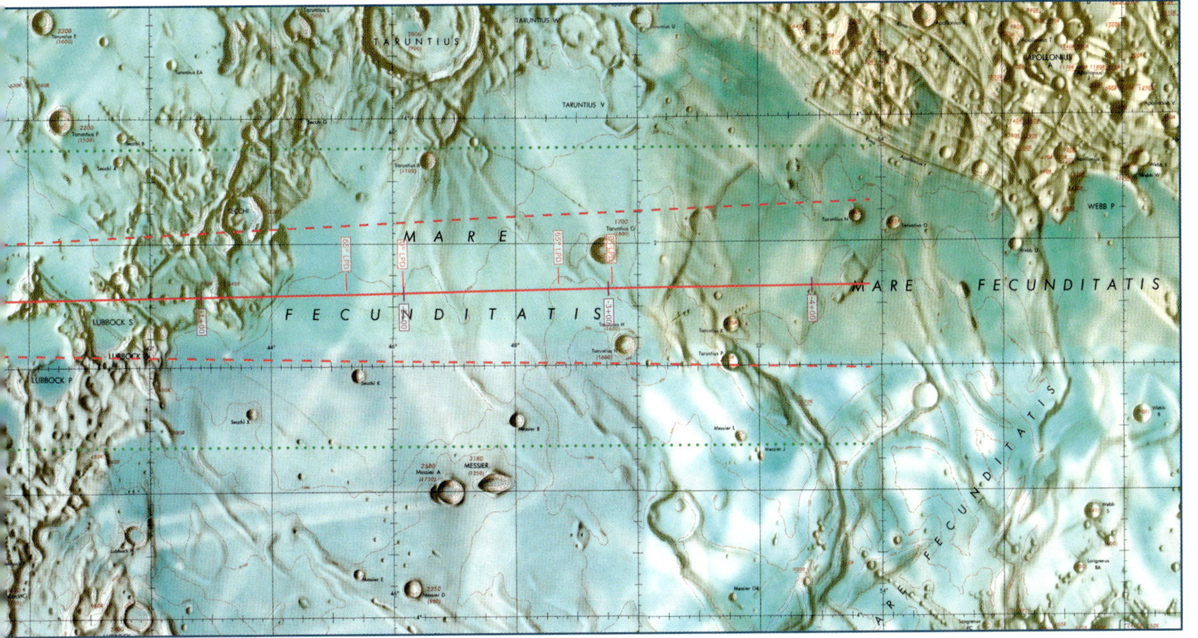

Apollo 11 – LM Descent Monitoring Map
1:1,000,000

90

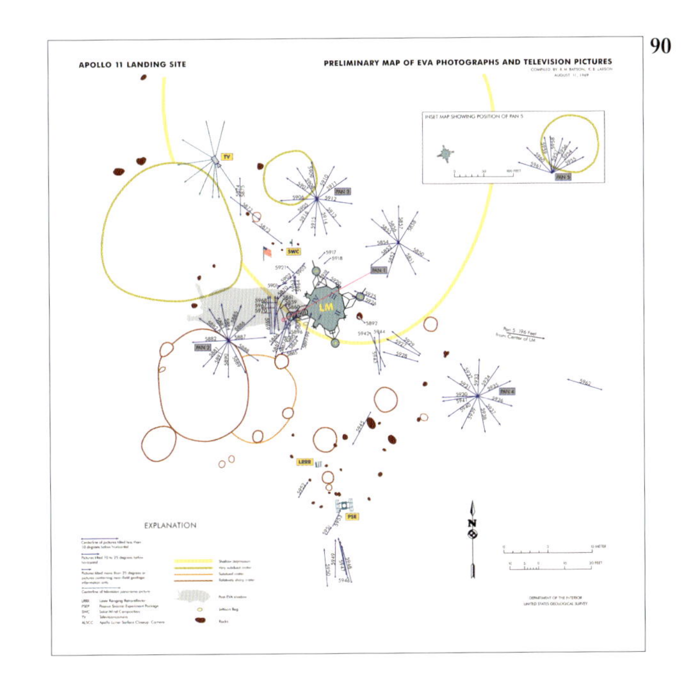

■88–90

1969年―――1969年7月20日、人類は初めて月に着陸した。その翌日、アメリカの宇宙飛行士ニール・アームストロングはアポロ11号の月着陸船の梯子を下り、月面に足を下ろす。これは人類にとっての決定的瞬間だっただけでなく、1961年にジョン・F・ケネディ大統領が設定した目標を達成し、1960年代に優位に立っていたソヴィエトとの宇宙競争に決着をつけた出来事だった。アポロ11号の3人の宇宙飛行士は、7月24日に無事地球へと帰還した。

図88：NASAが1969年10月後半に公表したアポロ11号の行動図を新たに描き起こしたもの。静止画とテレビ映像をもとに再構成した、宇宙飛行士たちが残した足跡も描かれている。

図89：月着陸船モニター図と長円状の着陸予定地域。宇宙飛行士たちが使った実物の飛行チャートでは、月面に白黒モザイクで飛行経路が記してあった。

図90：着陸地点における一種のメディアマップを新たに描き起こした図。写真とテレビ映像はすべて2人の宇宙飛行士が撮影した。原図は1969年8月11日にR・M・バトソンとK・B・ラーソンが描いた（本図と**図88**の再構成図はいずれもトマス・シュワグマイヤーによる。出典はWEBサイトApollo Lunar Surface Journal）。

■91

1967年————宇宙時代全盛期には、アメリカ地質調査所が精密な月面図を作成するために無人・有人飛行の探査データを利用し始めた。この地図は月表面の南西4分の1部分にある幅約320キロの月の“海”、すなわち「湿りの海」（MARE HUMORUM）を描いており、色の違いによって月面にあるさまざまな物質の特徴と年代を表している——紫とくすんだ紫は“海”にある物質、オレンジのグラデーションと緑はさまざまな年代のクレーターの物質、黄色は斜面と反射光、赤は平原を構成する物質だ。下にあるカーブ状の断面図は月面の湾曲を正確に反映しており、起伏はまったく誇調されていない（画家、天文学者のトルーヴェロによる図**81**における「湿りの海」の描写と比較されたい）。以降、図**94**までの各図は、アメリカ地質調査所／NASA／アメリカ空軍の提供によって掲載された。

91

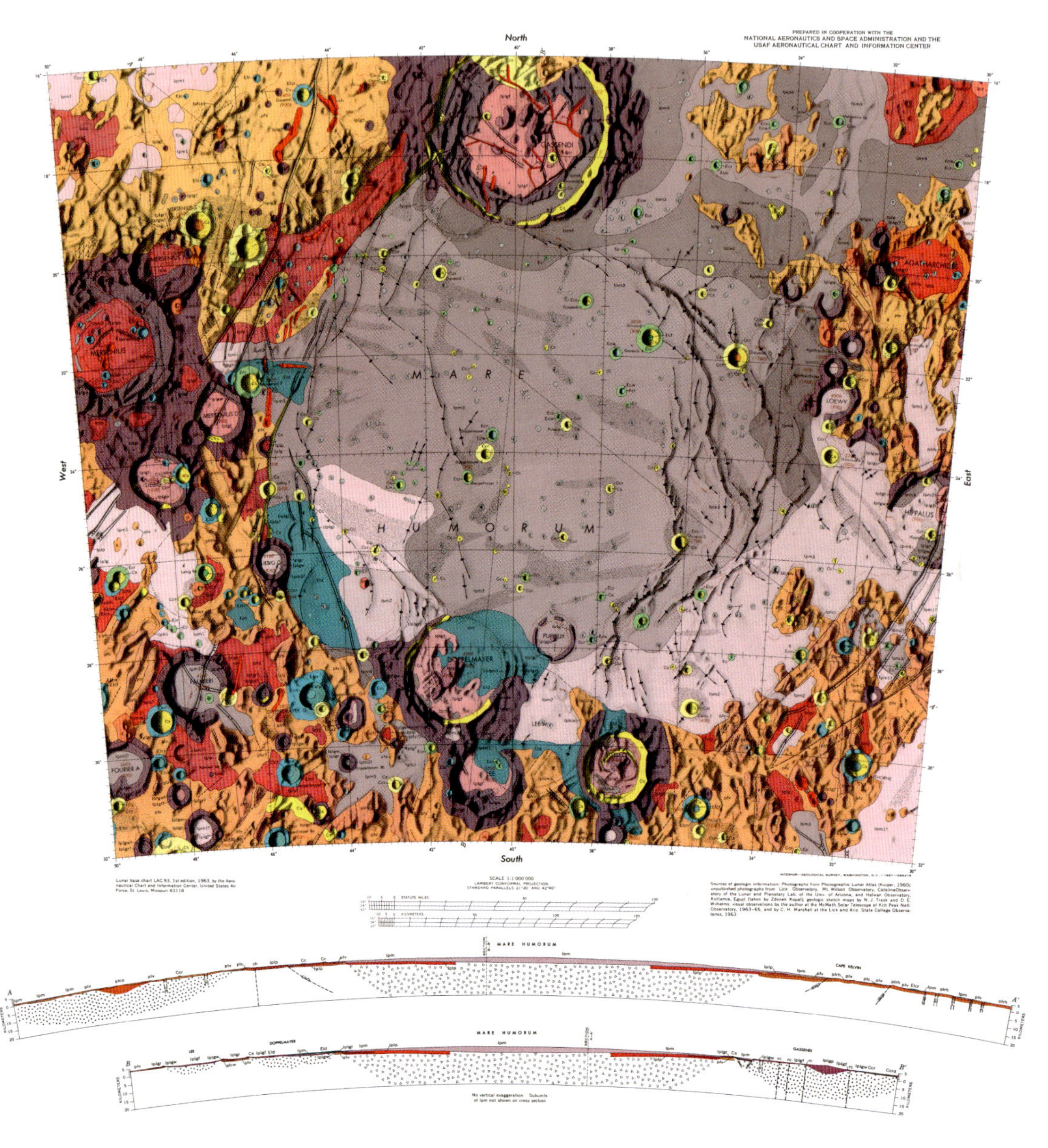

■92

1971年———地球側の月の半球を描いた地勢図。“眼”のような形状から想起されるように丸い“海”は実際のところ太古の玄武岩質の溶岩に満ちた広大な衝突盆地で、約45億5000万年前となる誕生後の元期に激しい衝突があったことが如実にわかる。ニュアンスにあふれた本図では、緑が“海”、青が盆地周囲の物質、明るい緑と黄色がクレーターを意味し、色の濃淡はその物質の推定年代を表す。図に添えられた説明文は「地勢図作製によって、月の形成においては“火山”と“衝突”のどちらかが優勢というわけではなく、どちらも作用したという示唆を得た」というテクストで結ばれている。

92

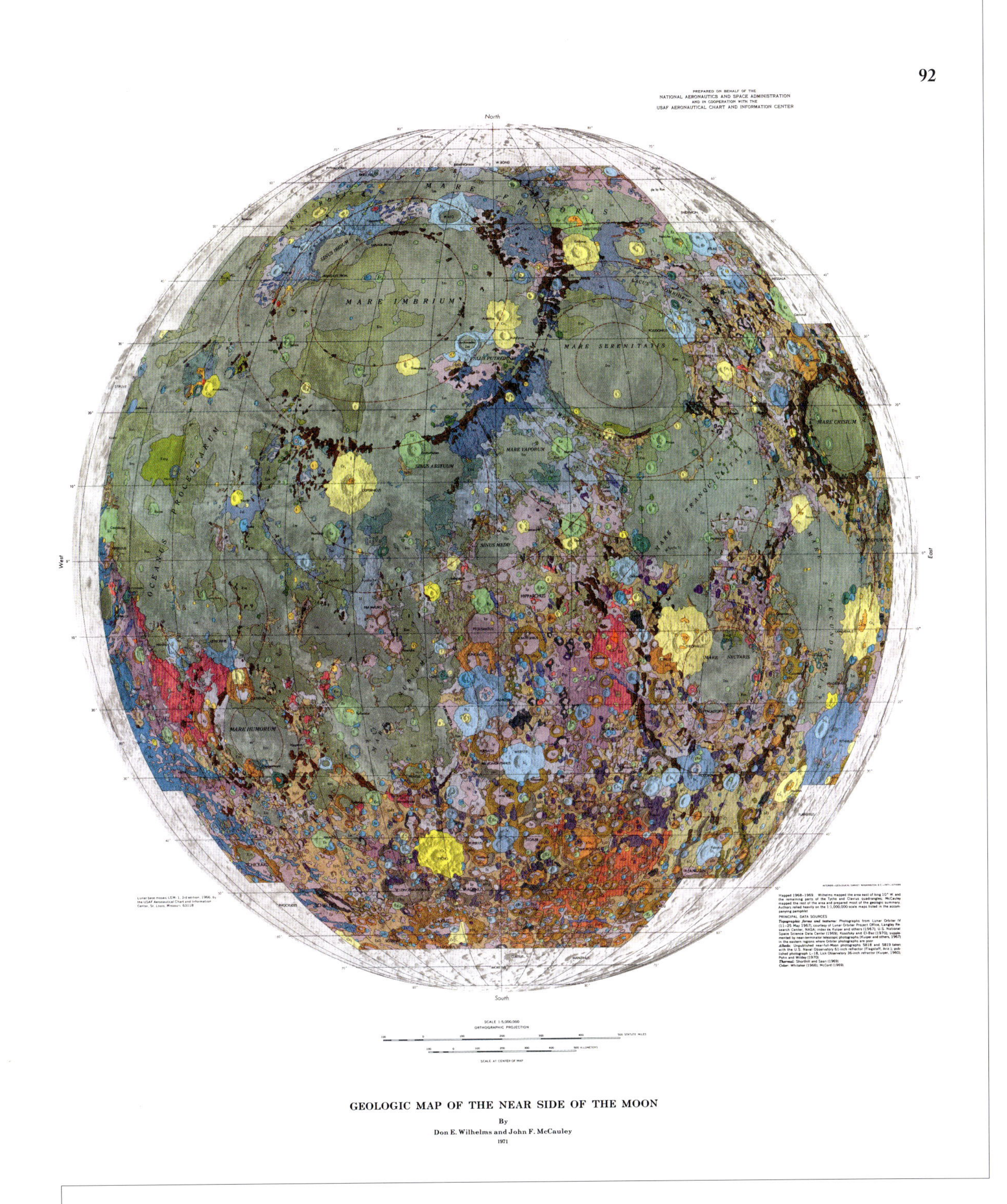

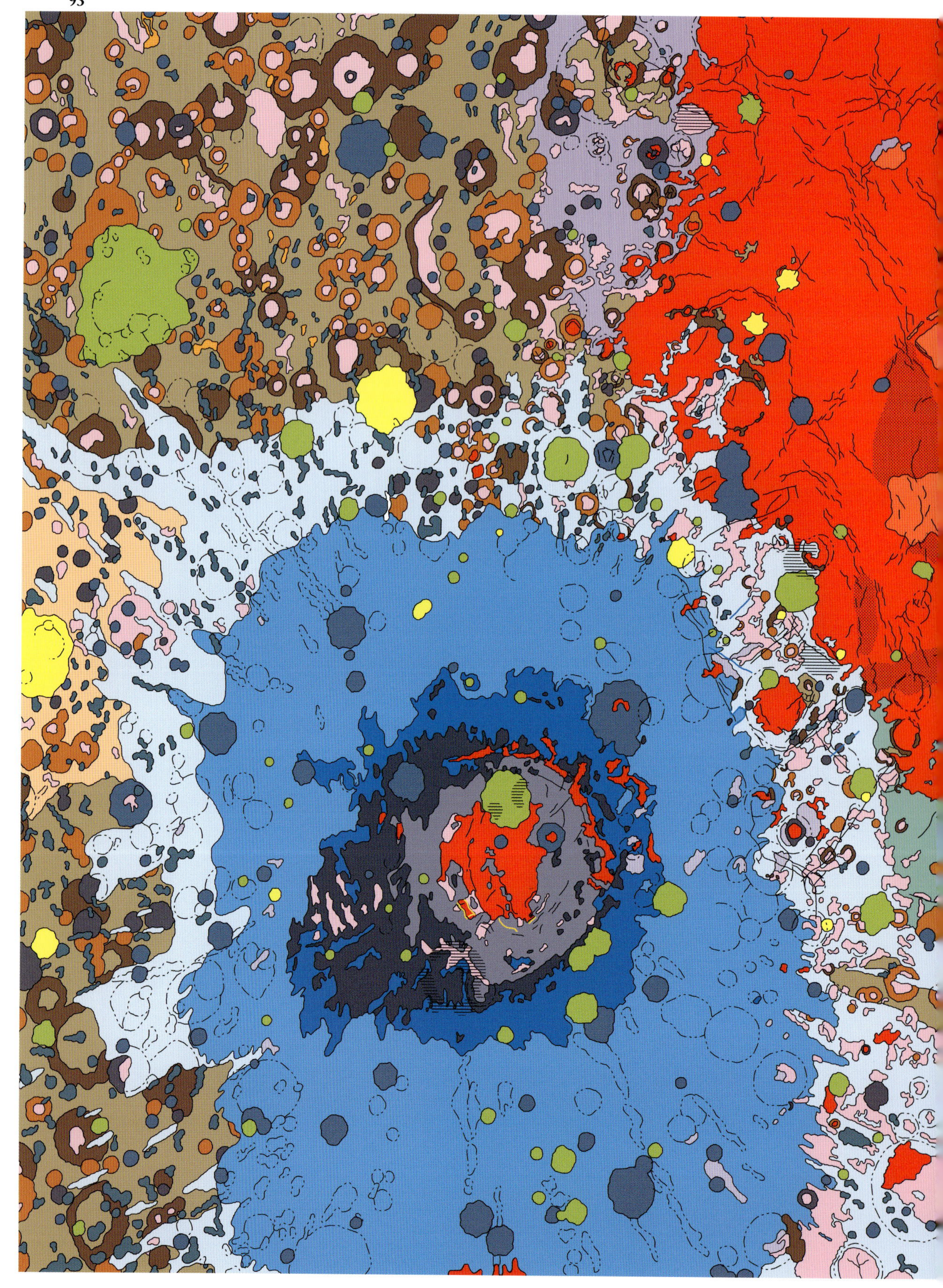

■93

1977年———月の西側に位置しているのは「東の海」の巨大な多重環型の衝突跡で、その直径は1000キロほどある。「東の海」に接する画面右上の緋色は月の“海”の中でも最大となる「嵐の大洋」だ（これはあまりにも巨大なために単なる“海”ではなく月唯一の“大洋”と呼ばれる。とはいえ“干上がって”はいるのだが）。図中の青は「東の海」から放射状に広がる隆起と溝、赤は「平らな」火山性物質をそれぞれ意味する。

■94

1979年———南極地域の地勢図も図**93**と同じカラー・システムを採用している。やはりここでも「東の海」が左側を占めており、青の色かけはすべてこの“海”となる。中央付近のデニム生地のような斜線が引かれた不規則な形状をした部分は、本図発表時に未調査だった地域を表す。南極のすぐ下右にあって目を惹く茶の区域は幅約320キロの「シュレディンガー」クレーターで、比較的新しい火山活動の兆候がある数少ない部分だ。クレーター中央の淡い青になかば囲まれた栗色は、火口を中心とした火山砕屑物となる。ほぼ南極点に（さらには先述の斜線部にも）位置する小さな緑の丸は「シャクルトン」クレーターで、永遠に陰となる深い部分には氷堆積があると考えられている。もし人類が月を植民地にするとしたら、これらの堆積物はきわめて重要視されることだろう。

第4章

太陽

The Sun

きみがマンハッタンを好きなのは知っているけど、
もっとしょっちゅう見上げなきゃ。
そして
いつもなんでも抱きしめて、地にいる人々を
空にある星々を、ぼくのようにね、自由にそして
ふさわしい空間感覚でね。
――――フランク・オハラ「火の島における太陽との対話の実記」
A True Account of Talking to the Sun at Fire Island

謎めいた魅力こそあれ第2位の神でしかない月と違って、太陽は常に1柱の主神として完全な崇拝を人々に求めてきた。新石器時代、小舟に乗っていた太陽はエジプトの太陽神ラーとなって第5王朝期［前2949頃－前2243頃］には他の神々を統(す)べるまでになり、みずから太陽の船に乗り込んでは日々東から西へとめぐっていた。太陽神シャマシュはバビロニアとアッシリアの神々の中にあって罪人の咎(とが)を暴いて罰した。インドネシアでは、支配者一族の神話的な祖先がすなわち太陽系の中心星なのであり、権威のよりどころとなっていた。アステカ文化では、太陽神トナティウが他のすべての神々を支配し、定期的に人の心臓を食べることを要求した。生け贄の胸から石の刃物で心臓が取り出され捧げられる。するとトナティウは満足して空へ昇ったのだという。凶暴なメソアメリカ［中米の先スペイン期における古代文明圏］の神を鎮めるためには、毎年何万人もの生け贄が必要だと思われていた。

太陽にこれほどの力があった理由は、容易に想像できる。太陽は風を起こし、収穫量を決め、命をはぐぐみ、道を照らしてくれる。太陽がなければ災いが起こるし、強すぎても惨事が起こる。むら気な太陽は、気まぐれな自然と予測できない運命を表す存在だったのだ。今日にいたるまで、人類の文明が必要とする燃料のほとんどが太陽由来だ。地中にある化石燃料となる堆積物は、実は古代から残された太陽エネルギーが満ちた“電池”なのである。

そうなると、太陽信仰はいろいろな意味でのちの宗教よりも理に適っている。実際に、ユダヤ＝キリスト教的一神教に関連する主要な祭日の一部は、それ以前の太陽信仰とつながりがあるのだ。現代でも、神の子であるイエス・キリストの誕生日は、ローマ人が太陽の再来をことほいだ祝祭「Dies natalis solis invicti(ディエス・ナタリス・ソリス・インウィクティ)」、すなわち「不滅の太陽神の誕生日」中の1日であるユリウス暦12月25日とされている。サン・ピエトロ大聖堂にあるバチカンの地下墓地(カタコンベ)のモザイク画は、ローマの「不滅の太陽神(ソル・インウィクトゥス)」（またの名をアポロン、ヘリオス）とキリストが混じり合ったような姿をしている。頭部のうしろの光線は、紛れもなくキリスト教的な光背だ。まわりを縁取るブドウの蔓も、ディオニュソスのあの酒と「ヨハネ福音書」（15：1）にある「まことのぶどうの木」だと解釈できる。このモザイク画そのものがつくられたのは、勢いを増すキリスト教を前にした異教の神々がオリュンポス山へと引き下がったときにまでさかのぼる。太陽神が交替したのだ。

このような事実と得られた情報からの推定とを考え合わせると、そもそもソクラテス以前のギリシア人が地球中心の宇宙観をもっていたことは驚異と言えよう。強力で無欠な存在が、なぜ地球を回ることで満足できたのだろうか？　プラトンが示唆したように、すべての天体の現象は円運動だとしても、その円の中心が地球である必要はなかったのではないだろうか？　むしろ、日を定める強力な太陽でよかったのではないだろうか？

★

どのような理由かはともかく、プトレマイオス的天動説を信奉していた14世紀の人々でさえ、太陽の優越性については認めていた。黄道、つまり天球上に太陽が描く道筋は、古代から根づいた天球上の座標のひとつ、天の赤道として機能していた。経緯度体系は、“食(エクリプス)”が唯一見られた場所という事実からその名称がついた黄道(エクリプティック)とその両極に関連

して構成されており、またその黄道は天空に延びる16度幅の帯で、太陽と月、惑星をそのうちに収めて任意の時期にそれぞれを見て取れる黄道帯、すなわち獣帯を定め、かつ分割している。言い換えれば、黄道帯（獣帯）は12の星座——つまりは暦を形づくる月数——にきっちりと対応するよう分かたれているのだ。ちなみに獣帯、つまりzodiac（ゾディアック）の語源は、星座が動物の外形になぞらえられていたことに由来し、zoo（ズー）、すなわち動物園にも関連するのだが［語源はギリシア語で「動物」を意味するzoion（ゾイオン）である］、これが動物園であれば番人となるのが太陽だろう。

天動説信奉者は——公正を期すなら、1千年紀半ものあいだ他に相手となる説はなかった——太陽の特別な役割を上記以外の、場合によっては潜在意識下を含むさまざまな道筋の中で認めていた。たとえば図**95**として挙げた中世の百科全書『花々の書』所収の1点では、花開く太陽が真下に描かれて中心をなす地球を照らし、上質皮紙（ヴェラム）の土台上に黒々と覚束ない影［画面中央下部］をつくっている。とはいえ、いかにも太陽は地球を回っている様態で描かれてはいるものの、花弁めいた描写のかいあって地球よりも目を惹くように思われる。サント＝メール司教座の司祭ランベールによるこの図を見ると、太陽と地球をつなぎ、中心の地球への経路をたどっているかのような赤い線が、別の方向に動くのだと想像ができる——今は向日葵（日回り）の“芯”のように垂れている強力な振り子が、地球を中心から脇へと追いやってしまうのである。

さらに、図**98**の黄金と灰で塗られた大小の円盤を見てほしい。15世紀後半に活躍したドイツのミニアチュール作家ヨアキナス・デ・ギガンティブスが描いた写本図版で、クリスティアヌス・プロリアヌスによる論著『天文学』*Astronomia*に収められている。同書はコペルニクスが『天球回転論』を発表する1543年より少なくとも60年は前のもので、ついに地球を玉座から追いやり、太陽を中心に据えているのだ。もっともこの早期の「情報画（インフォグラフィック）」が天体における“見たまま”の光度、いわば明るさをどうやら表現しようとしているにもかかわらず、それは大きさの描写同様、理解しがたい出来となっている。

この図を見ると、太陽を表す巨大な黄金の円盤が放つ、生気のない25セント硬貨のような地球［画面中央下］をさらにかすませてしまうほどの燦然（さんぜん）とした輝きにまず目を奪われないだろうか？　もっともこのように描いてもなお、太陽が惑星系の中心かもしれないという示唆にプロリアヌスは疑念を抱いていた（他にも興味深いことがある。惑星が小さなしるし［☆に類する象徴記号］ではなく円盤として描かれているのだ。ちなみにこの書物は、望遠鏡の登場より1世紀以上前のものである。“迷えるデ・ギガンティブス”にとっての惑星（プラネット）は、ただひたすら“さまよう者（プラネテス）”なのだった）。

★

望遠鏡の登場からしばらくして、天文学者たちはこれを太陽鏡（ヘリオスコープ）制作の土台として使うようになった。望遠鏡を透した太陽像を、紙に投影する装置である。1610年代、ガリレオ・ガリレイと彼の競合者クリストフ・シャイナーは、どちらも黒点研究に太陽鏡を使っていた。彼らの太陽鏡反射法がきわめて正確なスケッチを可能にしたため、両者の描く太陽はほぼ写真のような正確さを有する。その理由は、2人が写真技術に準じる方法を用いていたからだ。なかったのは、感光乳剤だけである（黒点は、太陽の磁力線が収束し、光球つまり太陽の可視表面層で“低温部”がわずかに生じた際、発生する）。

天文学者たちは黒点と、皆既日食のときに太陽面から吹き上がる様が見受けられる巨大なプロミネンス（紅炎）に魅了されたばかりか、地球の暦としての太陽の役割にもかねてから心を奪われていた。先述したように、時の計測は古代の天文学者の第1等の役割であり、太陽暦を測定するために有史以前から常に季節によっての変動が測定されていたのだ。

1655年、イタリア系フランス人ジョヴァンニ・ドメニコ・カッシーニは、ボローニャのサン・ピエトロ大聖堂の床に驚異的な日時計をつくった。14世紀に建造された大聖堂はすでに巨大な“天文装置”として使われており、天文学者だった司祭イグナチオ・ダンティが15世紀に小規模な日時計をつくってもいたが、この地上で最も正確な装置をつくろうと欲したカッシーニは、精密な工学技術を用いて完璧な約67メートルの——そして世界最長の——子午線を引いた。彼が明言した目的は、自身の「太陽儀（ヘリオメーター）」を使ってグレゴリオ暦の正確さを検証することだった。現在国際的に最も使われているグレゴリオ暦は、1582年に教皇グレゴリウス13世によって施行され、従来のユリウス暦に取って代わった。改革の裏にあった教皇の動機は、太陽暦と太陰暦との相違によって日づけの定まらなかった復活祭の開始日をカトリック教会が確定することだった。

カッシーニの日時計は、春分と次の春分とのあいだの時間をかつてないほどの精度で計測し、暦としての機能を無事に果たした。しかしこの装置は、やがてヨハネス・ケプラーが打ち立てた推論の検証という高度な試みにも用いられる。このドイツの天文学者は、コペルニクスが地球軌道に割り当てた離心率があるべき値の2倍に当たることを見出していた。地球が中心をはずれた軌道で太陽のまわりを回っているため、太陽の見かけの大きさにおけるわずかな差を過大にしていたのだ。カッシーニは正午に子午線を横切るときの太陽像の大きさを計測し、ケプラーの主張を追認した。教皇領のカトリック教会にあるカッシーニの装置がそれらの計測値を明かすことによって、コペルニクス説を洗練させたケプラーの地動説が真実であることを証明する重要な実験的証拠を提供したのだ。1655年の後半になると、時代はここまで進んでいた——地球が太陽のまわりを回っていると考えるガリレオが「異端である強い嫌疑」をかけられた22年後のことである。

★

教皇クレメンス11世は、ボローニャの太陽儀のもつ暦機能に刺激を受けた。1700年11月に教皇位についたクレメンスは、ローマにある巨大なサンタ・マリア・デッリ・アンジェリの教会堂（バシリカ）内に同様の装置を建造した——1561年、老齢のミケランジェロが、ディオクレテアヌス帝による3世紀の浴場の内装をそのまま改修した教会である。クレメンス11世が頼ったのは、教皇領に長く勤めていた天文学者で、カッシーニの日時計を研究していたフランチェスコ・ビアンキーニだった。そしてこの天文学者はついに、見る者の多くが最もさまざまな目的に適い、かつ最も美しいと賛を惜しまない“作品”をつくり上げたのだ。

教会には南の日差しがよく入り壁も高いという、目的に必要な条件が備わっていた。建設から何世紀もの時を経ているとあって、位置がずれることもなさそうだった——これもまた、必要条件のひとつだったのである。ビアンキーニは南向きの高い壁に小さな穴をあけて日時計の指時針とし、大理石の床に厚みのあるブロンズ製の線を経度12度30分に正確に埋め込ませた。

カッシーニの装置と同様、ビアンキーニの日時計もやはり今なお使うことができる。指時針の穴の直径とブロンズ線からの距離によって、太陽の光は毎日正午にだけ差し込み、ブロンズ線のどこかに当たる。この装置は正確に太陽の1年周期における変動の最大値のもと区切られており、夏至と冬至のときには線のどちらかの端に光が当たるようになっている。春分と秋分には、太陽光が2つの端のあいだにある任意の同じ場所を照らす。

カッシーニとビアンキーニがカトリック教会を天文装置に仕立てたことには、もちろん皮肉な側面がある。教会の意向とは異なる地動説を採るコペルニクスが宇宙の中心に置いた太陽の位置と大きさを、きわめて正確に測定するためだけにつくられた装置だったのだから。フランチェスコ・ビアンキーニは天動説を公に支持するほど愚かではなかったが、子午線が完成してからかなりのあととなる1728年に発表した著書には、興味深い金星図が載っている。当該のプレートに表された惑星軌道の中心には、何も描かれていないのだ。

★

95

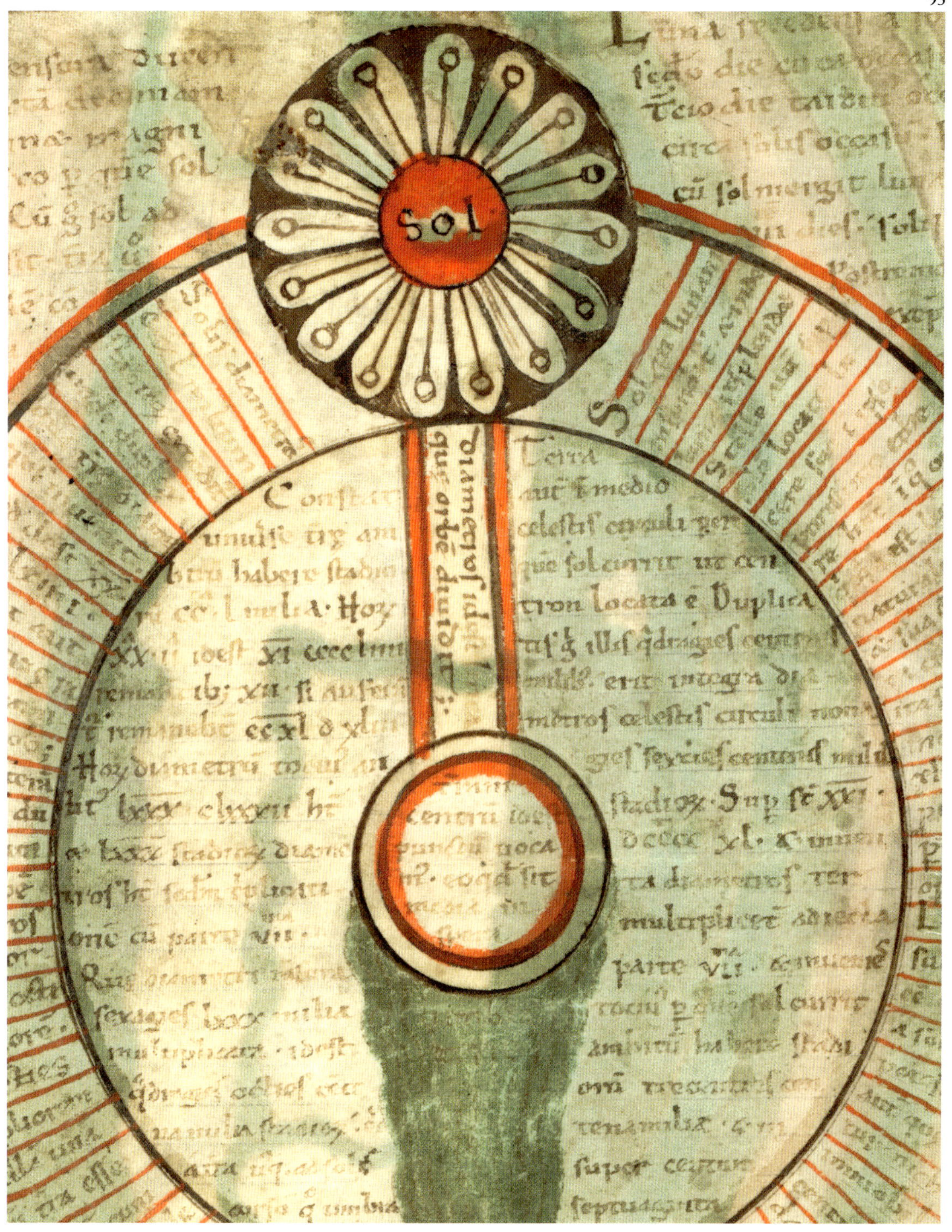

■95

1121年————中世の百科全書『花々の書』所収の図版。花のような太陽が真下に宇宙の中心として描かれた地球を照らし、波打つような影をつくっている。太陽の両側から延びて地球を囲んでいる赤い環（わ）は黄道、つまり天空における太陽の道筋を表す。月の道筋である白道は約5度の傾斜角度で黄道と交わっており、地球の影が月にかかって月食が、その一方で月の影が地球にかかって日食がそれぞれ起こる。古代の天文学者は月と太陽の食、すなわちeclipse（エクリプス）が黄道と白道の交点付近で起こる事実に気づいており、そこから黄道、すなわちecliptic（エクリプティック）という言葉ができた。

▶他の『花々の書』作品は **23、116–118、161** の各図

96

97

■96–97

1444–50年――――ダンテ『神曲：天国篇』の装飾写本に所収のシエナの画家ジョヴァンニ・ディ・パオロによる作品。ダンテと導女(どうにょ) ベアトリーチェが太陽天へと昇り、トマス・アクィナスと彼の師であり協力者でもあったアルベルトゥス・マグヌスの魂に迎えられる場面。アクィナスが「炎」と呼ぶその他の偉大な知識人らが自身の話す番を待っているが、その中には723年頃に太陽運動の計算法を書いた聖ベーダの姿もうかがえる。ダンテによる当該の場面では、太陽のことを「天の力を世界に刻（こく）し、／その光により私たちのために時を刻む／自然の最大の家臣」［前掲既訳より］と述べている。ディ・パオロは金箔を使って輝く太陽を描いた。

▶他のディ・パオロ作品は **20**、**52**、**122**、**162–165**、**240** の各図

98

■98

1478年―――15世紀後半に描かれた、多くの金箔で輝き、好奇心をそそる「情報画（インフォグラフィック）」。ドイツのミニアチュール作家ヨアキナス・デ・ギガンティブスの手からなる太陽（最大の黄金の円盤）と惑星、月のそれぞれの大きさと明るさを表現した本図は、トスカーナに生まれナポリで活動した人文学者クリスティアヌス・プロリアヌスの科学論集『天文学』に収録された。太陽の左下には黄金の火星が、真下には灰に塗られた月が、そして右下にはやはり黄金の金星がそれぞれ見受けられ、さらなる下に淡灰の地球が、その右にはこれもまた黄金に輝く小さな彗星が描かれている。奇妙なことに、火星はより明るく実見される金星以上に大きく描かれ、夜空にあって何よりも明るいはずの月が淀んだ色で塗り込められている（月の実色が暗灰なこともたいへん好奇心を刺激するのだが、むろんのこと1478年当時は誰もそれを知らなかった）。たとえば古代にあっては太陽の直径が月の19倍と考えられており（実際は400倍）、そうした知識の流れに照らしても各惑星の相対的な大きさはまったくもって不正確で、厳密には太陽よりもいっそう小さく描かれるべきかもしれないが、一方で補助的な存在として描かれていることも確かだろう。しかしそれでもこの図は、コペルニクスの誕生からわずか4年後の、いまだに地球を宇宙の中心と考えていた時代に描かれたものなのだ。そもそも、望遠鏡が初めて「さまよう者（プラネテス）」を惑星（プラネット）と明かす130年以上前であるにもかかわらず、火星と金星、水星が円盤状に表されていることにまず目を奪われてしまう。

▶他の『天文学』作品は図 **242**

■99

1479年―――1790年12月にメキシコシティの広場の下から発見された謎の多いアステカの「太陽の石」は、1479年頃のものだと考えられている。4世紀から16世紀にかけて現在のメキシコで繁栄した同文明において、太陽が中心的役割を果たしたことは間違いない。太陽神「トナティウ」が人の生け贄を要求し、かなえられない場合には天空の太陽が動かなくなる、というアステカ人みずからの信仰を示唆する史料はいくつか存在する。一説によると、太陽の石は表を上にしてアステカ文明の象徴的な場に据え付けられ、まだ動いている生け贄の心臓を太陽神に捧げる際に使われたのだという。1792年、メキシコの天文学者、考古学者のアントニオ・デ・レオン・イ・ガマが本図を掲載した書物の中で指摘したように、これはどのような機能をもっていたにせよ、かなりの幾何学と数学の知識をもっていた文明だけがつくり得るものだ。完全な左右対称の“石”は、幅およそ6メートル、重さが20トン以上もある。中心に見受けられる顔は「トナティウ」を表すように考えられ、周囲の細かな細工が暦における重要事項を示唆しているらしい。ここには俗事と儀式の両方に向けた暦が刻まれていると主張する資料もある(俗事は農民、儀式は司祭によってそれぞれ用いられるのだ)。また、“石”がアステカ文明の根幹をなす52年周期においてある役割を果たしていた可能性も指摘されている。太陽の石がもつ真の機能と、暗号化の上で刻み込まれた象徴的意味とをまったく解明できないことが、ヨーロッパ人征服者の襲撃によってアステカ文明が完全に破壊された事実を明白に物語っている。

■100

1540年―――ペトルス・アピアヌス『皇帝の天文学』所収のヴォルヴェル。紙製の歯車を複雑に組み合わせたこの“装置”は太陽を監視し、黄道上の正確な位置を予測するために用いられた。太陽は、惑星と違って地球から見た際は動きが逆行することがない――見かけの運動に逆行がない――だが、黄道上の動きは夏より冬のほうがわずかに速い。つまり、太陽の春分から秋分までの動きは秋分から春分までのそれよりも長いのである。アピアヌスの書は、天体運動の予測装置としての役割もあった。本図のヴォルヴェルの場合、回転させることによって緑とピンクの盤上における線の角度が変わり、時期によって生じる太陽の見かけの運動差が補正できた。

▶他のアピアヌスによる“装置”は **27、53、166、213、247** の各図

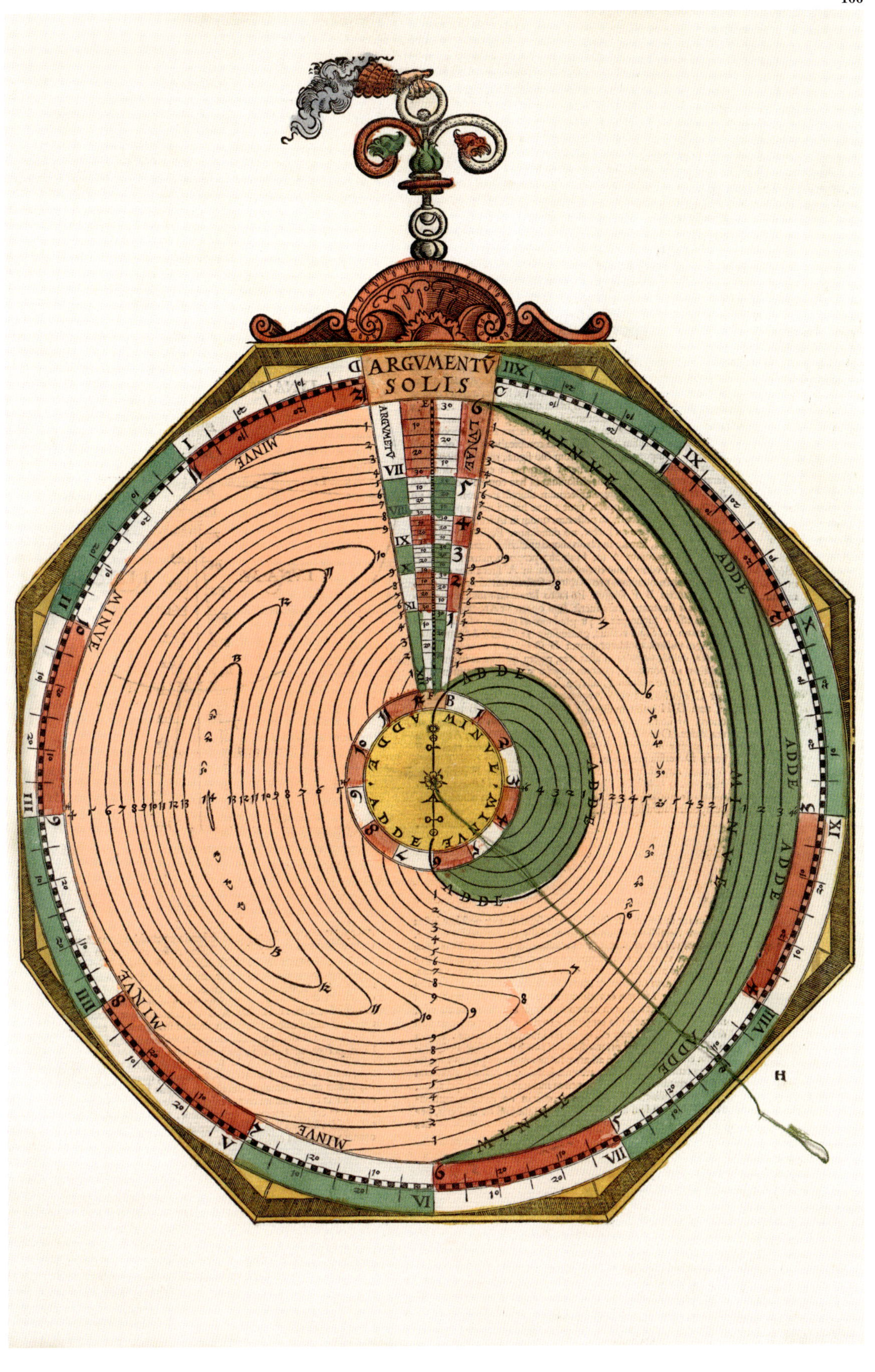
ARGVMENTV
SOLIS
ARGVMETV
LVNAE
MINVE
ADDE
H

101

102

■101–102

1582年────これまでに述べたように、多くの文化における太陽には宗教的、寓話的な重要性がある。ヨーロッパ錬金術の伝統にあっては、黒、赤、そして白の太陽は究極的に賢者の石──エリクサーとも呼ばれる、卑金属を黄金へと変える物質──を生み出すことを目的とした変容の諸段階に対応していた。ここに取り上げた、黒い太陽が沈み、オレンジの太陽が昇る描写は、サロモン・トリスモジン作とされる『太陽の輝き』*Splendor solis* に所収。錬金術における黒い太陽はプロセスの第1段階に対応して腐敗と魂の死が浄化につながり、オレンジ、あるいは「赤化（ルベド）」が賢者の石へといたる第4かつ最終の段階を意味するというのだが、特にユング心理学において「魂の暗い夜」が検討されたように、これらの段階の心理的な意味合いもまた探られてきている。大英図書館に所蔵され、最も貴重な蔵書のひとつに数えられている本版は、イエーツやジョイス、ウンベルト・エーコも研究対象としていたようである。

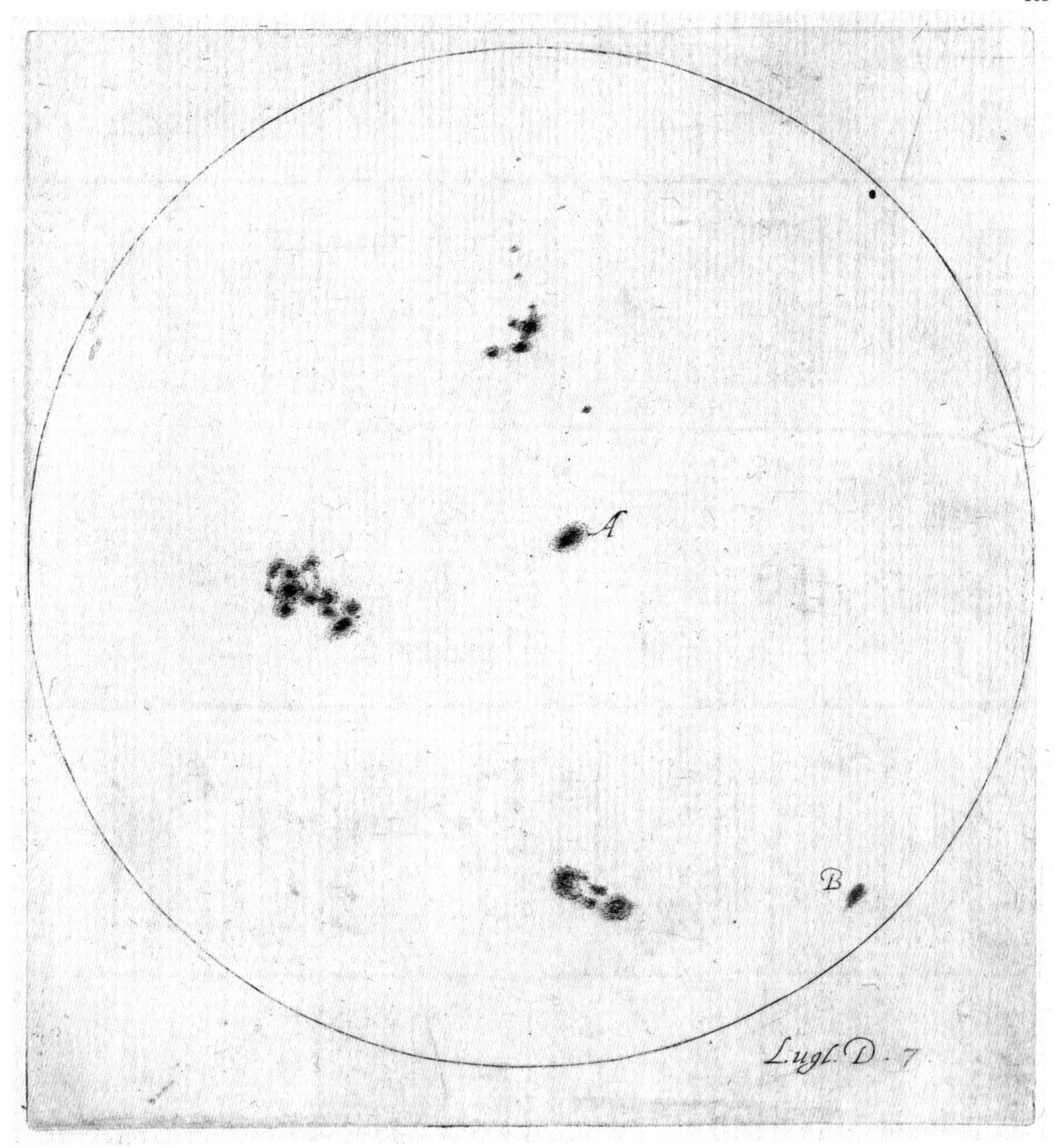

■103

1613年――――太陽には実際に黒点が現れることがある。磁力線が収束し「わずか」3000から4000℃ほどの“低温部”(周囲は5000℃以上)ができた場所で形成されるのだ。黒点は2000年以上にわたって観測されてきたが、17世紀になると天文学者たちが太陽鏡(ヘリオスコープ)と呼ばれる望遠鏡を基礎とした反射装置などの新しい観測機器を考案した。このエッチングは1613年にガリレオが発表した『太陽黒点とその諸現象に関する記録および証明』*Istoria e dimonstrazioni intorno alle mocchie solari e loro accidenti* 所収のもので、写真のような正確さは太陽の投射映像をなぞっているためである。

104

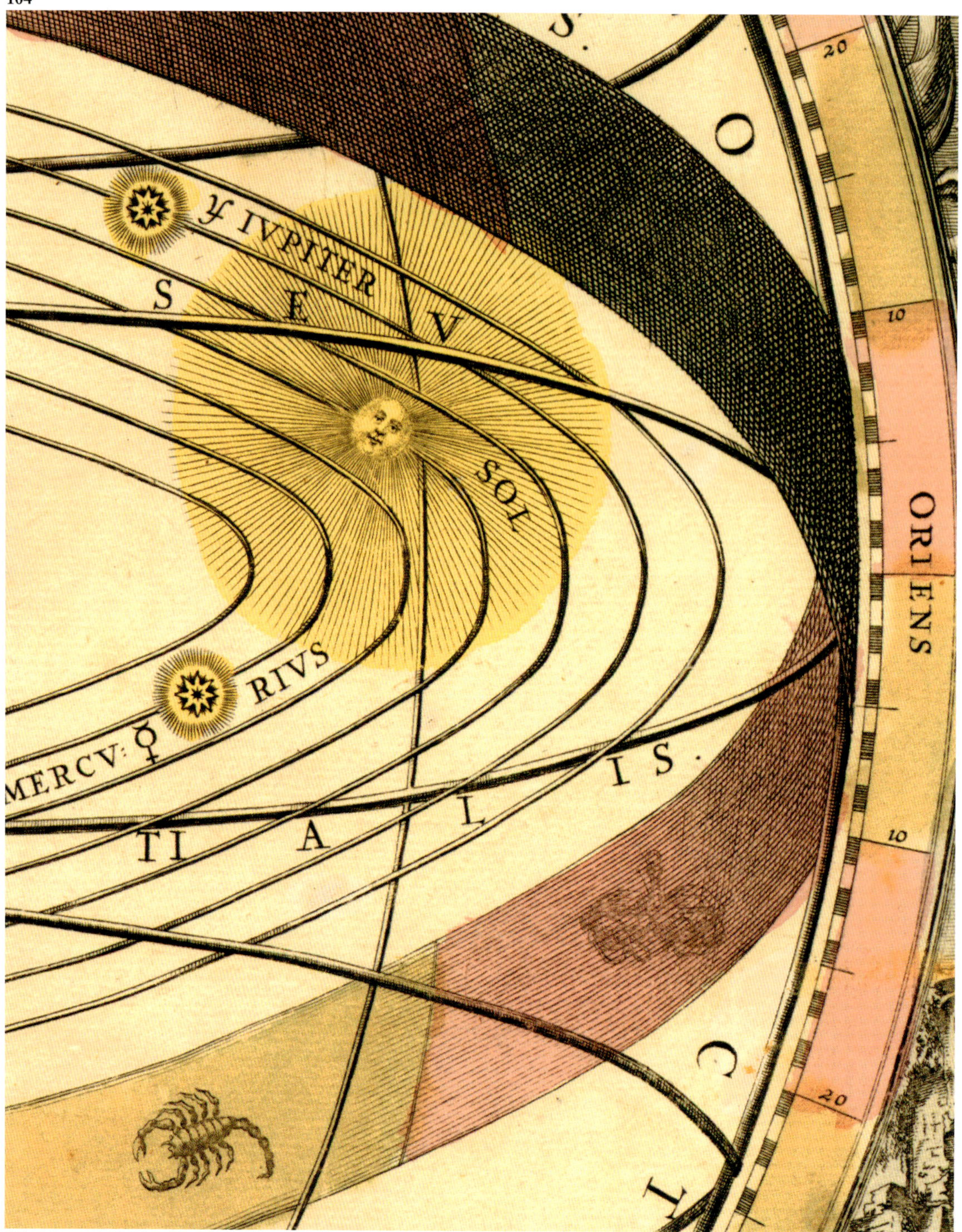

■104–105

1660年———アンドレアス・セラリウス著による豪華本『大宇宙の調和』所収の、天動説と地動説における太陽の描写。図**104**の太陽は隷属的な役割で、中心の地球のまわりにある線上を他の惑星とともに動いている（全図は図**30**）。図**105**では太陽が大きくなり、顔の表情もそれに応じて厳粛だ。4つ描かれた地球は四季を表している。セラリウスの描写では月が地球よりはるかに小さく、通信衛星さながらの低い軌道を回っているかのように見える点に注目されたい。図中には1660年時点において既知だった他の惑星もすべて描かれている。

▶他のセラリウス作品は**30、64、125–126、168、219–220**の各図

SEMITA SATVRNI QVI TRIGINTA ANNIS REVOLVITVR
SATVRNVS
VIA IOVIS SPATIO DVODECIM ANNORVM SE REVOL
DVORVM ANNORVM
INTERVALLO SOLEM
LVNA
RESTRIS ANNVO
ORBITA GLOBI TER
SOLSTI
BRV
TIVM
MALE
MAR
Tropicus
Cancri
Circulus
Æquinoctialis
ÆTHIOPICVS
Zodia
Tropicus Capricorni
OCEANVS
VENVS IX MENSIBVS RECVR
RENS
LVNA
SPATIO CIRCA
SOLEM CVRRENTIS
Circulus Arcticus
LVNA
MARS
SOLSTI
ÆSTI
TIVM
VVM

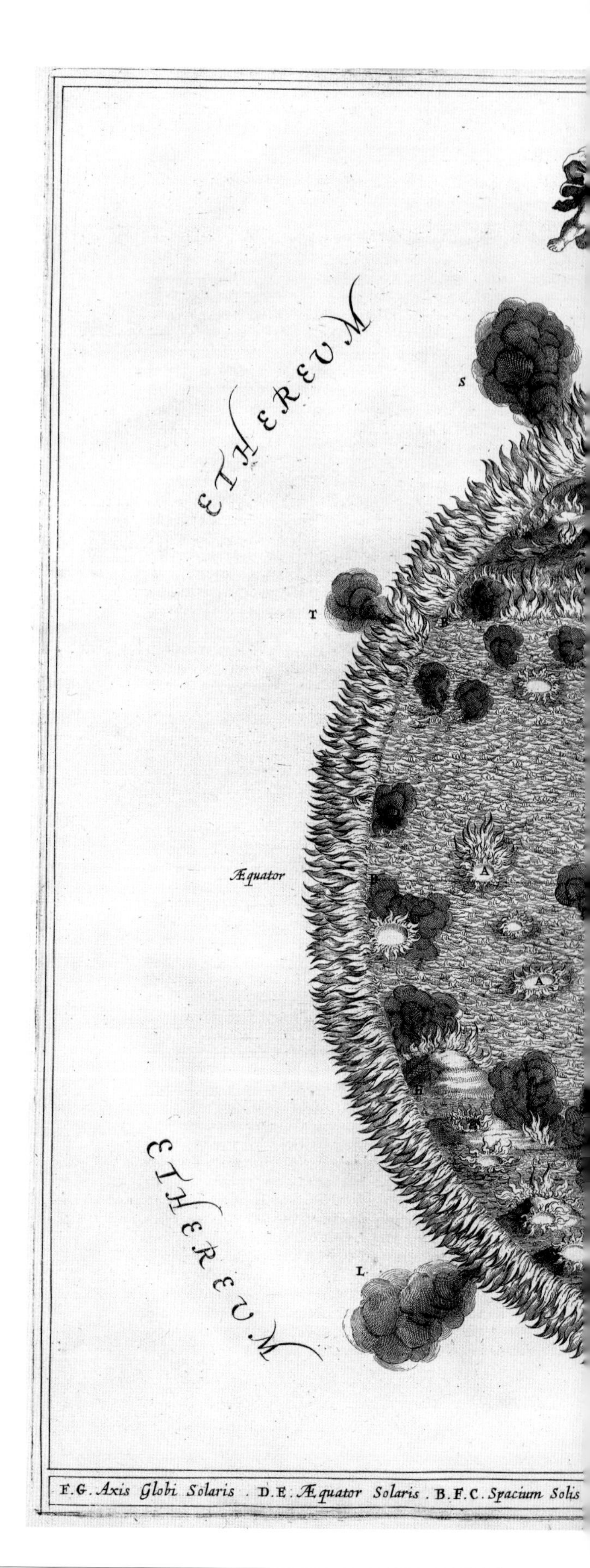

■106

1664年————ドイツの“ルネサンス型”教養人アタナシウス・キルヒャーによる燃える太陽の描写。本図は以後の何百年にもわたってしばしば作者名を省きつつ広く複製された。『ブリタニカ大百科事典』において「ただひとりで操業する知的情報センター」という印象的な紹介の仕方をされているキルヒャーだが、頻繁に諸々の原典となった彼の著作への言及はさほどでもない。つまり同時代において、引用する際の決まり事がまだ確立されていなかったのである。いずれにせよ、キルヒャー作品の多くにはポストモダニズムの原型や早期のスチームパンク的な性質があると指摘する現代作家もいる。『地下世界』所収のこの燃える太陽の図もその例外ではない。**31**と**32**の各図はキルヒャーによる地下世界の描写。

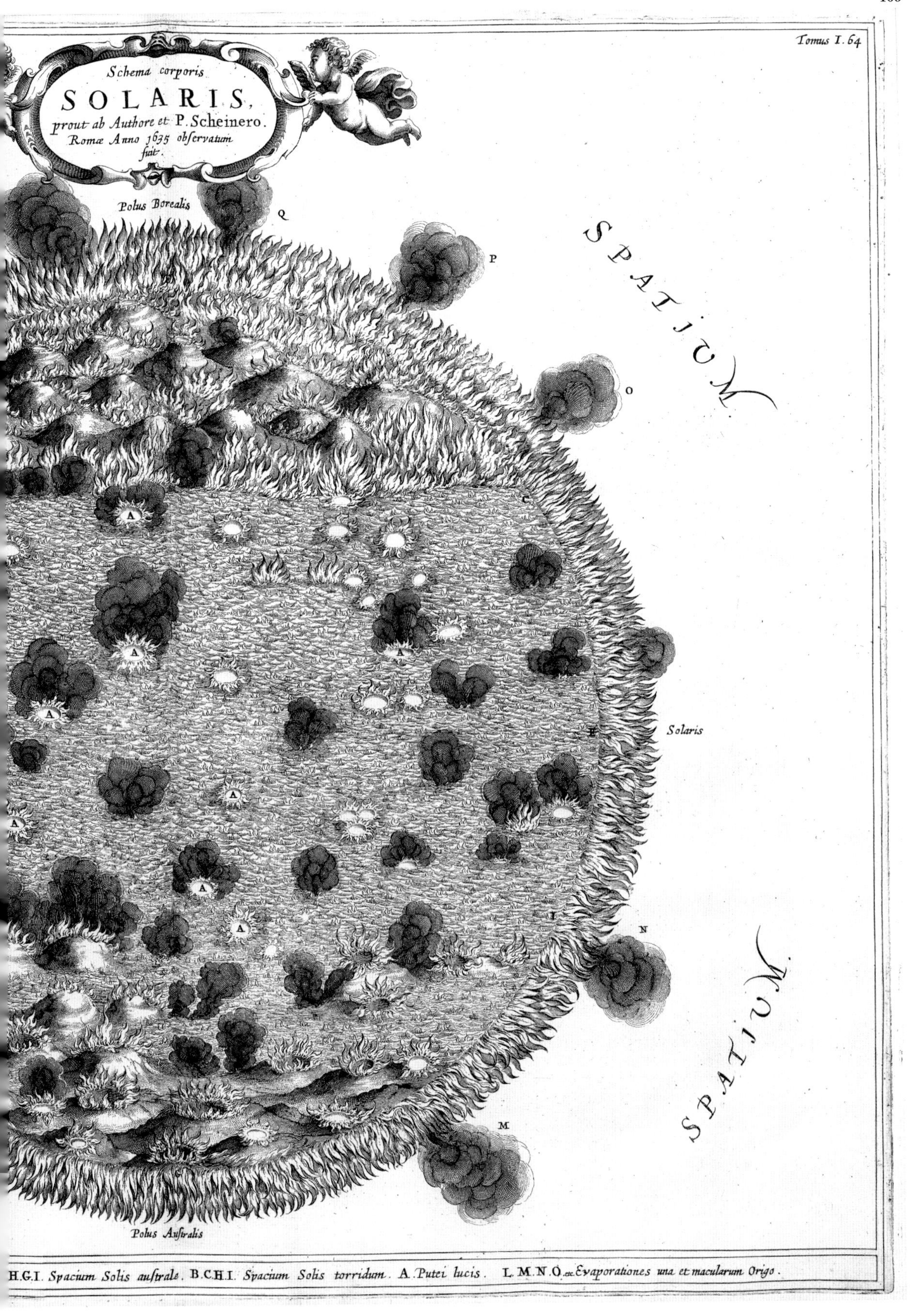
Tomus I. 64
Schema corporis
SOLARIS,
prout ab Authore et P. Scheinero.
Romæ Anno 1635 observatum
fuit.
Polus Borealis
Q
P
O
SPATIUM.
Solaris
N
M
SPATIUM.
Polus Australis
H.G.I. Spacium Solis australe. B.C.H.I. Spacium Solis torridum. A. Putei lucis. L.M.N.O. etc. Evaporationes una et macularum Origo.

107

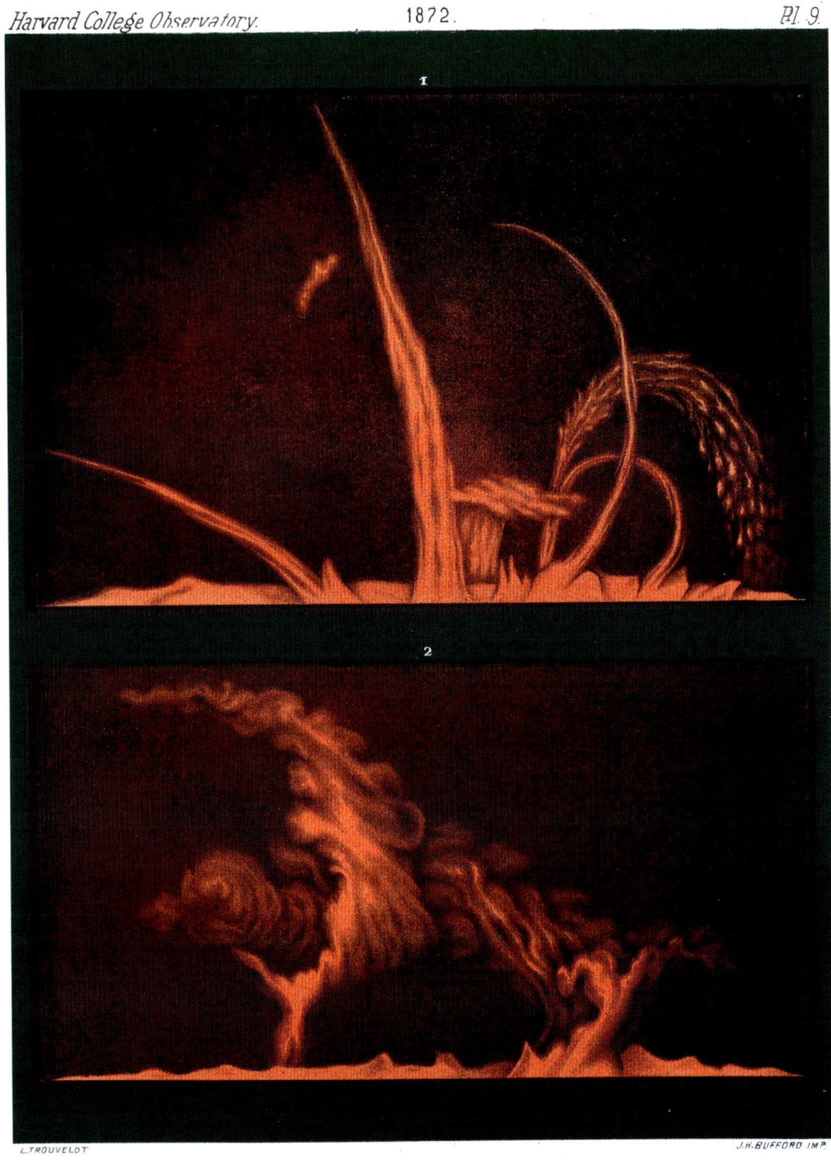

SOLAR PROMINENCES.

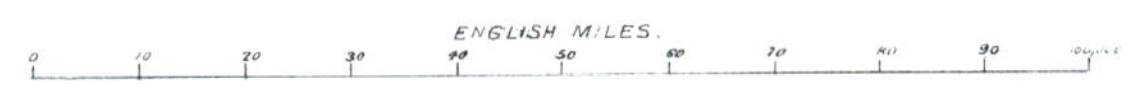

■107

1752年――――ギリシアの太陽神アポロンは、アステカ文明の太陽神より2000年ほど先んじていた。ヴェネツィア派の巨匠ジョヴァンニ・バッティスタ・ティエポロによるこの油彩スケッチでは、光背を輝かせて今にも天空を駆けようとしているアポロンが描かれ、彼を取り囲む寓話的人物は惑星を表している。4辺にはそれぞれ地球の4大陸を擬人化した女性像が描かれている。18世紀半ばにはすでにコペルニクスの地動説が確立されていたとあって、図**105**のセラリウスによる明白な宇宙構造の描写に負けず劣らず、本図を貫く原理もまた地動説である。「惑星と大陸の寓意」と題されたこの絵画作品は、ヴュルツブルク領主司教カルル・フィリップ・フォン・グライフェンクラウが所有した豪奢な館の階段上に掛けられた巨大天井画のための下絵。

■108

1872年――――画家、天文学者のエティエンヌ・トルーヴェロはハーヴァード大学天文台職員となった1年め、同台の紀要のためにこれらの太陽現象の図版を制作した。本図では、太陽の縁にあるプロミネンス（紅炎）が繊細に描かれている。図の下に付された縮率を参照すると、下図の2つのプロミネンス間の距離が約1万6000キロ――地球直径の12倍以上――だとわかる。「ハーヴァード大学天文台紀要」*Annals of the Astronomical Observatory of Harvard College* は発行部数こそ少なかったが、このような作品の掲載は他の大部数出版物へと広がり、望遠鏡で観測された現象の描写と規模を一般大衆が理解する一助となった。

▶他のトルーヴェロ作品は **81、109、138、173–175、228、258、280、282–283** の各図

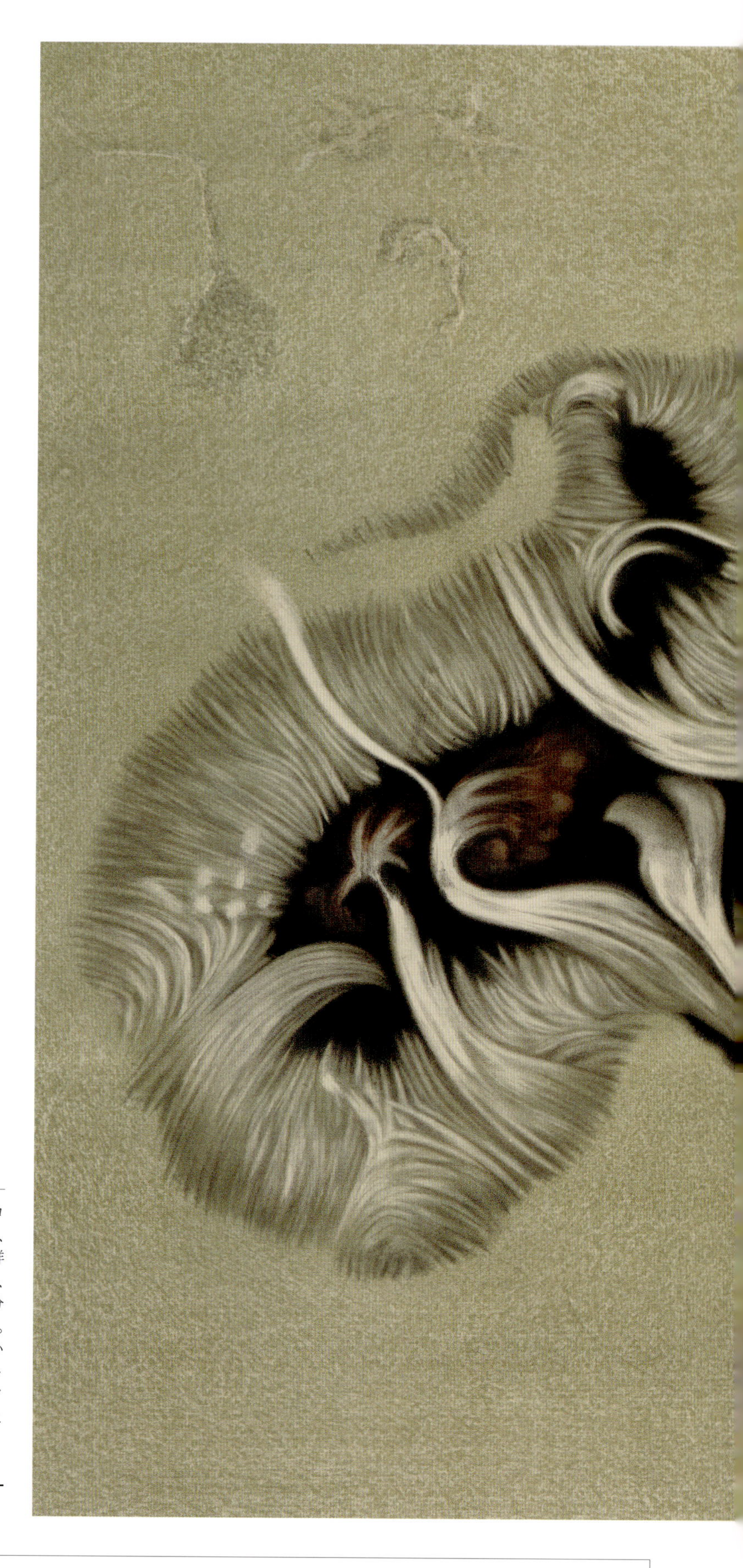

■109

1881年———エティエンヌ・トルーヴェロによる驚異的な図。本図は当時にあって、さらにはその後1世紀にわたって、最も詳細な黒点の描写となった。黒点は太陽光球、つまり外層の「わずかに」温度が低い部分における激しい磁気活動によって生じる。通常は図に見られるように対で現れ、互いに逆の磁気極性をもっている。本図はトルーヴェロのパステル画をチャールズ・スクリブナーズ・サンズ社が多色刷石版画に起こして1881年に限定出版した中の1点。

▶他のトルーヴェロ作品は **81**、**108**、**138**、**173–175**、**228**、**258**、**280**、**282–283** の各図

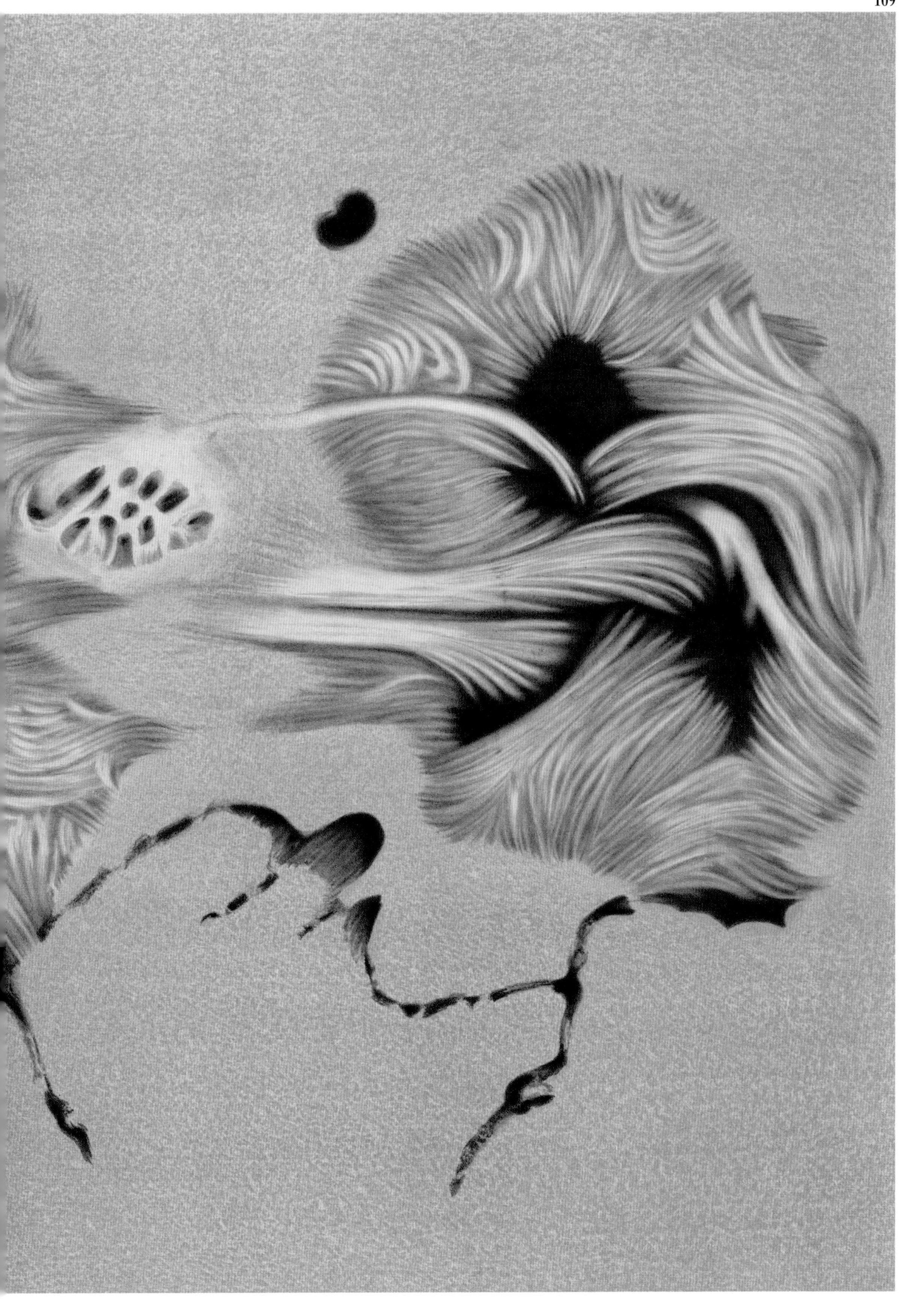

110

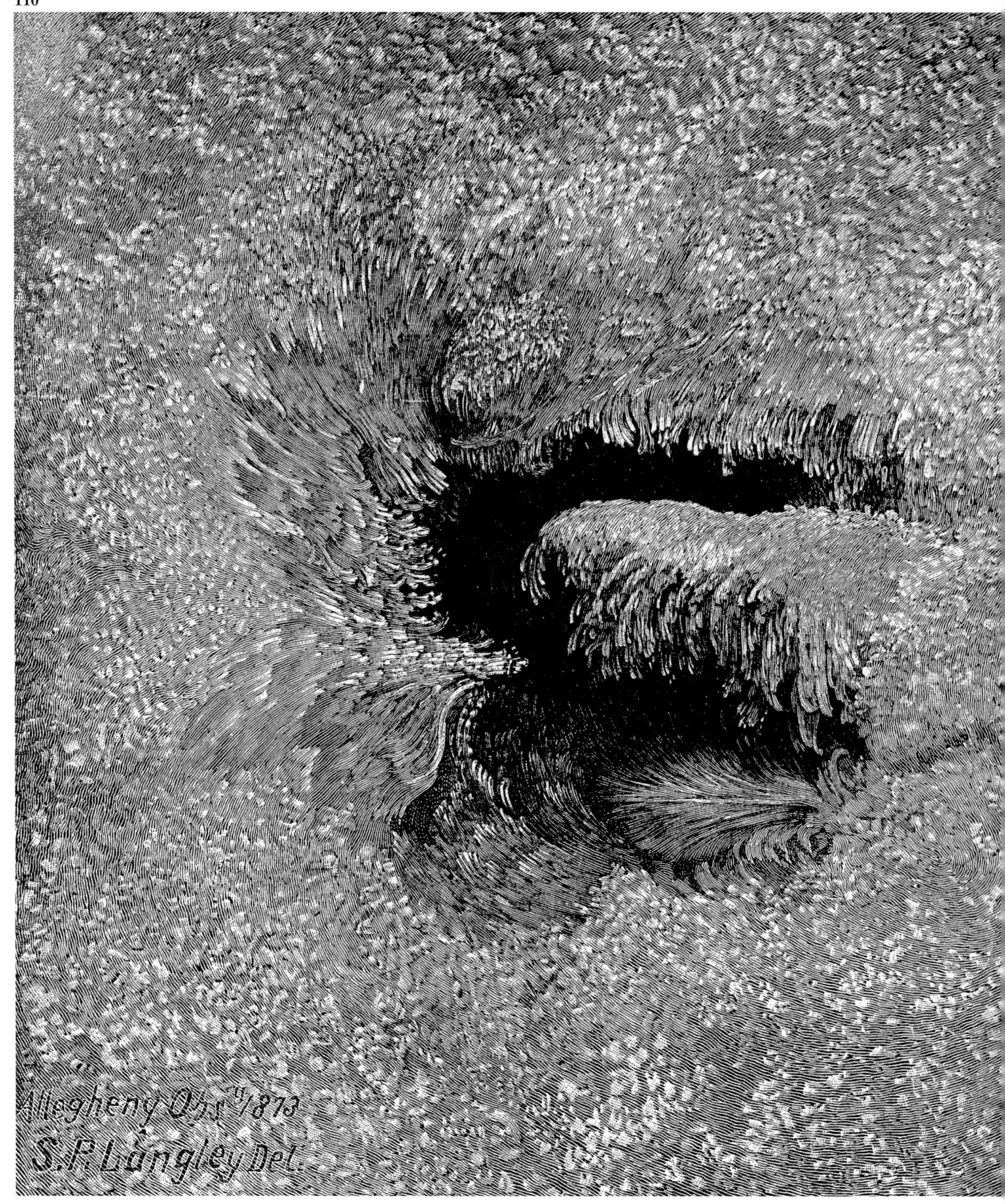

■110

1900年————天文学者にして有人飛行の先駆者サミュエル・ピアポント・ラングリー著の『新天文学』*The New Astronomy* に所収の黒点図。セントルイスとシカゴで建築家助手をしていたラングリーは、優れた作画技術の持ち主だった。太陽写真の質に不満を覚えていた彼は、後年になると持ち前の技術を活かして太陽現象を詳細に描いていった。彼がピッツバーグのアレゲニー天文台で1873年に行った観測に基づいたこの図版は、トルーヴェロによる図 **109** の黒点描写にも迫るものだ。

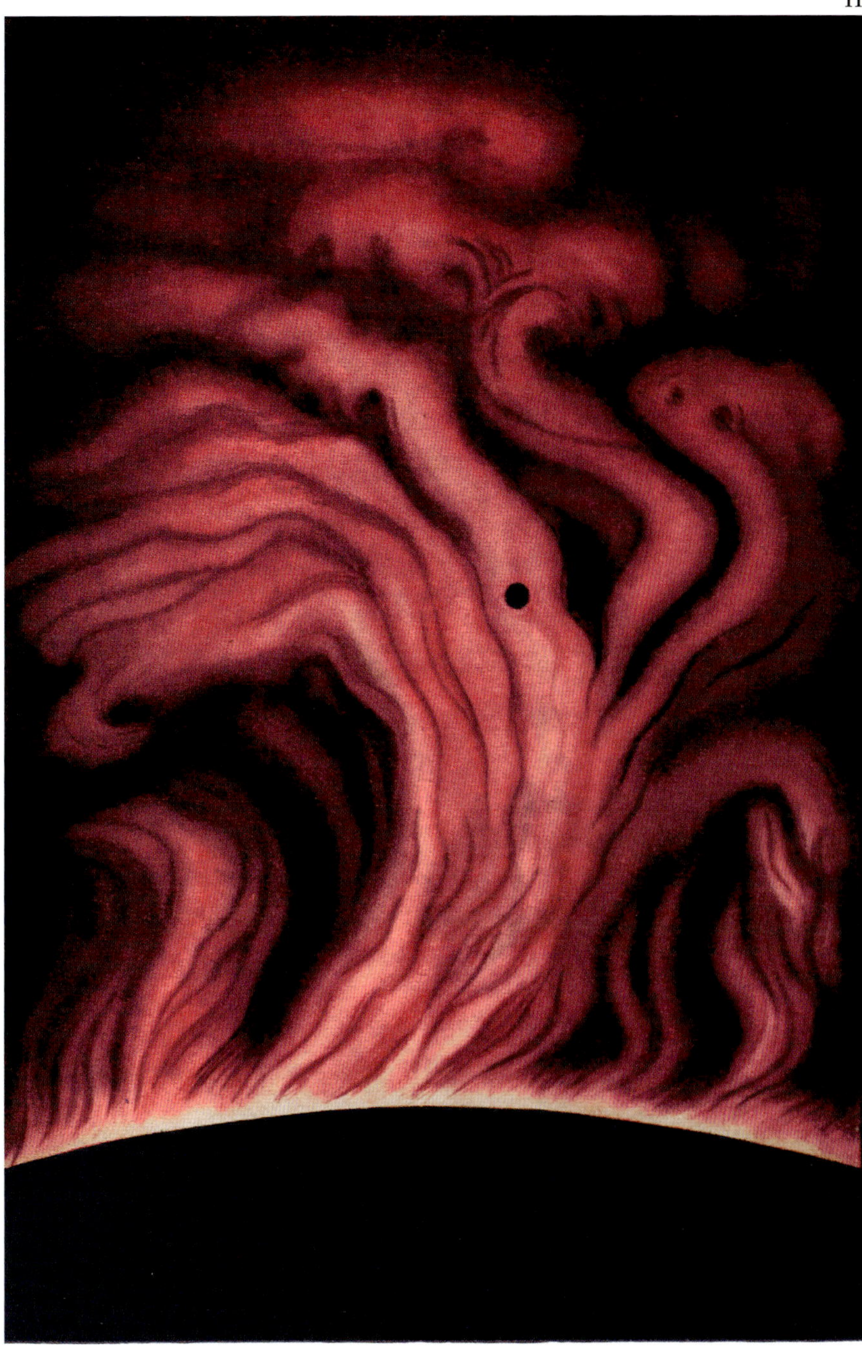

THE EARTH AS IT WOULD APPEAR IN COMPARISON WITH THE FLAMES SHOOTING OUT FROM THE SUN.

■111

1925年———天文学とは、広大な宇宙の中で人類がいかに小さな存在かという迫真の感覚を与えてくれる科学だ。G・E・ミットンによる『若者のための星の書』*The Book of Stars for Young People* は、天体観測の大衆化における好例だろう。

■112

2009年————マサイアス・レンペルと彼の共同研究者が、スーパーコンピュータによって作成した黒点のシミュレーション。アメリカ大気研究センター（NCAR）のスーパーコンピュータで磁気をシミュレートすることで、黒点の黒い中心と明るい外側のあいだのきわめて複雑なフィラメントが詳細に再現された。黒点はこれまでの図で見てきたように、プロミネンスの中心にあることが多く、フレアとコロナガスの噴出はすべて磁気の強い場所と関連している。初期の明解な3Dモデルから切り取られたこの静止画像は、NCARが1秒あたり76兆の計算が可能なIBMのスーパーコンピュータを設置してから作成された。

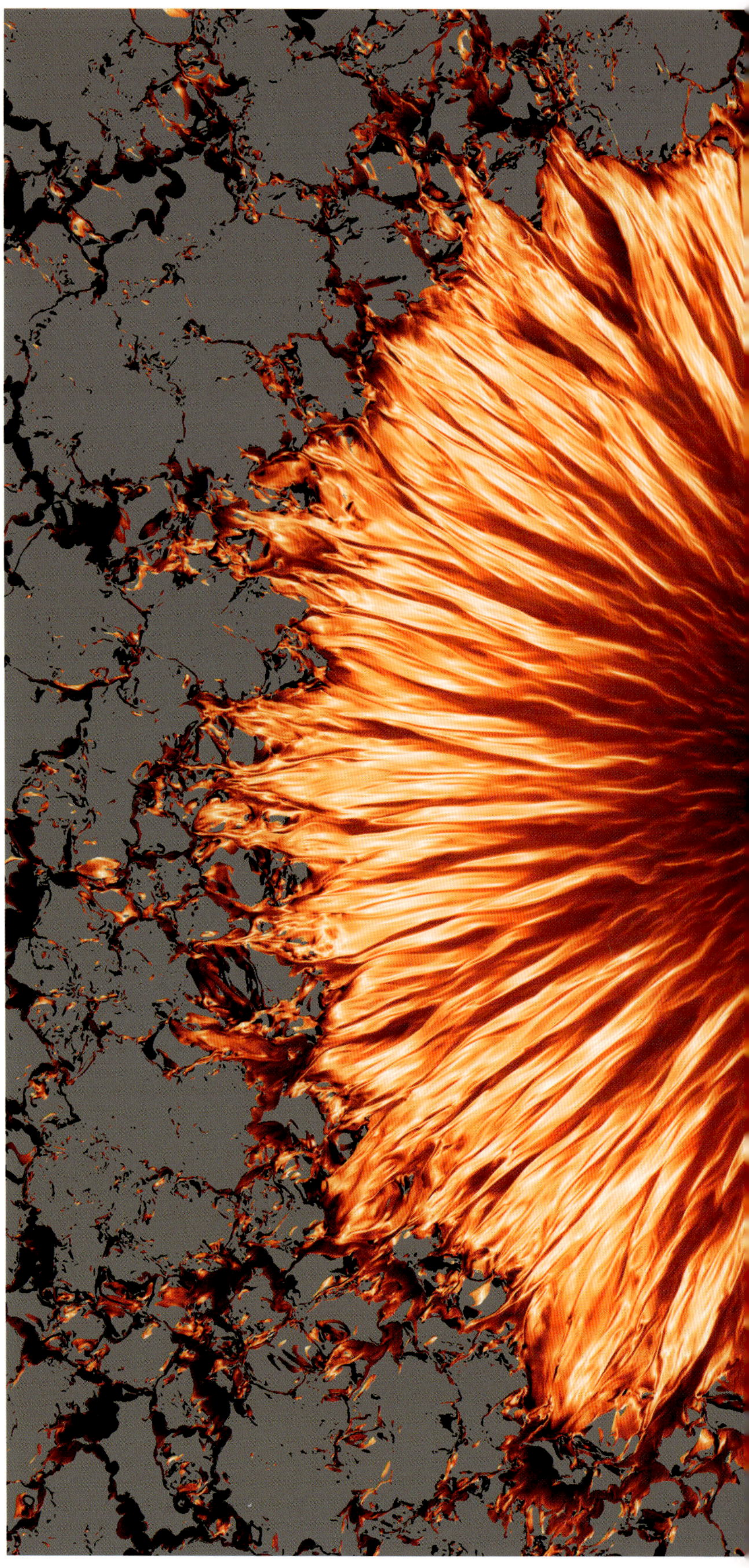

112

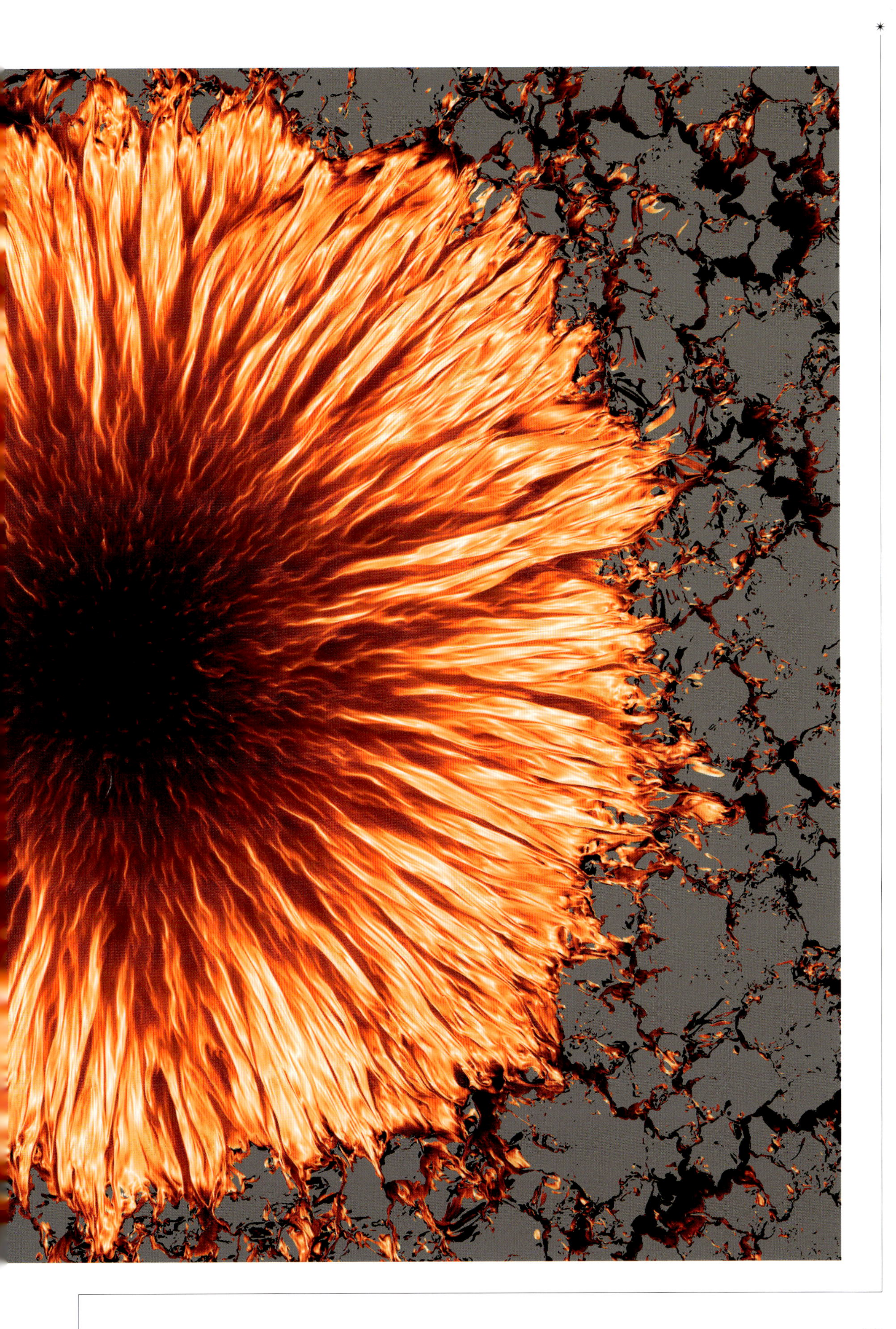

■113–115

2012年————太陽風が地球の不規則な磁気圏とともに相互作用を起こしている際の、スーパーコンピュータによる複雑な磁束線のシミュレーション3点。ホマ・カリマバディ率いるチームが作成したこれらの画像は、太陽風と磁気圏とのあいだのきわめて激しく複雑な相互作用を明らかにした。太陽が放つ放射線の多くは地球の磁場によって寄せ付けられないものの、両極に降りたときにオーロラを引き起こし、大きな太陽嵐のあいだは地上のすべてが影響を受ける。**113**と**115**の各図における淡灰をした球体は地球で、さまざまな色の“紐”は太陽が放射した磁力線だ。図**114**は太陽風の流れで、さまざまに異なった乱流が見受けられる。極で引き起こされたオーロラの描写は**291**から**299**の各図。

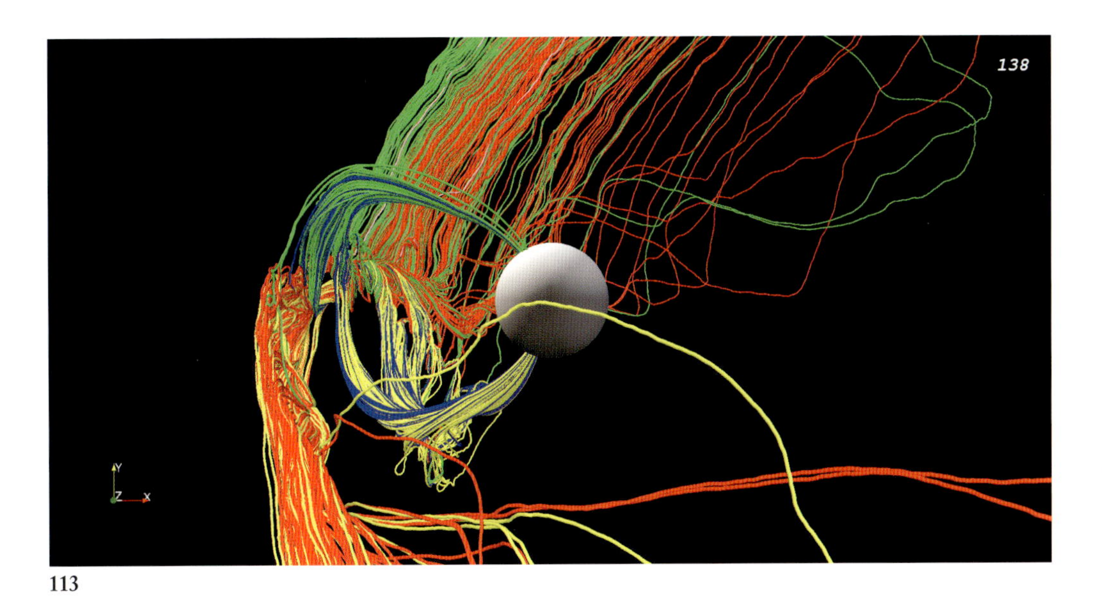

113

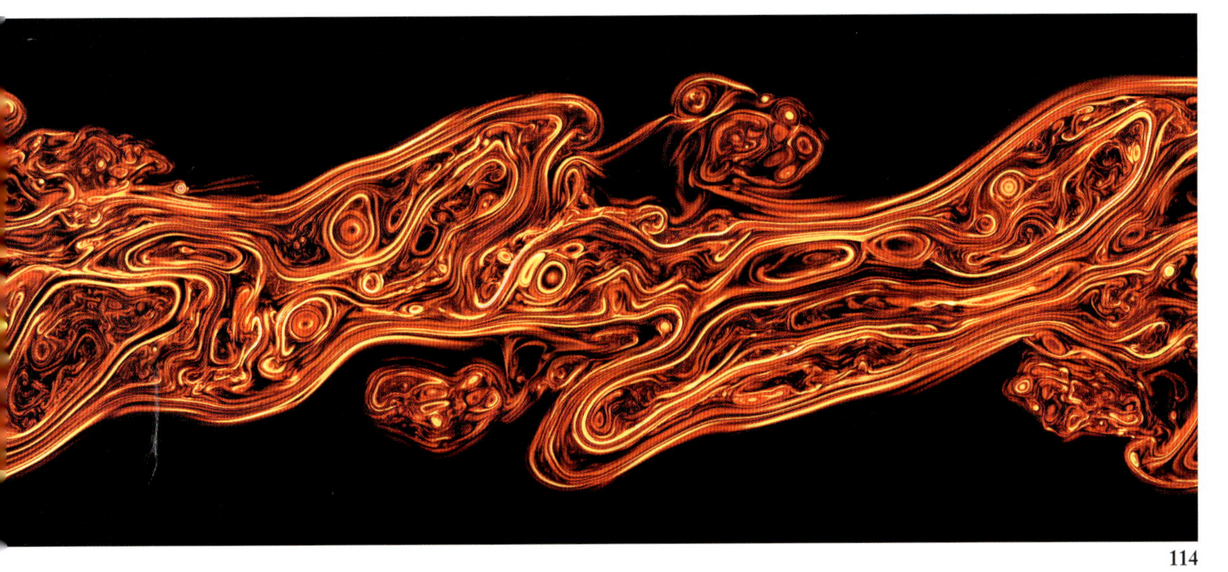
114

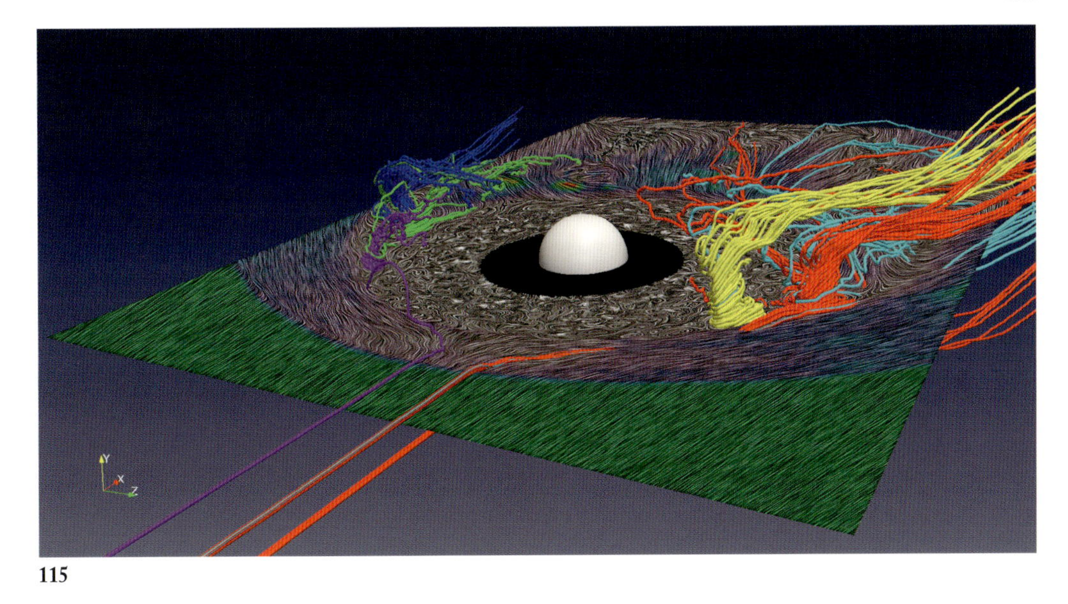

115

第5章

宇宙の構造

The Structure of the Universe

> 彼らが生きていたのは
> 年また年と引き延ばされた子供時代。彼らにとっての太陽は
> 農夫の赤ら顔、月は雲間から覗き
> そして銀河は樺並木のように喜びを与える。
> ――――チェスワフ・ミウォシュ「ロビンソン・ジェファーズへ」*To Robinson Jeffers*

アリストテレス＝プトレマイオス的宇宙における複数の天球を伴う地球中心のデザインは、ある種の支配的な空間観念として1500年以上ものあいだつづいた――西ローマ帝国が3度滅びるほどの年月だ［ここでは前27年から始まったローマ帝国と、そこから“分岐”して476年に滅亡した西ローマ帝国とを折衷して言及している］。プトレマイオスによる種々の複雑な数学上の工夫や周転円、従円のおかげで、天文学者たちは天体運動の予測をより正確に行うことができた。そして彼の方法論に内在していた問題――たとえば複雑に移ろう惑星運動を部分的にしか把握できず、東へと向かう惑星の通常の動きに反して定期的に西へと移動する度しがたい現象をまったく説明できなかったこと――などは、中世の時代精神が横溢した10世紀間もの年月にあっても大きな関心事とはならなかった。

アリストテレス＝プトレマイオスによる体系は、古代世界の多くの天文学者による宇宙観とは対照的に、神々や神話の登場人物からの単純な連想というよりもむしろ何世紀もの天体運動に関する実測のたまものとして、完全に根を下ろしていた。気まぐれな一神教の神がユダヤ＝キリスト教の天界に君臨するときこそあれ、その王国は最外縁の天球のさらなる外にあると考えられていたわけで、つまり死すべき運命の“人間”は内側で天を仰ぎ、外側にいる神がそれを見下ろしているのだ。惑星と星々の配置は絶え間なく変わりゆき、そのあいだには追究に値する複雑な機構の諸元素があるように見なされていた。

古代ギリシア人が考え出し、プトレマイオスとその後継者たちが数学的厳密性にまで洗練させた天文学モデルがあれば、多くの天体現象をかなりの程度に予測できた上に定期的な月相の変化と“食”の説明や日程割すら可能で、エラトステネスにいたっては地球の直径を計算してのけてさえいる。またそこには惑星や太陽、月の運動の規範となる秩序があり、黄道――太陽による1年の見かけの動きによって決定された仮想の道筋――から見た惑星の偏差も記録されていた。たとえデザイン上は地球を中心にしていたにせよ、力強く洗練された装備だったのである。

ほぼ前1000年までたどることができる天体暦のデータ、天体現象の綿密な観測という伝統、そしてデータを扱うために体系化された数学的な方法論――これらすべての要素がのちの“コペルニクス的転回”にいたる道をつくった。最終的には1543年に出版した『天球回転論』がプトレマイオスによる天の序列を完全に変えることになったとはいえ、このポーランド生まれの天文学者はプトレマイオスの原則を自身の研究の基盤としていたのだ。コペルニクスによる試みの本質は、専門家が追究してきた天文学における、地球ならぬ太陽を中心に据えるためのこれ以上ないほどに複雑化した往年の“神話”の整復にあった――それはひとつの改革であり、彼に核となる原則を保持させながらも、“神話”におけるより図りがたくいっそう問題の多いいくつかの特異性から脱却させたのである。そして結局のところ、彼がなお胸に抱えたままだった“神話”も、次代の天文学者に道を譲ることになる。

コペルニクスの天動説に対する不満は、複合的な環（わ）というプトレマイオス体系にあって増える一方の複雑性に由来していたとする科学史家もいる。天文学者たちは、何世紀にもわたって理論と観測した天体運動とのあいだに残る不整合とを説明しようという努力を怠らずに、容れ子構造をもって回りつづける周転円、あるいはエカントや従円、離心円と

いったプトレマイオス体系の種々雑多な要素を加え、組み合わせた。そしてついにコペルニクスは、今や手に負えなくなってしまっているルーブ・ゴールドバーグ的な手法が審美的に誤っていることに思いいたった――そこには、高い精度をもたらす長所さえないのだ［米コミック作家ゴールドバーグは、単純な目的を複雑に行う機械を描くことで知られる］。もし美が真実だというのなら、真実は美しいはずだ。コペルニクスは、醜く不誠実であればそのどちらも真実ではないと考えた。

一方では、コペルニクスの不満がプトレマイオスによる数学上の工夫以外にあったという別の見方もある。彼はただ、古代以来の宇宙論の案出に見受けられる説明されないままの箇所が気になったのだ。そのひとつが、ときとして起こる逆行という不可解な惑星運動だった。天文学者オーウェン・ギンガリッチによると、コペルニクスはプトレマイオス体系の本質にある惑星の任意位置にも疑問を感じていた。対照的に、コペルニクスによる地動説体系においては配置にこそ秩序があった。

> 彼が気づいたのは、すべての惑星は自動的にみずからを配置し、そのために最短周期の惑星である水星は太陽に最も近い場所を回り、30年という最長周期で太陽を回る土星は最も遠い場所を回り、残りの惑星はそのあいだに比例して落とし込まれる、ということだった。こうしたあしらいにはどこか抵抗しがたい美しさがある。さらに、この配置はプトレマイオス天文学においてひたすら謎に思われたことを説明できる。火星と木星、土星は背景の星々に対して周期的に東への進行を止め、数週間いわゆる逆行と言われる西への進行を行う。惑星が天空において太陽の正反対に位置するときに決まってこれが起こるのはなぜなのか？（……）プトレマイオスは説明できなかった。しかし、コペルニクスはできた。太陽を中心に据えると、（たとえば）地球は火星より動きが速いため、火星が地球に最接近し、かつ太陽の反対側に位置するときに逆方向への動きが起こる。以前は謎だった偶然の現象が、今や「合理的な事実」になった。この配置は概念体系をもたらす。コペルニクスは太陽系を考案したのだ！

コペルニクスは数十年にわたってこの理論を裏打ちする観測結果を集め、その内容もヨーロッパ中で噂になってはいたが、『天球回転論』が出版されたのは彼が亡くなった年のことだった。これはおそらく、論争が巻き起こるだろうと彼が理解していたこと、そしておそらく天動説を奉じるカトリック教会からの彼個人に対する脅しがあったかもしれないことが理由だろう（ついに刊行されたとき、同書には教皇パウルス3世への献辞があった――予防措置として、である）。

出版後、影響はきわめて緩慢に感じられるだけだった。コペルニクスの理論がくつがえさなければならなったものが、教会の教理のもとにある支持、アリストテレスとプトレマイオスへの根強い尊敬、そして自身が宇宙の中心であると確信してきた何千年分もの人類の思考に裏打ちされた、完全に定着した世界観だったためである。彼の理論が一般に受け入れられるまでには、1世紀をはるかに超える年月が必要だった――とはいえ天文学者の中には重要性をほぼすぐに理解して説を変え、信奉者になった者もいたのだが。

もしコペルニクスの信奉者たちがローマ教皇庁の支配領に住んでいたならば、それは自身の手中にあるはずの命が野ざらしになることを意味していた。早期の天動説支持者で、コペルニクスより先へと押し進んだイタリアの哲学者、数学者のジョルダーノ・ブルーノは、地球が太陽のまわりを回っているばかりでなく、太陽もまた単なる星であり、その上やはり動いているという見解を1584年の2冊の小冊子によって提唱した。ブルーノによる宇宙デザインにおいては、無数の星々と惑星に満ちた永遠につづく宇宙の中で、太陽も地球も特に重要な役を割り当てられてはいなかった。時間もまた、始まりも終わりもなく両方向へと永遠につづいていた。彼はまた宇宙全体に知的生命体が生息していると信じてもいた。ブルーノにとって、神とは別の領域にいる遠い存在ではなく、物質世界のどこにでも遍在するものだった。

ブルーノの強烈な汎神論的視座は多くの点で教会の教理に背いており、1592年、とうとう異端審問にかけられることになる。彼は7年間の厳しい投獄生活のあと、1600年1月20日に異端宣告を受けた。ブルーノの宇宙観がこの有罪判決にどれほどの重きをなしたかには異論があるものの――彼は少なくと8つの大罪に問われていたのだ――いくつもの世界があるという信念の撤回を拒否したことが、有罪におけるひとつの理由だったと言う研究者もいる。異端審問の傍聴人によると、有罪判決を受けた彼は判事につめより、脅しつけるように「おそらく申しわたしたあなたのほうが、それを受ける私より恐れを抱いているだろう」と述べたのだという。1600年2月16日の朝、ジョルダーノ・ブルーノは「木製の口枷をひとつ（ウナ・マルサ・ディ・レーニョ）」はめられてローマのカンポ・ディ・フィオーリ広場へと連行され、火あぶりとなった。

ブルーノの宇宙観はほぼ正しいことが証明されることになるが、彼は理論家であって観測天文学者ではなかった。一方で同時代人のガリレオ・ガリレイは、天空の研究に新発明の望遠鏡を使った最初のひとりであり、その結果を発表した最初の人物でもあった。1610年9月、彼は金星に月と類似した相が現れることを発見した——コペルニクスの地動説を支持する最初の実測による証拠である。

ガリレオの金星観測は、その星が地球ではなく太陽を周回するという前提を確認したばかりか、アリストテレス＝プトレマイオスによる地球を中心とした透明の半球という概念を打ち壊しさえした。たとえ太陽が金星とともに地球を周回しつづけているとしても——これはデンマークの天文学者ティコ・ブラーエがかつて提唱していた——金星は太陽が含まれる貫けないはずの天球の殻を横断しなければならないのだ（コペルニクス説に対するブラーエの16世紀後半の反応は、その構成要素の多くを称賛しているものの、「大きくてものぐさな天体」である地球が動き得るという意見には同意を示していなかった。代わりに彼が提言したのが都合のよい折衷体系で、地球以外のすべての惑星が太陽を周回し、太陽は地球のまわりを回るというものだった）。

ガリレオによる木星の軌道を回る複数の"月"の発見は、プトレマイオス的宇宙の名声をさらに低下させた。これらの観測を世間に発表した1610年の『星界の報告』で、彼は教会から目をつけられることになる。1616年、ガリレオは太陽が宇宙の中心であるという見解への支持や擁護を行わないよう命じられた。しかしそれから16年後、彼が発表した『天文対話』*Dialogo sopra i due massimi sistemi del mond*［上下、青木靖三訳、岩波文庫］が異端審問所の怒りをかきたてた。同書は1616年の教皇庁による地動説禁止令に向けての目配せを行っており、表面的には地動説を主張するものではなく、コペルニクス説信奉者とアリストテレス説信奉者、そして中立の思索者らによるひとつの説に偏らない議論によって構成されていた。しかし実のところ、ガリレオはアリストテレス説信奉者を頭の悪い愚か者として描いており、さらには「単純な奴（シンプリチオ）」という名まで与えていた。

コペルニクス説信奉者が対照的に機知に富んで説得力のある人物で、当該の説を詳しく説き明かしているため、ガリレオがどちらを信じているのかははっきりとわかる。彼の書は飛ぶように売れてベストセラーになり、老天文学者は審問のためにローマへと召喚された。1633年、ガリレオは「異端である強い嫌疑」があるとされて、拷問するという脅しのもとみずからの見解を撤回するよう要求された。当時のすべての記録にあるように、彼は抵抗することなく従った。抗うことは危険にすぎた。彼にせよローマの人々にせよ、誰もが30年前のジョルダーノ・ブルーノの痛ましい最期をよく知っていたのだ。投獄から自宅謹慎に減刑されたガリレオは、残りの人生をフィレンツェ近くの別荘に軟禁されて過ごした。だが、すべての著作が禁書になったとはいえ、それらはヨーロッパ中に広まりつづける。そして、地球は動きつづけた。

ガリレオの同時代人で、コペルニクス説支持に声をあげたもうひとりが、ドイツの天文学者ヨハネス・ケプラーだ。カトリック信徒ではなく、ローマ教皇庁の勢力圏外に住んでいた彼は比較的安全だった。彼はティコ・ブラーエの下で働いていたことがあったものの、師ケプラーによる保守的なプトレマイオス天動説とコペルニクス地動説との面倒な折衷案を受け入れてはいなかった。実際、ガリレオの『星界の報告』より14年早く、しかも自身がブラーエに雇われる前の1596年に出版された『宇宙の神秘』*Mysterium cosmographicum*［大槻真一郎、岸本良彦訳、工作舎］は、初めて発表されたコペルニクス説擁護の書という栄誉を担っている。ケプラーは同書中、今となっては奇妙に映る機械論的な方法で、コペルニクスの宇宙論を擁護している——とはいえ、彼が発しているのは理に適った問いだ。なぜ惑星は、目下のごとく空間を占めているのか？

コペルニクスは地球を中心とする天球を実質的に分解し、機構に積もった何百年もの埃をはらい、太陽を中心に、そして地球を他の惑星と同様に再編した。ただしこのとき彼は、球体モデルを宇宙の機能上の基礎として残している。そして、これらの球体の配置がプラトン立体——古代から研究され、対称性と数学的簡潔性によって称賛されてきた正多面体——との関連で理解できると提唱したのだ。太陽を中心とするケプラーのデザインによると、各惑星はこうした立体を用いることで仕切ることができた。土星は木星を含む正六面体に内接し、木星の球は火星を含む正四面体に内接するというようにつづく、容れ子のような太陽系である（図**128**）。

しかしケプラーの真の貢献は、決定的な3つの惑星運動の法則を考案したことで間違いはない。最初の2つは1609年の『新天文学』*Astronomia nova*［岸本良彦訳、工作舎］で発表された。彼がこの法則に達したのは、ティコ・ブラーエの非常に正確な火星軌道の実測結果と、コペルニクス説の数学モデルで予測された位置との一致点を見つけようと5年間努力したあとのことだ。コペルニクス地動説では、惑星軌道はどれも円で、惑星はその軌道に沿って一定の速度で動くことになっていた。しかし、実測データとこの前提には齟齬があった。その理由は、コペルニクスがプトレマイオス説の不可解な補正テクニックの多くを残していたからだ。しかしブラーエの火星データを使ってみると、惑星軌道は実際には完全な円ではなく、むしろ楕円であることが推理できた。別の研究を通じて、惑星運動は一定ではなく、逆に各惑星の太陽からの距離で変わることも見極めた。こうしてケプラーは最初の2つの法則に達したのだった。

ケプラーの発見によって、プトレマイオスの周転円とエカントのすべてが不要になり、歴史の中で素早くうち捨てられた。10年後、ケプラーは惑星年とその惑星の太陽との距離の関係についての第3の法則を発表した。トマス・クーンが1957年の自著『コペルニクス革命』*The Copernican Revolution* で次のように書いている。「したがって、近代科学が受け継いだコペルニクスの天文学体系はケプラーとコペルニクスの共同製作物である。6つの楕円からなるケプラーの体系が、太陽中心の天文学を有効なものとしている」［常石敬一訳、講談社学術文庫より］。

ケプラーの楕円は、アイザック・ニュートンによる1687年の『プリンキピア』への道を開いた。“プトレマイオスの球体”を打ち砕くには、惑星を楕円軌道に乗せておく何か別のものが必要だった。1665年と1666年に物理学者ロバート・フックが万有引力の原理について議論しており、1670年頃には「すべての天体に」適用されると主張したが、距離によって低下する謎の力の比率を出すことができなかった。フックがもっていたこの主題への関心と、彼との用心深い手紙のやりとりが、論敵ニュートンにこの問題へと集中する一助を与えている。

第2章において図**35**として紹介した、生前のニュートンが『プリンキピア』に収録しなかった小さな図には、いくつもの軌道が描かれている。地球の「まわり」をめぐる最外の軌道以外の内側の軌道はすべて地球に達している――これは軌道を描いた最初期の図版だ。ニュートンはケプラーの法則を基礎に、月が軌道上に留まっていられるような、地球に「向かう」落下速度を推理し、さらに太陽に向かって永遠に楕円を描いて落下している惑星についても同様のことを行った。そして、太陽がもたらす惑星への重力は、太陽からの距離の2乗に反比例して低下するという結果を導き出した。

ニュートンはさらに推論を押し進める。重力の源が地球の中心だと仮定すると、彼の逆2乗の法則が、月や石といった異なる物体における落下速度の差異の計測に使える可能性があった。最終的に彼は、その原理をケプラーによる第1、第2の法則にもあてはめ、惑星の楕円軌道と異なる惑星速度にも適用できることを実証した。きわめて正確かつ決定的な結果で、ニュートンはケプラーの法則の裏にある機構と、地球などの天体の運動に現れるすべての様相を説明したのだ。彼は万有引力の法則によって、史上最も偉大な物理学者の、そして確実に史上最も偉大な科学者のひとりになった。ニュートンは1705年にナイトに叙せられ、1727年に死亡した。

ニュートンの法則は刮目すべきものではあったが、物理法則の説明はしていても、宇宙の構造を明らかにするものではなかった。しかし、その業績の偉大さを強調しておくなら、彼なくして観測天文学は今日の姿にはなっていなかっただろうとは言える。1660年代後半に行った光学研究で、ニュートンは当時の屈折望遠鏡が性能の限界に達したと結論づけているが、これはレンズによる色収差と呼ばれるゆがみ現象のせいだった。彼は磨いたガラスではなく曲面鏡を使うことで問題が解消できると考え、最初の実用的な反射望遠鏡を設計した。ハッブル宇宙望遠鏡を始めとして、現在使われている光学望遠鏡はニュートン式の反射望遠鏡となる。

しかし、外側に延びた渦状のもやでそれとわかることもある、曖昧な乳白色の塊である「星雲」はもちろん、天の川銀河を詳細に認識できる大きさに達するまでには、かなりの時間がかかった。17世紀初頭のガリレオの観測以降、銀河は星々が密集した無数の塊で構成されていることは知られていた。しかし、銀河の現代的な概念は未知だったし、天の川銀河がそのひとつであることも当然のこと知られてはいなかった。天空にある無数の星々は透明の天球を飾っているのではなく、おそらくは地球における太陽のようなもので、宇宙全体に広がっているという認識の目覚めは、世界が複数存在し得るという発想を生み出す一因となった。ニコラウス・クザーヌスとジョルダーノ・ブルーノはこのような発想をそれぞれ15世紀と16世紀に主張していたが、2人ともその構造にまではいたっていない。

それを成し遂げたのがイングランドの天文学者、数学者のトマス・ライトで、彼については本書「はじめに」で詳説している。天の川銀河は平らな円盤状だろいうというライトの1750年の提議は、銀河の実際の形状についての最初の描写だろう（**132** と **223** の各図）。また彼は、18 世紀の天文学者にとっては曖昧な塊にしか見えなかったものを——それは天の川銀河にある星雲のような形状である——“人類の銀河”さながらの他の銀河だと主張した。

それから約 2 世紀のあいだに、観測天文学がライトの理論を確認することになる。ウィリアム・ハーシェルや彼の妹カロライン、さらには息子のジョンなどの観測天文学者の努力によって 18 世紀と 19 世紀に大量の星雲が目録化され、その多くが天の川銀河の外側に存在することが判明したのだ。19 世紀後半には、数多くの大型望遠鏡が太陽系外にある多くの謎の天体を明らかにし始めた。第 3 代ロス伯爵ウィリアム・パーソンズは 1845 年、アイルランド、オファリー州の居城、バー城に 6 トンの反射望遠鏡を設置した。「リヴァイアサン」と名づけられたレンズ口径 6 フィート〔約 1.8 メートル〕のこの望遠鏡は、1918 年まで世界最大の規模を誇った。パーソンズは渦状の形態をもつ「星雲」を大量に発見する計画を抱いていた。

このような進展にもかかわらず、天の川銀河「こそ」が宇宙であるという一般的見解は 1920 年代まで残りつづけた。トマス・ライトの「天の宿（セレスティアル・マンション）」が最終的に確認されるのは、100 インチ〔約 2.5 メートル〕のフッカー望遠鏡がロサンゼルスのウィルソン山天文台に建設され、そこにエドウィン・ハッブルという名の天文学者が到着してからのことだ。新しい望遠鏡の極上の解像力と、洗練度の高まった撮影天文学の組み合わせによって、その後アンドロメダ銀河と呼ばれることになる天体を写した高解像度の画像が生み出された。ハッブルはアンドロメダ内のケフェイド変光星の光度を測り始めた。変光星とは基準に据えたロウソクのようなもので、その固有の光度はゆらぎの速度（変光周期）によって決まる。彼はその星が 100 万光年以上の彼方にあることを発見した——これはアンドロメダが疑いなく天の川銀河の外側にあることを意味する。この星は星雲ではなかったが、“人類の銀河”と比べてはるかに大きなものだった。

20 世紀半ばまでには、宇宙が驚くほど多くの銀河で満ちており、天の川銀河はそのひとつにすぎないことが広く認められるようになった。コペルニクスが 1543 年に太陽を中心に据えたことから始まった流れはつづき、今や観測可能な範囲に宇宙の中心はない。しかしこれは、構造が識別できないということでもない。フランスの天文学者ジェラール・ド・ヴォクルールは、1950 年代後半に何千回という観測結果に基づいて、近傍銀河が天の川銀河を含む局部超銀河団のような巨大な銀河団によって構成されているという説を発表した。異端審問は 19 世紀までにほぼ収まり、告発もなくなってはいたが、仲間の天文学者たちの一部はド・ヴォクルールが妄想を抱いていると決めつけていた。しかし、確固たる証拠のある細心の研究は、最終的に受け入れられることになる。

1987 年、天文学者の R・ブレント・タリーと J・リチャード・フィッシャーがド・ヴォクルールの研究を押し広げ、局部銀河群の構造を図表化する最初の試みとなる先駆的な一冊、『近傍銀河星図』（図 **140**）を発表した（明るい赤の表紙に螺旋綴じという造本はアメリカの標準的な道路地図（アトラス）さながらで、まるで銀河間宇宙船のための星図（アトラス）にも見える）。タリーとフィッシャーは、近傍銀河がトマス・ライトの天の川銀河の形状描写と同様に「同一平面上で平行に並ぶ傾向があり（……）この平面は驚くほど広大」だという明確な証拠を発見した。星図の出版からわずか数カ月後、タリーは超銀河団の発見を発表した。それは“人類の銀河”を含む何百万という銀河を包含しており、観測可能な宇宙の 10%に広がっていた。彼はこの構造をうお座・くじら座超銀河団と呼んだ。長さ約 10 億光年のこの銀河団は、今までで最長の構造体となる（タリーの最新の発見については「はじめに」を参照されたい）。

21 世紀の最初の 10 年までに何万もの銀河が記録され、観測可能な宇宙に存在する数はゆうに 1500 億を超えると推定されている。これほど莫大なものを 1 枚の紙の上に表現するのは、ほぼ不可能に思える。しかし 2000 年代初頭、プリンストン大学の宇宙学者リチャード・ゴット 3 世と研究員マリオ・ジュリックは、既知の時空のすべてを 1 点の図解に圧縮するというそれまでまれではあったものの不満足だった試みを仕事として適正なものにすべく想を練り始めた。

その結果が、**146** と **147** の各図として挙げた宇宙図だ。計測単位が幾何級数的に増加する対数スケールのもと、ビッグバンから図版発表当時までの、そして温暖化する地球表面からマイクロ波エコーによる識別可能な迫真性の最果てまでの、すべての時間と空間が圧縮され、ひとつになって極端に細長く投影されている。ゴットとジュリックを始めとする共同研究者たちは、スローン・デジタル・スカイサーヴェイによる何万もの銀河をみずからの対数テクニックを使って考察し、約 10 億光年先に巨大な銀河の壁を発見した。彼らはそれが約 13 億 8000 万光年の長さ——観測可能な宇宙の直径の約 6 分の 1——だと推定し、スローン・グレートウォールと呼んだ。

今までわかっている時空の中で最長の構造であるこの壁を、彼らは図の作成中に発見したのだ。 ★

116

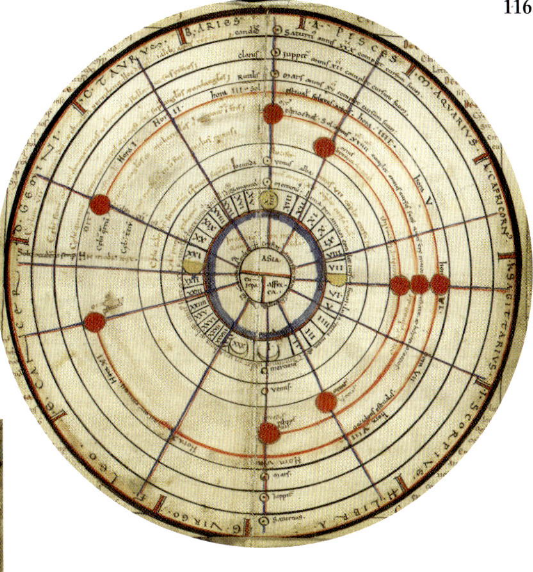

117

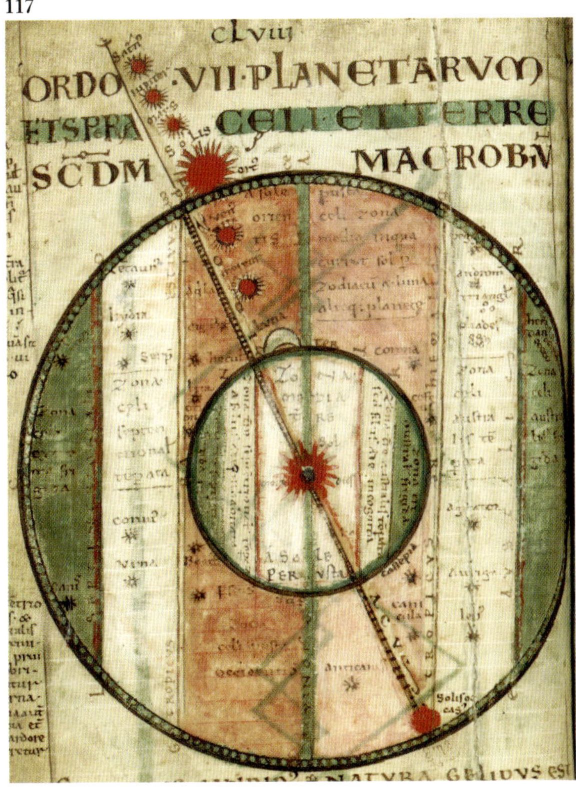

118

■116–118

1121年————図 **116**：12世紀当時の知識による宇宙デザインの描写。サント=メール司教座の司祭ランベールが中世の百科全書『花々の書』所収の本図で9つの太陽を示唆しているのは、黄道上の季節による位置を反映させた結果だろう。上下それぞれの太陽の内と外には、紐に通したビーズのような5つの惑星が見受けられる。太陽は背後の星々に対して、春分から秋分のときのほうが秋分から春分のときよりゆっくり動くように見えるため、位置を予測するのは決して簡単ではなかった。中心にある地球は上方のアジアと左下のヨーロッパ、右下のアフリカに分割され、“オリエント”を上に置くこのような中世の地図は、その輪郭と分割線の形状から「TO図」と呼ばれる。本図はそもそも8世紀スペインの修道士、リエバナのベアトゥスが、7世紀の神学者セビーリャのイシドールスの世界観に基づいて描いたとされ、この中世初期のプラトン的宇宙には、地球を取り囲む円に位置する月相と当時知られていた5つの惑星も見受けられる。

図 **117**：黄道帯［最外縁の帯］に囲まれたプラトン的太陽系の描写。当時の慣例に従って地球の両極は画面左右向きになっており、赤道と南北の回帰線を表す緑の帯が、渾天儀の断面さながらの太陽系の中、画面上下に延びている。その限界は地球のまわりを回る太陽軌道［斜めに走る帯］と同じである。画面左上にひと際大きな太陽が画面中心の地球から数えて3つめの赤いしるしとして描かれており、つまり著者ランベール司祭は上質皮紙（ヴェラム）に表した本図によって、太陽が地球の赤道を斜めに横切って周回するという新しい見解を表現しているのだ。一方、直近で地球に向き合っている三日月は、系の半径を2分しながら周回するように描かれている。図の標題は「7惑星の配列」（7とは5つの可視惑星と太陽と月である）。

図 **118**：図 **117** を極側から見たイメージ。惑星軌道が円で表され、緑で描かれた外縁のすぐ内側［つまり天球の限界］となる黄道帯が12等分されている。

▶他の『花々の書』作品は **23**、**95**、**161** の各図

■119-120

1375年――――『カタルーニャ図』*Atles català* に所収のきわめて美しい中世の宇宙描写。マヨルカで活躍したユダヤ人地図製作者、天文学者のアブラアム・クレスケスの作と思われる、中世カタルーニャで最も重要な星図。17世紀から18世紀のいわゆる天体図製作の黄金時代における星図は、近年それにふさわしい注目を浴びるようになったが、これら3頁分の写本図版が絶頂期の質の高さを物語っている。中世期に試みられた宇宙描写は、その審美性や情報伝達効果において後代にまさっていた。

図119：カタルーニャの天文と占星術の情報が描かれた本図には、北が上になった24時間の潮汐表、日づけが変わる祝祭日を決めるための暦（復活祭、五旬祭、謝肉祭の週を示している）、占星術のサイン（宮）記号が刻まれた“獣帯人（ホモ・シグノルム）”が見受けられる。獣帯、すなわち黄道帯の各サインは肉体の対応部分を支配すると長いあいだ考えられており、本図の瀉血治療中の人を模した獣帯人には、左下に見られる表のような外科処置や服薬の時期の指示が付記されていた（この表は当月年でどの獣帯が各日を支配しているのかを示唆している）。その上にある情報は、宇宙構造が人体構造に直接影響を及ぼすという医学占星術を取り扱い、左全面にあるテクストは占星術師としてのプトレマイオスについての記述である。

図120：天動説の地球を描いた中世における従来の図では、地球にいる髭をたくわえた賢人が創造主たる神を表すのが一般的だったようだが、本図ではクレスケスの世界観を表すかのように、哲人である神が星の位置を測るための器具アストロラーブ（星辰儀）を操っている――つまり、天文学者なのだ！　地球は慣例どおりに4大元素を表す環（わ）と、惑星、月、太陽を運び、あるいは固定された星々を載せる球体、そして獣帯に取り囲まれている［アストロラーブを携えた哲人は星の象徴記号の環の外側に描かれている］。最外の青い環には月相が表され、4隅に置かれた寓意的な人物は四季を示す。本図はどちらかというと“現世的”で、天使の姿がない代わりに暦の情報が表されている。つまり永久暦なのだ。

119

■121

1375–1400 年―――プラトンとアリストテレスから概念を引き継いだ中世のプトレマイオス的宇宙では、月の天球内にあるものすべてが変化し腐敗し得るが、その軌道より上にあるものは不変にして完全だった。古代から認識されてきた土、水、空気、火という元素はすべて、月より下の天球に満ちている。ベジエのマフレ・エルマンゴーによる『愛の聖務日課書』所収の本図では、クランクを回す天使たちが月の外縁となる天球を動かしつづけている――不変の超自然的存在がつかのまの時計仕掛けを作動させているのだ。

▶他のエルマンゴー作品は図 **51**

121

122

■122

1444–50 年―――ダンテ『神曲』所収のジョヴァンニ・ディ・パオロによる作品。著者であり主人公であるダンテもまた、「天国篇」の幕開けにおいてすでに覚醒する意識と向き合いつつ天球へと上昇していく。彼は「4つの圏と／3つの十字とを合わせる地点から」昇る陽（ひ）を見ていると語る［引用は前掲既訳より］。この描写は、黄道、天の赤道、そして天の両極を通る環（わ）である二分経線という天球にある3つの環が交わって3つの十字を形づくる分点の日に太陽が昇る瞬間だと考えられる。ダンテは天球に、そして天球の音楽に向かって奇跡さながらに高く飛翔し、導女（どうにょ）ベアトリーチェが宇宙の序列を説き明かすのだ。

コペルニクス以前の宇宙観にあまねく行き渡っていた古典的なその序列を逆にしているという点で、ディ・パオロによる画面中央の“天球”は興味深い。人が目を「向ける」べきは主人公が地球のとある地点から昇っていく天界なのであって、宇宙の中心に置かれた地球ではないはずだが、この革新的な描写にあっては外側の環に水と空気、火があり、内側の環に天球があしらわれているのだ。容れ子になった天球の中心に羽のはえたプットのような存在がいることで、そこが永遠に不変の最高天であり、現世の死にゆく地球ではないことが示されている。つまりこの天球は、巧妙に“反転”が施されているのだ（同作家によるプトレマイオス的秩序に沿った“正順”の天球については、図 **20**「天地創造と楽園追放」を参照されたい）。見る者の（そして浮遊する主人公の）視点側から描く、古典的序列の完全なる反転は独創的で、おそらく前例がないだろう。

▶他のディ・パオロ作品は **52**、**96–97**、**162–165**、**240** の各図

■123

1550–1600年―――ひとりの天使が全（まった）き集合体である天球を抱くこの写本図版は、16世紀後半に西イラン（ペルシア）で刊行されたものと推定される。アラビアの宇宙地理学者、“地球”地理学者のザカリヤー・アル=カズヴィーニーによる、きわめて評判を呼んだ上に影響力もあった『被造物の驚異と万物の珍奇の書』*Aja'ib al-Makhluqat wa Ghara'ib al-Mawjudat* は、同時代ヨーロッパのヨハネス・デ・サクロボスコの『天球論』のように、1270年に書かれたあと何百年にもわたって数え切れないほどの版がつくられた。しかしアル=カズヴィーニーによる同書は、比較的短いテクストでプトレマイオス的な天文の原理を伝えたサクロボスコの書とは違って、地理学や博物学ばかりか占星術、プトレマイオス天文学まで取り扱う知識横断的な図版入り“概説書（コンペンディウム）”だった。ここからわかるように、アラビア天文学は“ギリシアの天球”を引き継いではいるものの、本図のとおりにしばしば独自の神秘主義思想が入り混じってくる。

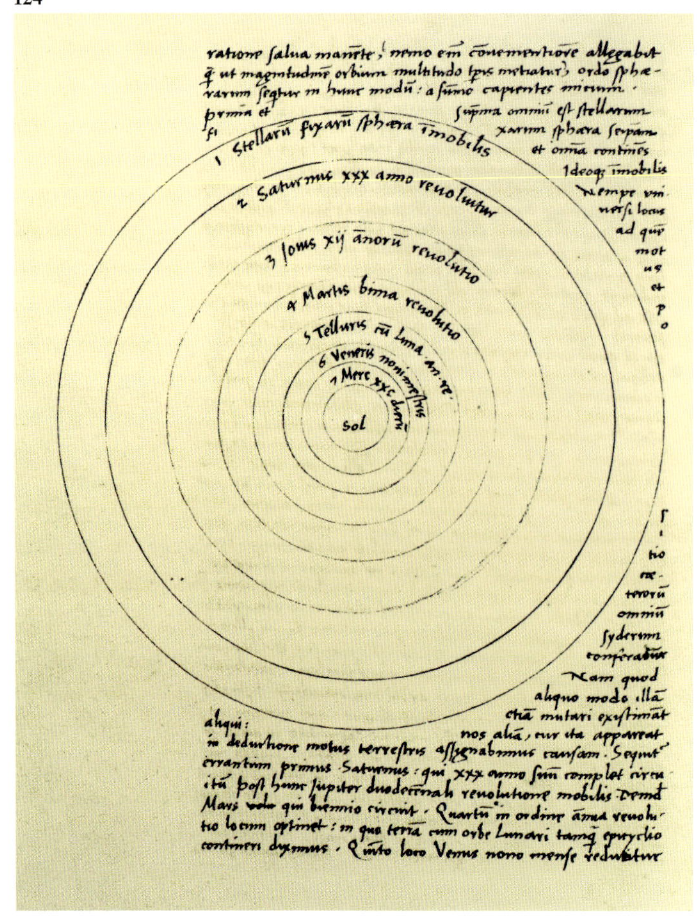

■124

1520–41年―――『天球回転論』が刊行されたのは1543年のことだが、著者ニコラウス・コペルニクスはその前の数十年にわたってみずからの地動説を裏打ちする観測結果を集めつづけていた。丁寧な手書き文字に囲まれた簡素な本図は、一見したところプトレマイオス的宇宙のまた別の描写――と言うよりむしろそれそのもの――であるかのように映るが、目をこらすと中心にsol（ソル）、すなわち「太陽」という語が認められる。見かけほどに「簡素」ではないのだ。天文学者、歴史家のオーウェン・ギンガリッチが語るように、「熟練した作図技術、精緻な筆跡、そして何よりもあの地動説体系を表す図表のまわりに優雅にテクストを記した手法」に目を見張らされる。彼はコペルニクスの手稿による原典を「おそらくはすべての科学ルネサンスの中で最も貴重な文化遺産」とまで謳っている。古代ギリシアで最初に概念化され、のちの後100年代にプトレマイオスが洗練させた“天球”を分解したコペルニクスは、人々が希求してやまないものを見出した。つまり、今度は太陽を中心に置いて再編を行ったのだ。

■125

1660年―――きらびやかに翻案されたコペルニクス的宇宙モデル。アンドレアス・セラリウスの『大宇宙の調和』に所収の本図では、“太陽が太陽系を支配”している。月が地球を表す球体を巡回している様に注目されたい。とはいえコペルニクスはプトレマイオス説の概念を捨て去ったのではない。整理し直したのだ。地球を載せた球体の外側に記されたラテン語による銘文の一部にはこうある。「地球を表す球体は、それ自体が4つの諸元素とともに太陽のまわりにある」。画面右下には自身の成果に満足げな表情を浮かべるコ

ペルニクスの姿がうかがえる。向かい側にいる古代世界の天文学者は、彼が取って代わったプトレマイオスか、あるいは前200年以前に太陽が宇宙の中心であると初めて示唆したギリシア人天文学者、サモスのアリスタルコスかもしれない。

▶他のセラリウス作品は 30、64、104–105、126、168、219–220 の各図

126

■126

1660年――――16世紀後半、デンマークの天文学者ティコ・ブラーエは、不変の宇宙が月軌道上に存在するというアリストテレス説を打破しようと彼なりに尽力した。そのうちのひとつが、ダンテとベアトリーチェが『神曲』で簡単にやってのけたように、透明だとされている天球を通過する彗星を検証したことだ（これについては第9章で述べる）。彼はコペルニクスの体系に問題があると考えており、中でも「ものぐさ」とまで呼んだ地球の中心性と不動性については譲れなかった。ブラーエが代わりに提唱したのは、科学史家トマス・クーンの言う「数学的にはコペルニクスの体系とまったく同等」な代替説だった［引用は前掲『コペルニクス革命』既訳より］。その説によると、地球以外の惑星は太陽を周回する。しかし、太陽は惑星を従えて地球を回るのである。本図は『大宇宙の調和』にある天動説と地動説を折衷したブラーエの宇宙モデルだ。ブラーエ体系の長所は、不動の地球というカトリック教理に配慮する天文

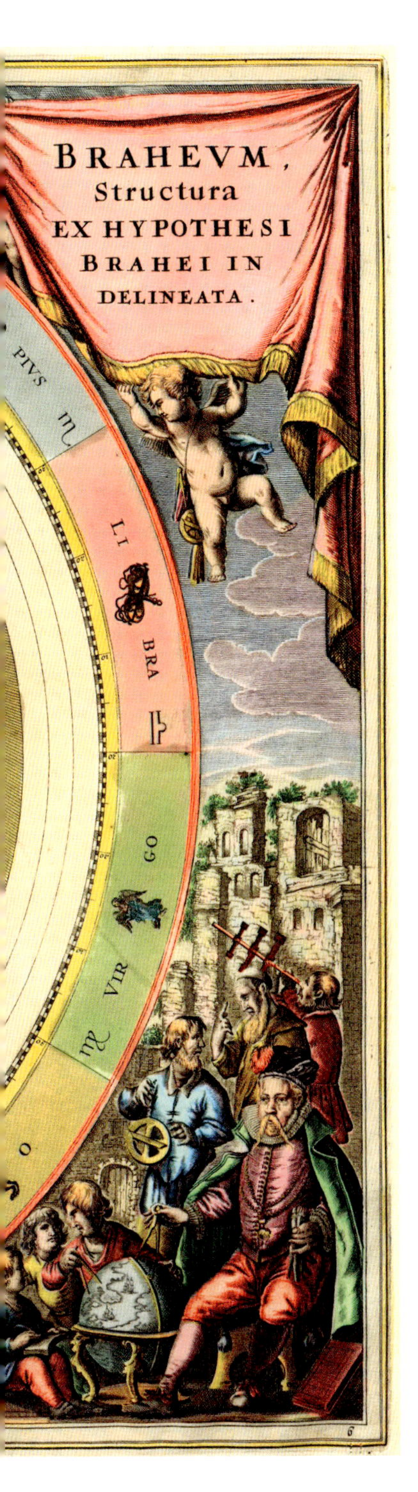

■127

1651年―――イタリアの天文学者でイエズス会司祭だったジョヴァンニ・バッティスタ・リッチョーリは、1500頁にものぼる大著『新アルマゲスト』*Almagestum novum* の口絵である本図で、ブラーエ天文学を改作した自説を“提唱”している。天文学の女神ウラニアが秤の左にコペルニクス体系を、右にブラーエ説を改良したリッチョーリ体系をかけて量っているのだが、後者の体系のほうが重いのだ（リッチョーリは水星と金星、火星を太陽の軌道上に置き、太陽は地球を回り、木星と土星はプトレマイオス天動説のままにしている）。左に立つ多数の目をもつギリシア神話の怪物アルゴスは、頭上左右を飛ぶプットの一群が掲げる素晴らしい新天体の姿を明らかにしてきた望遠鏡を携えている。地面近くの背もたれに横たわるプトレマイオスはすでにその座を追われ、右下に転がる彼の天文体系は秤にかけられてさえいない。

127

学者たちが神学的な礼節を遵守できることにあった。しかしこれには、アリストテレス＝プトレマイオスの透明な球体を“砕いてしまう”副作用があった。なぜなら、本図からもわかるように、ブラーエの体系では火星軌道［太陽を中心とする赤の軌道］が太陽軌道と交差し、またその太陽を載せた球体も水星と金星をそれぞれ載せた球体［太陽軌道下部に接している2重の白の軌道］を通過することになり、これは“固い殻”である球体にあっては不可能事だったのだ。ブラーエによる地球を中心とする体系には数多くの問題があった。彼の説はコペルニクスの革新的な宇宙秩序再編になじめない17世紀の大勢の天文学者に広く受け入れられたものの、“全(まった)き地動説”への確証を得る大量の証拠が積み上がるにつれ、消えていった。

▶他のセラリウス作品は **30、64、104–105、125、168、219–220** の各図

128

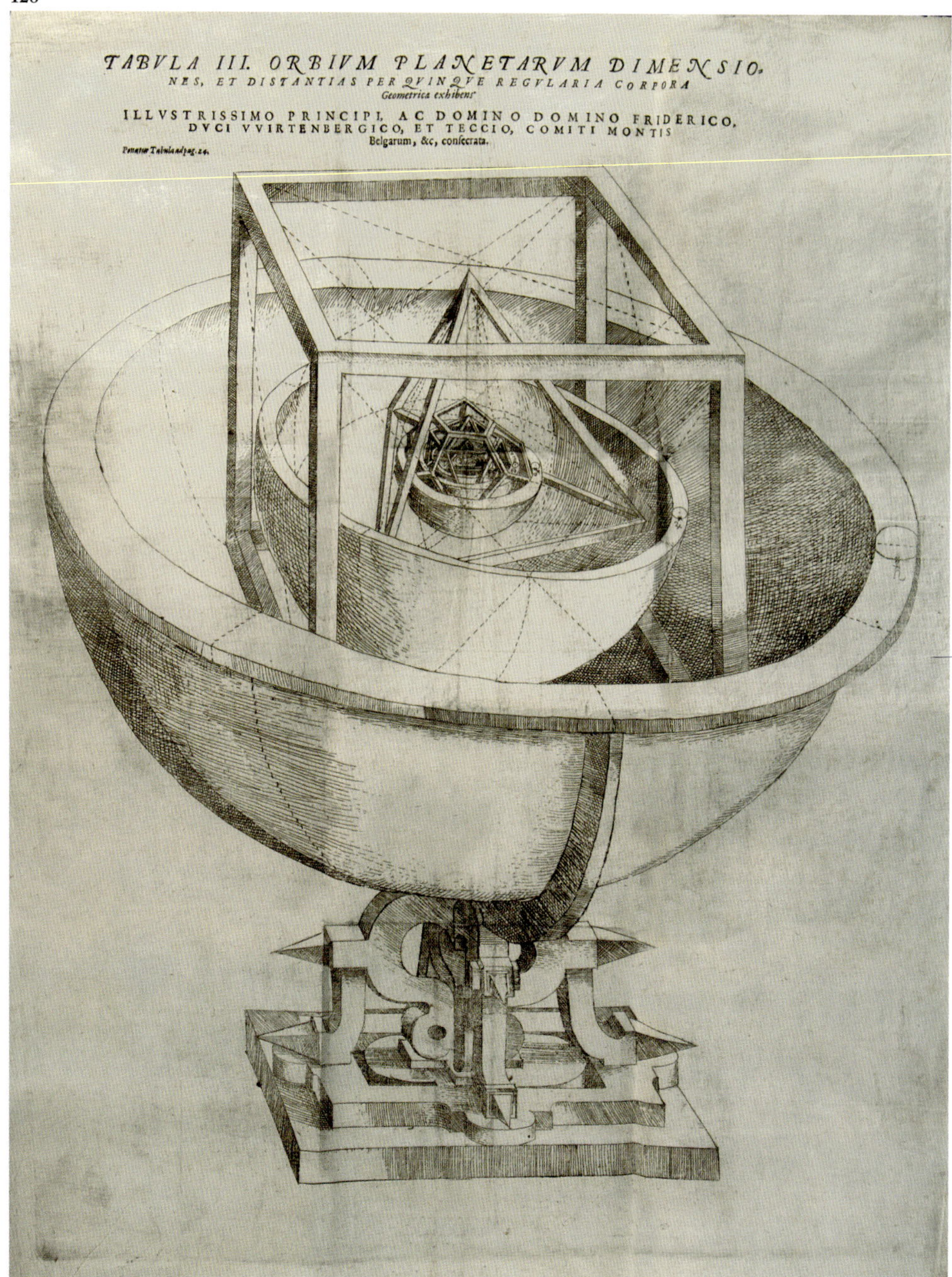

■128

1595年———ティコ・ブラーエの助手もしくは協力者だったヨハネス・ケプラーは熱烈なコペルニクス支持者で、ブラーエによる太陽系の折衷モデルを受け入れることはなかった。ケプラーによる1595年の著作『宇宙の神秘』は、コペルニクスの思想を最初に擁護したという栄誉に浴しているものの、同書所収のエッチングによって彼自身が提示したのは古代から受け継がれてきた天球モデルの修正で、古代ギリシア人のもうひとつの発見であるユークリッド（エウクレイデス）幾何学を通じてなじんだプラトンの5つの正多面体に彼は頼ったのである。それらの幾何学的立体は同一面をもつ通常の凸面多面体で、同数の面が各頂点で交わる。古典古代以来の諸元素がこれらの立体でできているというプラトン説を押し進めたケプラーは、惑星の球体もまたこれらの立体で囲むことができるものと考えた。その結果が、ここに挙げたケプラーによる容れ子の太陽系である。当時最外縁の惑星と考えられていた土星の球体には木星の球体を容れた正6面体が内接し、さらに木星の球体には火星の球体を容れた正4面体が内接し、というように以後同様に中心をなす太陽までつづいていく。現代の目からすると、科学史家トマス・クーンが指摘したように、その複雑な機械的構造が“純粋な”数学者の考案による幾何モデルを思わせる。宇宙を純粋な推論で説明しようというこうした意欲が、ケプラーを惑星運動の3つの法則の発見というひらめきへと導いていく。

129

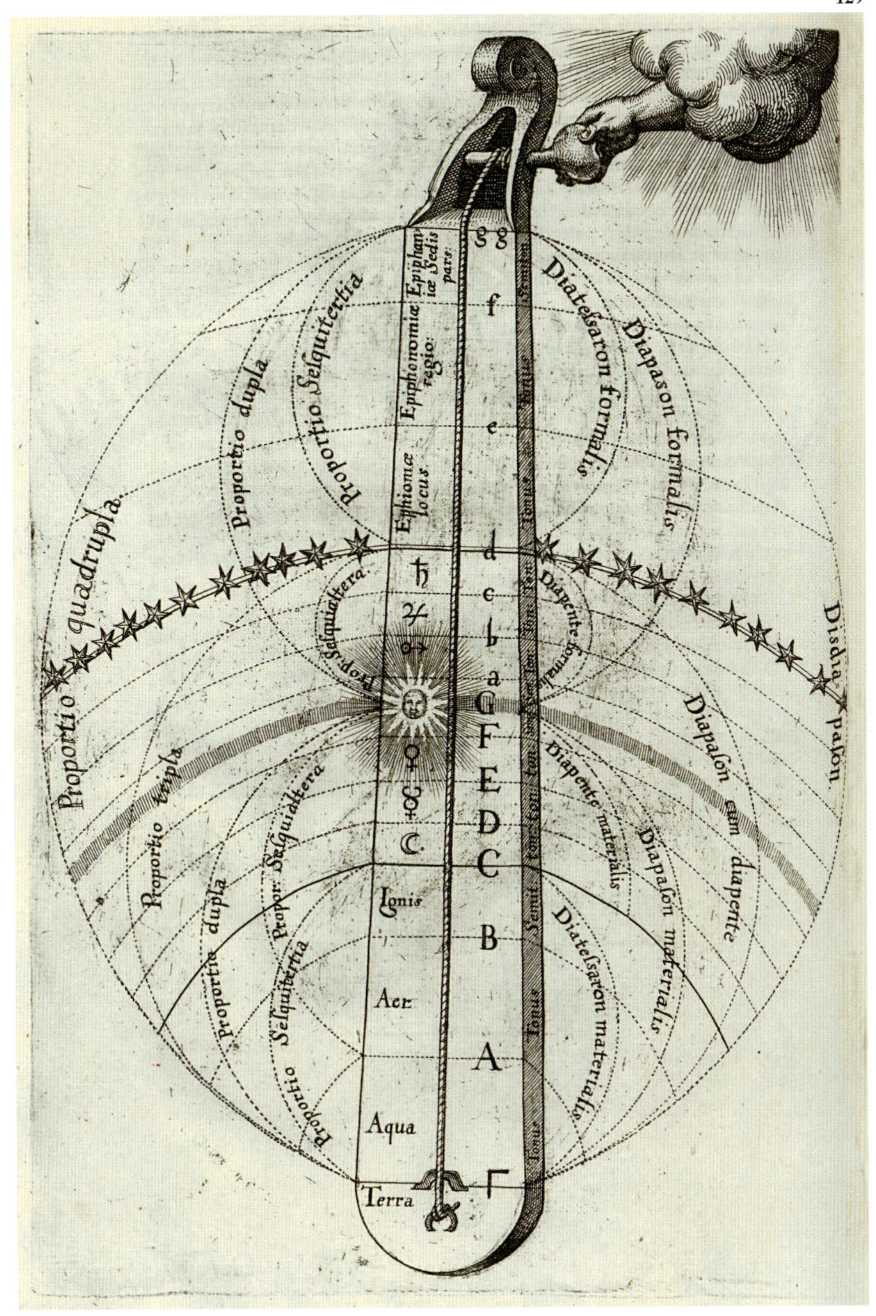

■129

1617年———ケプラー支持者は、彼による後期著作『宇宙の調和』*Harmonice mundi*［岸本良彦訳、工作舎］のように自然界を音楽言語によって説明する傾向があり、イングランドの医師、宇宙論者のロバート・フラッドによる『両宇宙誌』に所収の本図にも、その例がよく表れている。フラッドはここで、俗界と天界とを結ぶ１本の弦をもつ「宇宙の一弦琴」を描いた。画面上部から延びる神の手が、それを調弦している。その対向位置［楽器の底部］に書かれたTerra（テッラ）、すなわち「地球／地」という言葉の上には、古代の諸元素名が太陽と黄道に向かって昇るように記されていく［下から水、空気、火］。太陽の上では、星で飾られた帯が天球の外縁を示しており、そのさらに上には３分された天使の位階が見て取れる。左に比率的要素が、右に数詞的要素がラテン語で書き込まれた宇宙は完璧な均整を帯び、調律された１弦は15音階をともに鳴らしてある種の宇宙のハルモニア（調和）を奏でている。それは楽器上方から降り注ぐ天の詠唱と混じり合う、天球の音楽だ。

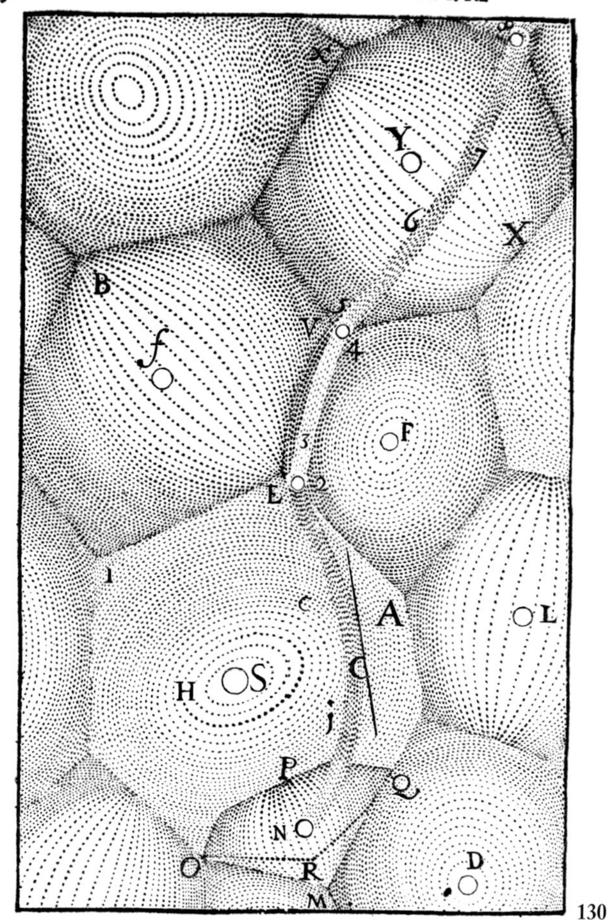

130

■130

1644年———フランスの哲学者、数学者ルネ・デカルトは、17世紀前半が終わりにさしかかろうという頃に、解析幾何学を確立した人物だ。彼は宇宙論における疑問にますます執心していくようになっていた。アリストテレスが「自然は真空を厭（いと）う」というhorror vacui（ホッロル・ワクイ）、すなわち「真空嫌悪」の原則を定めたため、何世紀ものあいだ天球の内部はエーテルと呼ばれる謎の物質によって満たされていると言われていた。デカルトはその代案として、宇宙は微細な「粒子（コルピュスキュル）」によってあまねく構成され、それらがやはり天体間の空間で渦巻いているのだと提唱した。アリストテレスの天球論はしだいに宇宙モデルとして懐疑の目を向けられるようになっており、デカルトは天体をひとつにまとめ、その動きを支配している力を理解しようと、粒子で満たされた天体のあいだの広大な空間には渦が満ちているに違いないという説に思いいたった。『哲学の原理』*Principia philosophae*［世界の名著II－7所収、井上庄七他訳、朝日出版社］にある本図では、太陽系を曲がりながら進む彗星が渦に巻き込まれる様子が描かれている。デカルトは自身の粒子宇宙論に基づく4つの運動法則を展開していく。

131

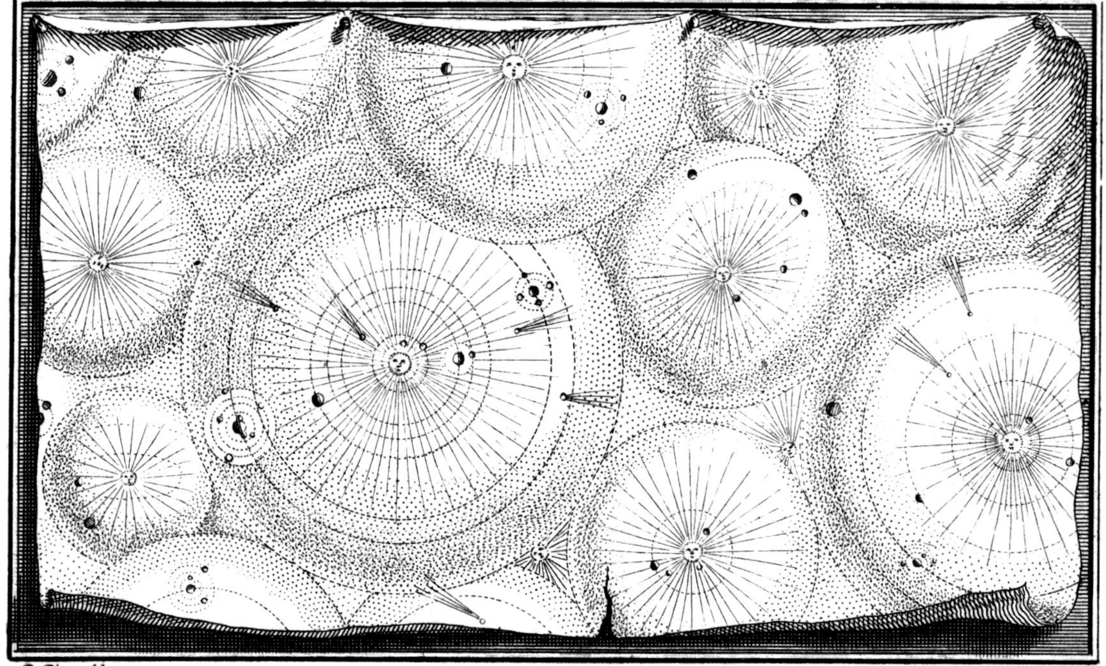

■132–133

1750年―――図**132**：史上初めて描かれた平らな円盤状の天の川銀河。18世紀半ばまでに、宇宙の基本構成要素への重要なひらめきが訪れる準備が整っていた。1750年、イングランドの天文学者トマス・ライトが『宇宙の新理論もしくは新仮説』と題する自著を出版した。太陽系と土星の形状に触発されたライトは、本図のように天の川銀河が中央に大きな核をもつ円盤状の平面として構成されている可能性を提唱した。彼は、宇宙が巨大な球体であるという別の仮説にも思いいたっており、その中で太陽系にあるような渦巻銀河の形状についての概説に初めて手を染めたばかりか（渦状腕ならぬ星の環（わ）を想像していたのだが）、楕円銀河――もうひとつの一般的な銀河の形状で、ほぼ完全な円に見える――の外観にまで考えを及ばせていた。また彼は、夜空全体に散らばっている曖昧な斑点――天の川銀河内の星団のようなもの――は「無数の宿（マンション）」で、“人類の銀河”のようなものだという主張も行っている。アメリカ独立戦争前に出版されたこの1冊の書物で、ライトはそれ以前の宇宙構造を打ち捨て、ほぼ現代的な宇宙像にまでたどりついたのである。

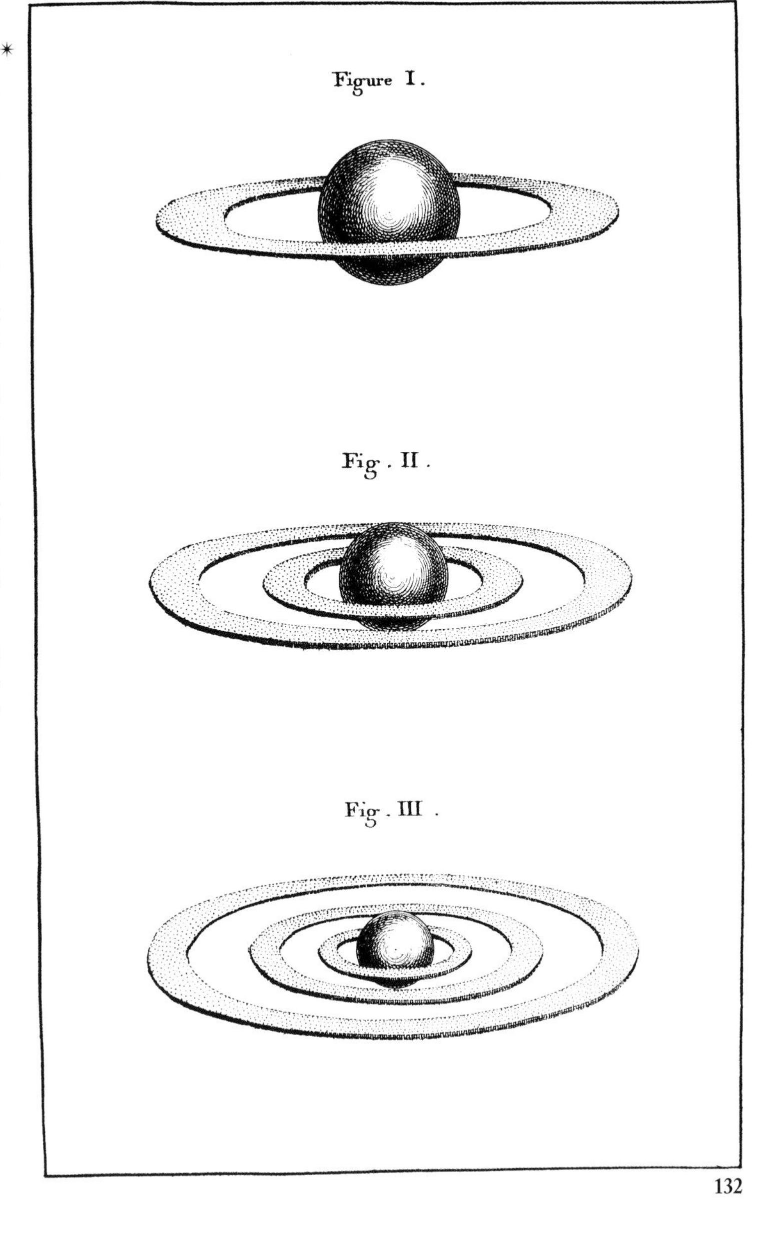

132

■131

1673年―――コペルニクスの地動説が長らく信奉を集めてきた宇宙構造を大幅に修正したこと、そしてその後のガリレオや望遠鏡を用いた天文学者たちが明らかにしたことが、古代からの推論を変えていく。宇宙には、太陽系より多くの――ともすればいっそう多くの――“世界”が果たしてあり得るのだろうか？　星々はみずからの惑星をもつ、“人類の太陽”のようなものかもしれないではないか？　そしてこのすべてが正しいのだとすれば、地球外生命体が太陽系の惑星やその先に存在し得るのではないか？　フランスの版画工房の親方（メトル）、ベルナール・ピカール作の本図は、宇宙全体に複数の世界が存在し得るという理論を視覚化している。ここに、現代の宇宙概念に接近した何かが生まれつつあった。

133

☆

図 133：トマス・ライトの『宇宙の新理論もしくは新仮説』のプレート。星々は地球における太陽のような天体で、惑星がそのまわりを回っているという発想は、少なくとも 16 世紀後半に活躍したイタリアの哲学者ジョルダーノ・ブルーノの時代までさかのぼり、複数の“世界”が宇宙に存在するという一般概念をソクラテス以前の哲学者が考案したという史料も現存する。この素晴らしいメゾチントのプレートを見ると、宇宙は複数の銀河によって満ちているというまったく新しい概念にライトが到達していたことがわかる（球体の形状は彼が提唱した銀河の 2 形態のうちのひとつ。図 **132** と合わせて参照されたい）。

▶他のライト作品は 221–223 の各図

134

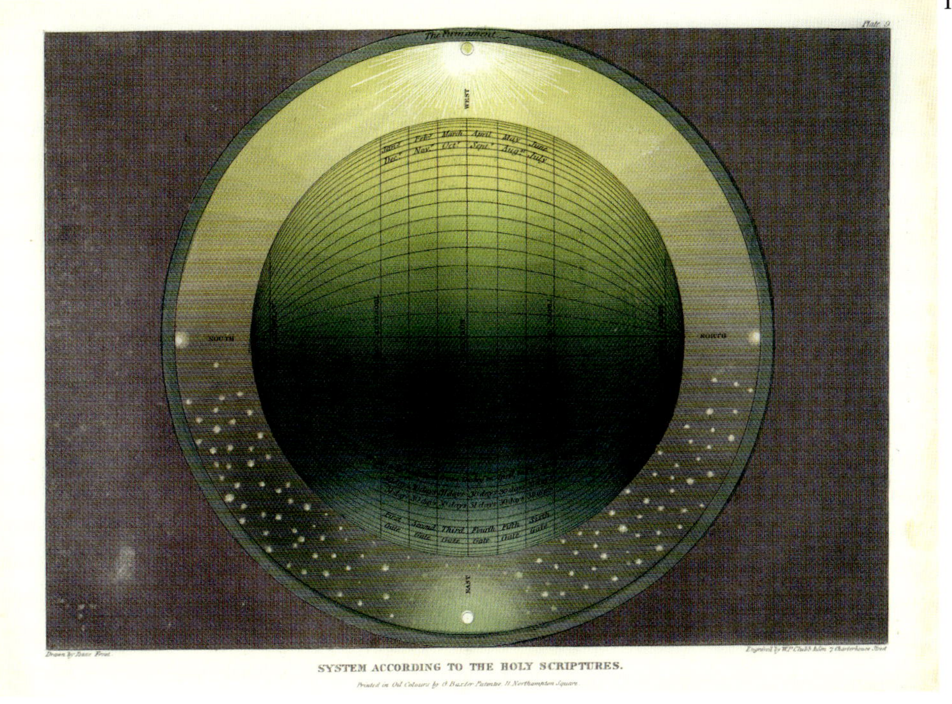

SYSTEM ACCORDING TO THE HOLY SCRIPTURES.

Printed in Oil Colours by G. Baxter Patentee 11 Northampton Square

135

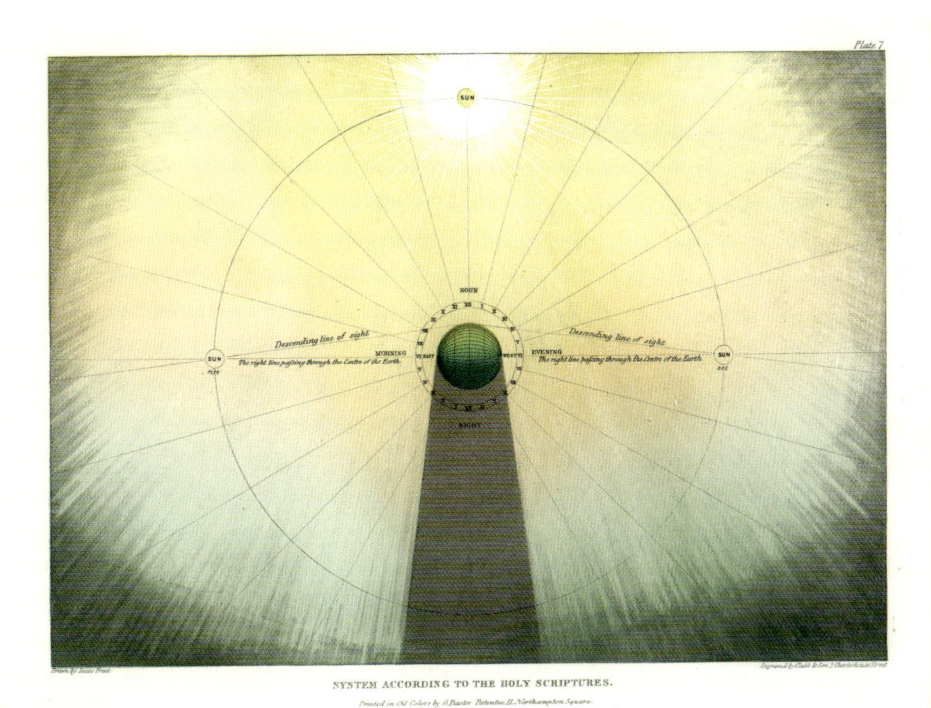

SYSTEM ACCORDING TO THE HOLY SCRIPTURES.

Printed in Oil Colours by G. Baxter Patentee, 11, Northampton Square.

■134–135

1846年――――トマス・ライトの斬新な見解から、より復古的な観点へ。マグルトン派は創設者のロドウィック・マグルトンにちなむ名称をもつ、19世紀半ばに創始されたイングランド・プロテスタントの小宗派だ。聖書を文字通りに理解することを主張し、それゆえに複数の"世界"はおろか太陽を中心にしたコペルニクス説をも非難した。彼らの科学に対する視点は明確だ。同派による信条のひとつは「悪魔はおらず、人間の穢れた理性があるのみ」というものだったのである。19世紀のマグルトン派信徒、アイザック・フロストによる1846年の著書『天文学の2体系』*Two Systems of Astronomy* 所収のこれら2点の図は、斬新な描法でコペルニクス以前の宇宙へと観者を誘(いざな)う。

■136

1845年————天文学に初めて望遠鏡が使われてから200年以上たった19世紀後半までに、装置は劇的に大型化した。第3代ロス伯爵ウィリアム・パーソンズは1845年、アイルランド、オファリー州の居城、バー城に6トンの反射望遠鏡を設置した。「リヴァイアサン」と名づけられたこの望遠鏡は、1918年まで世界最大の規模を誇った。アイルランドの夜空は毎年最多で60日の観測最適日があり、パーソンズは興味を抱く渦状の構造をなんとか見つけることができた。これは現在でも天の川銀河内にある星雲だと理解されている。ロス卿によるM51「星雲」のスケッチを基にしたこの図版は、英国とヨーロッパ大陸の各地で発表されるやセンセーションを巻き起こした。M51は現在、2300万光年先にある代表的な渦巻銀河として一般に知られており、天の川銀河ほどの規模を有している。

136

137

■137

1889年————ロス卿のスケッチに基づくM51の図はフランス天文学書のベストセラーであるカミーユ・フラマリオンの『一般天文学』に掲載されるまでになった。南フランス、プロヴァンスのサン=レミにあるサン=ポール病院もまた、同書を購入したものと思われる。フィンセント・ファン・ゴッホによる本図は油彩「星月夜」のあと、紙にインクで描いた線描画で、ロス卿が観測結果を記録するために作成した図に酷似しているため、フラマリオンの書を病院もしくはパリで目にしたこの画家が卿の仕事に触発されて入院中に本作を描いた、と広く信じられている。ニューヨーク現代美術館に展示されている、色をのせた「星月夜」は、おそらく最もよく知られた夜空の描写だろう。

■138

1874年――――19世紀後半には、天の川銀河は宇宙全体に広がっている多くの銀河のひとつである可能性がまだそこまで受け入れられていなかった。そして、しだいに強力になっていく当時の望遠鏡によって観測が可能となった多くの謎めいた天体は、“人類の銀河”内にある星雲だと考えられていた。とはいえ本図に描かれたアンドロメダ「星雲」のように、いくつかは実際のところ巨大な銀河だったのである。アンドロメダは地球が位置する局部銀河群でも最大の銀河であり、天の川銀河に最も近い主要な渦巻銀河だ。その形状は現代の天文写真によってよく知られているが、細部まで写し取らているのは長時間露光のたまものであって、たとえ大型望遠鏡の接眼レンズを透して「生」で見たとしても、ほとんどの銀河は本図のように曖昧な銀灰をした雲さながらに映るのみである。もっとも人の目というものは密度変化に敏感なため、今は渦状腕と区別されるようになったダストレーン（塵の小道）と呼ばれる黒い筋が、本図のように際立って映る。他の部分よりはるかに明るい中央の核は、超大質量ブラックホールであることが現在判明している。画家、天文学者のエティエンヌ・トルーヴェロによる本図は、「ハーヴァード大学天文台紀要」誌上で発表された。

▶他のトルーヴェロ作品は 81、108–109、173–175、228、258、280、282–283 の各図

■139

1982年————イタリアの天文学者フランチェスコ・ベルトラによる宇宙図が天動説に回帰したかのように見えるのは、“そのように描いたから”である——もっともそれは、中心が存在しないと判断する現代天文学によってもたらされた作図法のゆえなのだが。もし宇宙が空間原理の通りに均質で等方性であるのなら——つまり、観測者がどこにいても、どちらを見ても少なくとも全体としてほぼ同一に見えるのなら——すべての場所が時空の局所的中心として機能するのだから、中心はなんであってもいい。最初に「科学技術年鑑」*Scienza e tecnica, annuario* で発表された本図は球状宇宙とでも言うべきもので、ここにはビッグバン（外縁の黒線）から始まり、再結合期と呼ばれる不透明な霧の時代（外側の環（わ）全体）、それから原始銀河形成（“腎臓状”の黄の囲み）、さらにクエーサーの初出現（赤い点）、最後の銀河形状の成熟進行（青いさまざまな形）まで、という宇宙の全時間が取り込まれている。垂直軸には観測可能な宇宙の端までの光年距離が対数スケールによって刻まれているが、これはビッグバン以降の推定年数も兼ねている。水平軸も類似の対数スケールを用いており、異なる距離で天体を見たときの赤方偏移に基づいて、宇宙の拡張の早さを表している（赤方偏移とはジェット機や銀河のような遠ざかる物体からの光が、波長が大きい方向、つまり電磁スペクトルの赤方向へとずれる現象のことだ）。

139

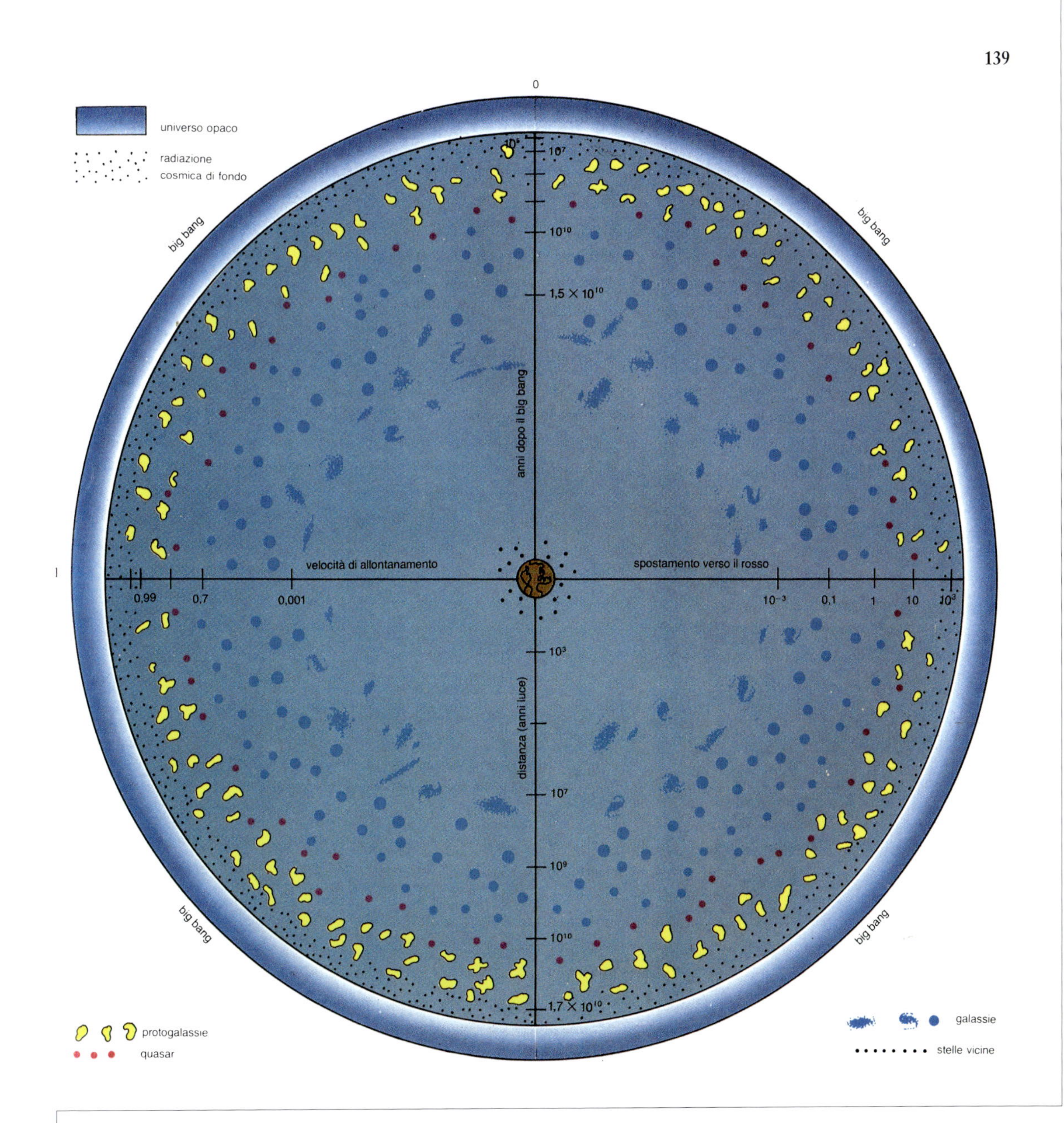

■140

1987年————宇宙は把握できないほど多くの銀河に満ちており、天の川銀河はそのひとつにすぎないという見解は、20世紀半ばまでに広く受け入れられた。そうなると、比較的近くの銀河から始めて、宇宙全体の分布を知ろうという試みが出てくることも理に適っている。1950年代後半、フランス人天文学者ジェラール・ド・ヴォクルールは、何千回もの観測結果に基づいて、近傍銀河は超銀河団のような巨大な銀河団によって構成されているという説を発表した。彼によると、天の川銀河は局部超銀河団のひとつなのだ。その見解は推定にすぎないと否定されたものの、のちに完全に正しいと証明されることになる。1970年代、新世代の天文学者がヴォクルールの研究を先に進めた。R・ブレント・タリーとJ・リチャード・フィッシャーが、近傍銀河を探すために電波望遠鏡による全天調査を実施したのである。1987年、彼らは局部銀河群の構造を図表化する最初の試みとなる先駆的な一冊、『近傍銀河星図』を発表した（明るい赤の表紙に螺旋綴じという造本はアメリカの標準的な道路“地図（アトラス）”さながらで、まるで銀河間宇宙船のための“星図(アトラス)”にも見える)。タリーとフィッシャーは、近傍銀河が「同一平面上で平行に並ぶ傾向があり（……）この平面は驚くほど広大」だという明確な証拠を発見した。2367点の図が収められている星図の最初の1点が本図だ。出版からわずか数カ月後、タリーは超銀河団の発見を発表した。それは“人類の銀河”を含む何百万という銀河を包含しており、観測可能な宇宙の10%に広がっていた。彼は本図にある局所超銀河団の端を探しておおよその大きさを推定したと述べたが、のちにそれは彼の推定よりもはるか彼方にあることが明らかになった。

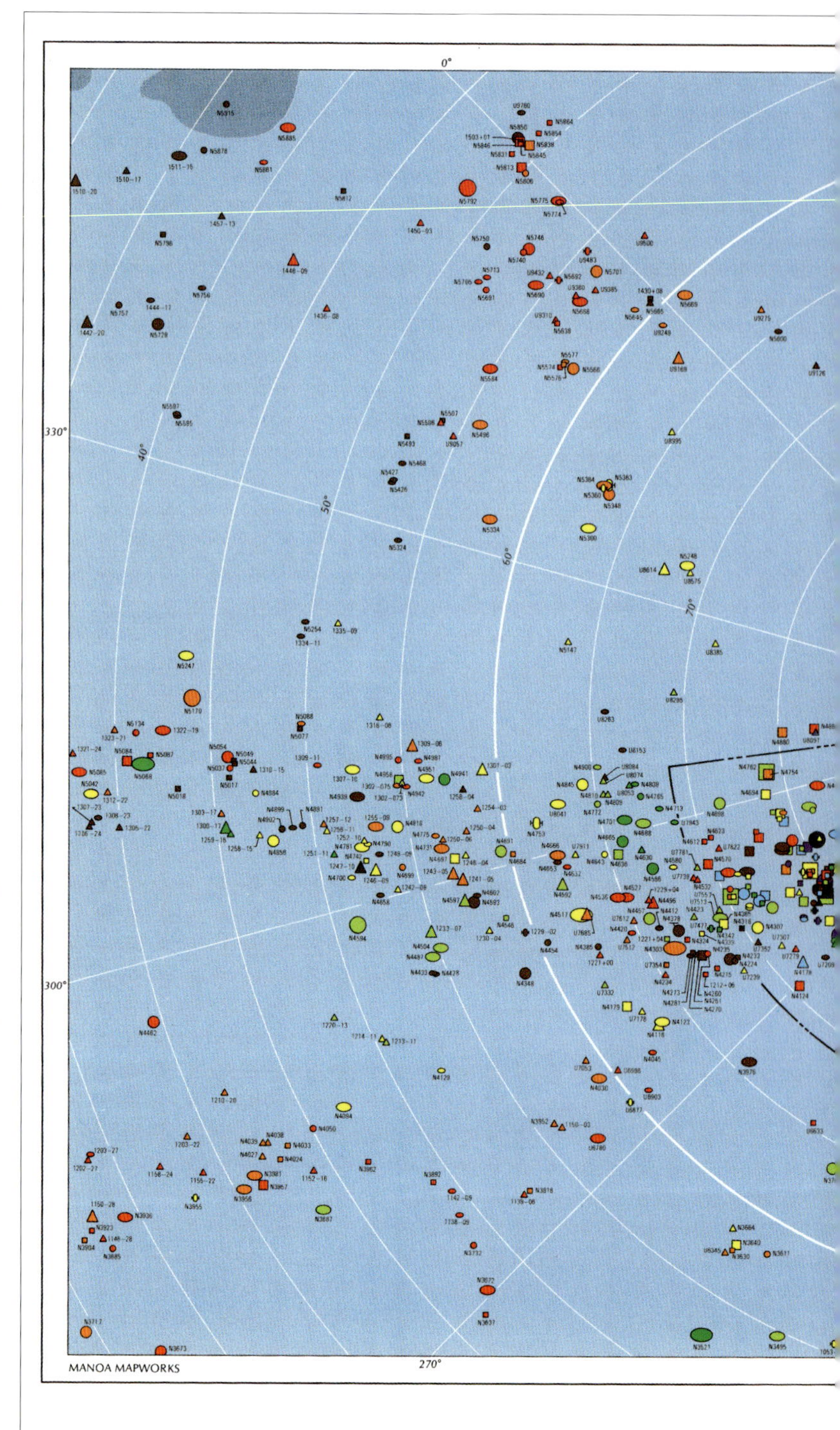

APPARENT SIZE OF GALAXY:	TYPE OF GALAXY: E,S0	S0/a–Sb	Sbc–Sd	Sdm–Im	Peculiar or Unidentified
$D_{25} \leq 3.0$					
$3.1 \leq D_{25} \leq 6.7$					
$6.8 \leq D_{25} \leq 15.0$					
$15.1 \leq D_{25} \leq 50.0$					

MILKY WAY

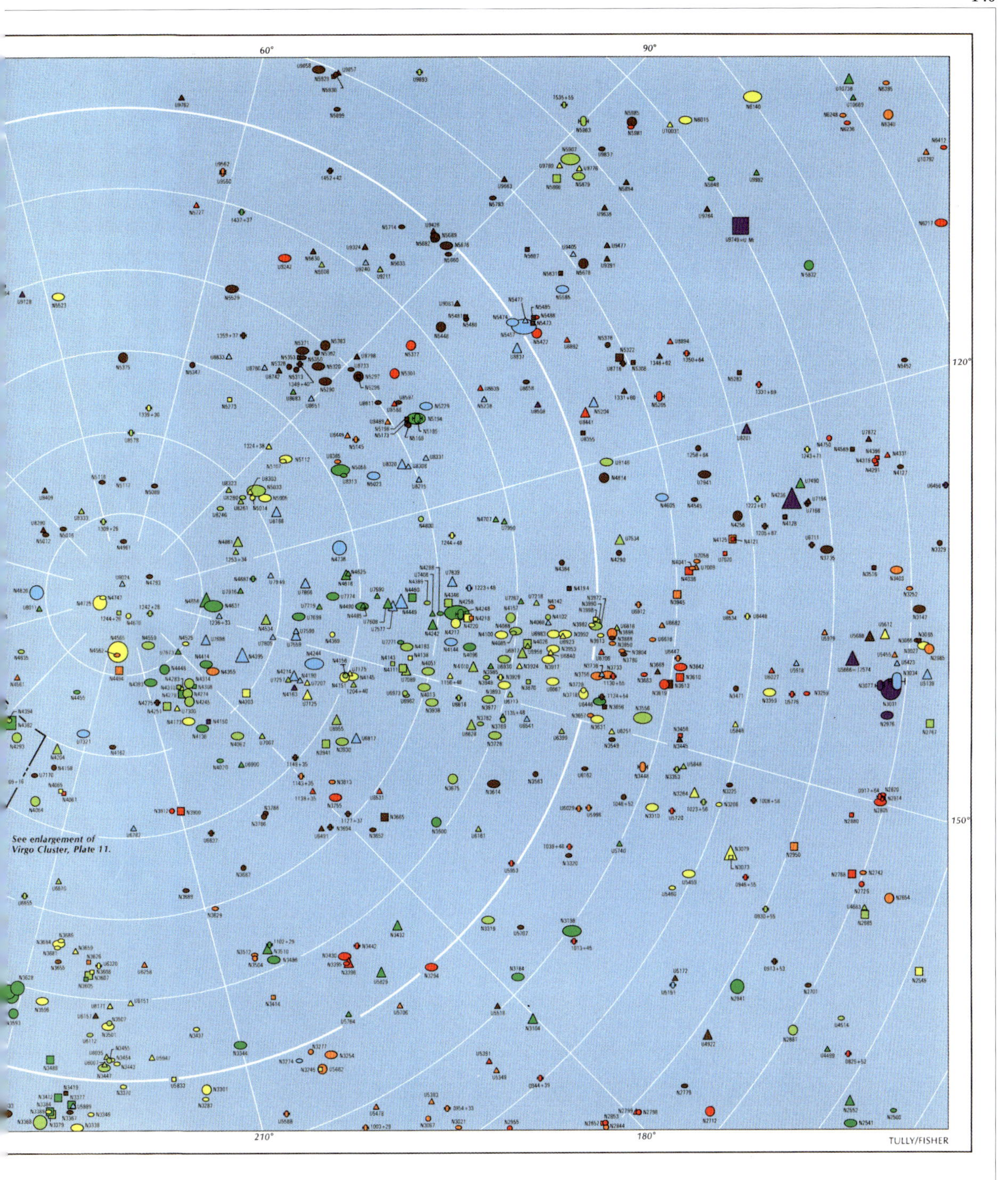

THE NORTH GALACTIC POLE

– the heart of the Local Supercluster; featuring the Virgo and Ursa Major clusters.

RECESSIONAL VELOCITY / DISTANCE:

(in kilometers per second)

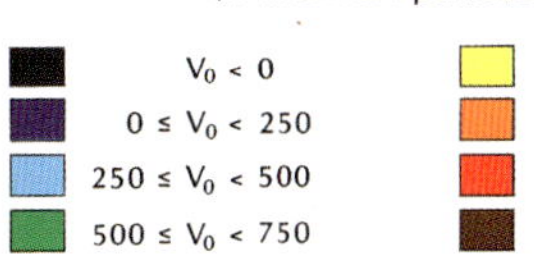

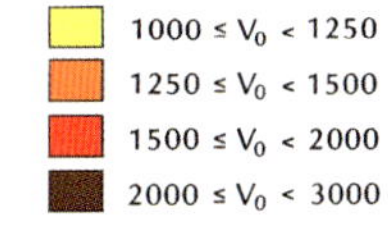

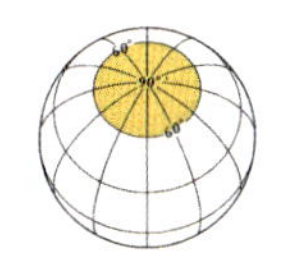

PLATE
1

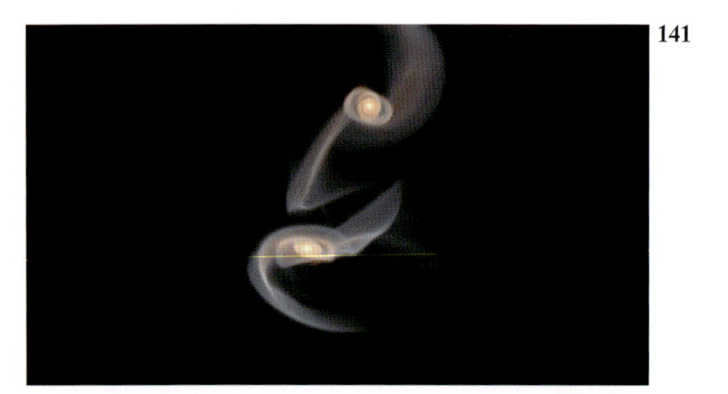

141

142

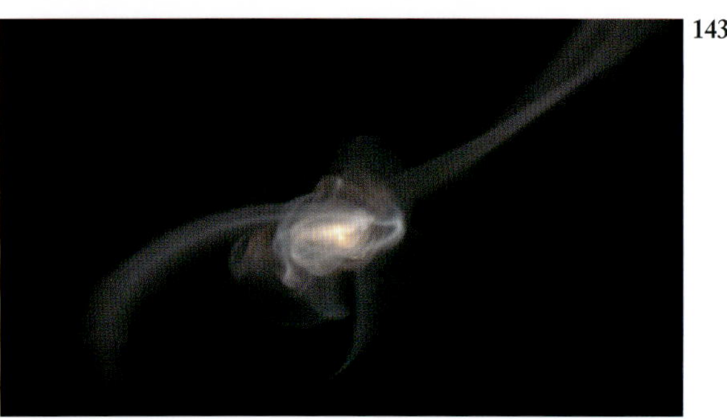

143

144

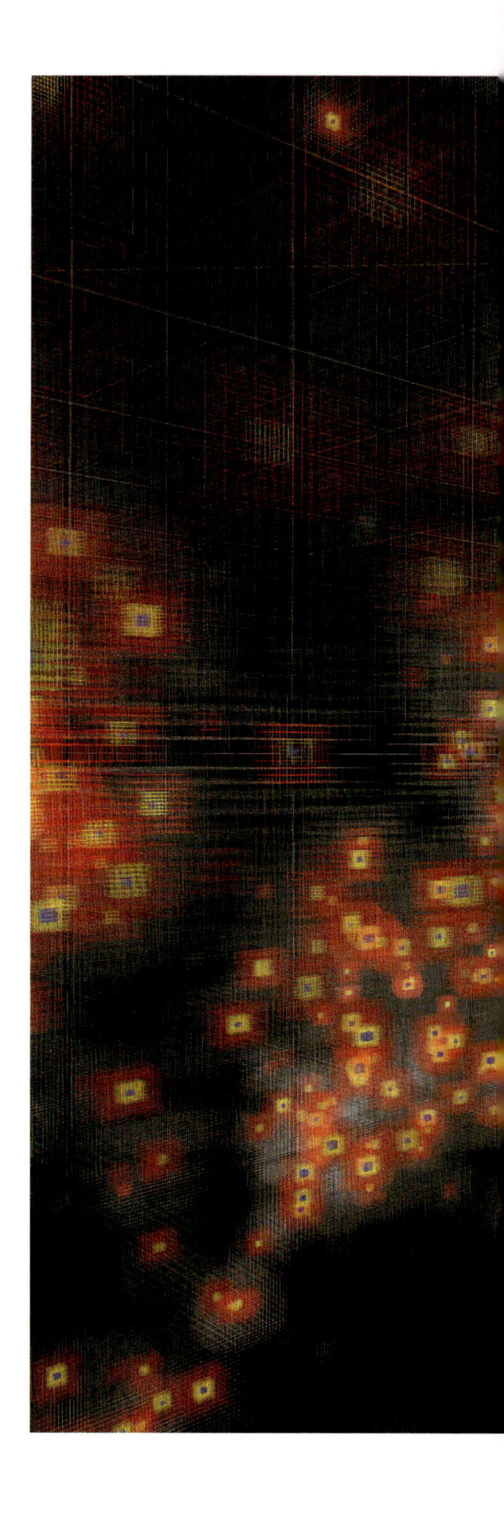

■141–144

2003年―――21世紀初頭までにいっそう高性能化したスーパーコンピュータは、銀河が衝突したときに起こる複雑な導体をシミュレート生成できるほどになった。カナダの天文学者ジョン・ダビンスキが製作したこの4点の画像は、天の川銀河とアンドロメダ銀河の衝突と合体を描いている――それは約30億年後と想定される“不可避な”出来事だ。このN体シミュレーションでは、重力などの物理的な力の影響下にあるときの粒子の動的システム内の動きを模倣する。ニュートンの運動3法則に影響される3億以上の粒子が対象で、将来の衝突がどのように展開するかを知ろうという試みだ。抽出された“結果”となる画像は、ついにひとつに合体した銀河の渦――アンドロメダと銀河系の衝突合体――で、ハッブル宇宙望遠鏡が撮影した銀河衝突の写真に不気味なほど酷似している。

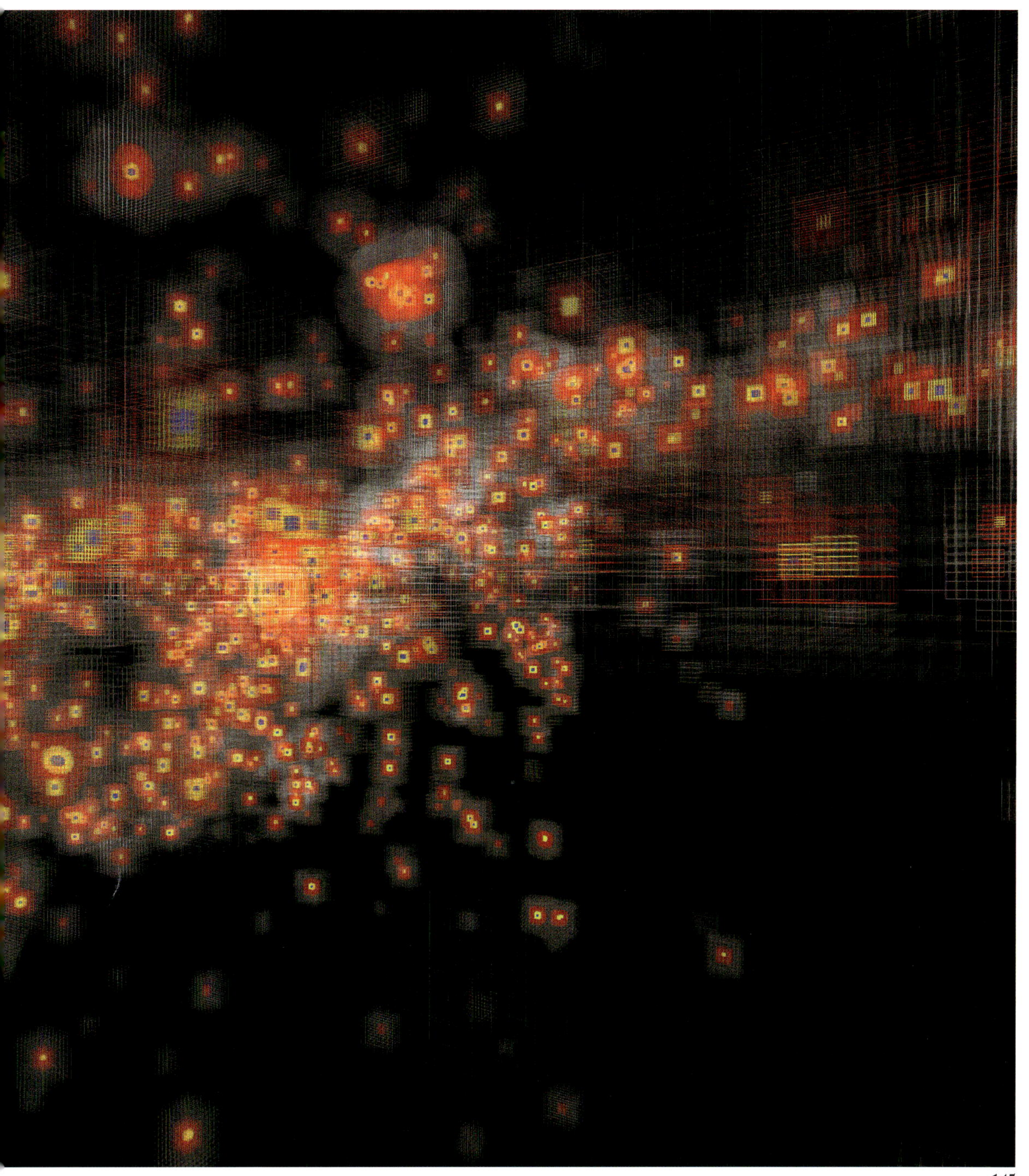

145

■145

2006年———スーパーコンピュータの性能はさらに高まり、個々の銀河衝突のシミュレーションに必要な秒あたり何兆もの計算を行うことができるようになった。しかし、コンピュータで銀河団——宇宙最大の構造のひとつ——のレプリカを生成するには、ここに挙げたダニエル・ポマレードによる画像のように「適合格子細分化法」という数値解析のテクニックが必要になる。彼と同僚天文学者のロマン・トゥイシエは、パリのほど近くにある都市サクレーに設置されたCOAST（「COmputational ASTrophysics= 計算天体物理学」のためのプロジェクト）のスーパーコンピュータを使って、大規模な銀河の集合をシミュレートした。この研究は、これらの集合におけるバリオンガスとダークマターハロ両方の密度計算の基礎となった。ダークマターの存在は周囲の環境への重力作用でのみ推測される。ここに挙げた画像は、ときに乱流を起こすバリオンガスの作用研究のために設計された銀河団の形成と進化を示す動画から抽出された。細分化されたセルの格子は、シミュレーションコードによって計算された巨大なシステムの物理特性を表している。このような巨大構造のシミュレーションは、現在のコンピュータ技術を限界まで駆使している。

146

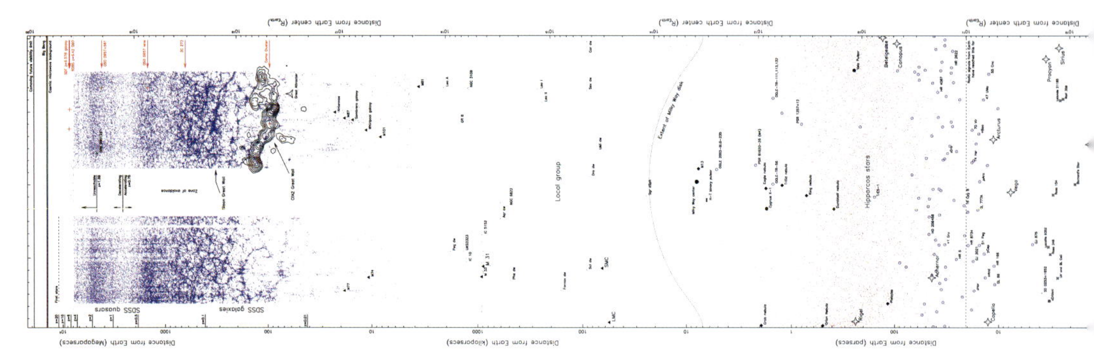

147

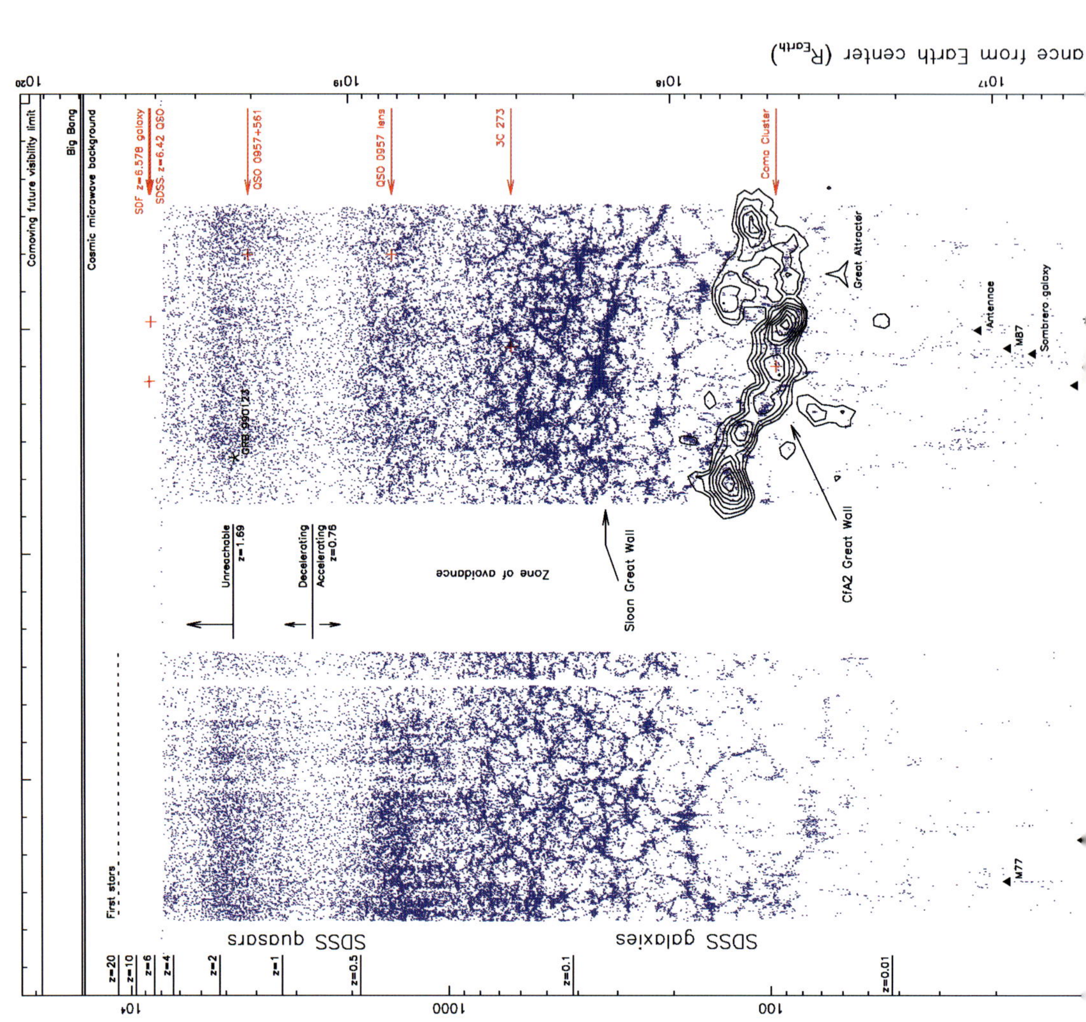

■146–147

2003年―――図**146**：対数スケールによる宇宙図（図**147**は拡大図）［両図とも上が向かって左になるよう横転させた］。

本図の端には初期の星々と宇宙マイクロ波背景放射、ビッグバンの記録がうかがえる［向かって画面左端の2重線付近にFirst stars、Cosmic microwave background、Big Bangの各記述がある］。1点に投影された宇宙図がほぼ存在せず、あったとしてもその質に満足できなかったプリンストン大学の宇宙学者リチャード・ゴット3世と研究員マリオ・ジュリックは、それにふさわしい図解の各版を2003年から2005年にかけて出版した。縦横比が大きいため作業は難航したものの（縦は横の6.5倍以上である）、また本書では紙幅の都合で縮小されてはいるものの、ゴットとジュリックの図は極上の仕上がりを見せている。彼らが参考にしたのは、ソール・スタインバーグが描いた「ニューヨーカー」誌［1976年3月29日号］掲載のよく知られた表紙イラストだ。それはマンハッタン住民の“狭い”世

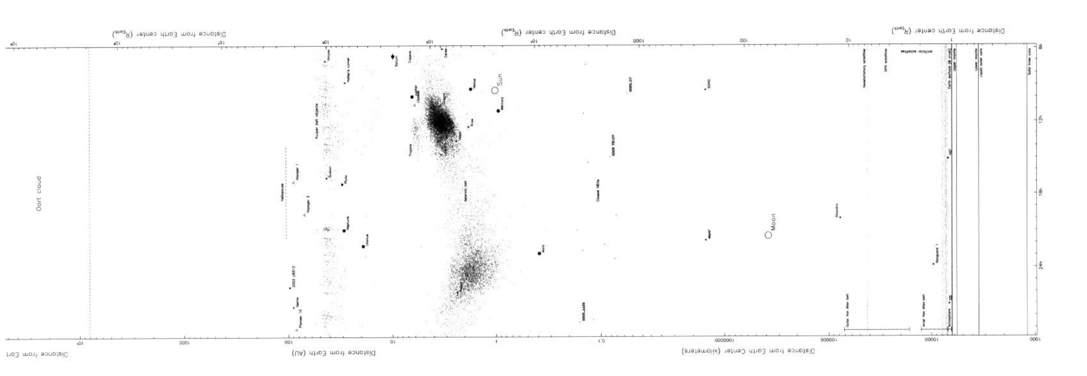

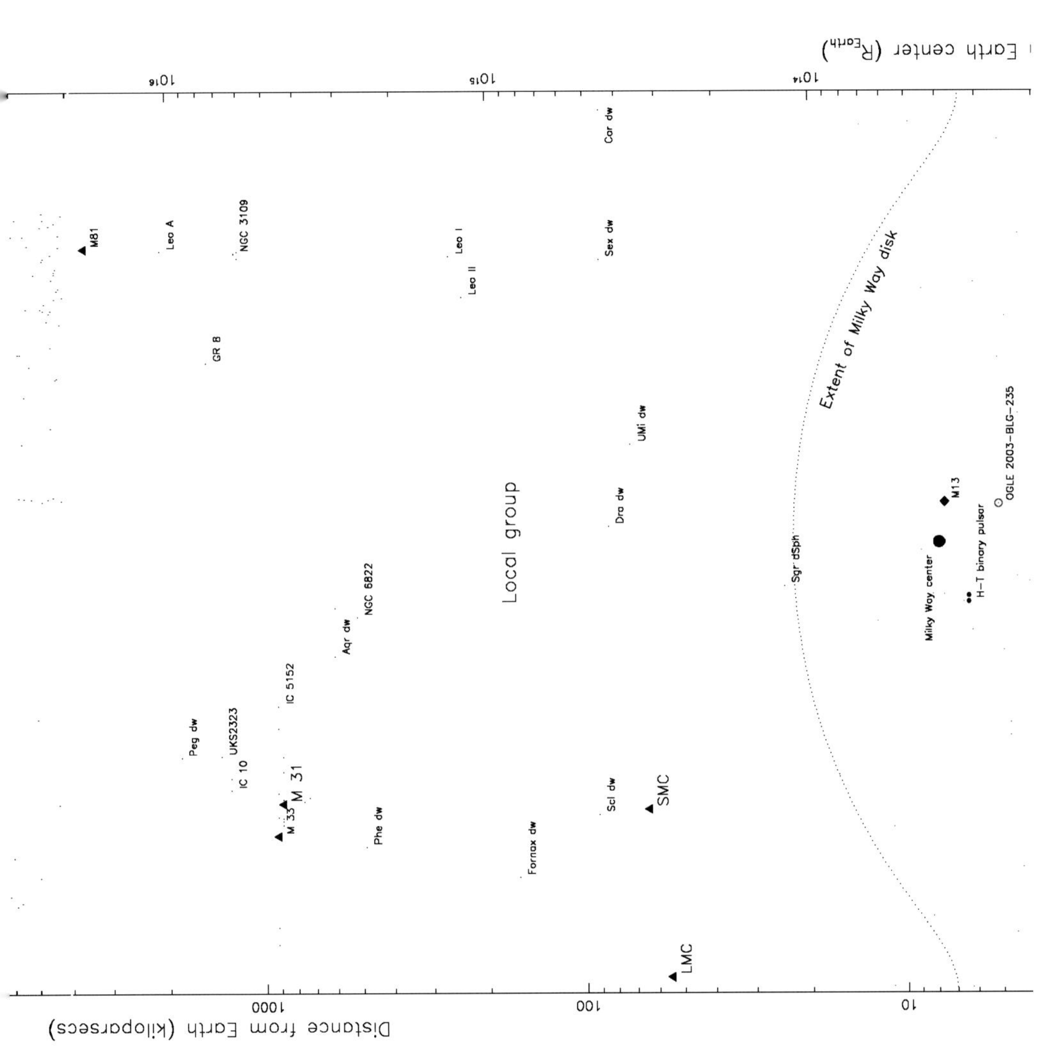

界観を表現した作品で、9番街の建物が実物よりはるかに大きく重点を置いて表現され、残るアメリカや遠方の太平洋、中国、日本などはごくささやかに描かれている。ゴットとジュリックもまた重要な対象を地球の近くに置きつつ、同時にはるか彼方の巨大構造などもひとつの図の中に描こうと考えた。彼らが選んだ対数スケールは計測単位が幾何級数的に増加し、それゆえにすべてを1点の図中に圧縮し得ている。2人はスローン・デジタル・スカイサーヴェイのデータをみずからの対数テクニックを使って考察し、巨大な銀河の壁を発見した。図上部（画面左）にある銀河の塊の中に見える濃紺の部分がそれだ。観測可能な宇宙の直径の約6分の1、長さ約13億8000万光年の壁であるスローン・グレートウォールは、未曾有の規模をもつ構造である。作図中にこの構造を発見した彼らは、まず発見が先行し、それから図に着手するという何百年とつづいた“図解の作法”における伝統をくつがえしたのだった。

148

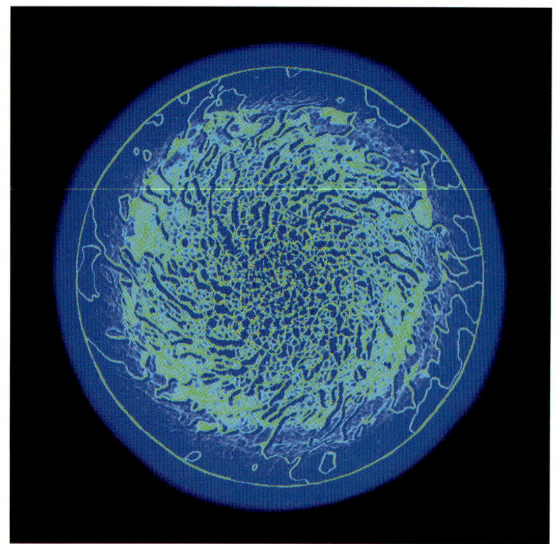

149

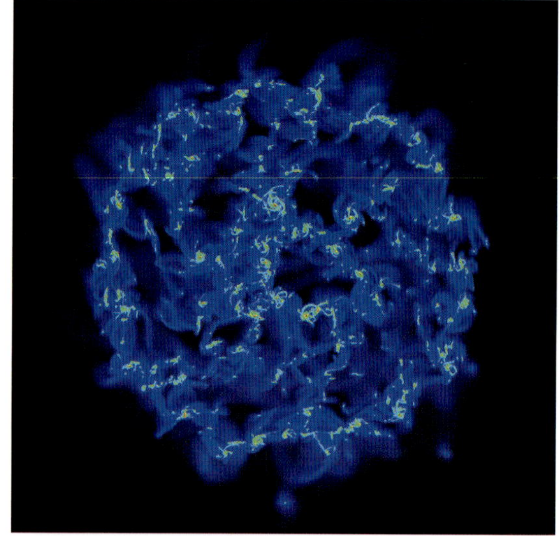

150

151

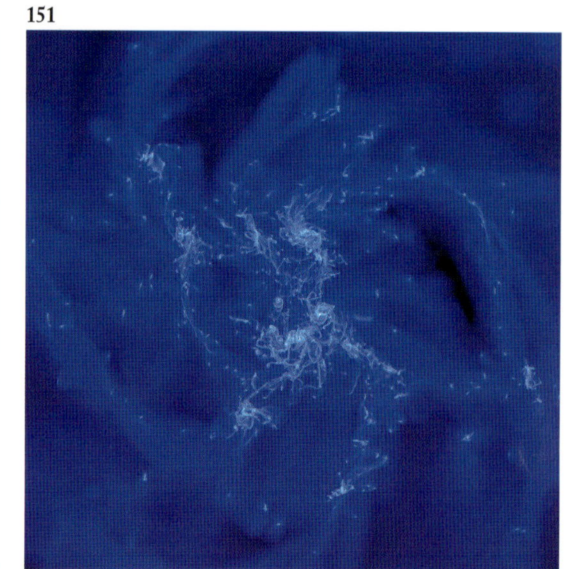

■148–155

2010年———バリオンガス密度に基づいて生成した、スーパーコンピュータによる渦巻銀河の形成シミュレーションの4段階画像（**148**から**151**の各図）。すべての原子に含まれるバリオンは、宇宙の一般的な物質である。宇宙にあると仮定されるもうひとつの物質ダークマターは、可視物質に重力作用を起こす不可視の質量をもつと天文学者らに理論づけられている。この種のシミュレーションは星間媒質の構造や分子雲の性質、天の川銀河に類似した銀河における恒星形成の歴史、中でも乱流の役割を理解するために使われる。このような画像を生み出すためには、パリ郊外のCCRT（Centre de Calcul Recherche et Technologie=研究と技術のための計算センター）にあるスーパーコンピュータ・ティタンの700ものプロセッサが必要だった。

図**148**：ガスの円盤が小さな親の塊から離れて凝集する。
図**149**：回転する銀河はすでに構造を表しつつある。
図**150**：回転するにつれ、遠心力によって巻き髭のようなガスが外へと広がる。
図**151**：シミュレートした銀河が腕をもち始める。宇宙全体の銀河に見られる構造である。

152

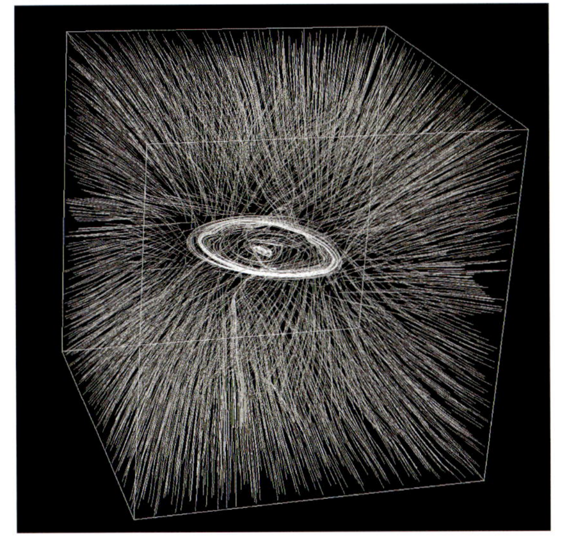

153

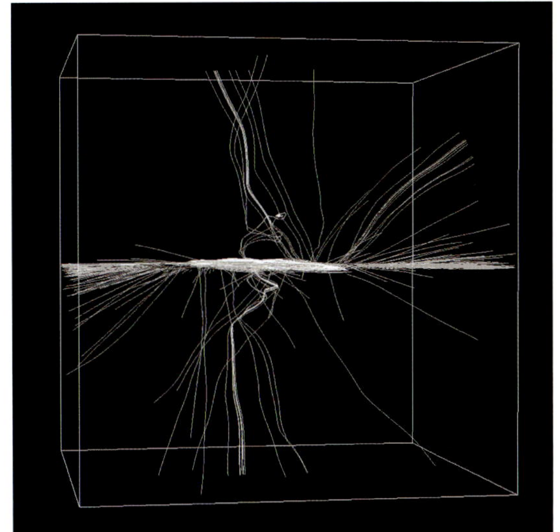

154

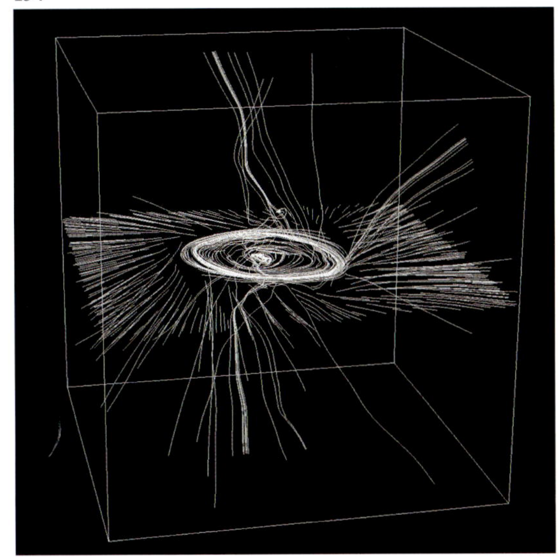

155

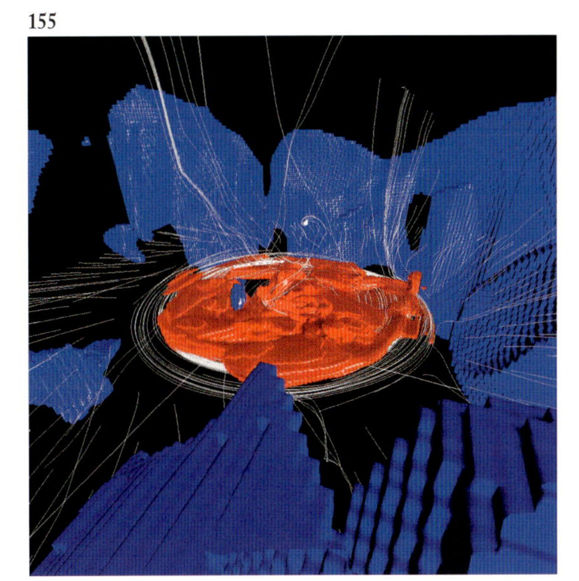

☆

フランスの天体物理学者によるスーパーコンピュータのシミュレーションを使用した、赤方偏移の度合いが高い銀河にあるガス状の塊における星の形成の画像。

図 152：クモの糸のような白い線は「速度場における流線」で、シミュレートした渦巻銀河を囲む立方体中にあるバリオン物質の運動を、3次元空間にフィールドフロー分画として表す方法である。

図 153–154：上記の立方体内の平面部。

図 155：速度場における流線と、シミュレートした渦（赤で彩色）、周囲の銀河系外宇宙におけるガス密度描写（青で彩色）とが組み合わされる。

158

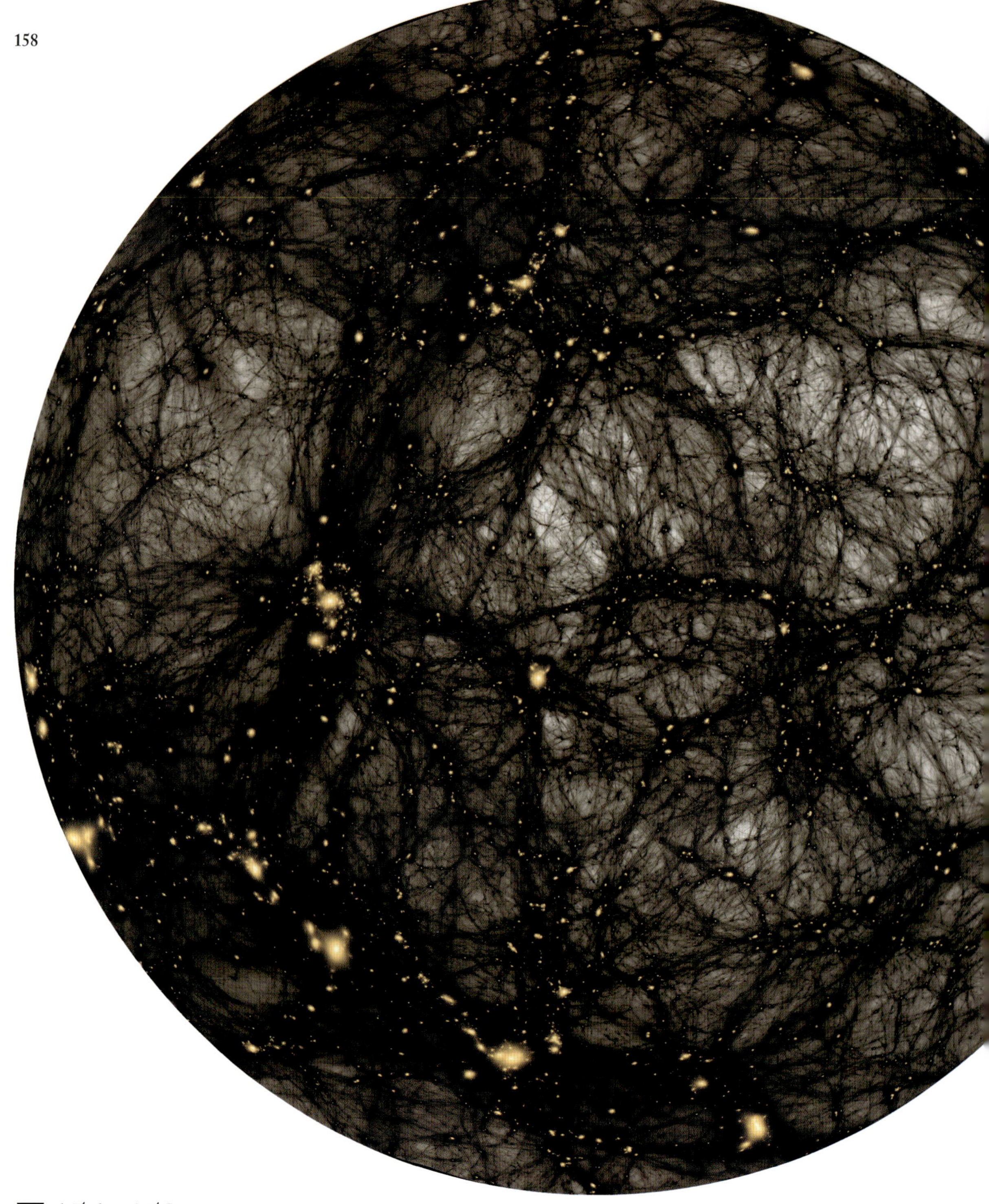

■156–159

2013年―――図 **156**：本図と図 **157** の2点の写真で描かれているように、カーター・エマート監督によるヘイデン・プラネタリウムの宇宙ショー「ダーク・ユニヴァース」における可視宇宙のあらゆる場所は、観測可能な宇宙にあるみずからの“泡（バブル）”の中心を占めている。本図の中心のバブルは“人類の銀河”から見える全宇宙をシミュレートしたものだ。右側のバブルの内側から縁に向かって、別のバブルの中心である銀河がある。2つめのバブルの黄みがかった部分は2番めの銀河からは見えるが地球からは見えない場所を示している（同様に、中央にあるバブルの左側は右側のバブルの中心からは見えない）。

図 **157**：つまり、宇宙は地球から見える場所よりさらに、おそらくははるかに大きい。ここにあるどのバブルも、ある地点からは一部しか見えない。宇宙の実際の大きさは未知だし、おそらくは知ることなどできないだろう。観測可能な宇宙にあるひとつのバブルの半径は約460億光年だ。

157

☆

図 158：ヘイデン・プラネタリウムの「ダーク・ユニヴァース」の静止画は、スーパーコンピュータのシミュレーションに基づいており、きわめて大規模な宇宙の形態と構造が見て取れる。質量濃度が特に高い区域の交点を網目状に結んでいるダークマターのフィラメントに沿って、銀河団が配置されている。明るい点は何千もの銀河が集まる銀河団を表し、高密度部分のあいだには“超空洞（ヴォイド）”も見受けられる。この空間の直径の光年距離は約400メガパーセクだ。1パーセクが326万光年なので130億光年となり、天の川銀河の年齢の10分の1となる。わかりやすい例を出すなら、地球の年齢はおよそ45億年だ。

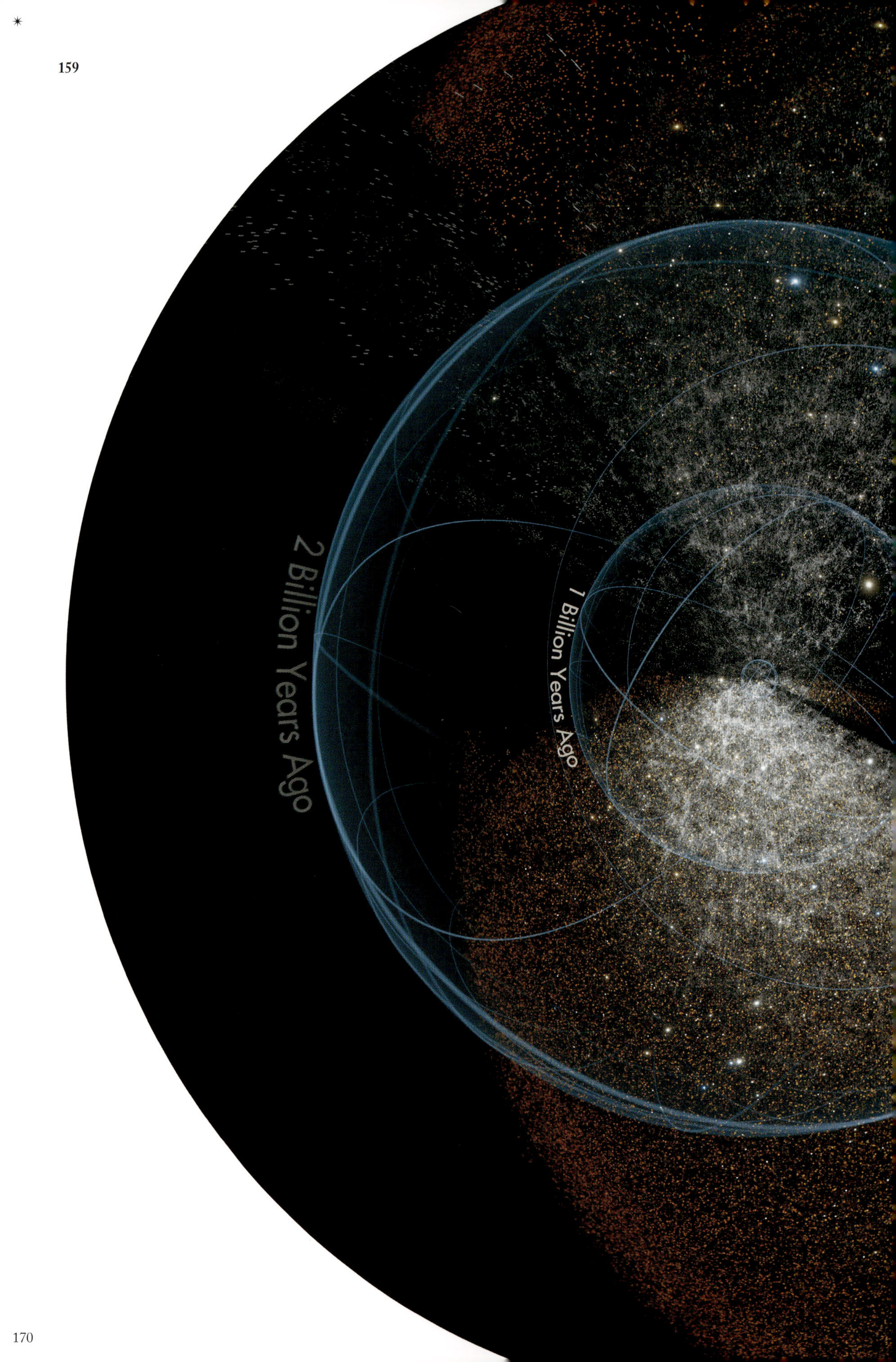
2 Billion Years Ago
1 Billion Years Ago

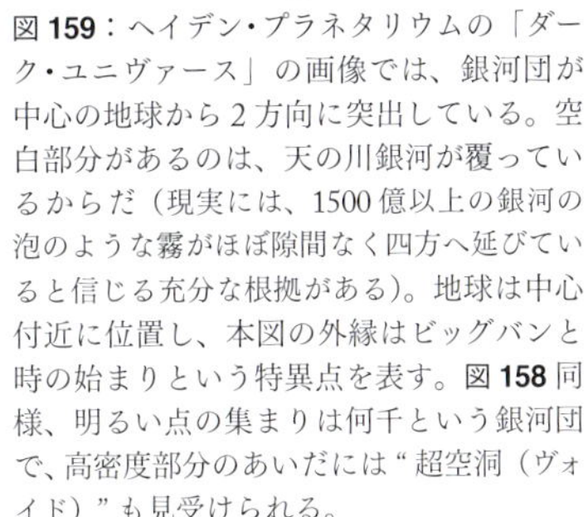

図 159：ヘイデン・プラネタリウムの「ダーク・ユニヴァース」の画像では、銀河団が中心の地球から2方向に突出している。空白部分があるのは、天の川銀河が覆っているからだ（現実には、1500億以上の銀河の泡のような霧がほぼ隙間なく四方へ延びていると信じる充分な根拠がある）。地球は中心付近に位置し、本図の外縁はビッグバンと時の始まりという特異点を表す。**図 158** 同様、明るい点の集まりは何千という銀河団で、高密度部分のあいだには“超空洞（ヴォイド）”も見受けられる。

■ 160

2014年――――この幻惑的なスーパーコンピュータ画像は、銀河がちりばめられた直径5億光年以上という広大な時空を縫うように走る重力流を初めて描いたものだ。約3万の銀河が示されており、赤と黒の線はそれぞれ2つのはっきりした重力盆地を表している。局所銀河群の一部であり、おとめ座超銀河団の中にある天の川銀河は、黒い流線の中だ。これらはじょうぎ座銀河団近く、つまり中央の緑の“ゆがんだ三日月”の近くにあるグレート・アトラクターと呼ばれるものに向かって流れている。赤の流線は、最も近傍にある大規模構造、つまり中央にある赤線の集合体の“Yの字”のすぐ上にある、ペルセウス座・うお座フィラメントと関連している。2014年、天文学者R・ブレント・タリーとその助手は、本図の黒い流線の全領域を「ラニアケア超銀河団」と命名した。巨大なアーチ状のフィラメントはペルセウス座・うお座の構造をつなげているように見え、局所ヴォイドを取り囲んでいる。銀河の点の色は主要な構造要素を表す。青はペルセウス座・うお座フィラメントの一部である銀河、紫はくじゃく座・インディアン座フィラメントに属すもの、緑は歴史的な局所超銀河団、オレンジはグレート・アトラクター領域、赤紫はポンプ座の壁と“ろ”座・エリダヌス座の雲、そして濃灰がその他だ。タリーと共同研究者たちはこの研究で初めて、天の川銀河がその一部をなす広大な領域の完全な“輪郭線”を目にすることになった。しかし言っておかなければならないのは、宇宙の膨張は実際に支配的な力であり、ここにあるすべてが飛び散っているということだ。つまり正確を期すと、“力の場に働く架空の線”が見分けられるのは“膨張がないときだけ”なのである。

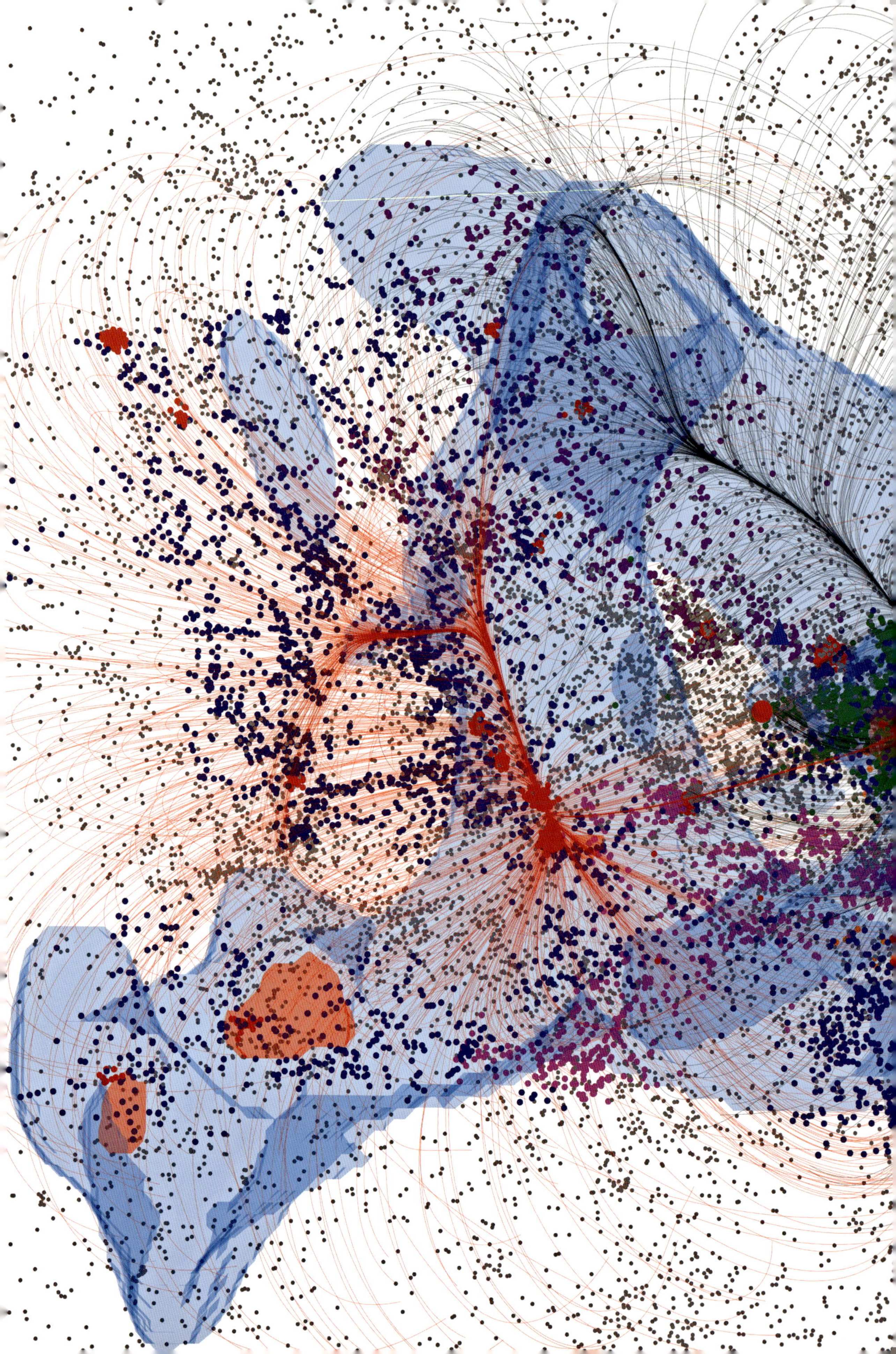

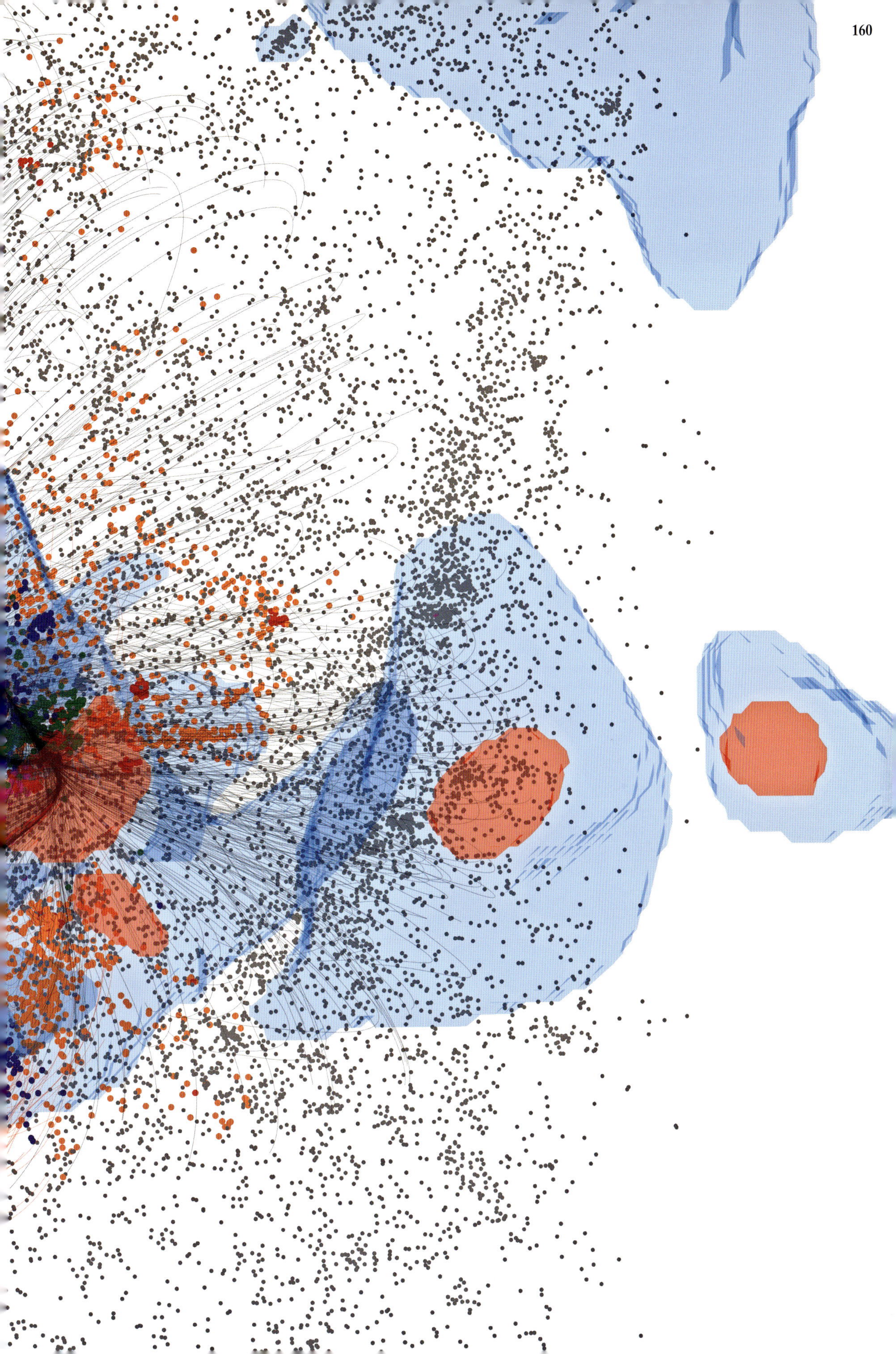

第6章

惑星と衛星

Planets and Moons

そしてまるでこれでは足りなかったように、
あなたは切符もなく惑星の回転木馬で回り、
そしてそのまま、お金も払わずに、銀河のブリザードの中で、
いくつもの驚くような時代を過ぎて、
ここ地球の上には時の通りに動くものは何もない。
――ヴィスワヴァ・シンボルスカ「ここ」*Tutaj*

古代から知られている水星、金星、火星、木星、土星という5つの惑星（planet）は、17世紀への変わり目に望遠鏡が登場するまで古代ギリシアで話されていた語源のとおりの存在だった。彼らは「さまよう星」、もしくは単純に「さまよう者（planetes）」だったのである――主としてその動きのせいで、いわゆる定まった星とは区別されたこれらの星々は、獣帯の幅の中を上下に動き、他の星々に対して東に向かい、ごくまれに比較的短いあいだだけ西に向かって後退、つまり逆行しながらさまよった。

その放浪する性質が主な魅力の源となり、古代バビロニアの時代から惑星の動きが記録されるようになった。バビロニア人が「さまよう者」への関心を受け継いだのは、多神教の神々を惑星や太陽、月と関連させたシュメール人からだった。

天体と気まぐれな神々とのつながりは、それらの次の振る舞いを予測する必要を生み出した。天文学の知識は、バビロニア文明に不可欠だった植え付けと収穫の周期に重要な役割を果たす、より信頼性のある暦を可能にし、それによって天文学者を務める神官の地位がはぐくまれていく。基本的に暦を管理する者は預言者であり、力をもつ学者階級は天体の動きを解釈することで未来を予測できるものと信じられていた。現代占星術の源泉となった彼らの信念体系と現代科学との関連性はないが、バビロニア人が天体運動を追跡し予測するために生み出した、彼らの聖塔（ジッグラト）の基台に記し残されているような技術は、現代の天文学と数学にも通底している。

楔形文字で刻まれた「バビロニア天文日誌」は、天界の現象を体系化し、その数学的基礎を打ち立てようという努力が残した遺産だろう。6世紀間をまたぐこの日誌は、惑星と月、太陽の動きの体系的で連続した記録である。第3章で述べたネブラの天文盤を除けば、現存する最古の天文記録となる粘土板に刻まれた日誌には、延べ21年分の金星の出没時間が記されている。惑星の動きが周期的であると理解されていた事実を裏づける最初の証拠であり、粘土板自体の日づけが前7世紀のものだとはいえ、記録されている情報は前17世紀半ばにまでさかのぼるものと考えられている。

この“金星の粘土板”は「アヌ、エンリル両神の頃（エヌマ・アヌ・エンリル）」と呼ばれる70枚の粘土板の一部で、アッシリア帝国への定期的な占星術的助言のもとになった。バビロニアの天文官の仕事を支えていた前兆を読む占いを、単なる迷信によるペテンだと片づけてしまうのは易しい。しかし実のところ、歴史上ほとんどの時代において数学と天文学、占星術には緊密な関係があった。本書の「はじめに」で触れたように、17世紀の科学革命における大物の中には、ガリレオやケプラー、ニュートンのように、半生を占星術や錬金術に費やした人物もいたのだ。星占いの信念体系は、多くの面で彼らを経験的データの収集へと向かわせる動機になっていた。

★

前331年のアレクサンドロス大王によるメソポタミア侵攻によって、バビロニアの天文知識はギリシアへと系統的に取り入れられた。冒頭で触れた既知の5惑星はローマ神話由来の名称で呼ばれてはいるが［Mercury（水）、Venus（金）、Mars（火）、Jupiter（木）、Saturn（土）］、それもそもそもがギリシアからの移植で、やはり先述した惑星（プラネット）という言葉や天体の固有名のほとんどはギリシア時代にまでさかのぼる。ギリシアの人々は天文学を数学の一部門に分類し、バビロニアの正確な数学の手法を天体運動の予測のため

に使いつづけた。しかしそこには、“地球を中心とする天球”というアリストテレスの宇宙モデルが追加されているのだ。

ガリレオが1609年から1610年の冬に望遠鏡を使い始めたとき、惑星は技術の助けを借りた人の目によって初めて精密に観測された。「さまよう者」が、“世界”へと姿を変えたのである。ガリレオが1610年1月7日に木星を初観測したとき、すぐに彼の目をとらえたのは木星の赤道に沿って並んでいる3つの星だった。最初は偶然だと考えたが、次の夜にも背景の星々に対して西へと逆行している木星に付き従っている3つの星が見えた——そればかりか、4つめの星がその列に加わっていたのである。それらの星々がその後の夜に姿を現したり、あるいは現さなかったことによって、ガリレオは地球以外の惑星の“月”を初めて発見したことに気づいたのだった（図 **167**）。木星の主要な4つの月は現在、ガリレオ衛星というふさわしい総称をもって呼ばれている。

ガリレオがとまどったのは土星の環で、初観測が1610年7月15日、ただし30倍の望遠鏡では充分な解像度が得られなかったようだ。まずは、それらが土星の副次的な惑星で、3つが密集していると考えてみたが、倍率を下げてみるとひとつのオリーヴのようにも映った——こうしたたとえはイタリア人としての真骨頂だろう。いずれにせよ彼は結論を確かめたく思い、同時に発見者としての優先度の確定も気にかけていた。そこでガリレオにひらめいた解決策が、仲間の天文学者たちにアナグラムで知らせを送ることだった。つまり、37文字をひと綴りにしたのである。それは、ラテン語に解読すると4語になる—— Altissimum planetam tergeminum observavi、すなわち「3つの天体からなる最も高所の惑星〔土星〕を見た」である。

しかし土星の観測をつづけても、3つの天体からなる惑星だとは確認できなかった。今や地球から見た土星がその環の一方をゆったりと斜に傾げているのは当然のことだが、ガリレオの視点で考えると一見3つの天体である土星から2つが消えてしまう——残るのは木星に匹敵する大きさの惑星がひとつだけなのだ。土星のふるまいは、ガリレオが観測天文学者としての生涯で目撃した唯一にして最大の謎であり、それを説明することはとうとうできなかった。

★

土星の謎めいた“付属物”を解決する糸口が見えたのは、オランダの天文学者クリスティアーン・ホイヘンスが1655年から1656年に新式の50倍望遠鏡で土星を観測したときだ（彼はまた、この観測時に土星最大の“月”、タイタンを発見している）。ガリレオ同様、ホイヘンスも完全には結論を確信できなかったが、その当惑は棚上げにして優先度を確かなものにしたかった。1656年3月、彼はガリレオの一枚上をいく62文字を費やしてアナグラムをつくった。ラテン語に解読すると今度は9語になる—— Annulo cingitur, tenui, plano, nusquam cobaerente, ad eclipticam inclinato、すなわち「どこも接せず、黄道へ傾いている薄くて平らな環に囲まれている」である。

ホイヘンスが真実にたどりついたことは、その後の観測によっても確認された。

その後の2世紀間に“惑星の発見”が相次いだが、いくつかは本当に惑星だった。1781年3月13日、ウィリアム・ハーシェルはやがて天王星と命名される星の発見を公表した［当時のイングランド国王に捧げたハーシェルの命名「ジョージ星（ゲオルギウム・シドゥス）」は定着しなかった］。史上初めての新しい惑星であり——他の惑星は常に肉眼で見ることができた——そしてこれは初めて望遠鏡で発見された惑星なのだった。それから半世紀が過ぎた1846年9月23日に、海王星がヨーハン・ガレによって発見され、フランスの数学者ユルバン・ル・ヴェリエの予測が確認された。つまり、発見の栄誉はル・ヴェリエのものにもなったわけで、天王星の軌道に説明できない摂動があるという知識をあらかじめ得ていた彼は、同時にニュートンの万有引力の法則を使って8番めの惑星のあり得る位置を定めていたのだ。

天王星が望遠鏡によって発見された初の惑星なら、海王星は天体力学を使って発見され、かつ望遠鏡でも確認された惑星だった。アイザック・ニュートンの天賦の才による業績がいかに偉大だったかを、ここで指摘できるかもしれない。ハーシェルもル・ヴェリエも歴史的発見にふさわしい功績を認められたとはいえ、ハーシェルが1781年3月に使っていた反射望遠鏡は半世紀以上も前にすでに亡くなっていたこのイングランドの物理学者による設計に基づいていたのだし、ル・ヴェリエの発見を可能にした重力の法則にしてもサー・アイザックが公式化したものだったのだから。

★

19世紀の最初の10年は、さらに4つの「惑星体」の連続発見を誇った時期だった。ヴェスタ、ジュノー、セレス、パラスだ。すべてが惑星と考えられていたが、1860年代になると類似の軌道をもつさらに小さな天体が相次いで発見される。つまり、実のところこれらは、火星と木星のあいだに回転する“岩”が環状に集まった領域、つまり現在では小惑星帯と呼ばれる領域にある上位4位までの大きさの物体だったのである。セレスは2006年の国際天文学連合（IAU）の決定によって太陽系でも唯一の準惑星となったが、それ以外は今でも小惑星とされている。

セレスは発見から2世紀をとうに過ぎた頃に小惑星の地位から出世したことになるが［発見は1801年］、以前は惑星だったもうひとつの太陽系内の天体はそれほどの幸運には恵まれなかった。天文学者クライド・トンボーが1930年に発見したささやかな星、冥王星——20世紀に発見された唯一の太陽系内惑星——は、やはり2006年のIAUによって位を剥奪され、準惑星となっている。19世紀半ばには小惑星帯に関するさまざまな出来事が起こっていたが、新しい惑星体の類いが天文学者ジェラルド・カイパーの名にちなむカイパーベルトで発見されていたことに21世紀の天文学者は気づいたのである。カイパーベルトは、外縁に当たる帯状領域で太陽系形成時に残った氷が広く分散している。月のわずか70%の大きさしかない氷で覆われた冥王星は、実際はその領域の内側を巡回しており、現在はカイパーベルト最大の物体だと考えられている。カイパーベルトでは他に3つの準惑星が正式に認められているが、他にも何百と存在する可能性がある。

1950年代末における宇宙時代の到来によって天文学者の一部は惑星科学者となり、彼らは望遠鏡を無人宇宙船に載せて研究対象に向け打ち上げた。それから半世紀以上のあいだに、太陽を周回している天体についての桁違いの量の情報がもたらされた。本章で紹介する地勢図は、こうした宇宙飛行によって達成された諸々の豊かさと幅広さのほんの一端をかいま見せてくれるだけにすぎない。ついに人類は、太陽系のすべての惑星と主要な“月”について、少なくとも暫定的な知識をもつようになった——なすべきことはまだまだあるにしても、である。

★

その一方で、何百もの新しい天体が視野に入ってきている。ジョルダーノ・ブルーノやトマス・ライトを始めとする多くの人々による推測から何世紀もの年月が過ぎ、初の太陽系外惑星——別の星々を周回している“世界”——がこの20年間になって発見されている。これらの星々を認識するために最初に用いる手法が親星に与える重力作用の計測に頼っているため、当初の発見の大部分が非常に近接した軌道を周回している巨大ガス惑星で占められていた。しかし探知手法がより高度になれば、これらの「ホット・ジュピター」にはそれこそいっそう小さな惑星が仲間入りするだろうし、その多くが火星や地球、金星、水星のような固い地表をもつ「地球型惑星」だろうと考えられている。

2009年、NASAは正中時の恒星におけるわずかな輝度変化を探知して遠方の天体を発見するよう設計された、ケプラー探査機を打ち上げた。そして“ケプラー”はすぐさま、大量の太陽系外惑星を見つけ出したのだ。2014年春の時点で約1800が確認されており、さらに数千もの惑星が長時間にわたる仕事を厭わない天文学者による検証を待っている。現在、天の川銀河には100億という驚くほどの数の惑星が存在すると考えられており、さらに宇宙全体には兆以上の数え切れないほどの惑星が確実に存在する。その中にもうひとつの緑の地球があると信じることも理に適っているのかもしれない。

★

161

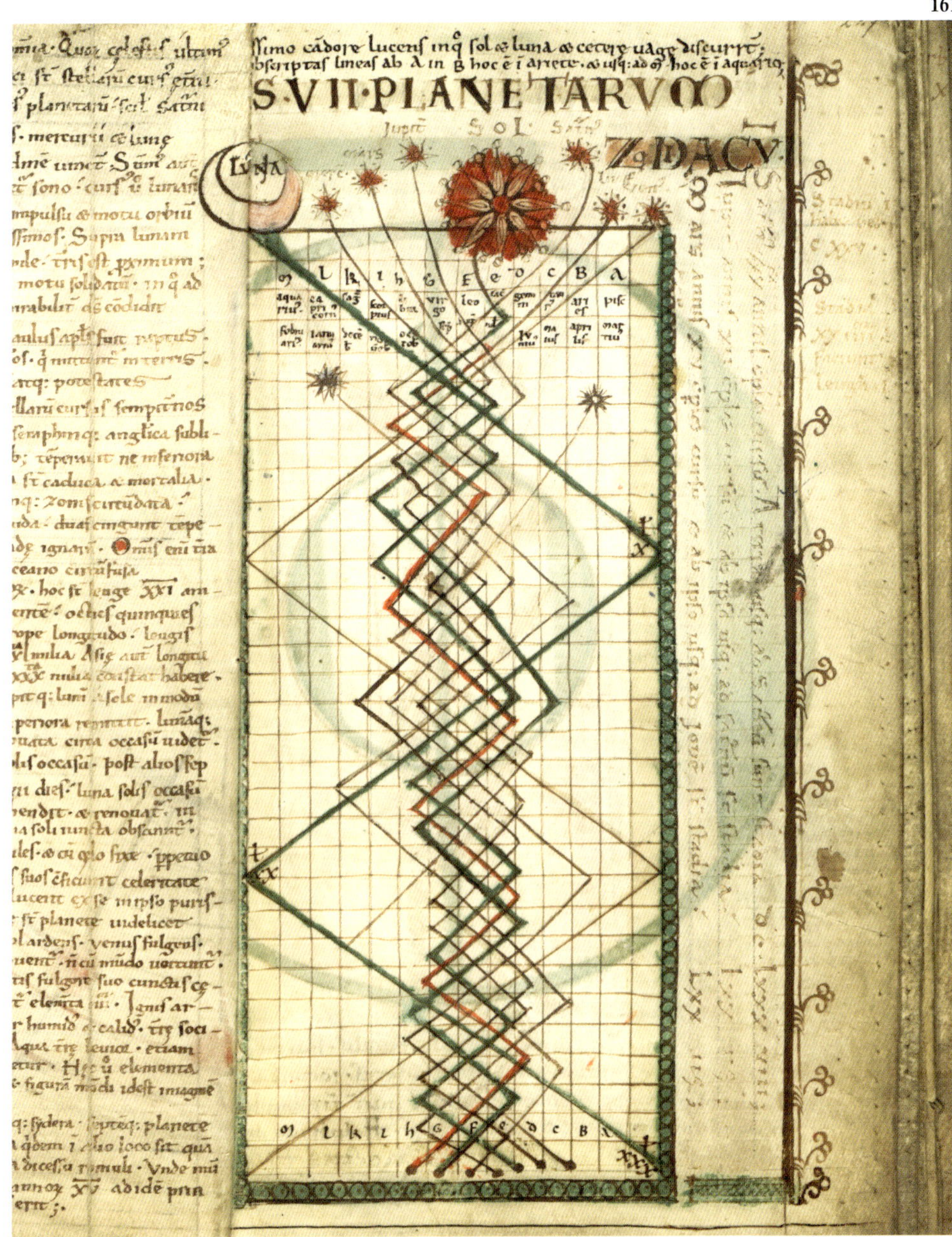

■161

1121年————時系列の天体運動図。中世の百科全書『花々の書』にあるこの極上の図は、大プリニウスにまでさかのぼるいっそう早期の伝統的な筆法にならって表現されている。簡潔に「7惑星」と題された本図の折れ線は太陽、月、そして当時は獣帯内の緯度線との関係によってとらえられていた5惑星の動きをなぞっている（12分割された環（わ）である獣帯は、天球における太陽の1年の通り道で、すなわち黄道帯を指す）。太陽は鮮やかな花、月は三日月、その他となる惑星は小さな星で表されているが、月に対向する図表の右上端に見受けられる、つまり月の折れ線を合わせ鏡に映したような当該の線につながっているのが金星で、これら2本の線の対称関係はともすれば現実を“飾りたてている”のかもしれない。金星のすぐ左にあるのは惑星ルキフェルだが、この描写によって金星が2つの星だと考えられていた時代があったことに思いいたるだろう。かつては明けの明星がポスポロス、宵の明星がヘスペロスだったのだが［ルキフェルはローマ由来の、ポスポロスはギリシア由来の「光をもたらす者」である］、本書が著された頃、2つの星はひとつの天体だと理解されていたはずで、なぜここに“2つめの金星”が描かれているのかは不明だ。また、もうひとつ不可解なのは、図表上部に置かれていない2つの惑星である。いずれにせよ、手彩色写本を開いてこのような図解を見つけたときの驚きはさぞやと思われる。本書の「情報画（インフォグラフィック）」は半木骨造（ハーフティンバー）の家々が建ち並ぶ中世の村の中心に、突然アメリカのモダニズム建築家ミース・ファン・デル・ローエによる摩天楼が出現したようなもので——建築理論家ダリボル・ヴェセリーが語る迫真性の「数式化」における早期の手技（てわざ）だろう。

▶他の『花々の書』作品は **23、95、116–118** の各図

162

163

■162–165

1444–50年————ダンテ『神曲：天国篇』の一場面。ダンテと導女（どうにょ）ベアトリーチェが、中心をなす地球のまわりで回転していると当時考えられていた天球を“通り抜け”、月の向こうへと昇っていく。シエナの親方（マエストロ）ジョヴァンニ・ディ・パオロの手による図の中で、ダンテとベアトリーチェは金星天（図**162**）、火星天（図**163**）、木星天（図**164**）、土星天（図**165**）を訪

164

165

れる。惑星の旅を語るダンテは、「太陽にいいよる星」つまり金星を語るときに「第3の天」について触れ、プトレマイオス天文学の知識を披露する［引用は前掲既訳より。なお「第3の天」の原書記述はthird epicycle（第3の周転円）である］。

▶他のディ・パオロ作品は **20、52、96–97、122、240** の各図

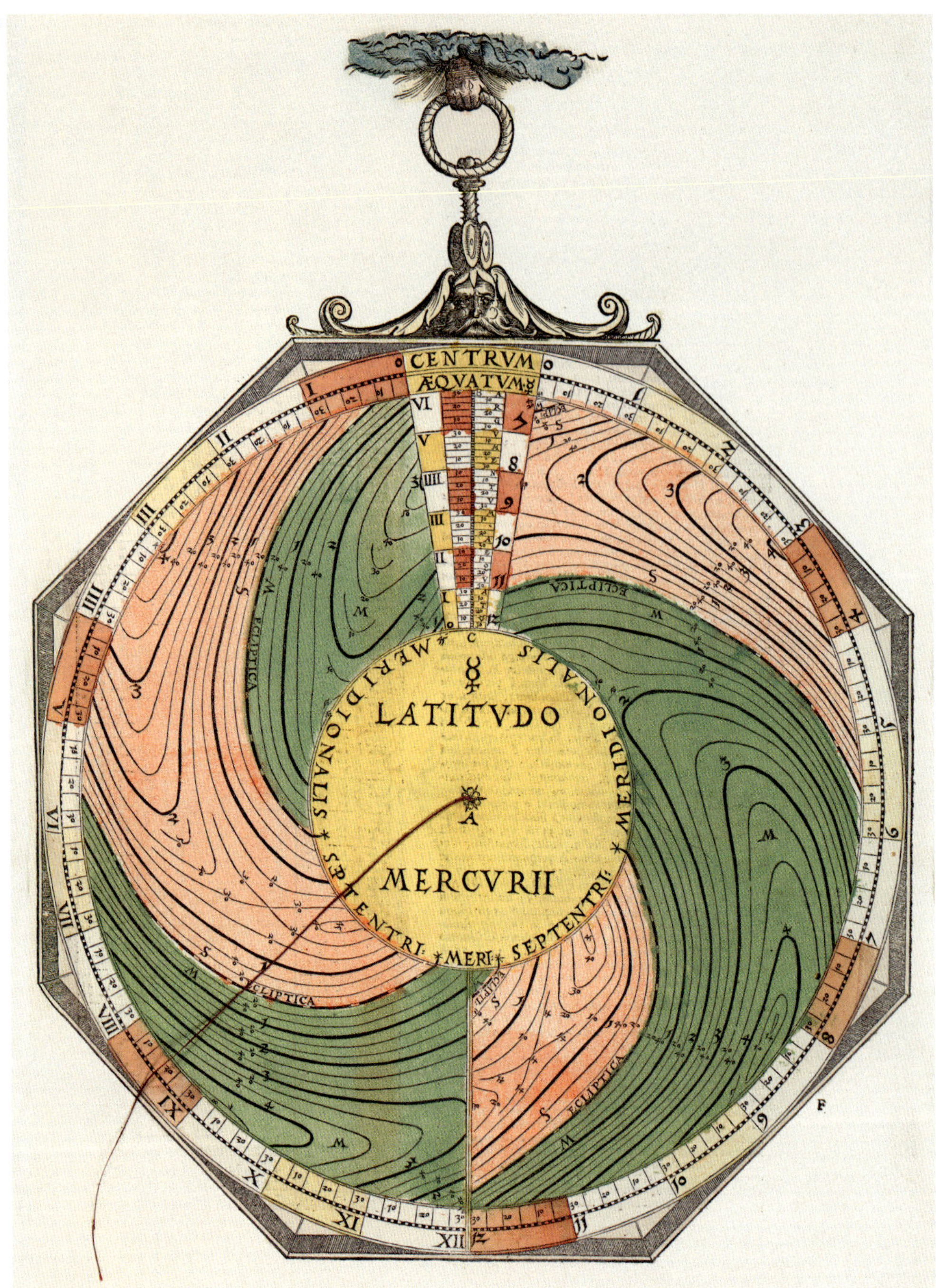

■166

1540年――――ドイツの出版者、数学者、天文学者のペトルス・アピアヌスによる『皇帝の天文学』所収のこのヴォルヴェルを使えば、1年のいついかなるときの水星であってもその緯度を算出できる。通常すべての惑星は背景の星々に対して東に向かっているが、その一方でもとの位置へと戻るまで少しずつ西に向かってそぞろ歩くこともあり、上下動はというと太陽軌道を中心に16度幅で広がると仮想される黄道帯内にほぼ収まる。つまり、惑星すべてが毎年それぞれ異なる周期で短期間となる西への「逆行」を行うわけで、水星の会合周期はおよそ116日である。回転盤を回すことによって波形が現れ、水星の見かけ上の運動変化を補正して黄道帯における正しい位置を求めることができるのだという。

▶他のアピアヌスによる“装置”は **27、53、100、213、247** の各図

167

RECENS HABITAE. 24

orientales, & vna occidentalis in tali diſpoſitione. O-

Ori. * * ○ * Occ.

rientalior, quæ ſatis exigua erat à ſequenti diſtabat min: 4. media maior à Ioue aberat min: 7. Iuppiter ab occidentali, quæ parua erat diſtabat min. 4.

Die decima hora prima min: 30. Stellulæ binæ admodum exiguæ orientales ambæ in tali diſpoſitione viſæ

Ori. * *○ Occ:

ſunt: remotior diſtabat à Ioue min: 10. vicinior verò min: 0. ſec. 20. erantque in eadem recta. Hora autem quarta, Stella Ioui proxima amplius non apparebat, altera quoque adeo imminuta videbatur, vt vix cerni poſſet, licet aer præclarus eſſet, & à Ioue remotior, quam antea erat, diſtabat, ſiquidem min: 12.

Die vndecima hora prima aderant ab Oriente Stellæ duæ, & vna ab occaſu. Diſtabat occidentalis à

Ori. * * ○ * Occ.

Ioue min. 4. Orientalis vicinior aberat pariter à Ioue min. 4. Orientalior vero ab hac diſtabat min. 8. erant ſatis perſpicuæ, & in eadem recta. Sed hora tertia

Ori. * * *○ * Occ.

Stella quarta Ioui proxima ab oriente viſa eſt, reliquis minor

■167

1610年———1610年1月7日の夜、パドヴァ大学のある数学教授が古代の「さまよう者（プラネテス）」、つまり惑星（プラネット）にみずから設計した望遠鏡を向けた。そのガリレオ・ガリレイの望遠鏡は、どれを使っていたかにもよるとはいえおそらく20倍から30倍の拡大機能をもっていただろう。いずれの倍率でも円盤としての惑星を見るには充分だったが、そこで彼が目を留めたのは惑星の赤道上に一列に並んでいる3つの星だった。そのうち2つは惑星の東側に、ひとつは西側にあった。ガリレオは当初、偶然の配列だと推定した。しかし次の夜からの継続観測で、その時西へ逆行していた木星に従っているそれらの星ばかりか、4つめの星まで見出したのだ！　ここに挙げたガリレオによる『星界の報告』の頁は、現在ガリレオ衛星と呼ばれる天体の4夜の観測記録となる。同年、今度は月相のようなものがうかがえる金星面も観測しているが、いずれにせよこうした一連は、太陽が太陽系の中心にあり地球が回っているというコペルニクス説を支持する初めての重要な経験的証拠となった。もし動いている木星が衛星をもっていられるというのなら、地球もそうであるはずなのだ。

▶他の『星界の報告』作品は **56、217** の各図

■168

1660年———アンドレアス・セラリウス『大宇宙の調和』に所収の、バロック期の同書にあって例外的であり、まるで"現代美術さながらの"劇的なこのプレートでは、17世紀半ばならではの（しかしいまだにプラトン的な）発想のもと、さまざまな規模の天体が描かれている。極端に細長い「温度計」めいた棒の一番下にはごく小さな水星があり、その上にほぼ同じ大きさの月と金星（黄で塗られた環（わ）の特に下側が判別しづらい）、それから淡い青緑のいっそう大きな地球、すぐ上にオレンジの火星というようにつづけて重ねられていく。垂直に立つ"縮率"は地球の直径値［Ⅰ、Ⅱ、Ⅲ……と上がっていくDIAMETRI TERRAE（ディアメトリ・テッラエ＝地球の直径）の書き込み］によって分割されている。重ね順が上がるほど星は大きくなるように描かれ、最もうしろに控える太陽が全天体の中でも最大である。これらの各推定規模は少々異なる程度からまったくの誤謬までとさまざまだ。右下の装飾画では、羽をもつプットが捕まえた小鳥に紐をつけている——あるいは、小鳥によって紐につながれているのかもしれない。

▶他のセラリウス作品は30、64、104–105、125–126、219–220の各図

RUM
STIUM
TUDINES.
ORPORVM MAXIMI ORBICVLARIS CIRCVITVS ET MAGNITVDO
MILLIARIA
GERMANICA
V. DIAMETRI
TERRÆ.
AGNITVDO STELLARVM PRIMÆ MAGNITVDINIS
GNITVDO, ET ORBICVLARIS CIRCVMFERENTIA.
SECVNDÆ MAGNITVDINIS, EANDEM FERE MAGNITVDINEM HABENTIVM
IV DIAMETRI
TERRÆ.
ORBICVLARIS CIRCVITVS ET MAGNITVDINIS
STELLARVM QVARTÆ MAGNITVDINIS
DO ET CORPVS STELLARVM QVINTÆ MAGNITVDINIS
III DIAMETRI
TERRÆ.
MAGNITVDINIS CORPVS, ET CORPORALIS AMBITVS
II DIAMETRI
TERRÆ.
MARTIALIS MAGNITVDO, ET CIRCVMFERENTIA
I. DIAMETER
TERRÆ.
DIAMETER TERRÆ.
Apud GERARDUM VALK, et PETRUM SCHENK, Amstelædami.
10

169

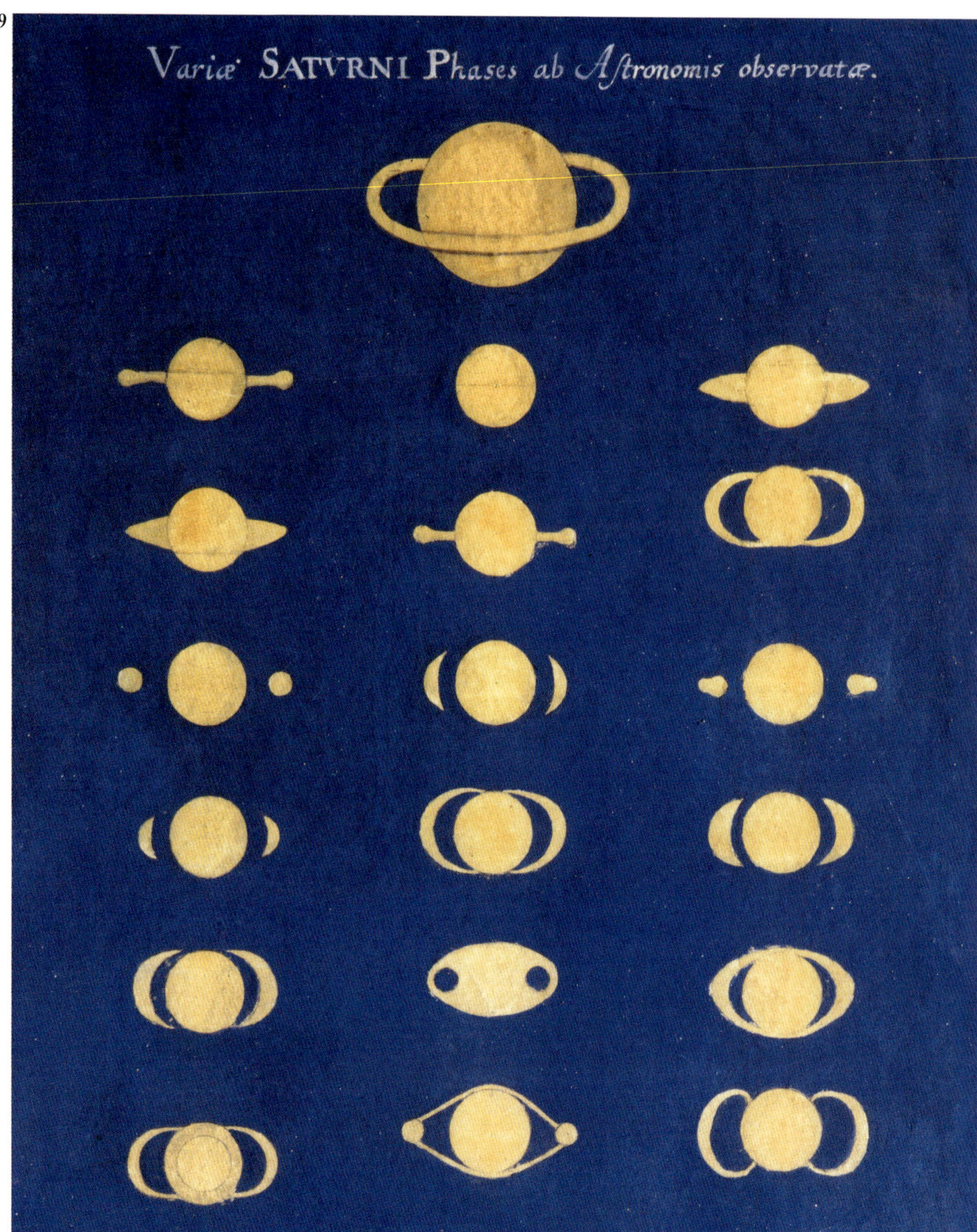

■169

1693–98年————非常にまれだったとはいえ、女性もまた17世紀に天文学者への道を歩んでいた。そのひとりであるドイツの天文学者、画家のマリア・クララ・アイマルトはニュルンベルクの天文学愛好家、画家の娘で、彼女が描いた土星の謎めいた形状の変化は、オランダの天文学者クリスティアーン・ホイヘンスによる1659年の版画がもとになっている（自分の観測に基づいた絵画も多く描いた）。ホイヘンスは先人たちよりも強力な望遠鏡を使って、ガリレオ以降の天文学者をとまどわせていた土星の謎めいた“付属物”が、実際には「どこも接せず、黄道へ傾いている薄くて平らな環（わ）」だという自説を確認してのけていた。アイマルトがそのプレートを参照したホイヘンスの『土星系』*Systema saturnium* には、ガリレオを始めとする著者以前の天文学者たちの観測が掲載されている。アイマルトは本図の最上段に、より正確な土星とその環の姿を描いており、なぜかそれはホイヘンスの書のプレートほど正確ではないが、それでも10人かあるいはそれ以上の天文学者たちの観測結果が1点の中に描かれていることは珍しい——ある種、天文学上の“パリンプセプト（上書きされた羊皮紙）”と言えるだろう。

▶他のアイマルト作品は図 **67**

170

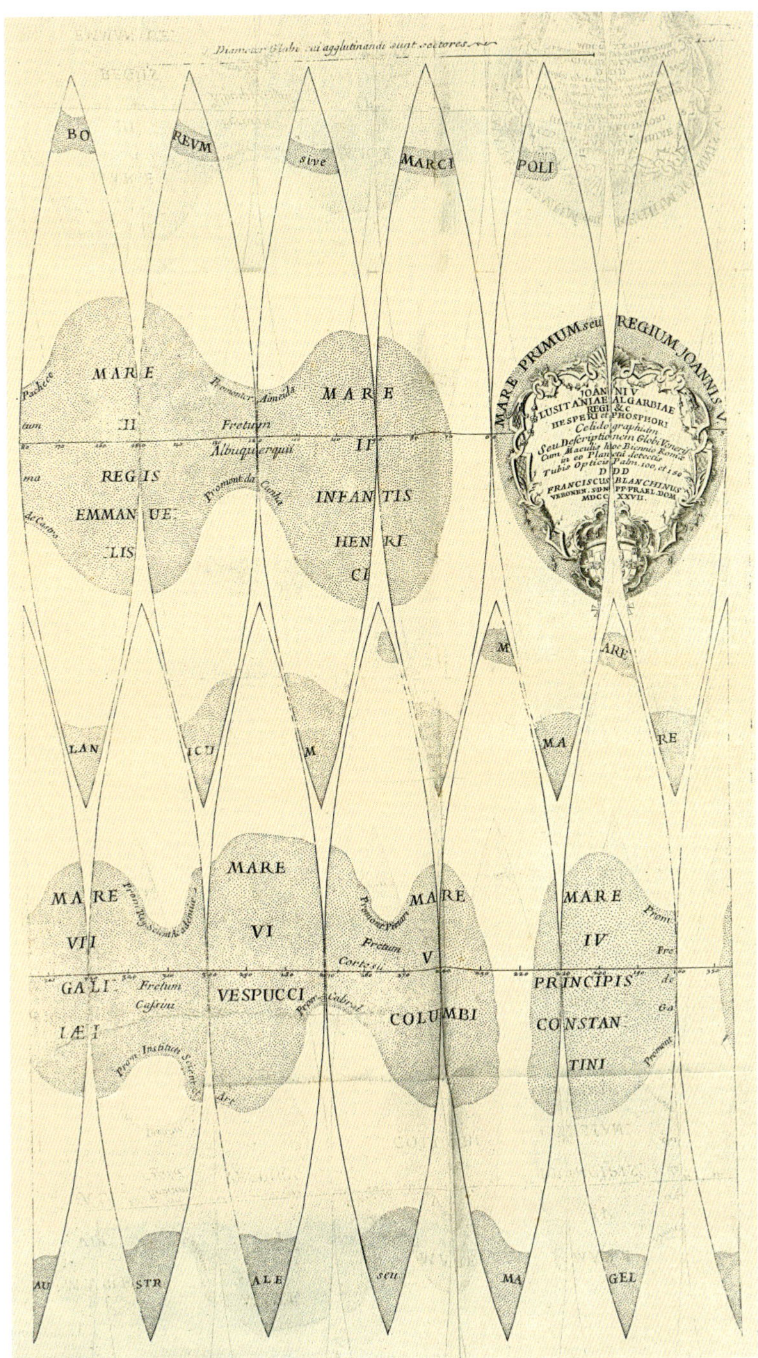

■170

1728年———18世紀の望遠鏡は惑星の細部をかいま見ることはできたものの、太陽系内の星、つまり水星や金星、火星のような「地球に似た」天体を見分けることはきわめて困難だった。この舟型多円錐図法の金星図は、3人の教皇に仕えてより正確な暦をつくったことでよく知られるイタリアの科学者、天文学者のフランチェスコ・ビアンキーニが制作した。ビアンキーニは不格好な「空気望遠鏡」（対物レンズが接眼レンズの200フィート［約61メートル］も上に取り付けられた、鏡筒がない屈折望遠鏡）を用いて、金星面に不変の黒い部分が見えたと信じ、それを海だと考えて本図もそのように描いており、観測に基づいて金星の自転速度まで計算している。だが実のところ、金星は完全に“干上がって”いて常に雲に覆われているため、海はおろか地表を見ることすらできていなかった。おそらく彼は、濃度の高い金星の大気の灰色の部分を見たのだろう。ビアンキーニが作成したこの舟型多円錐図法による図版は、実際に球体に組み立てられてボローニャ大学の天文博物館に収められている。

■171–172

1846年――――ホール・コルビーの太陽系図で注目すべきは、ひとつ足りないことといくつか多いことだ。天王星（URANUS）に5つの“月”が描かれていることは、65年前にジョン・ハーシェルが発見しているため特に注目すべき点ではない［2017年現在の衛星数は27］。興味深いのは火星（MARS）と木星（JUPITER）のあいだの軌道に4つの「惑星」、ヴェスタ（VESTA）、ジュノー（JUNO）、セレス（CERES）、パラス（PALLAS）があることだ。このすべてが19世紀の最初の10年に発見され惑星と考えられていたが、1860年代に類似の軌道をもつさらに小さな天体が相次いで発見されると、単なる小惑星へと格下げされた（小惑星内の大きさでは上位4位に入るこれらの星々は、太陽系で唯一の準惑星となったセレス以外が今でも小惑星とされており、本図に描かれていない冥王星も2006年から準惑星に分類されている）。拡大図（図**172**）をよく見ればわかるもうひとつの注目点は、水星（MERCURY）軌道の内側を回る惑星、ヴァルカン（VULCAN）だ。「スタートレック」に登場する星さながらだが、一般に語られるようになったのはフランスの数学者ル・ヴェリエが太陽系に存在することを予測した1846年からとなる。確信を得ていたル・ヴェリエは命名まで行い、後続の天文学者たちが彼の「発見」を確認してくれるだろうと期待して広く宣伝したが、その学者らの数十年にわたる努力もむなしく発見にはいたっていない。本図の注目すべき欠損は現在の第8惑星である海王星で、それがこの教育機関向けの星図中に存在しない理由は印刷された数カ月後の1846年9月24日の発見となったからである。しかし真に興味深いのは、先に触れたフランスの数学者ユルバン・ル・ヴェリエの予測によってその海王星が見出されたことだろう。

171

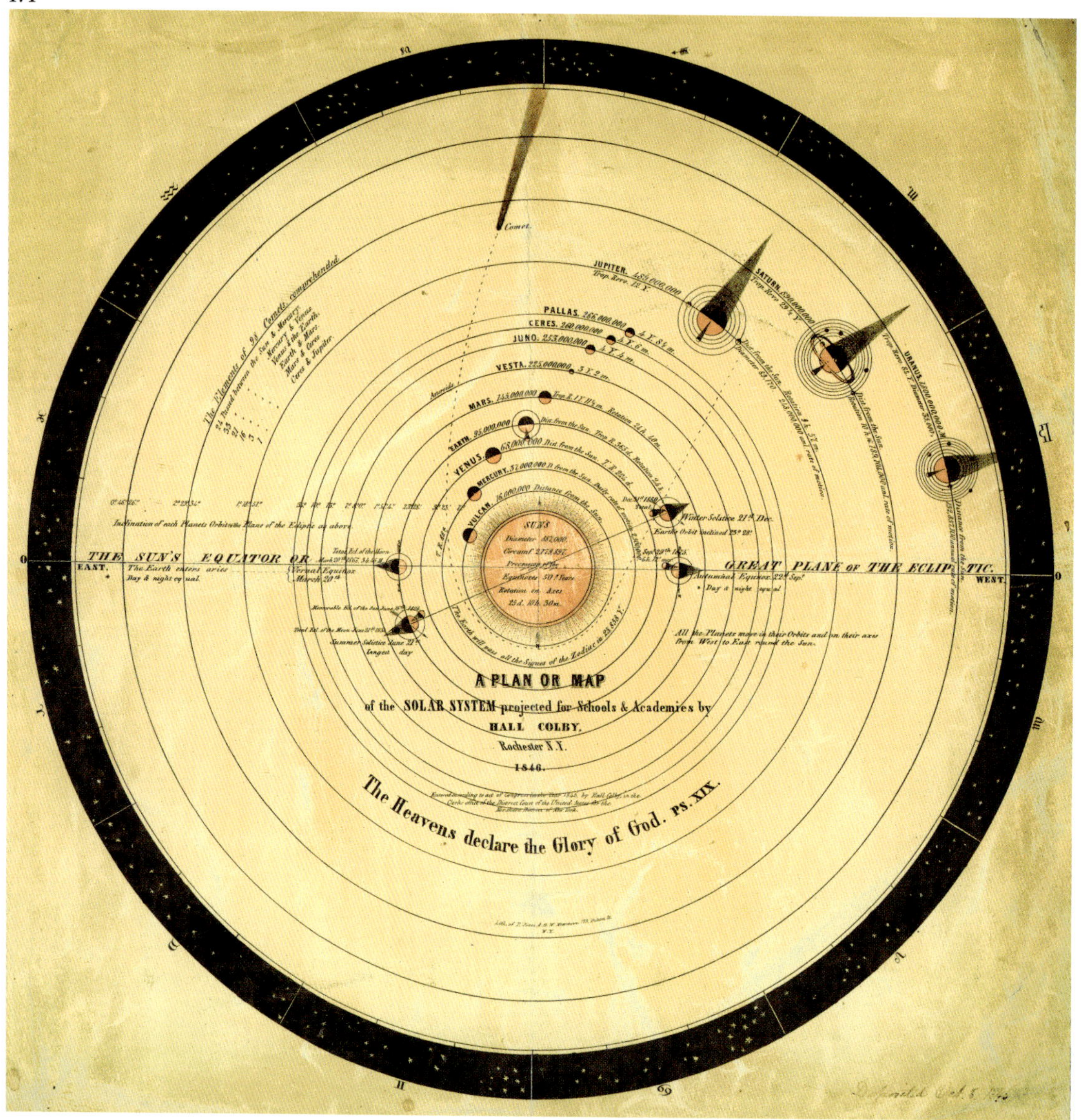

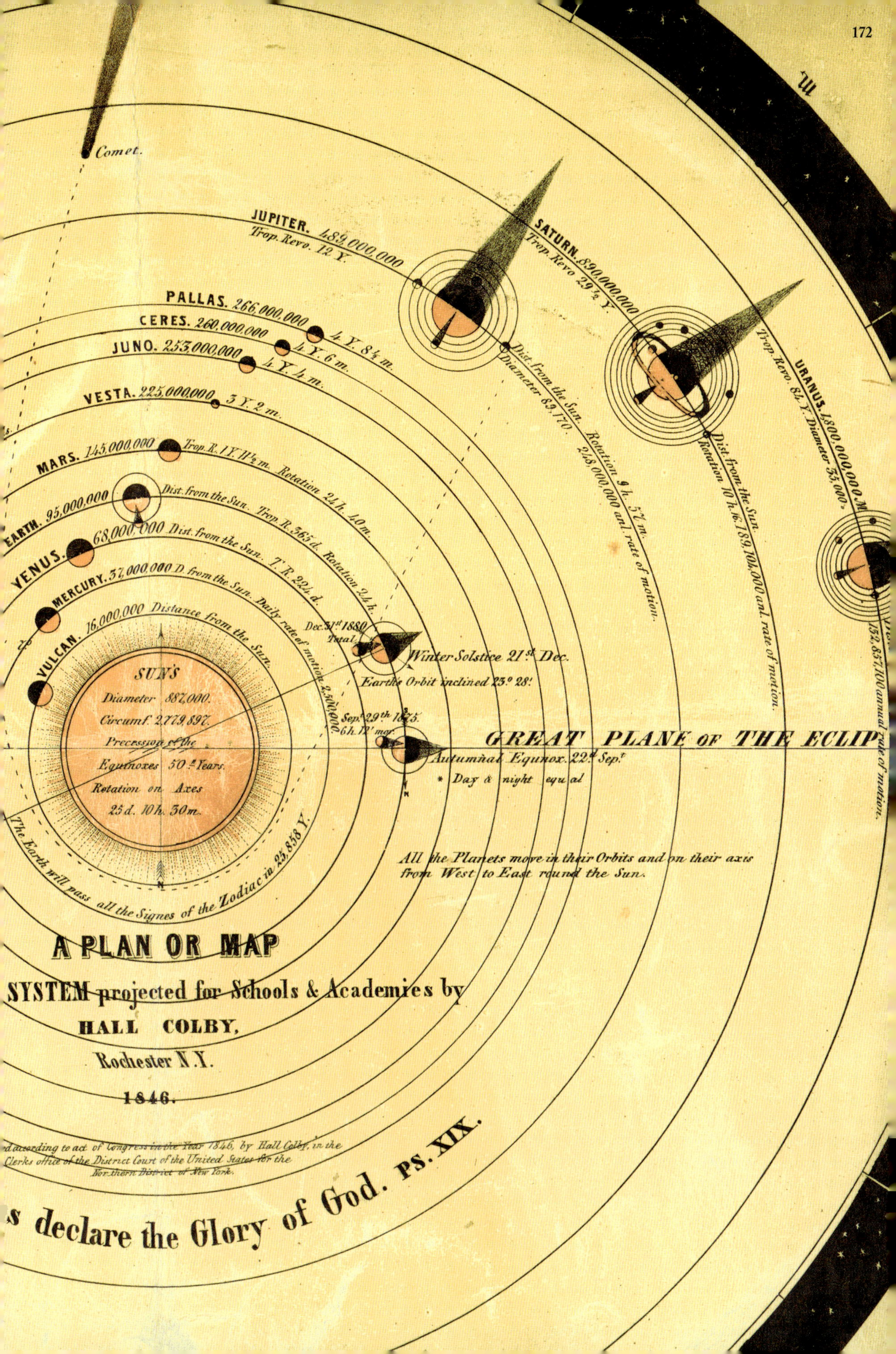
Comet.
JUPITER. 489,000,000
Trop. Revo. 12 Y.
SATURN. 890,000,000
Trop. Revo 29½ Y.
PALLAS. 266,000,000
4 Y. 8¼ m.
CERES. 260,000,000
4 Y. 6 m.
JUNO. 253,000,000
4 Y. 4 m.
VESTA. 225,000,000
3 Y. 2 m.
Dist. from the Sun.
Diameter 89,170.
Rotation 9 h. 56 m.
248,000,000 anl. rate of motion.
Trop. Revo. 84 Y. Diameter 35,000.
URANUS. 1,800,000,000 M.
Dist. from the Sun.
Rotation 10 h. 16. 189,104,000 anl. rate of motion.
MARS. 145,000,000
Trop. R. 1 Y. 11½ m. Rotation 24 h. 40 m.
EARTH. 95,000,000
Dist. from the Sun. Trop. R. 365 d. Rotation 24 h.
VENUS. 68,000,000 Dist. from the Sun. T. R. 224 d.
MERCURY. 37,000,000 D. from the Sun. Daily rate of motion 2,500,000.
VULCAN. 16,000,000 Distance from the Sun.
Dec. 31st 1880
Total.
Winter Solstice 21st Dec.
Earth's Orbit inclined 23° 28'.
SUN'S
Diameter 887,000.
Circumf. 2,779,897.
Procession of the
Equinoxes 50 S. Years.
Rotation on Axes
25 d. 10 h. 30 m.
Sept. 29th 1875.
6 h. 12' mer.
GREAT PLANE OF THE ECLIP
Autumnal Equnox. 22d Sept.
* Day & night equal
132,837,700 annual rate of motion.
All the Planets move in their Orbits and on their axis
from West to East round the Sun.
The Earth will pass all the Signes of the Zodiac in 25,858 Y.
A PLAN OR MAP
SYSTEM projected for Schools & Academies by
HALL COLBY,
Rochester N.Y.
1846.
d according to act of Congress in the Year 1846, by Hall Colby, in the
Clerks office of the District Court of the United States for the
Northern District of New York.
s declare the Glory of God. PS. XIX.

■173–175

1881年―――1872年から1880年頃にかけて、画家、天文学者のエティエンヌ・トルーヴェロはアメリカ合衆国で最も高性能の望遠鏡2台を使うことができた。ハーヴァード大学天文台の15インチ［約38センチ］大反射望遠鏡と、ワシントンDCにあるアメリカ海軍天文台のさらに大きな26インチ［約66センチ］反射望遠鏡だ。彼はこれらの望遠鏡を使って、自身の傑作とも言える何点もの惑星と他の天体の図を描いた。1881年、チャールズ・スクリブナーズ・サンズ社はトルーヴェロの最上の画集を多色刷石版画によって限定出版しており、**173**から**175**の各図はそれに掲載されたものだ。

図173：国内随一の望遠鏡を使っても、火星（そしてその他）の細部を地球から見ることはきわめて難しかった。火星には実際に大シルチスと呼ばれる北の赤道に延びる暗部があり、本図にも反映されているように思われる。トルーヴェロの火星描写は美しいが、のちの証拠ではほとんど裏づけられていない（彼の描く惑星は当時の慣例に従って南が上になっている）。

173

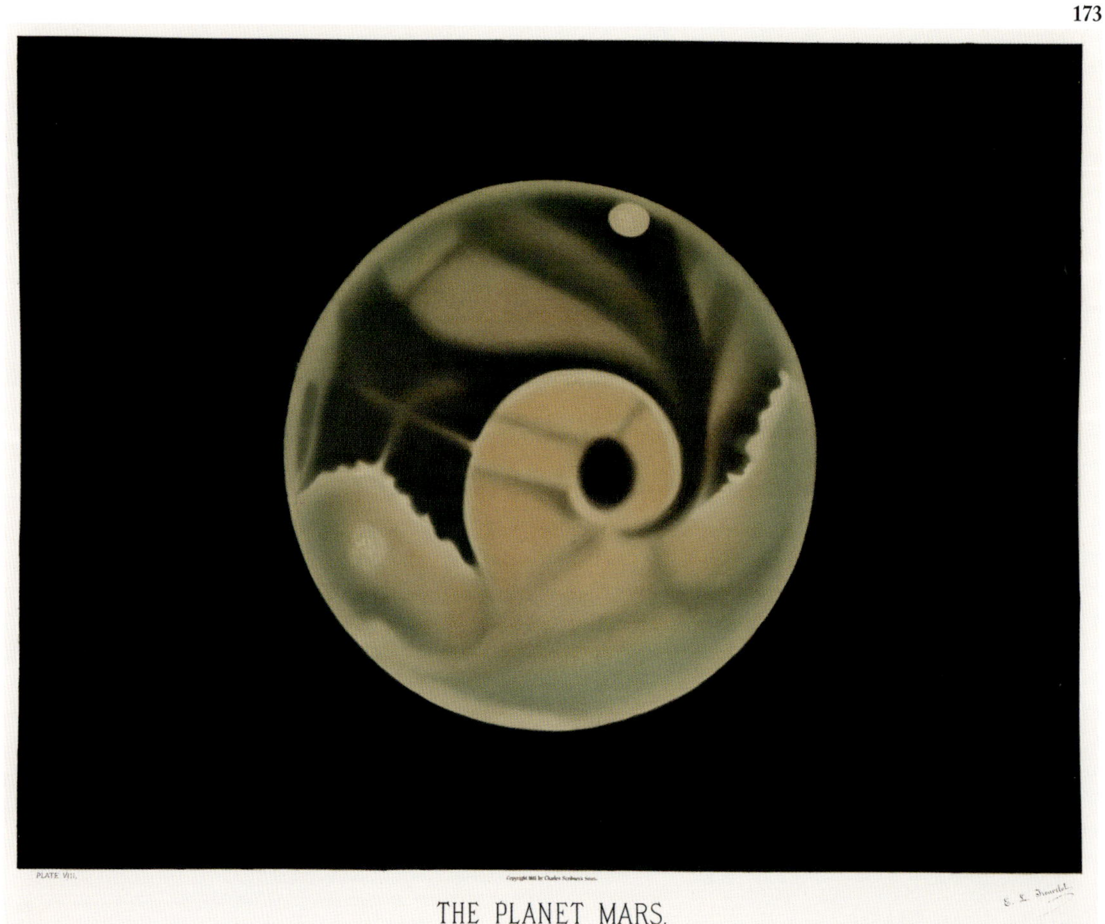

174

☆

図 174：トルーヴェロの木星は火星よりはるかに正確だ。本図では正中時のガリレオ衛星が2つ描かれ、木星面に影をつくっている。地球の数倍大きな、大赤斑と呼ばれる高気圧性の渦と、帯状の雲が見受けられる。大赤斑の規模が誇張されていると思われるかもしれないが、実際それは同時期の他の観測結果と（そして20世紀半ばに撮影された写真とも）一致している。この斑は今ではやや小さくなっているが、それでも同種の現象としては太陽系最大となる。

☆

図 175：トルーヴェロの土星描写は非常に正確で、環にあるいわゆるスポークなどの細部までもがとらえられている。このような微妙な特徴を把握していたのはごく少数の観測者だけで、ボイジャー（ヴォイヤジャー）1号、2号が1980年と翌1981年に存在を確認するまでは、想像の産物だと片づけられていた。原因は環（わ）の粒子の帯電だと考えられている。

▶他のトルーヴェロ作品は **81、108–109、138、228、258、280、282–283** の各図

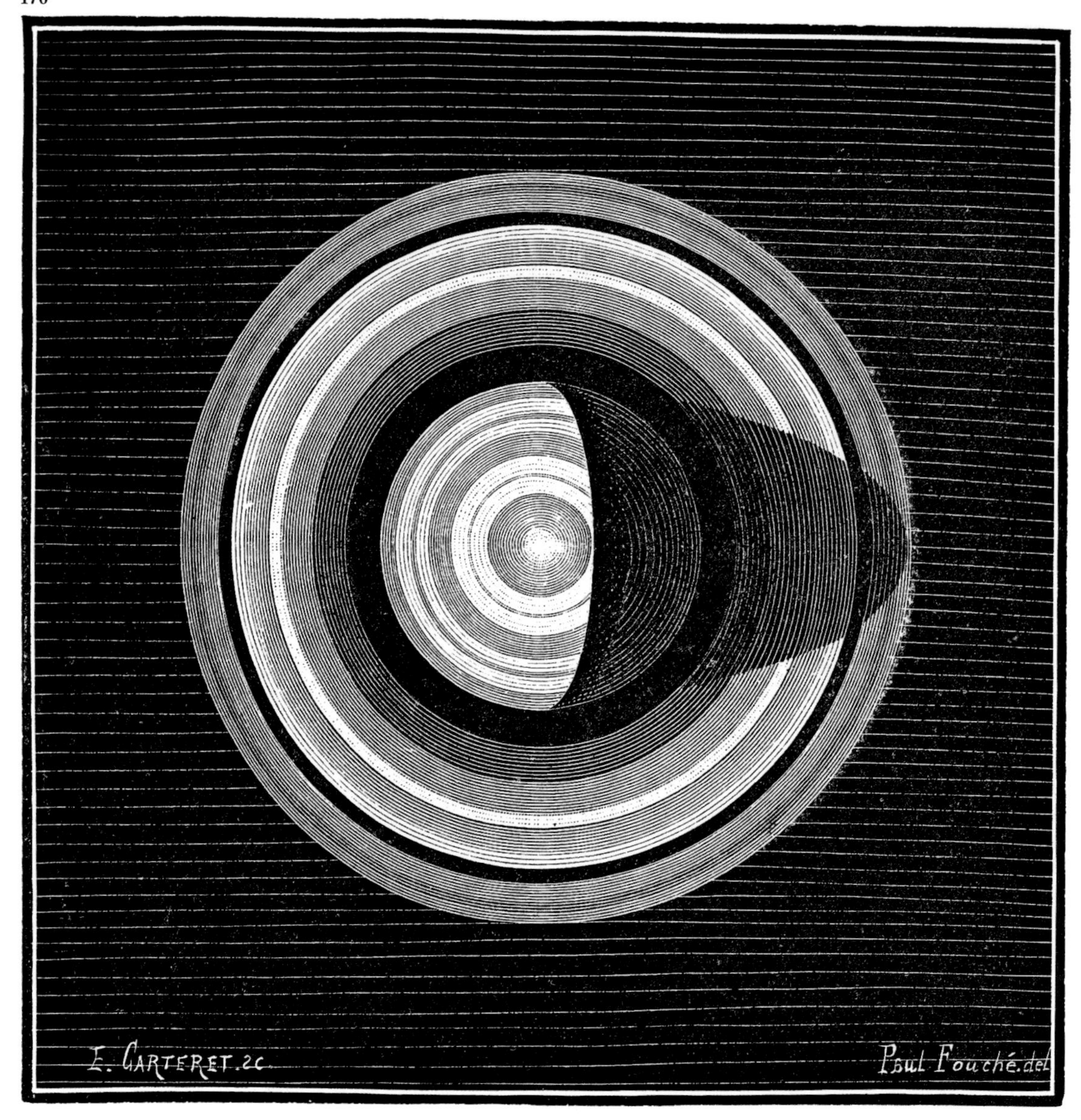

FIG. 190.—SATURN'S RINGS SEEN FROM THE FRONT

■176

1880年————土星を俯瞰から描いた本図の迫真性と予見性は息をのむほどだ。描かれた時期はNASAのカッシーニ探査機で土星をこの角度で見られるようになる100年以上も前だが、不正確なところはない（フランスの天文学普及家カミーユ・フラマリオンの『一般天文学』に所収）。

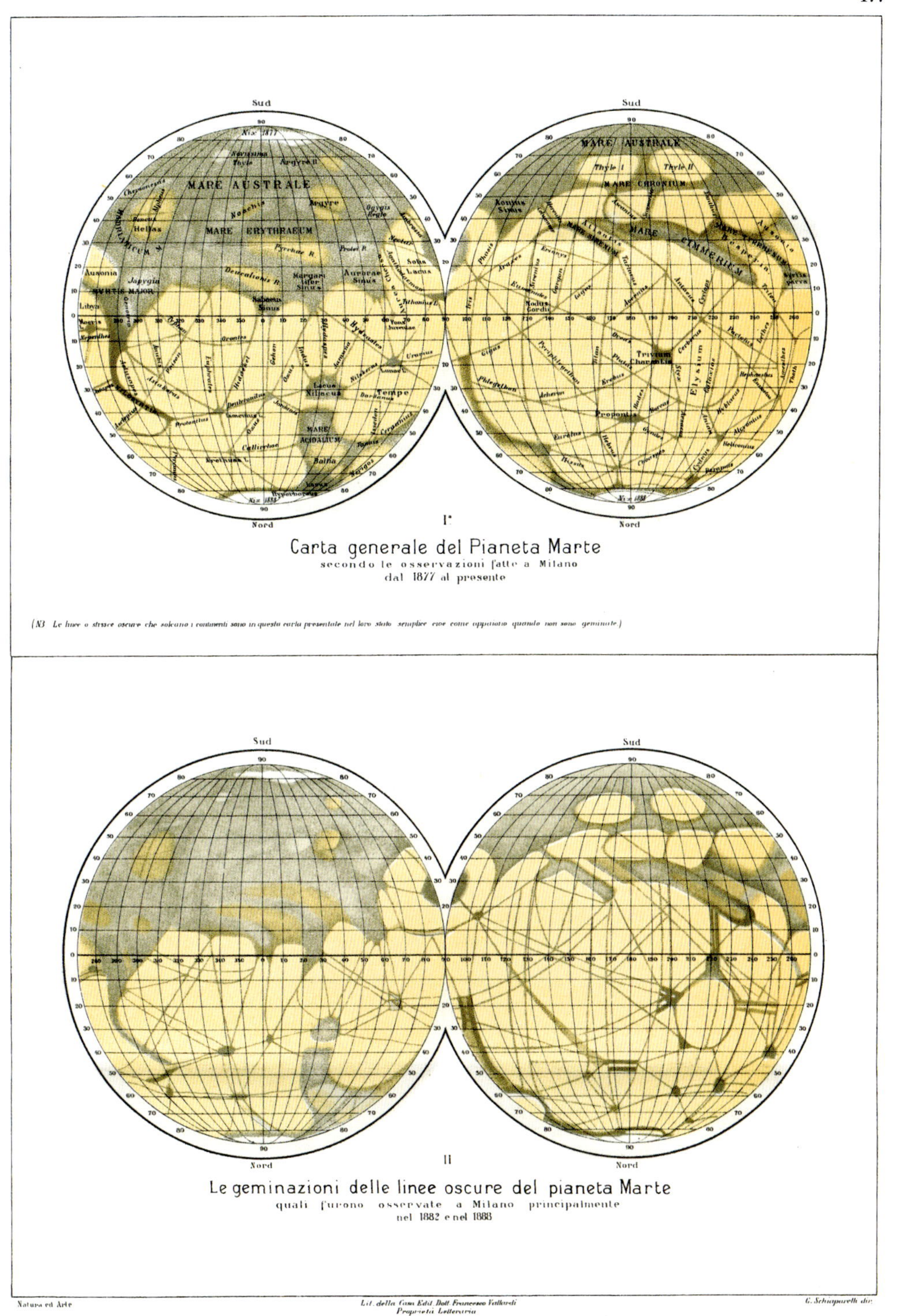

■177

1888年――――イタリアの天文学者ジョヴァンニ・スキャパレッリは1877年の衝［しょう。観測点と天体が太陽を挟んで正反対に位置する状態］の折に火星を観測し、火星面に網の目のような線が見えたように感じた。彼が筋(すじ)を意味するイタリア語canali(カナーリ）と名づけた線が、本図にもうかがえる。その後、ミラノのブレラ天文台の1882年と1888年の観測によってもその存在が確認されたようだが、スキャパレッリはこのような地形が“人工物”だと決して語っていない［次頁・図版解説文のローウェルによる誤解を参照されたい］。現在では、識別しにくい特徴を“解釈”してしまう人間の性質が起こした、光学的錯覚の結果だとわかっている。

178

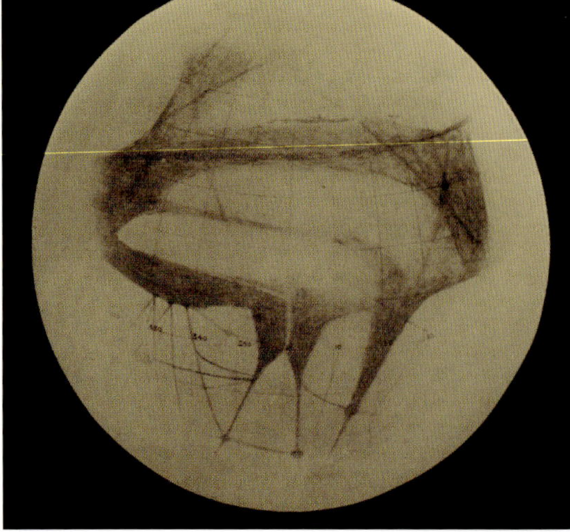

179

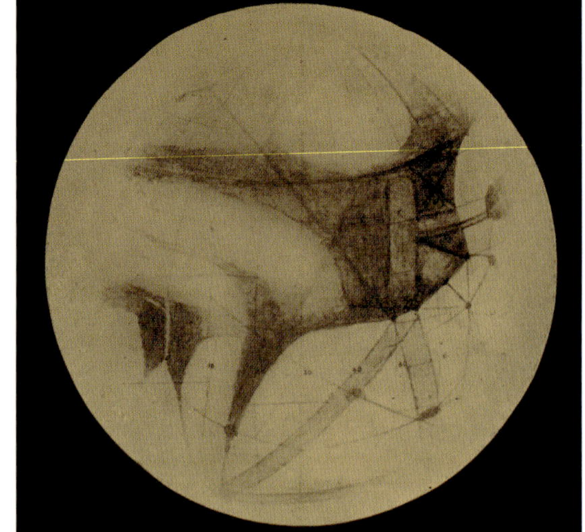

180

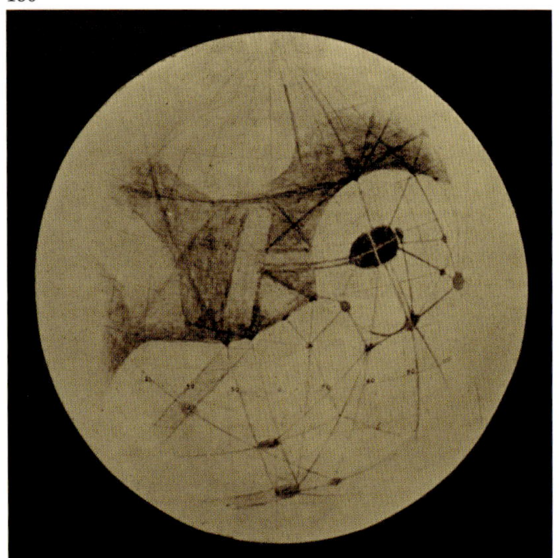

181

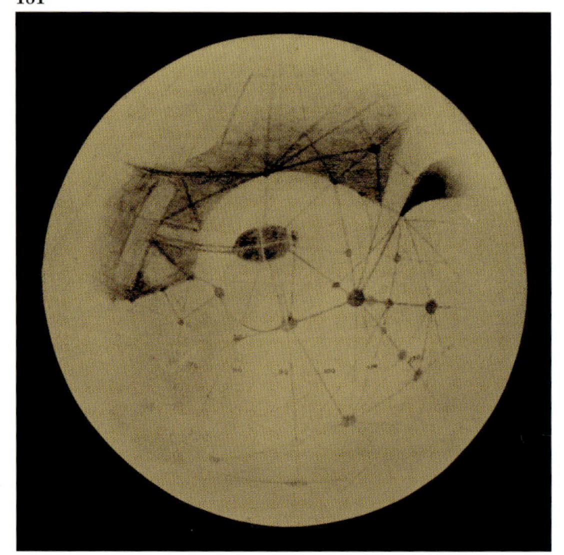

■178-181

1896年――― 19世紀の最後の10年、ボストンの上流階級に属するパーシヴァル・ローウェルはフランスの天文学普及家カミーユ・フラマリオンが著した火星の書を読み、天文学に身を捧げることを決心した。フラマリオンの書は火星が居住可能だと主張しており、ローウェルはスキャパレッリの指摘した「カナーリ(筋)」に注目するようになる――その言葉は英語で「カナル(運河)」と誤訳されていた。1894年までにローウェルは、自身で観測を行うためアリゾナ州フラッグスタッフに天文台を建設していた。これは良好な観測条件に基づいて特定の場所に建設された初の天文台だと言われている。彼はやがて、火星文明が広範囲な運河網を建設したという意見を熱心に擁護するようになった。**178**から**181**の各図はすべてローウェルの3著作のうちの最初の1冊『火星』*Mars*に掲載されている。著者はこの書物で、人口運河が赤い惑星における知的生命体の存在を示唆しているという見解を広めようとしていた。

182

■182

1944年————アメリカの画家チェズリー・ボーンステルもまた、フランスの画家、天文学者のルシアン・ルドーと並んで「スペースアート」と呼ばれることのある想像上の太陽系の風景描写という領域を切り開いた先駆者だ。「ライフ」誌が初出となるボーンステルの「タイタンから見た土星」は、その筋で最も知られる一作となる。一方、1952年から1954年の「コリアーズ」誌でボーンステルによる挿画付きの人気記事を連載していたのがかのヴェルナー・フォン・ブラウンで、ナチのV2ロケットの設計者である彼は、のちにNASAがアポロ計画で人類を月に送り込むことになるVロケットの設計も手掛けた。本図が添えられた「人類はやがて宇宙を征服する！」と題した記事は、その後実現する宇宙時代への道を開いた。タイタンの大気は分厚いため、本図のような風景はあり得ないと今やわかってはいるものの、画家の業績にはなんら変わりはない。

183

■183

1963年————チェコのルーディック・ペシェックは、宇宙に魅了されたもうひとりの画家である。土星の上空から見た環（わ）を描いた本図は、ヨーゼフ・サディルの『月と惑星』のために描かれた。土星の氷に覆われた衛星のひとつ、おそらくミマスと思われる天体が画面左上に見える。氷と岩の無数のかけらで構成され、画面右下曲線を描く土星の陰によって遮られている環は、惑星のそれの中でも太陽系最大と考えられている［他に環をもつ惑星は木星、海王星、天王星］。環にある2箇所の黒い“すきま”は「カッシーニの間隙」で、イタリア系フランス人天文学者ジョヴァンニ・ドメニコ・カッシーニにちなんで命名された。この風景が描かれたとき、土星の大気の下に固い地表面があるかどうかは不明だった。今では、ガス状の水素の下に厚い液体水素の層があると考えられている。もっとも、本図上部に描かれた雲はアンモニアの結晶でできている。土星には、液体水素のさらなる下に鉄とニッケルの核が存在する可能性がある。

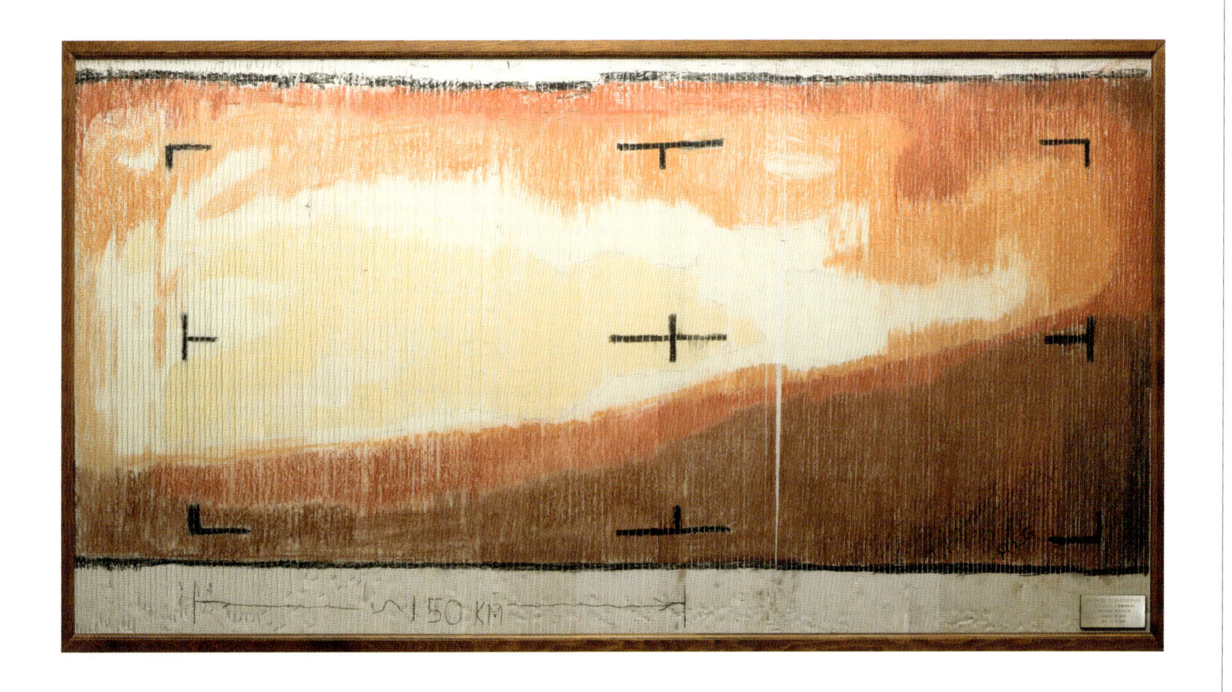

■184

1965年――――1965年7月15日、マリナー4号が火星から約9660キロの地点を通過し、初となる地球以外の惑星のクローズアップ画像20点を送信した。カリフォルニア州パサデナにあるNASAジェット推進研究所（JPL）の科学者たちは、処理速度が遅い当時のコンピュータではマリナーの処理済み画像データの閲覧までに何時間もかかることを理解していた。技師リチャード・L・グラムと同僚たちは待ちきれずに、画像データを一片ずつ印刷してボードの上で組み立て、クレヨンを買うために地元の店へと走った。各片の数字が画像の輝度値を示していたので、グラムはマリナーが実際に見た火星に近い色を塗ることができた。こうして生まれたのが、宇宙図に留まらず早期のデジタル写真にとっても画期的となる表現である。グラムのイニシャルRLGが画面右下あたりに見える。マリナー4号も後続の探査機も、火星に運河が存在する証拠を見つけていない。

185

186

■185–187

1970年代早期————マリナー4号とその後に続く2度のフライバイミッションによって、火星面が月に類似したクレーターだらけの地表であることが判明したが、1971年のマリナー9号は実際に火星軌道に乗って惑星の詳細調査を行った。1972年1月に始まった探査は、太陽系内で最高度の火山と最大の峡谷を明らかにし始める。「ナショナルジオグラフィック」誌とスミソニアン協会の仕事を得ていたルーディック・ペシェックは発見の一部を図に起こすよう依頼され、約30点の火星風景を描いた。1976年のヴァイキング着陸機によって、火星の空が彼の描いた薄青ではなく、淡いピンクとオレンジのグラデーションだと明らかになったものの、各図

はその他の点で驚くほどの“合致”を見せている。

図 185：アメリカ大陸の幅ほどの絶壁がある「マリネリス峡谷」は、発見した探査機マリナー 9 号にちなんで命名された。
図 186：幅約 80 キロ、深さ約 3.2 キロの「オリンポス山」火口の巨大カルデラ。
図 187：2 つある小さな衛星のひとつ、フォボスから見た火星。

188

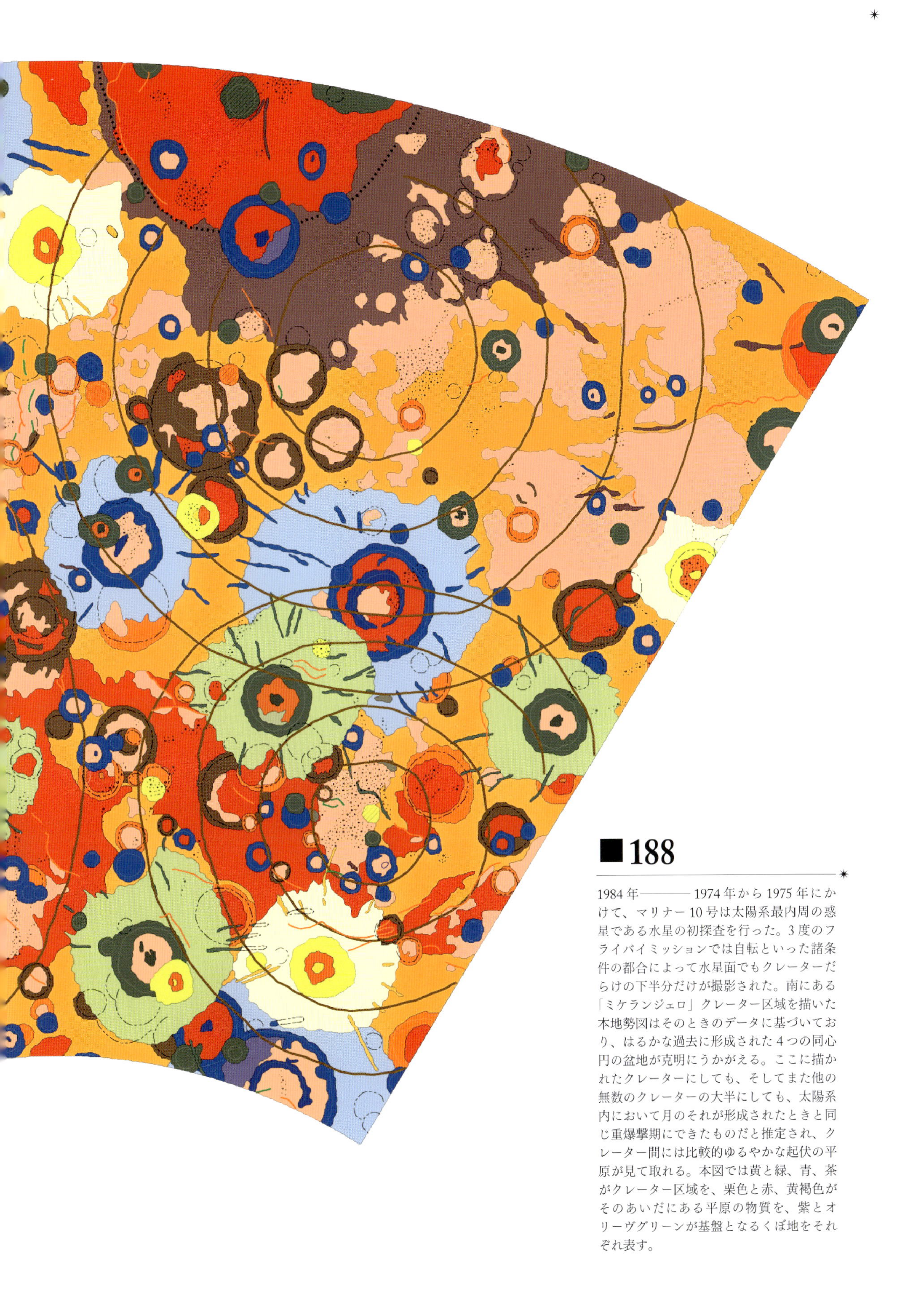

■188

1984年————1974年から1975年にかけて、マリナー10号は太陽系最内周の惑星である水星の初探査を行った。3度のフライバイミッションでは自転といった諸条件の都合によって水星面でもクレーターだらけの下半分だけが撮影された。南にある「ミケランジェロ」クレーター区域を描いた本地勢図はそのときのデータに基づいており、はるかな過去に形成された4つの同心円の盆地が克明にうかがえる。ここに描かれたクレーターにしても、そしてまた他の無数のクレーターの大半にしても、太陽系内において月のそれが形成されたときと同じ重爆撃期にできたものだと推定され、クレーター間には比較的ゆるやかな起伏の平原が見て取れる。本図では黄と緑、青、茶がクレーター区域を、栗色と赤、黄褐色がそのあいだにある平原の物質を、紫とオリーヴグリーンが基盤となるくぼ地をそれぞれ表す。

■189

1989年————ソヴィエト連邦は1961年から1984年にかけて金星探査のために1号から13号までという目覚ましい数のベネラ探査機を打ち上げ、そのうち10機が金星に無事着陸した。このベネラ計画の最後となる1983年のベネラ15号と16号はレーダー画像撮影装置を搭載しており、それによって濃い大気に隠されていた金星の地表を写した図の作成が初めて可能になる。アメリカ地質調査所による金星北半球を描いた本地勢図は、ベネラ計画後となる1987年にソヴィエト連邦科学アカデミーが発表した26点の図に基づいており、同国の科学者12人の名前が明記されている。赤からオレンジは火山地帯、さまざまグリーンは起伏のある地形、青は山をそれぞれ表す。

189

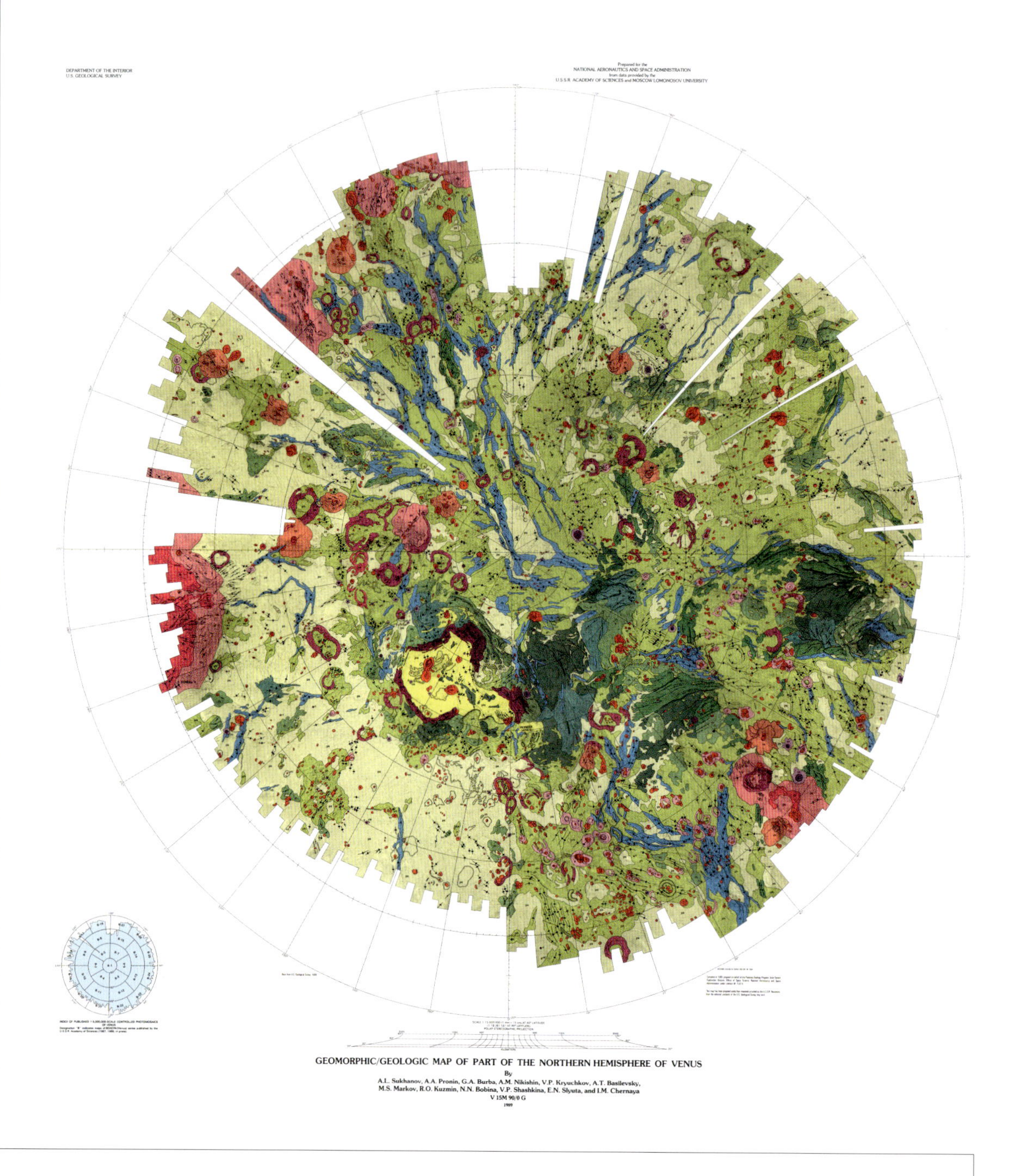

■190

1989年―――図**189**の地勢図製作は、アメリカのレーダー探査機マゼラン（マジェラン）の1990年から1992年にかけての金星測量の準備に向けてのことだったが、本図のほうはそのマゼランによってもたらされたデータに基づいており、この北半球の中緯度付近には約2万5000キロ幅の火山性高地である「ベータ地域」が見て取れる。この地域には、下側から延びた薄い栗色で表示されている深いカズマ地形の「デヴァナ谷」が食い込んでいる。「ベータ地域」は金星面に屹立しているため、1965年と1978年に地球から行った長距離レーダー調査によっても確認ができた。図の色表示はそれぞれ、青と薄緑が平原、赤と栗色が「デヴァナ谷」のような断層、オリーヴグリーンが起伏の激しい地域、黄が衝突クレーターとなっている。長円形の破線で括られた「コロナ」(Corona)と記された一連の場所は、金星面を特徴づける巨大な火山地域だ。

190

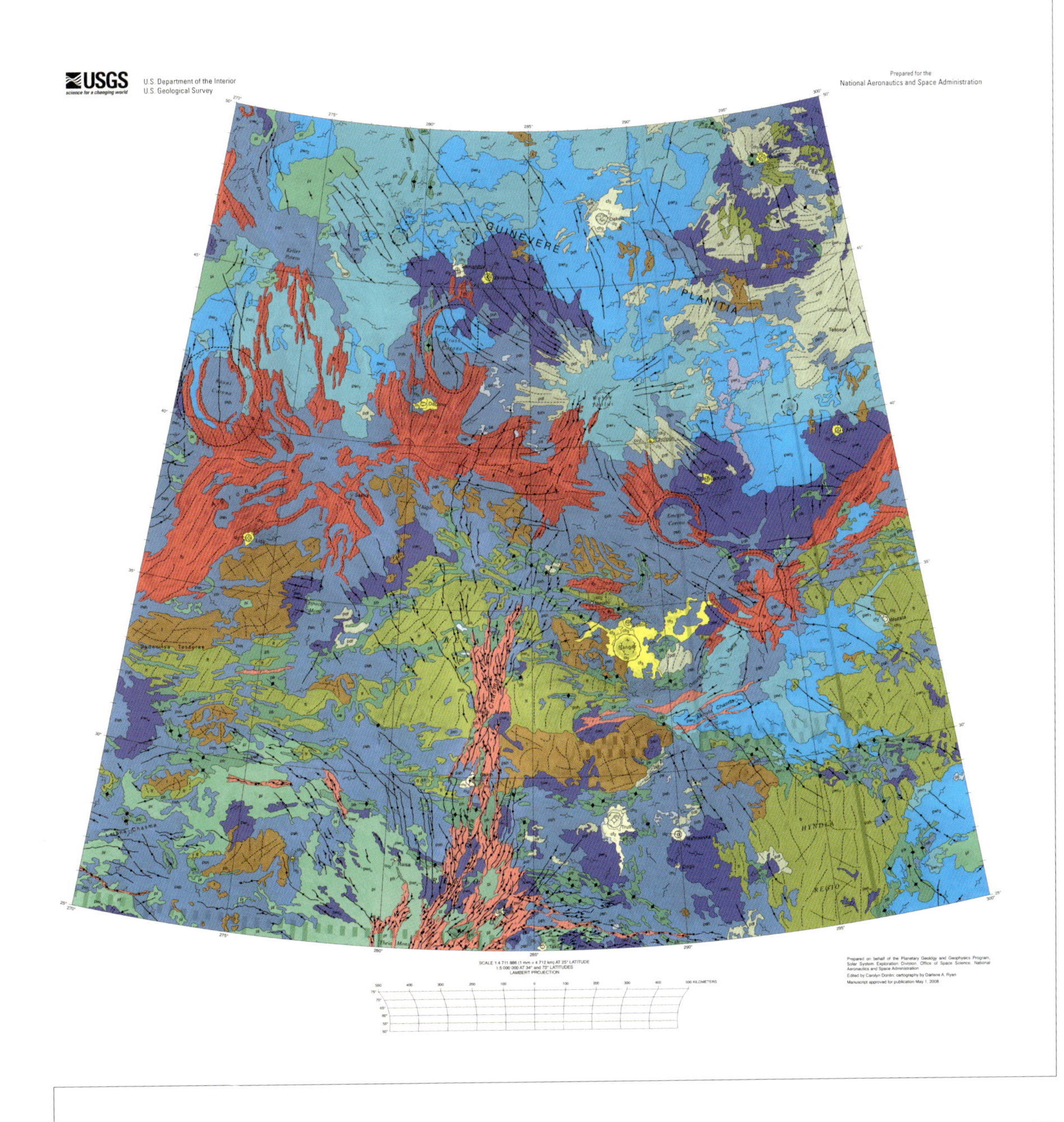

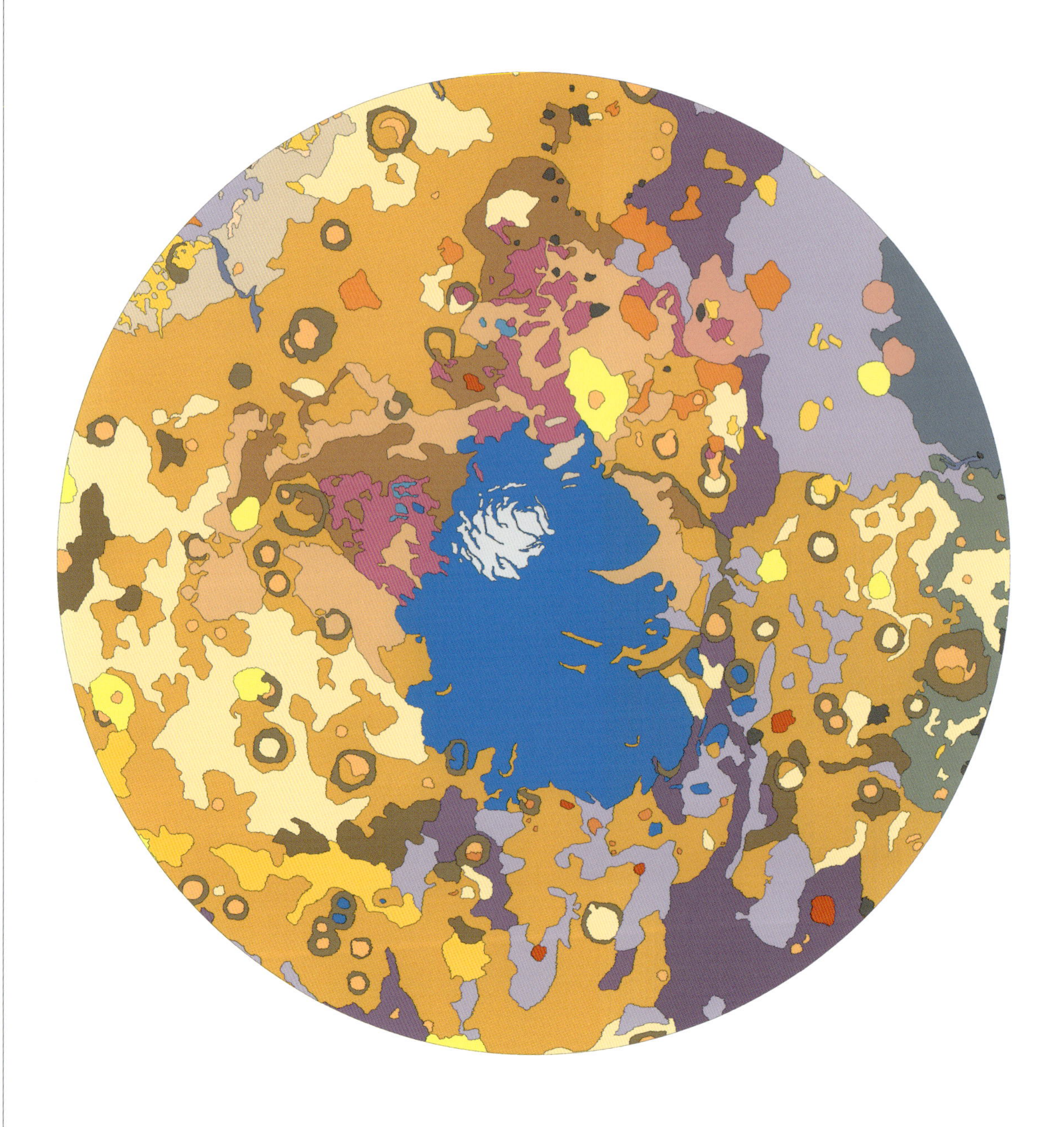

■191

1987年―――大成功に終わった1970年代半ばのヴァイキングによる2度の火星探査ミッションでは、地面に軟着陸探査機を降ろし、軌道探査機のほうはその後何年にもわたって惑星の“地図製作”を行った。南極地方にある「オーストラレ高原」を表したこの地勢図は、その軌道探査機からのデータを基にしている。オレンジが平原を、紫が荒れた古い高地を、青が極にある砂丘のような風成堆積物をそれぞれ表す。極地の氷もはっきり視認でき、青の中にある不規則な白い部分がそれだ。火星の南極冠は水と氷状の炭酸ガスによって構成され、季節変動はあるもののその厚みは約3キロと考えられている。

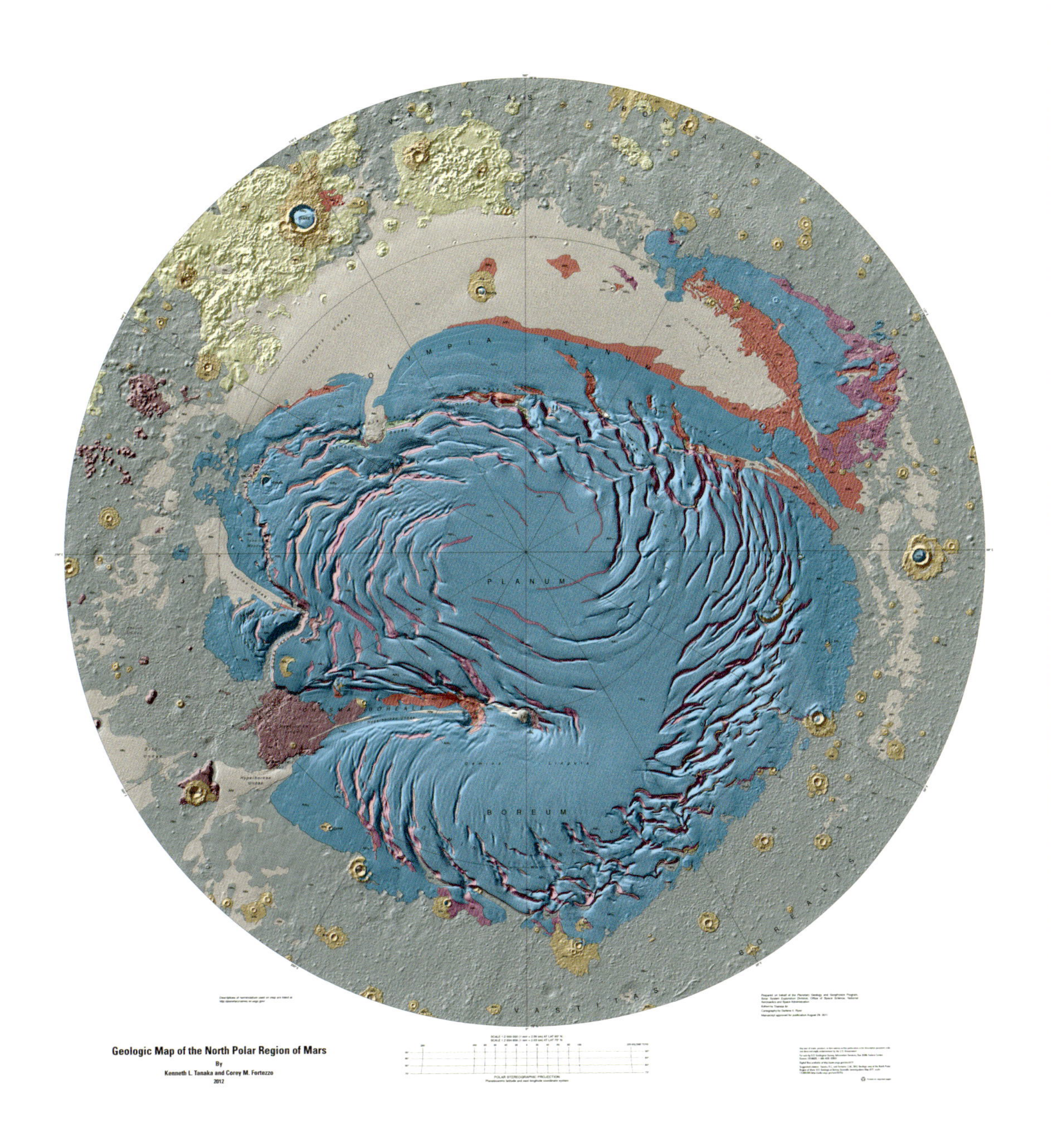

■192

2012年―――火星の北極地帯である「プラヌム高原」（PLANUM）の、より最近の地勢図。リコネサンス・オービターやグローバル・サーヴェイヤー、オデッセイといった探査機による近年のミッションのたまものである。北極冠は南極のそれよりはるかに大規模で、テキサス州のおよそ1.5倍に当たる面積で広がっている。氷の下は北半球の大部分を占める低地平野で、グランドキャニオンより大きな、長さ約560キロ、幅約96キロの巨大な峡谷であるカズマ地形によって分けられる。本地勢図では、青緑がところどころにクレーターのある平地と水路を、メタリックブルーはほぼ真水からできた氷を、北極冠の上部に見受けられる灰で塗られた地域は広大な砂海をそれぞれ表し、くすんだオレンジの地域はクレーター物質によって構成されている。

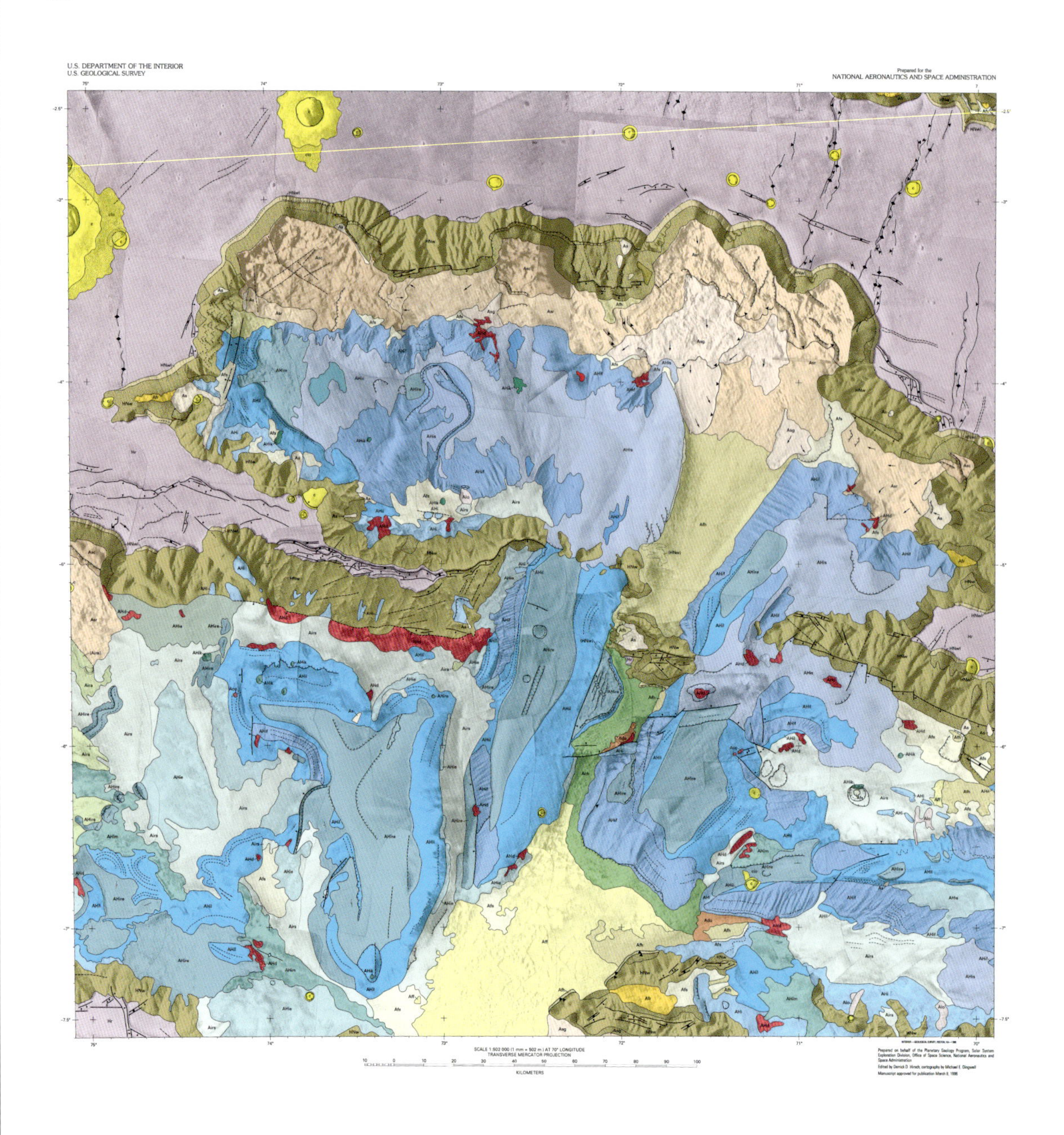

■193

1999年―――「マリネリス峡谷」の中央部にあるカズマ地形と呼ばれる巨大構造の「オフィル谷」と「カンドル谷」は、前例のないほど険しい地形に数えられ、谷の傾斜である急峻な崖に囲まれるという地溝帯形成プロセスによって台地が生まれる（「カズマ」という語は、地球外におけるこの種の非常に険しいくぼみを指す[固有名称に使われる際は「谷」として訳出した]）。画面上部のカズマ「オフィル谷」は、端から端までの幅が約320キロもあり、幅約800キロ超の「カンドル谷」にいたっては画面下部に一部しか見えていない。紫が高原を、青が切り立ったメサ[テーブル状の台地]を、薄黄が比較的平らな地溝底を、赤が地滑りに関連する地形をそれぞれ表し、暗いベージュは岩の壁である。

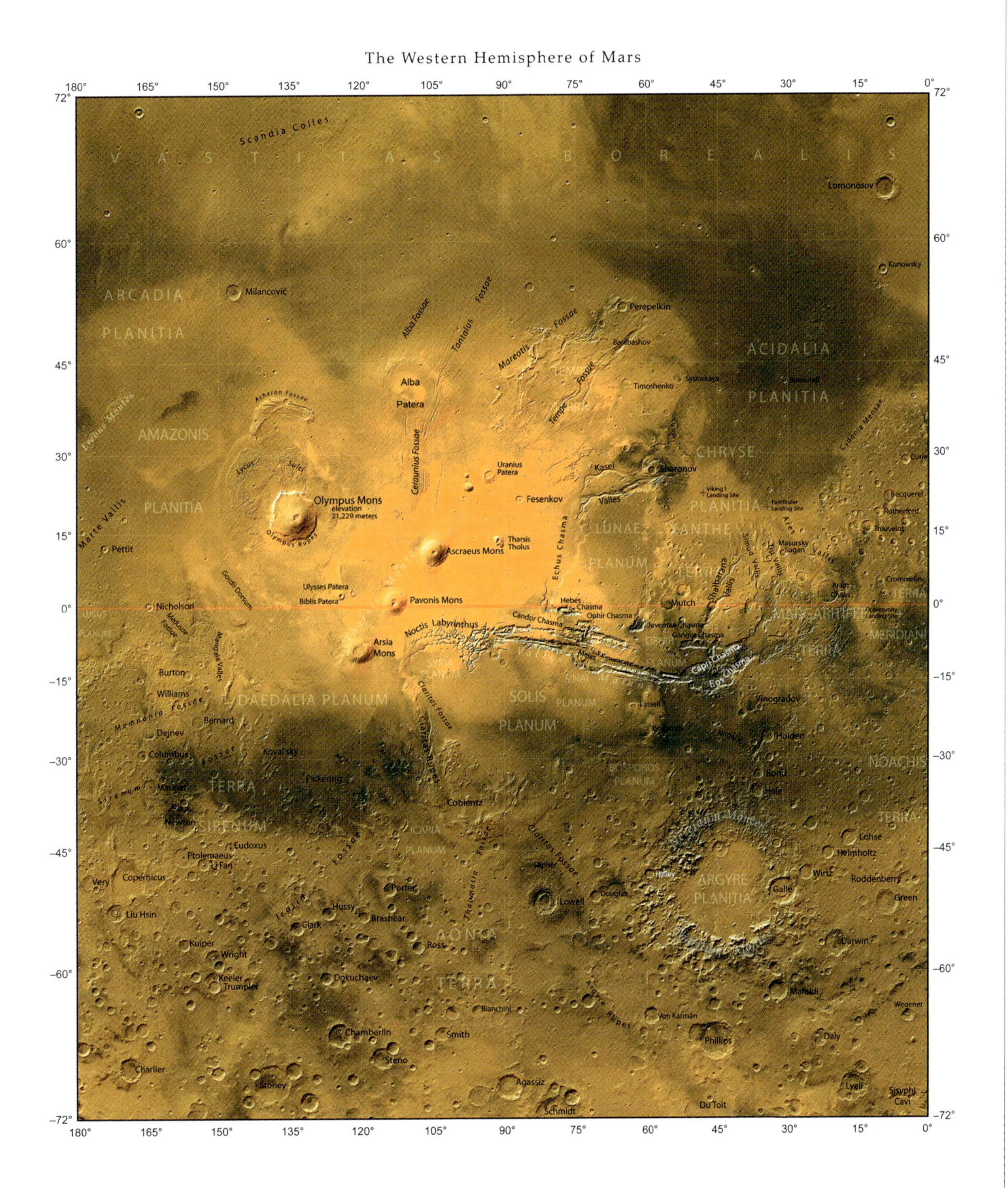

■194

2005年————惑星図製作者ラルフ・アシュリマンはアメリカ地質調査所に11年勤めたあと、NASAのデータに基づく製作をフリーランスで営むようになった。火星の西半球のたいへん詳細な本地勢図には、盾状火山（赤道の左上にある太陽系最高峰の「オリンポス山」(Olympus Mons）など）から赤道中央の右下およそ4000キロに広がる「マリネリス峡谷」(Valles Marineris）まで、非常に際立った地形が描かれている。

196

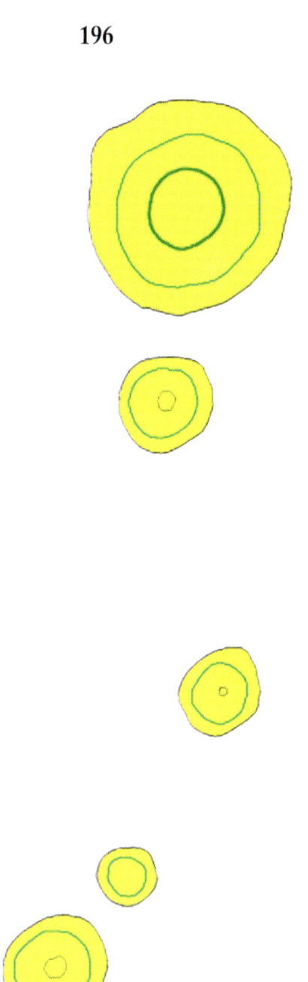

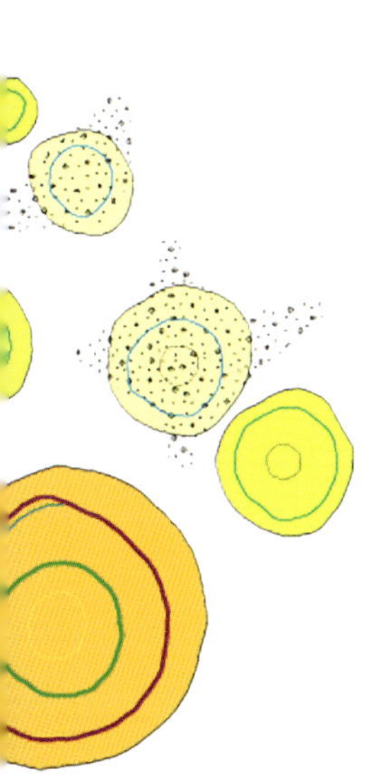

195

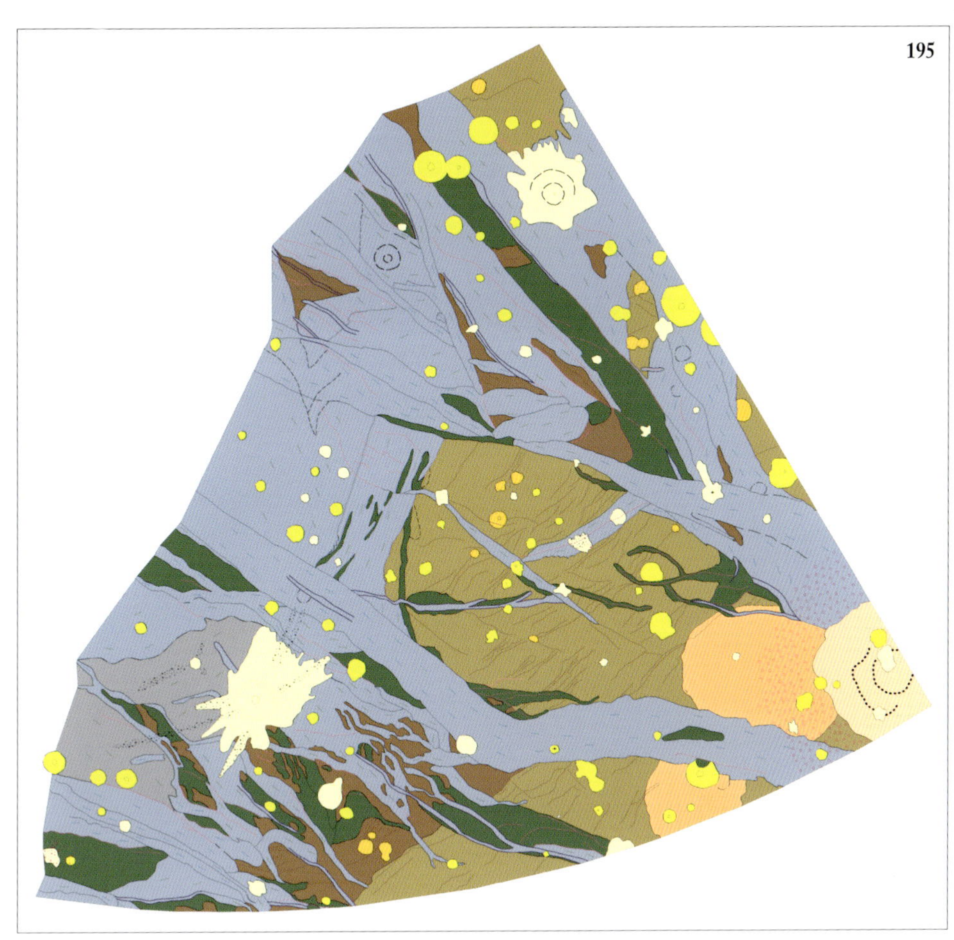

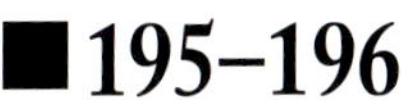

■195–196

1989–92 年————木星の“月”ガニメデの部分地勢図 2 点。地表の大部分が岩のように固い氷でできているガニメデは、地球外の天体で最も際だった特徴をもつ。直径約 5300 キロという太陽系内最大の月であり、その規模は惑星である水星を超えるものの、質量のほうは下まわっている。氷の衛星ガニメデは、3 つのより大きな衛星と巨大な木星から重力によるストレスを連続的に受けているため、地表面はクレーターのある本来の地形に地殻変動による溝が刻まれるといった様相を呈している。

図 195：木星の反対側に当たる地表面では、溝状沈降帯と地溝、また直線状の溝が「フィルス溝地域」や「メンフィス白斑地域」の地形を特徴づけている。1989 年製作の本図では、青と緑が“月”における明るい部分に見られる物質を、栗色とオリーヴグリーンが暗い部分の物質を、黄色系統がクレーター物質をそれぞれ表す。
図 196：1992 年製作の本図も物質の色表示の基準は図 **195** と同じである。ガニメデにある狭い溝状沈降帯が広く延びている「メンフィス白斑地域」が、赤で示されている。この地域もまた衛星が周回する際、木星と相対しない面にある。本図からは、何度となく変化をこうむって複雑化した地表面の特徴がきわめて明確にわかる。

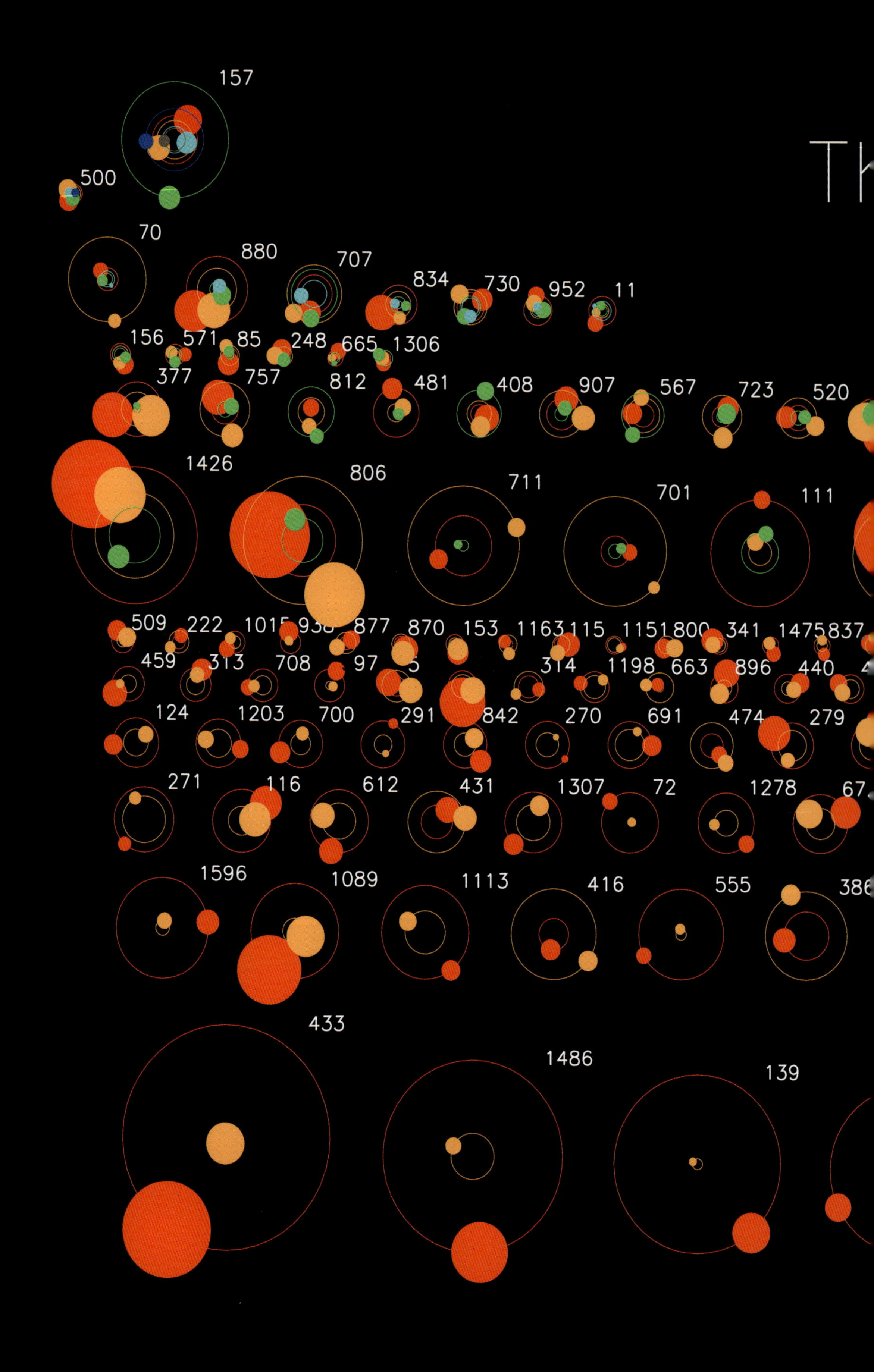
157
500
70
880
707
834
730
952
11
156
571
85
248
665
1306
377
757
812
481
408
907
567
723
520
1426
806
711
701
111
509
222
877
870
153
1163
115
1151
800
341
1475
837
459
313
708
97
314
1198
663
896
440
124
1203
700
291
842
270
691
474
279
271
116
612
431
1307
72
1278
1596
1089
1113
416
555
433
1486
139

e Kepler Orrery

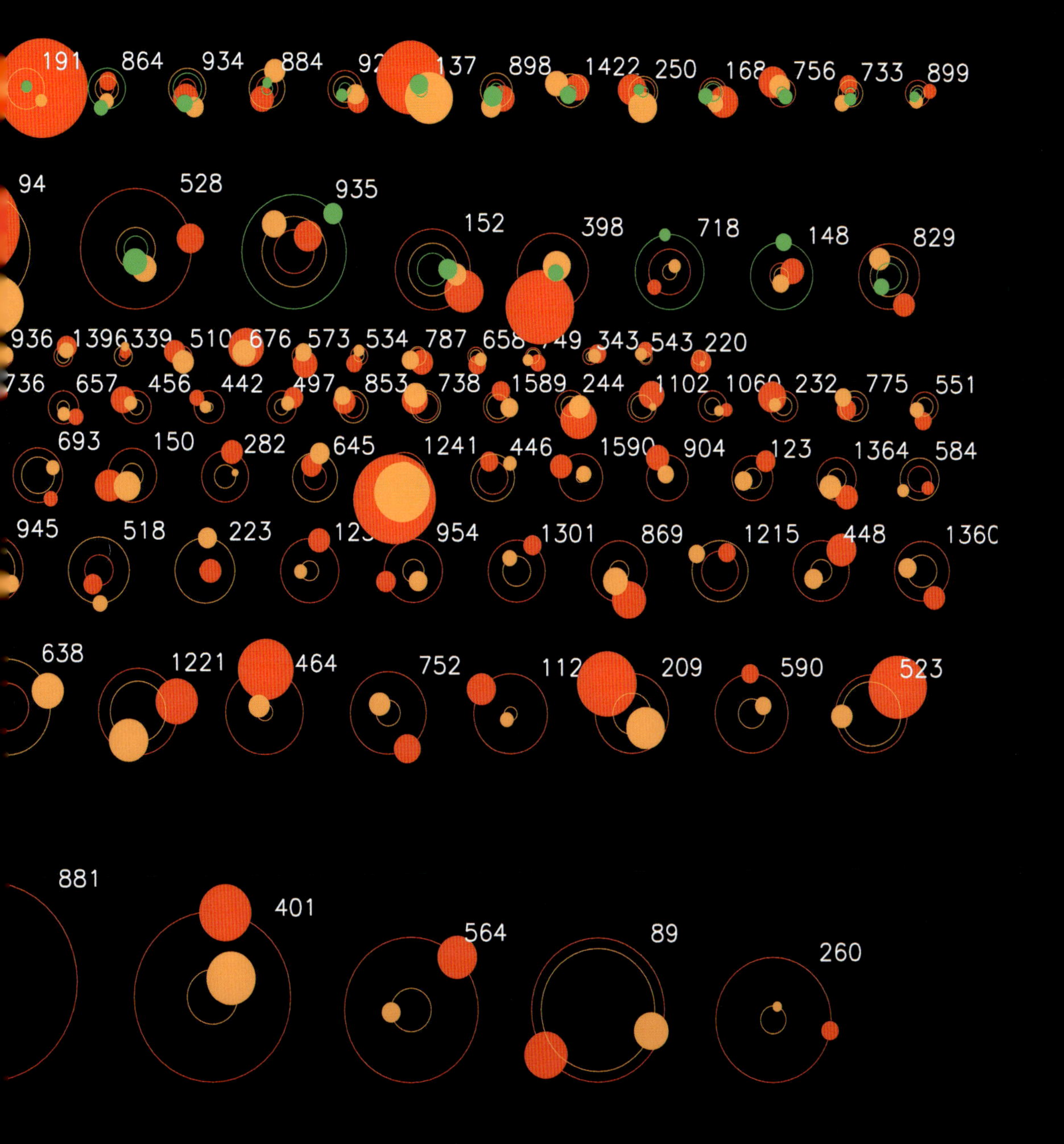

■197

2011年———NASAは2009年にケプラー宇宙望遠鏡を打ち上げた。この望遠鏡は視野内にとらえた星の微妙な明るさの違いを探知して、遠くの惑星を見出すべく設計されており、動作不能となった2013年5月までにおよそ3500にものぼる"惑星の候補"を見つけていた。2011年、ケプラー科学チームのダニエル・ファブリキーは、当年2月までに"ケプラー"が発見したすべての多重惑星系を表現する「オーラリ（太陽系儀）」のアニメーション、つまり太陽系の機構モデルを製作した。惑星の色が暖色になるほどその惑星系の他の惑星より大きく、寒色系になるとより小さいということを意味している（赤→黄→緑→青緑→青→灰）。この静止画像からは、"ケプラー"が見つけたすべての天体がオーラリの中で回っている様子のごく一部しかわからないが、インターネット上の投稿などで閲覧ができるようだ。

■198–201

2011年———惑星科学者アベル・メンデス・トーレスは新たに発見された惑星データを、プエルトリコ大学アレシボ天文台にある惑星生息可能性研究所のデジタル映像化ツールに取り入れた。SERという略称で呼ばれるツールは、きわめて説得力のある外観予想を生成した。

図198：「コールド・サブテラン」——氷に覆われた火星サイズの惑星。
図199：「ホット・ジョヴィアン（ジュピター）」——木星サイズの熱い惑星。
図200：「ウォーム・サブテラン」——地球サイズの生息可能な系外惑星。
図201：「ホット・サブテラン」——熱い火星サイズの惑星。

198

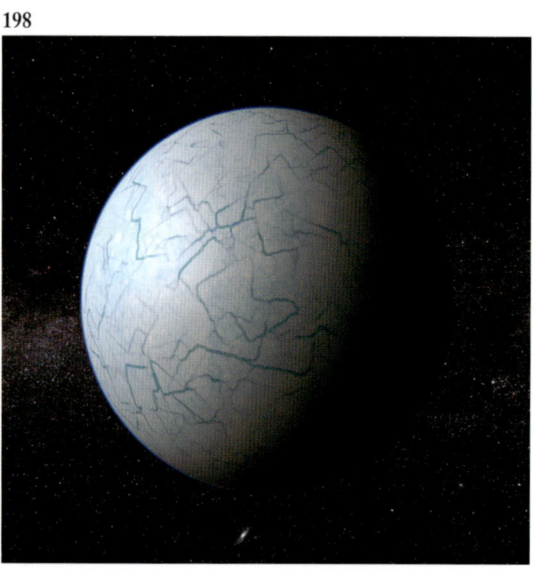

199

200

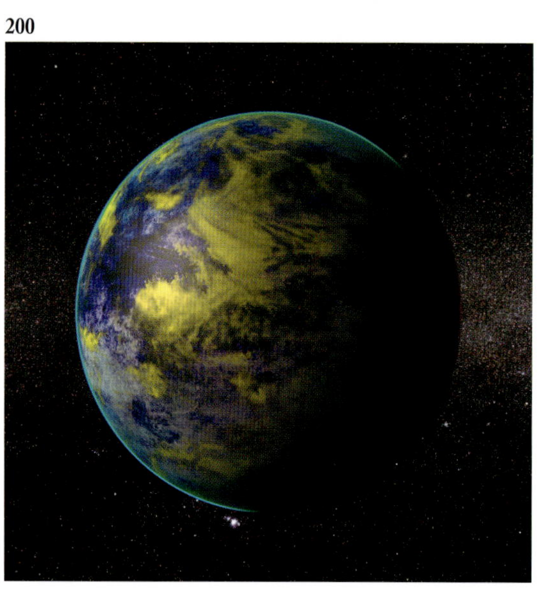

201

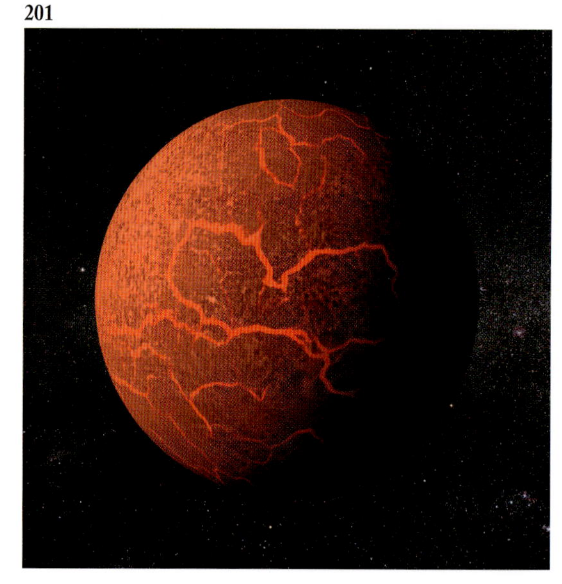

202

203

■202–203

2013年———“ケプラー”が発見した豊富な系外惑星データの別の活用法を思いついたのは、ハーヴァード・スミソニアン天体物理学センターの天文学者、惑星科学者のアレックス・パーカーで、彼はアニメーションを製作した。「複数世界：“ケプラー”が見出した惑星候補」と題されたそのアニメでは、ひとつの星を周回する天体としての候補2299が表現されている（これらの“惑星”は実質、計1770の恒星のまわりを回っていることになる）。ブリザードのように渦巻く星の群れが、“ケプラー”による業績の衝撃度を物語っている（色調は推定温度を反映している）。ダニエル・ファブリキーのオーラリ同様、この静止画像でわかるのはほんの一部でしかないが、やはりインターネット上の投稿などで閲覧ができるようだ。

第7章

星座・獣帯・天の川銀河

Constellations, the Zodiac, and the Milky Way

なんの色合もない大空はちりばめる
ミルクのようにほの白い星々を
――――ギヨーム・アポリネール「たそがれ時」*Crépuscule*
［全集1『アルコール』所収、窪田般彌訳、青土社より］

星座にはどこかしら“動き”がある。地球の自転によって永遠に西へと動いているということではない。星の偶然の配列である星座には、人類の歴史の幕開けから常に神話の人物の姿が描かれてきた。星座は星を使ったロールシャッハテストのようなもので、人類の深遠な関心と物語が投影されてきたのだ。その実利的な役割をひとつの記憶装置――簡単に覚えられる一種の天空座標体系――とするならば、動物や人、そして神話に登場する形象からなるその混淆ぶりもまた、宇宙に広がる人類共通の覚え書きを提供している。人は宇宙にあってくつろぐことができないため、地上の動物や牧夫、馭者、海獣、ドラゴン、カップ、冠を空間に描くことで安心を得ようとした、と考える者もいるだろう。

もちろん別の見方もある。星々の冷たい光に人間らしい暖かみを与え、天球を受け入れやすくするという道筋がそれだ。ショーヴェやラスコーの洞窟の壁に描かれた野牛や熊がそうだったように、人類は自然の中に見出したパターンを時の中に固定するため、それを天空に留め、あるいは壁に描いたのだ。また、星座の定義には地図としての大きな意味合いもあった。星に満ちた円蓋におけるわかりやすい領域に天体を配し、ある意味、足がかりと備忘録を兼ねた機能をもたせたのである。

★

西欧諸国で現在認識されている88星座には、古典古代の天文学者が知らなかった南半球の多くの星座が入っている。だがその一方、プトレマイオスの48星座のほぼすべてもいまだそこにある。これらの星座は、シュメールの先人から引き継がれたバビロニアの資料が伝えたものだ。

ほとんどの文明はなんらかの星座体系をもっている。ヒンドゥー体系の多くには、その起源であるメソポタミア文明と分かち合う類似の形がある。中国文明の星座は、ハワイやポリネシア、そしてオーストラリアのアボリジニ文化と同様に“肥沃な三日月地帯”とは無関係だ。オリオン座やおうし座にまたがる「12月のカヌーの水くみ」というハワイの星座は、カップのような形で東に昇り、西に沈むときにその中身を海へと捨てる。天空にリャマのような姿を見ていたアタカマ砂漠の土着部族は、星々による規定ではなく、天の川銀河の星間ガスや塵に妨げられている不規則な暗い場所によって形を見分けていた。アボリジニの人々もまた銀河の“空白部分”に動物の形を見ていた――たとえば巨大なエミューは、コールサック星雲［南十字座付近の暗黒星雲］と近くで光を遮る星間物質の巻き髭によってその形を浮かび上がらせるのだ。

黒板の上に白チョークで描いたもののように思いがちだが、現代における星座の体系は、空のすべてを覆う天球を88の星座領域に分割し、それらを隙間なく組み合わせた1枚の“地図”のようなものだ。つまり、ふたご座はカストルとポルックスの双子星として思い浮かべられるが、“星座地図”におけるふたご座を見てみると、アメリカ中西部の州境を思わせる凹凸のある直線で区切られているのだ。ふたご座は東でおうし座とオリオン座に、西ではかに座に接し、それらのあいだを黄道が州間ハイウェイさながらに走っている。

“天の川”はスーパーハイウェイで、太陽や惑星がたどる見えない道とは違うと思われるかもしれないが、実際はというと黄道のほうがはるかに重要性を帯びている。黄道は前500年頃に星座と関連する12の“獣帯サイン”に分割されており（獣帯は黄道帯、サインは宮とも）、そのうちふたご座やかに座などは、さらに過去となる青銅器時代に端を発することがわかっている。12星座は太陰暦に基づいて分割された黄経体系をつくり、惑星の位置を知るために用いられた。またバビロニアの獣帯はヘブライ語聖書にも広がっており、イスラエルの12部族の構成原則と12の獣帯サインとを結びつける研究者もいる。もしそうだとしたら、現在知られている占星術と旧約聖書の語る諸々の真実とのあいだに、好奇心をそそるつながりがあることになるだろう。

いわゆる人の運命に及ぼす星々の影響について言えば、プトレマイオスの『アルマゲスト』がコペルニクスの地動説以来ほぼ無意味になってしまったとはいえ、彼がバビロニアの獣帯サインと占星術概念を体系化した手引き書、『4つの書』*Tetrabiblos* はまだ現代占星術の中核として残っている。この手引き書は、天体のサイクルが大気に影響を与え、熱冷乾湿という四性に影響を与えるという信念体系を整理したものだ。プトレマイオスは語る。「一般的な物事のほとんどは、それを取り囲む天球に因果を求める」。

★

古典的な星座を円（もしくは平面球形）として描いた最古級の例は、前1世紀のエジプトにおける神殿の天井にまでさかのぼる。ナポレオンが1798年にエジプト遠征を行ったとき、随行していた画家、考古学者のドミニク・ヴィヴァン=ドノンが、デンデラ神殿の天井にある奇妙なレリーフに目を留めた。現在はメソポタミア文明の獣帯の発展型だと考えられているそれには、おうし座やてんびん座、さそり座、やぎ座など、のちのギリシアやローマの獣帯でなじみとなる星座ばかりか、従来知られていなかったメソポタミア=エジプトにおける星座の姿まであった。その他の数多くの貴重な遺物と同じく、ヴィヴァン=ドノンの発見物もやがて収用され、現在はルーヴル美術館に所蔵されている。

プトレマイオスの『アルマゲスト』における星の目録以降、次に星座図が写本に描かれるのはほぼ1000年後のことになる。それはペルシアの天文学者アブドゥル=ラフマーン・アル=スーフィーによる964年の『星座の書』*Kitāb Ṣuwar al-Kawākib al-Thābita* で、星座を図として描こうとした最初期のもののひとつだ。アル=スーフィーは『アルマゲスト』を訳し修正した上でプトレマイオスの星の等級指標にも改訂を施し、また星座を地上から見た形と「左右対称」にした形の両方で描くという慣例を生み出した。左右対称にした形は「最外縁」の天球から見たときの姿で、星がある天球は土星より上を回っていると考えられていた。『星の書』からは、その後何世紀ものあいだ何百版という写本がつくられた。同書には天の川銀河外にある天体についての最初の記録がある——現在アンドロメダ銀河と呼ばれている天体だ。

ヨーロッパでの星図製作の歴史は、古代ギリシアの詩人アラトゥスの『現象』*Phaenomena* にまでさかのぼり、この書にはギリシアの星座が比較的詳しく描かれていた（アラトゥスは同書にギリシアの天文学者クニドスのエウドクソスが著した前370年頃の星座研究を2本収録している。これがなければエウドクソスの仕事は失われてしまったことだろう）。『現象』の中世初期につくられた写本の一部には、**図204** として挙げたデンデラ神殿の天井レリーフとはまた異なった星座図が含まれている。しかし、星図製作が真に世に認められるようになったのは、ルネサンス期の終わり頃から銅版や鉄版で印刷され手彩色されていたものが、活版によって続々と印刷されるようになった17世紀末のことだった。

1515年、ドイツ・ルネサンスの画家、アルブレヒト・デューラーが初の印刷星図を製作した。2つの星座図のうちひとつは北天の星座、もうひとつは南天の星座で、どちらも「裏返し」の視点で描かれており、プトレマイオスに基づきながらもアル=スーフィーなどの他の天文学者からの情報も取り入れていた。非常に興味深いのは、南天にある星座がたいへん少ないことだが（**図212**）、これは単に情報不足のせいだ。大航海時代はまさに始まったばかりで、南半球の星座はまだ描かれていなかった。その後1世紀とたたないうちに行われた数々の南洋探検を経て、ドイツの星図製作者ヨーハン・バイヤーによる画期的な星図『ウラノメトリア』*Uranometria* ［ラテン語書題は「天空の計測」というほどの意味。『バイヤー（バイエル）星図』とも］によって、12の新しい星座が加わることになる。

★

おそらくヨーロッパ産の星図で最も印象的な1点は、オランダで活躍したドイツ出身の地図製作者アンドレアス・セラリウスの最高傑作となる1660年の『大宇宙の調和』の中に収録されている。印刷者が腕を振るったこの豪華本には、競合する宇宙論を描いた29点の見開きプレートだけでなく、驚くほど革新的な星座の描写が含まれている。中でも、4

点のプレートでは宇宙に対するまったく斬新で包括的な見方が表現されている。多くの星図において星座の形は「反転」しており、その反転した星座の背景には何も描かれていない。しかし『大宇宙の調和』では、セラリウスと組んだアムステルダムの印刷者が雇った版画家の洞察力が反映されている。地球が天球の中心にあるとするなら、外側から見たときには透明の壁のうしろに地球が見えるはずなのだ。その結果、**219** と **220** の各図は、地球の南北の半球に対応するように南天と北天が描かれ、天球図と地球図が壮大に結びついた描写となった。

セラリウスは『大宇宙の調和』の前半では太陽を惑星系の中心として尊重しているが、カトリック教会が発禁にした書物がやったように目次で扱うのはやめて、ティコ・ブラーエの論敵による説や古典的なプトレマイオス的天動説も取り入れている。また、念には念をということか、2 点の見開き星座図には古典古代の異教的な星座を描かず、あたかも身を守るかのように聖書中の人物を登場させてさえいる。ちなみにこれらの聖書中の人物からなる星座は、ドイツの法律家ユリウス・シラーが 1627 年に初めて発表したキリスト教的な星座に基づいたようだ（図 **218**）。シラーの聖書に材を取った星座が人気を呼ぶことはなかったものの、それは星図の歴史上の風変わりな“脚註”として残っている。

★

多数の星が集まった霞のような“天の川”は、古典的な星座の中で奇妙なほど重視されていなかった。しかしセラリウス以前にも、イングランドの天文学者トマス・ディッグズなどは天の川が固定された天球にあるという概念を否定し、太陽系より先の広い空間に散らばっていると提案していた（ひとつの銀河の一部かもしれないとは思いつかなかったが）（図 **214**）。星々が外側にちりばめられているというコペルニクス地動説の太陽系をディッグズが 1576 年の著作で公表してから数十年後、ガリレオの望遠鏡によって天の川が無数の星々で構成されていることが明らかになった。そして「はじめに」と第 5 章で触れたように、1750 年までにはイングランドの天文学者トマス・ライトが銀河は平らな円盤状であるのかもしれないと直感していた。

ライトは 1750 年の著書の中で銀河の形状にまつわる 2 つの可能性を描いたが、体系的な観測による証拠に基づいていたわけではない。また 1785 年には、史上最も偉大な観測天文学者のひとりであるウィリアム・ハーシェルが、天の川銀河の形状を測るために「星の計量（スター・ゲイジング）」とみずから呼んだ手法を用いようとして失敗に終わっている。その手法が事実に反して一様に星が分布しているように仮定していたこと、そしてある一定の距離に存在する一定以上の規模の星がすべて視認できると仮定していたことが彼の敗因で——実際のところ星の一部は銀河のガスと塵によって遮られていたのだ。公平を期すと、天の川銀河の構造についての詳細には現在でも議論がある。とはいえ今や、“渦状腕をもつ平らな円盤”状という全体の形はわかっているのだが。ハーシェルによる天の川銀河については図 **224** を参照されたい。

20 世紀半ばまでに星図製作は洗練度を増していったが、これは主としてチェコの天文学者アントニーン・ベツヴァールによる細心な研究からの恩恵だった。ベツヴァールは第 2 次大戦中にタトラ山脈のスカルナテ・プレソに設立した天文台で研究を行い、恒星や銀河、星雲、宇宙塵の雲といった太陽系外天体の膨大な索引を編纂した。そして 1948 年、彼はきわめて暗い 6.25 等星までを収録した『スカルナテ・プレソ星図』*Atlas Coeli Skalnaté Pleso*〔著者名から『ベクバル星図』とも〕の初版を発表する。同星図はまたたく間に国際的な評価を得、大半の天文台と多くの天文学愛好家の蔵書となった。ベツヴァールは新しい基準を打ち立て、16 点の手描きによる図はその後の星図をつくる上での基礎にまでなったのである（図 **234**）。

従来の星図に慣れ親しんでいた人々がベツヴァールの詳細な星図に目を凝らせば、すぐに好奇心をそそるその“迫真性”に気づくことだろう。何世紀ものあいださまざまな姿や形をとりながら、3000 年以上もほぼ星空と同じ意味合いをもたされていた古代からの星座の人物やものが、『スカルナテ・プレソ星図』のどこにも描かれていなかったのだ。

★

■204

前50年――――1798年にエジプト遠征を行ったナポレオンは、文化調査のために画家、考古学者のドミニク・ヴィヴァン=ドノンを随行させていた。発見物に囲まれたヴィヴァン=ドノンは、デンデラ神殿の天井のレリーフに好奇心をそそられながら目を留める。彼が偶然出会ったのは、初めて発見されたことになる古典的な獣帯の描写だった。獣帯とは太陽の見かけ上の進路にかかる幅16度の12等分された空の帯で、天球の座標体系の役割を果たし、牡牛や天秤ばかりなどで表される星座で埋められている。獣帯の12の部分は前1000年頃のバビロニア天文学にまでさかのぼるが、円（もしくは平面球形）で描かれたものはそれまで知られていなかった。デンデラ神殿天井のレリーフはメソポタミア文明の獣帯の発展型だと考えられており、おうし座やてんびん座、さそり座、やぎ座など、のちのギリシアやローマの獣帯でなじみとなる星座ばかりか、従来知られていなかったメソポタミア=エジプトにおける星座の姿までであった。研究者たちは、惑星配置と描かれている“食”から、これをプトレマイオス朝期である前50年頃のものと見ている。ヴィヴァン=ドノンの発見物はその後パリへと運ばれ、現在はルーヴル美術館に所蔵されている。

■205

前1世紀–後6年頃――――1777年に発行された朝鮮のこの天球図は、1395年に石柱に刻まれた図が基になっている。調査した現地の学者たちは、星の配置から前1世紀から後6年頃の人の形も動物の形もとっていない星座にさかのぼると推定している。こうした“情報”は民族の中で行われるバトン回しさながら、何世紀にもわたって受け継がれてきた。

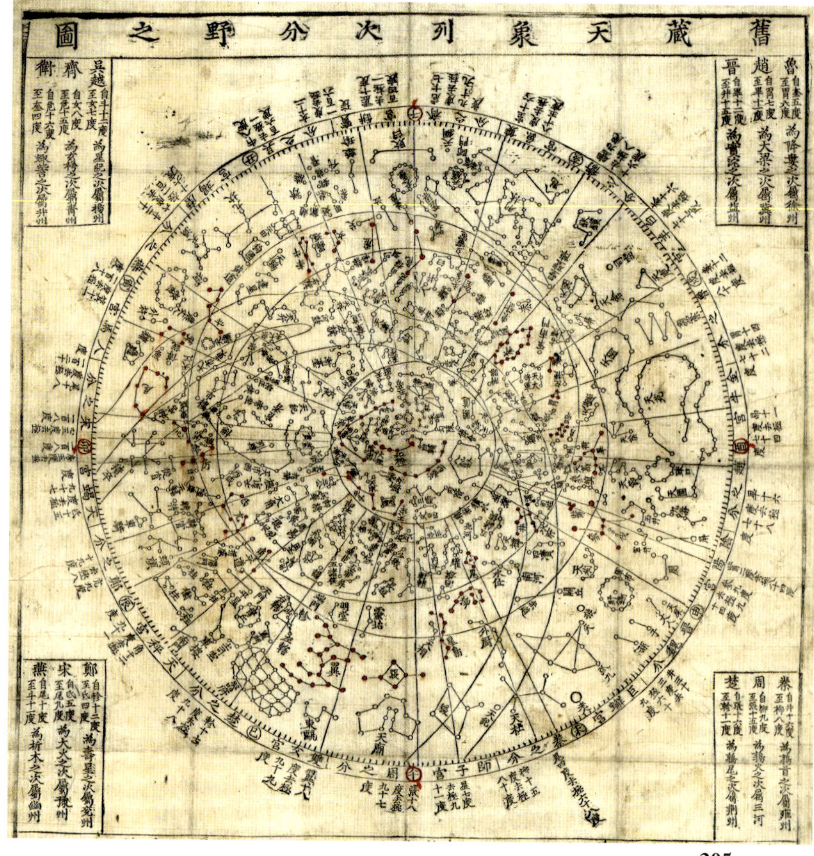

205

206

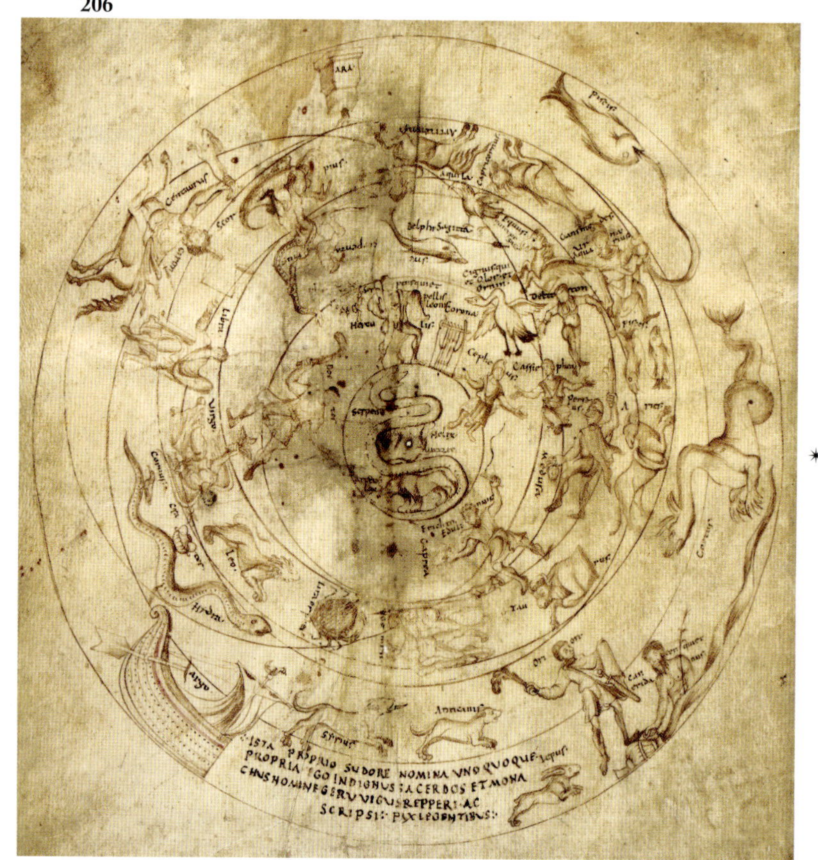

■206–207

9世紀――――図**206**：星座を描いたこの中世の天球図は、古代ギリシアの詩人アラトゥスの唯一の現存著作『現象』のマルクス・キケロによるラテン語訳羊皮紙写本に所収(アラトゥスは、デンデラ神殿天井の獣帯より2世紀ほどさかのぼる前310年から前240年頃の人物だが、この写本自体はかなりあとのものになる)。アラトゥスの詩は星座についての説明だが、図はローマの著述家ガイウス・ユリウス・ヒュギーヌスの『天文詩』*Poeticon astronomicon* に収録された星座図に由来するように考えられている。ヒュギーヌスが生きていたのは前64年から後17年までだから、理論的にはデンデラ神殿天井のレリーフの造設を目撃した可能性がある。

207

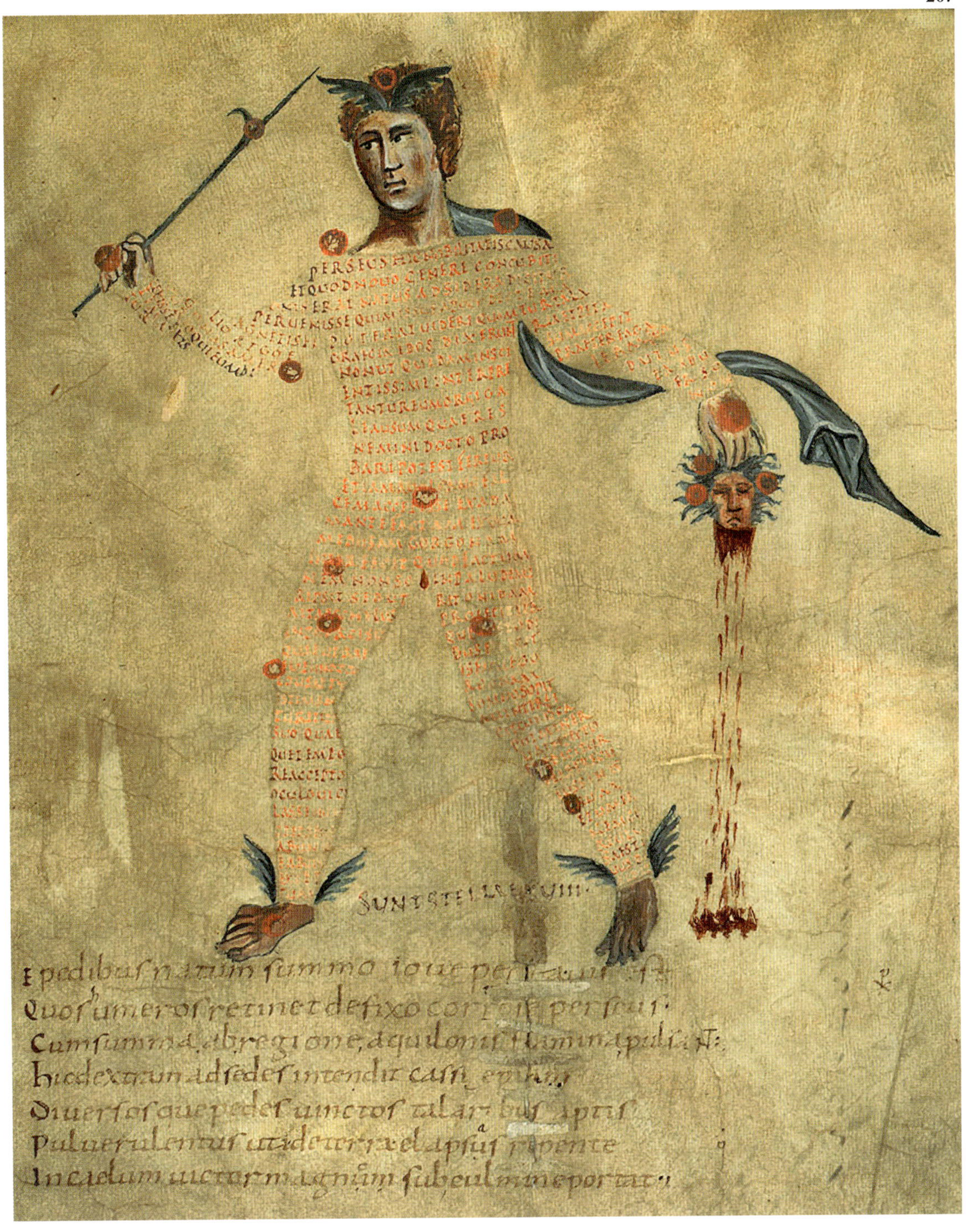

☆

図 207：『現象』所収のペルセウス座。星座に自身の名を冠したギリシアの英雄ペルセウスが、縮み上がった風変わりなメデューサの頭部をぶら下げている。星々が描いているのは棒のように硬直した形だけで、体はヒュギーヌスによるラテン語詩で描かれている。ペルセウスの下にあしらわれているのは、キケロ訳によるアラトゥスのテクスト。今から1000年以上前の写本に描かれた本図には、関連テクストの配置などに不思議と現代的な雰囲気がある。

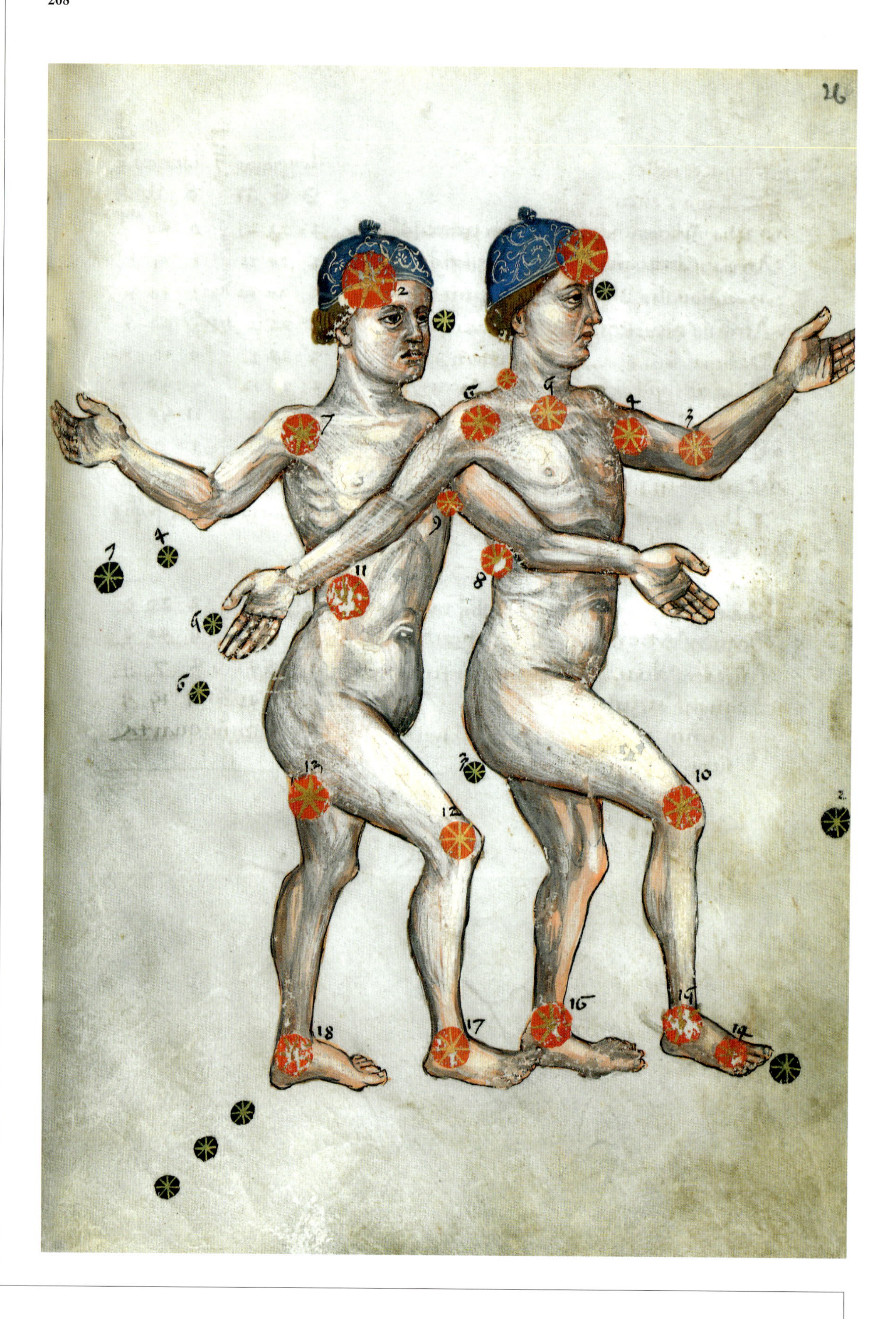

■208

1428年————天文学史において、中世は見るべき役割を果たしていない。ヨーロッパが何世紀もの“無関心な時代”を過ごしていた当時、古代ギリシアの業績の保存にひと役買ったのがアラビアとペルシアの天文学者たちだった。たとえばペルシアの天文学者アブドゥル=ラフマーン・アル=スーフィーは、964年に図版が満載されたアラビア語テクストによる『星座の書』をものしている。同書は、みずからのアラブ・ペルシア世界における天文研究と、さらにエジプト属州アレクサンドリアで活躍したギリシア人天文学者クラウディオス・プトレマイオスの論文『アルマゲスト』とを統合した一冊で、2つの近傍銀河であるアンドロメダと大マゼラン雲に関する初期の言及が見受けられる。本図の奇怪な双子は、アル=スーフィーの書の15世紀版に収録されている。2人の頭部のそばには、カストルとポルックスの明るい2つの星がある。ギリシア神話によると、兄のカストルが殺されたとき、弟のポルックス［ポリュデウケス］が自身の不死を分かち合い永遠にともに生きたいとゼウスに願ったのだという。そしてこの大神は彼らをふたご座として永遠に空に留めるのだった。

■209

1400–1500年————イタリアの詩人フランチェスコ・ペトラルカは、古代ローマの詩人キケロの手紙を発見したこと、そして自作によってルネサンス期を輝かせたことで評価を受けている。ここに挙げた巧みな図は、ペトラルカ『勝利』の、おそらくルイ12世の依頼によるものと思われる初のフランス語写本にある。この「時間の勝利」*Triomphe du temps*［伊題：*Trionfo del tempo*］を表した図は、星々を背景に時間が人間の偉業を奪っていくときの太陽の歩みを描いている。獣帯が太陽の進路に付き従っている

209

が、本図のように星々やさらにはサインまでともに描かれているのは非常に珍しい。画面下半分には2つの「勝利（トリオンフ）」が表現されている（この描写と同様、戦勝した将軍がときとして象を引き連れながら首都への凱旋を行うのが、古代ローマにおける「勝利（トリウンプス）」の光景だった）。見開き中央には、ペトラルカのミューズで、彼が生涯創造力の糧にした人妻ラウラの姿が描かれているのだという。

▶他の『勝利』を描いた絵画作品は図**24**

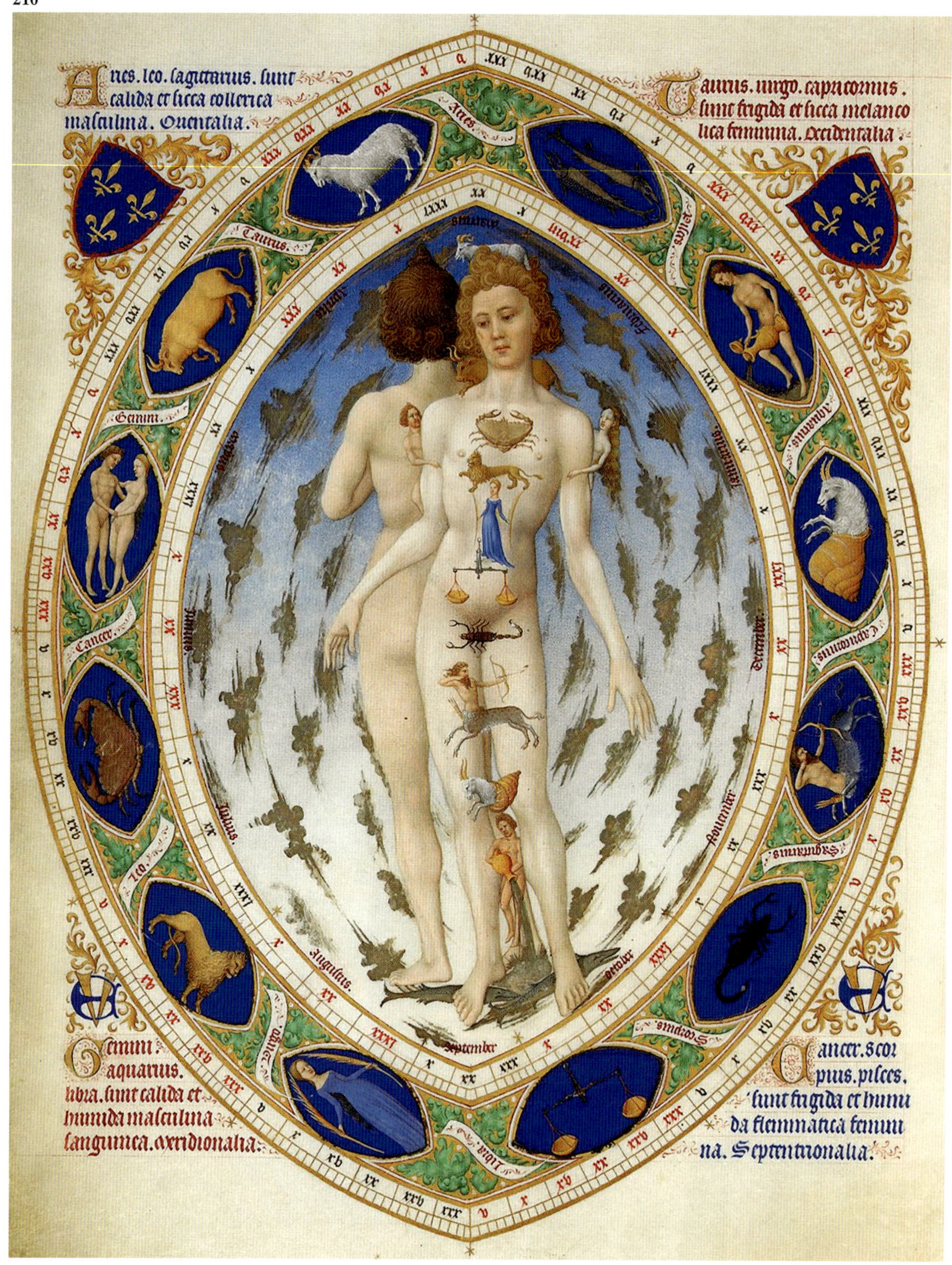

■210

1412–16年———著名な写本『ベリー公のいとも豪華なる時祷書』*Très riches heures du Duc de Berry* 所収となる“獣帯人（ホモ・シグノルム）”の図。長いあいだ、獣帯のサインは肉体の対応部分の健康を司ると考えられていた。本図では占星術のサインが頭部（牡羊）から脚部（人物は魚の上に立っている）まで描かれている。4隅にあるラテン語の説明文はそれぞれのサインの特質を述べている。本図は、星を参考にして瀉血などの先進医療の処方を決める医学占星術に属する一作だと理解される。

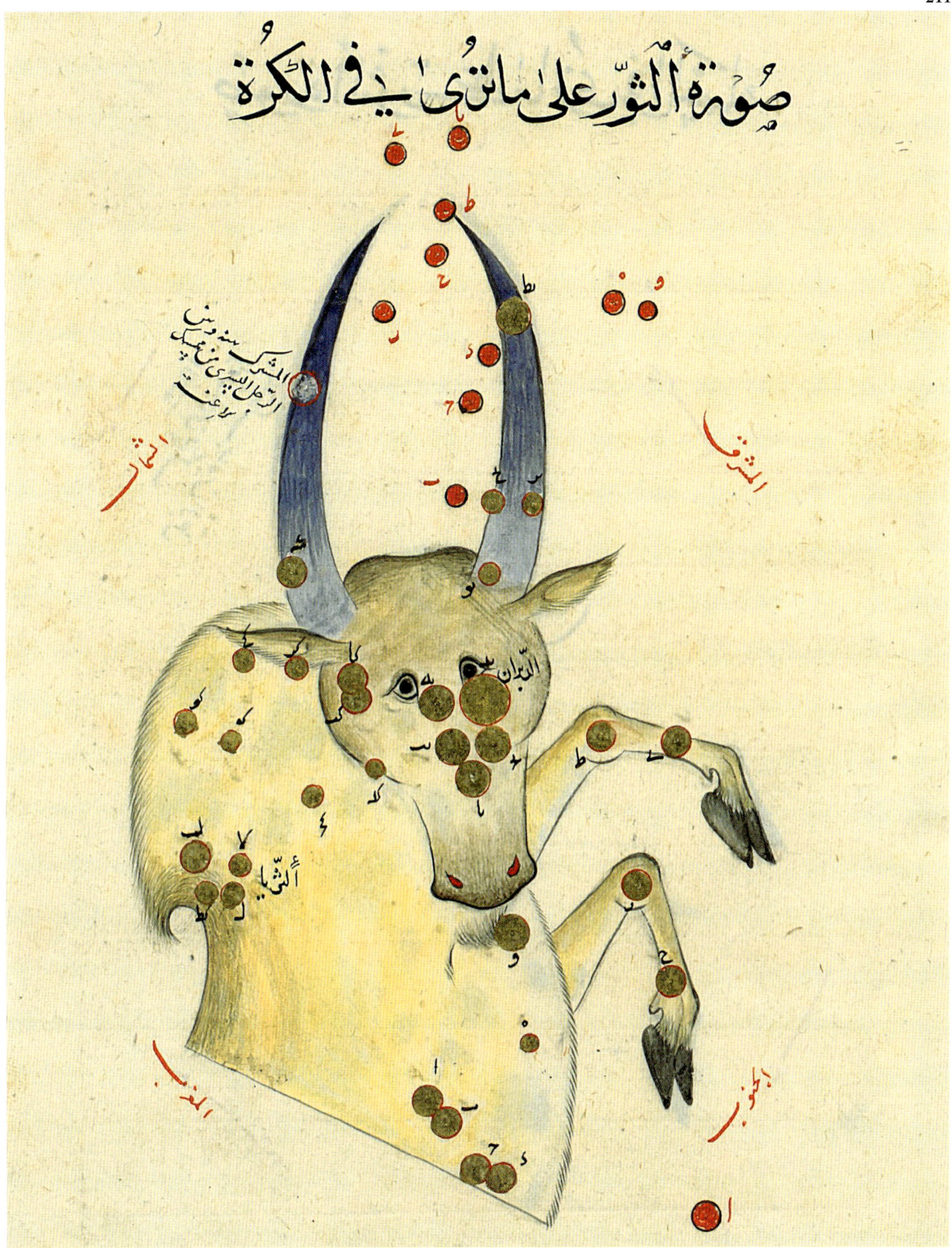

■211

1436年―――アブドゥル=ラフマーン・アル=スーフィー『星座の書』のウルグ・ベグ［ティムール朝君主。天文学者、学問の保護者としても知られる］による改訂註釈版に所収のおうし座の図。黄金の“丸”はプトレマイオスが星座内にあるとした星で、赤の“丸”は星座付近にあるとした星。**図208**として挙げたアル=スーフィーの書所収の図と同様に、“丸”の大きさは星の大きさを表している。ペルシアの天文学者だった彼の大きな貢献のひとつは、星の輝度を表化したことにある。本図にはプトレマイオスの分類による星がひとつ入っているが、実際の観測には裏づけられていない。ウルグ・ベグはその星を赤い線で囲っている（向かって左側の角に見受けられる星がそれだ）。

212

■212

1515年――――ドイツ・ルネサンスの画家アルブレヒト・デューラーによる、交差線によって表された極の平射図。南天の星座が描かれた本図は初の印刷星図だ。熱心な天文学愛好家だったデューラーは、座標系を考案して星の位置を定めたヨハネス・スタビウスとコンラート・ハインフォーゲルという2人の天文学者と協力して、この木版画と対になる北天の星座図を作製した。天球の外側から描かれた星座は、地球から見ると「反転」している。デューラーの図はプトレマイオスに基づいているが、アル=スーフィーなどの他の天文学者の情報も取り入れている。星図に空白部分があるのは南半球の空についての情報がなかったためで、大航海時代は始まったばかりだった。

■213

1540年————ドイツの出版者、数学者、天文学者のペトルス・アピアヌスによる『皇帝の天文学』所収のヴォルヴェルに描かれた北半球から見た星座球形図は、デューラーの星図（図**212**と対になる図）の引用である。アピアヌスの“装置”付き書物に収録されているこの最初のヴォルヴェルは、多くの点でその後の“回転盤装置”の基礎、あるいは指針となる。紙の円盤はプトレマイオスによる歳差運動周期のもと、3万6000年で1回転するようになっていた。実際にはアピアヌスの頃にはこの数字が誤りであることが判明しており、くじら座の尾のそば［画面中央上よりやや左］にある楕円の補助目盛りと、円盤の端にある各惑星に対応するつまみ（タブ）によって補正される。正しく設定すると、このヴォルヴェルで得た位置を同じ書物の中にある次のヴォルヴェルで用いる。

▶他のアピアヌスによる“装置”は27、53、100、166、247の各図

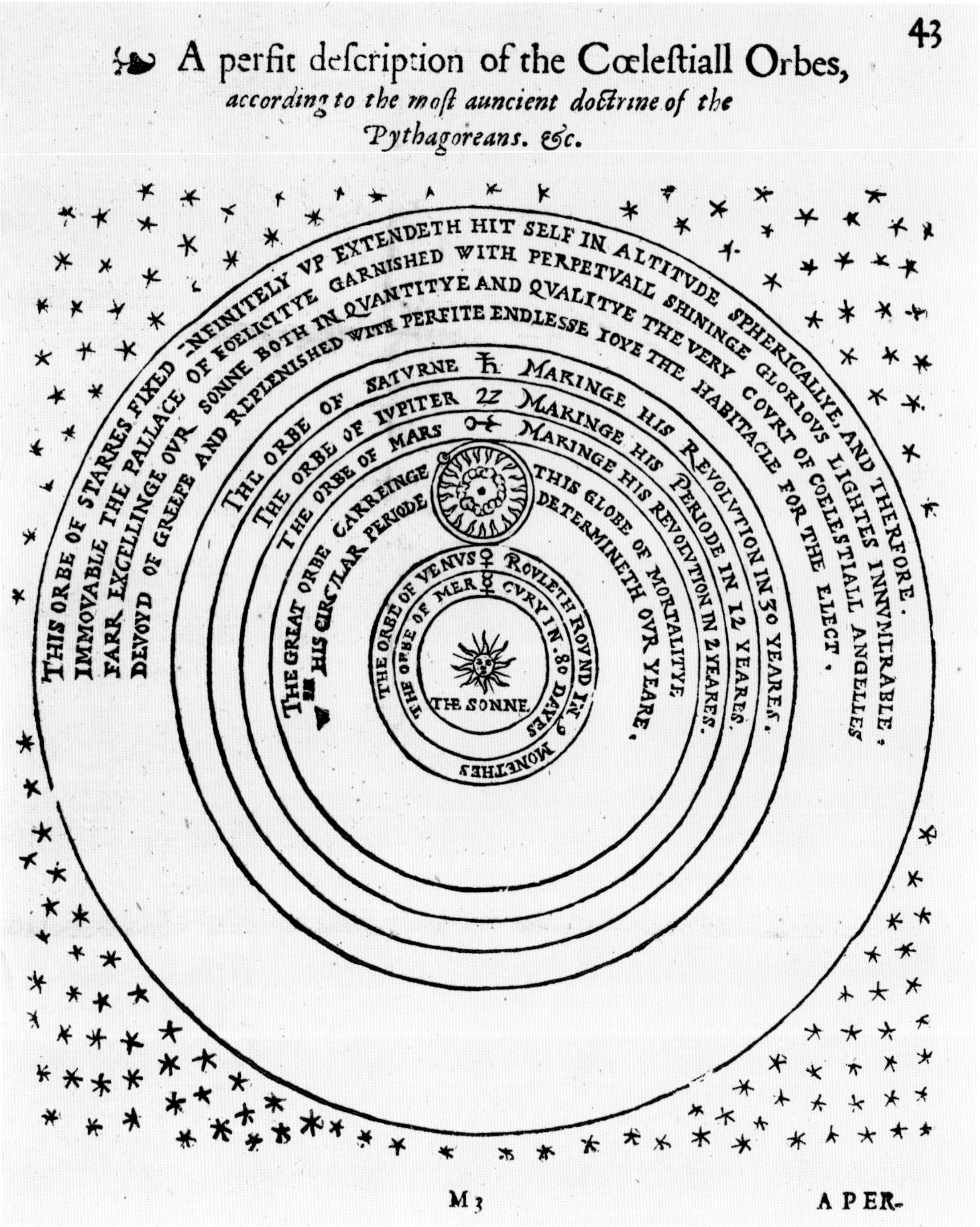

214

■214

1576年――――イングランドの天文学者トマス・ディッグズの書に見られる木版画は、「星が固定された天球」という概念を初めて否定した一作だ。ディッグズが父親の暦書（アルマナク）に長い補遺をつけて著した『天体軌道の完全なる記述』は、コペルニクス地動説をイングランドで初公表したばかりか、無限宇宙の存在を暗示してもいた。本図では太陽が惑星を支配しているが、明らかにその他の星への影響力はない。

■215–216

1603年――――ドイツの地図製作者ヨーハン・バイヤーによる『ウラノメトリア』は、それ以前の星図から大躍進を果たしたものと考えられているが、その理由は、ギリシア語とラテン語で星の規模体系が描かれていることと、グリッド・システムによる高精度のもとで星の位置を計測できることにある。本星図は天球の外側ではなく内側、つまり地球からの視点で描かれている。ここに挙げたのはぎょしゃ座（図**215**）とアルゴ座（図**216**）の手彩色プレー

215

216

トで、図**216**のイアソンと彼の乗員が乗る船〈アルゴ〉号を象（かたど）った星座は、クラウディオス・プトレマイオスによる48星座のうち現在ただひとつ認められていない。このプトレマイオスによる船の星座は、大きすぎるという理由で18世紀後半の天文学者たちに“破壊”され、今はりゅうこつ座、とも（艫）座、らしんばん座、ほ（帆）座になっている。また一方、ぎょしゃ座が羊飼いの姿をとるのには、興味深い系譜が関わっている。背後にある星々はメソポタミア天文学で羊飼いの杖とみなされており、その後ベドウィン［アラビアの遊牧民］の天文学者が羊の群れとした。やがてこれらが混淆して、ここに挙げた図のように羊を抱える羊飼いとなったのである。バイヤーの描写では“彼自身”と鞭紐に重さがなく、まるで“天の川”を飛んでいるかのように見える。

■217

1610年——1609年から1610年の冬の夜、月や惑星と同様に星々の観測も行っていたガリレオは天啓を受けた。それらが惑星さながらの円盤状の形態をとっているとはさすがに思わなかったものの、肉眼で見る以上の多くの数量が観測できたのだ（のちに彼は、円盤状の星が見えたと断言する矛盾にみずから陥った——当時最も強力だった望遠鏡でもそうしたものはまだ見えないはずで、機器が生み出した回折（かいせつ）によって混乱していたのだ）。『星界の報告』所収のプレアデス星団を描いた本図では、新たに眼前に開けた星々の群れが頁からはじけ飛びそうだ。空が澄み渡る夜、地上から肉眼で見られるプレアデスの星はおおむね6つだけで、ガリレオの望遠鏡は視認される星の数を一気に押し上げたのである。青銅器時代の同星団の描写と考えられている1点は図**49**。

▶他の『星界の報告』作品は **56**、**167** の各図

PLEIADVM CONSTELLATIO.

Quòd tertio loco à nobis fuit obſeruatum, eſt ipſiuſmet LACTEI Circuli eſſentia, ſeu materies, quam Perſpicilli beneficio adeò ad ſenſum licet intueri, vt & altercationes omnes, quæ per tot ſæcula Philoſophos excruciarunt ab oculata certitudine dirimantur, noſque à verboſis diſputationibus liberemur. Eſt enim GALAXYA nihil aliud, quam innumerarum Stellarum coaceruatim conſitarum congeries; in quamcunq; enim regionem illius Perſpicillum dirigas, ſtatim Stellarum ingens frequentia ſe ſe in conſpectum profert, quarum complures ſatis magnæ, ac valde conſpicuæ videntur; ſed exiguarum multitudo prorſus inexplorabilis eſt.

At cum non tantum in GALAXYA lacteus ille candor, veluti albicantis nubis ſpectetur, ſed complures conſimilis coloris areolæ ſparſim per æthera ſubfulgeant, ſi in illarum quamlibet Specillum conuertas Stellarum conſtipatarum cętum

218

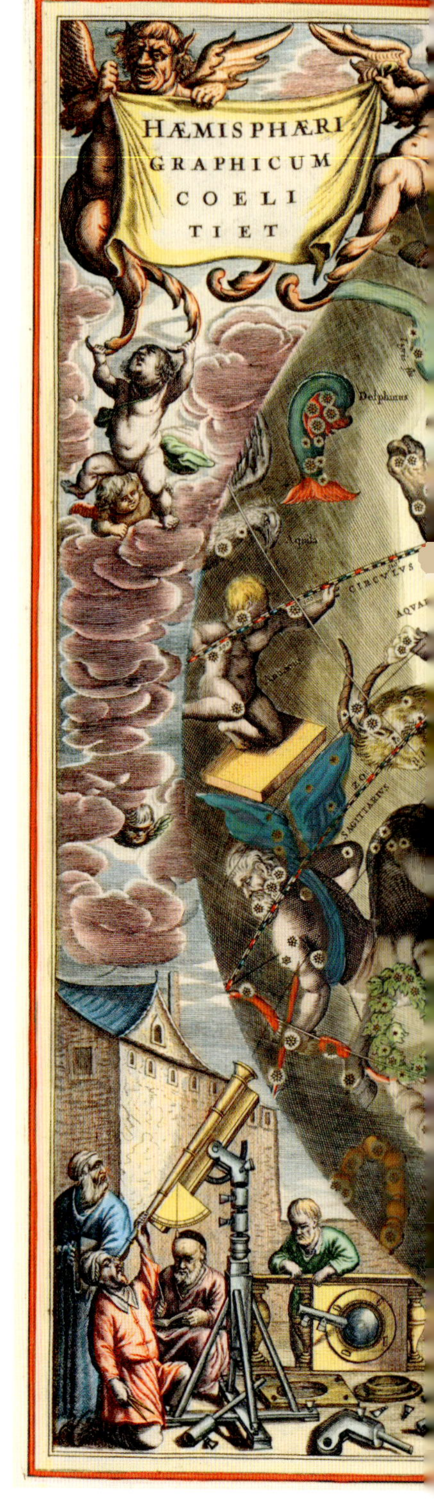

■218

1627年———同じアウクスブルクで活躍したヨーハン・バイヤーの『ウラノメトリア』に触発されたと思われる法律家ユリウス・シラーは、バイヤーの力も借りてみずからの星図を出版したが、『キリスト者の星界』*Coelum stellatum christianum* という書名のとおり、そこでは"異教的"な星座が旧約・新約の両聖書の人やものに代えられていた。獣帯の12星座は12使徒に、そして黄金の羊を探すイアソンが駆るギリシアの多段櫂ガレー船〈アルゴ〉号は、本図のとおりノアの方舟になった。シラーのキリスト教的な星座が人気を呼ぶことはなかったものの、アンドレアス・セラリウスが1660年の自著『大宇宙の調和』中の星図で当時のそれを採用している。

■219–220

1660年———**図219**：アンドレアス・セラリウスの『大宇宙の調和』所収の本図は、天球の新しいとらえ方を示した4プレートのひとつだ。デューラーの南天図（**図212**）とアピアヌスの北天図（**図213**）も同じく地球からの視点だが、背景は描かれていなかった。しかし同書では、セラリウスと組んだアムステルダムの印刷者が雇った版画家の洞察力が反映されている。地球が天球の中心にあるとするなら、外側から見たときには透明の壁のうしろに地球が見えるはずなのだ。ここでは南天と南半球が一望できる——天球図と地球図が合体しているのだ。

☆

図 220：セラリウスの書に所収の同一視点による北天の星図（部分）。天球の外側からの視点でありながら、地球と天空をともに眺められる。

▶他のセラリウス作品は **30**、**64**、**104–105**、**125–126**、**168** の各図

Ursa Major
Gyraffa Ca
melopardalis
Iordanis flu.
LEO
CANCER
Cor Leo-
nis
Circulus

Cepheus
Draco
Cygnus
Olor
Lyra
Engonasi
Hercules Alchet
Corona
Septen.
Gnoßia Cor.
MAR
Serpens
Ophiuchi
Bootes
Bubulcus
DEL
ZVR.
AMERI
Circulus Arcticus
Mare Tarta
Minor

221

222

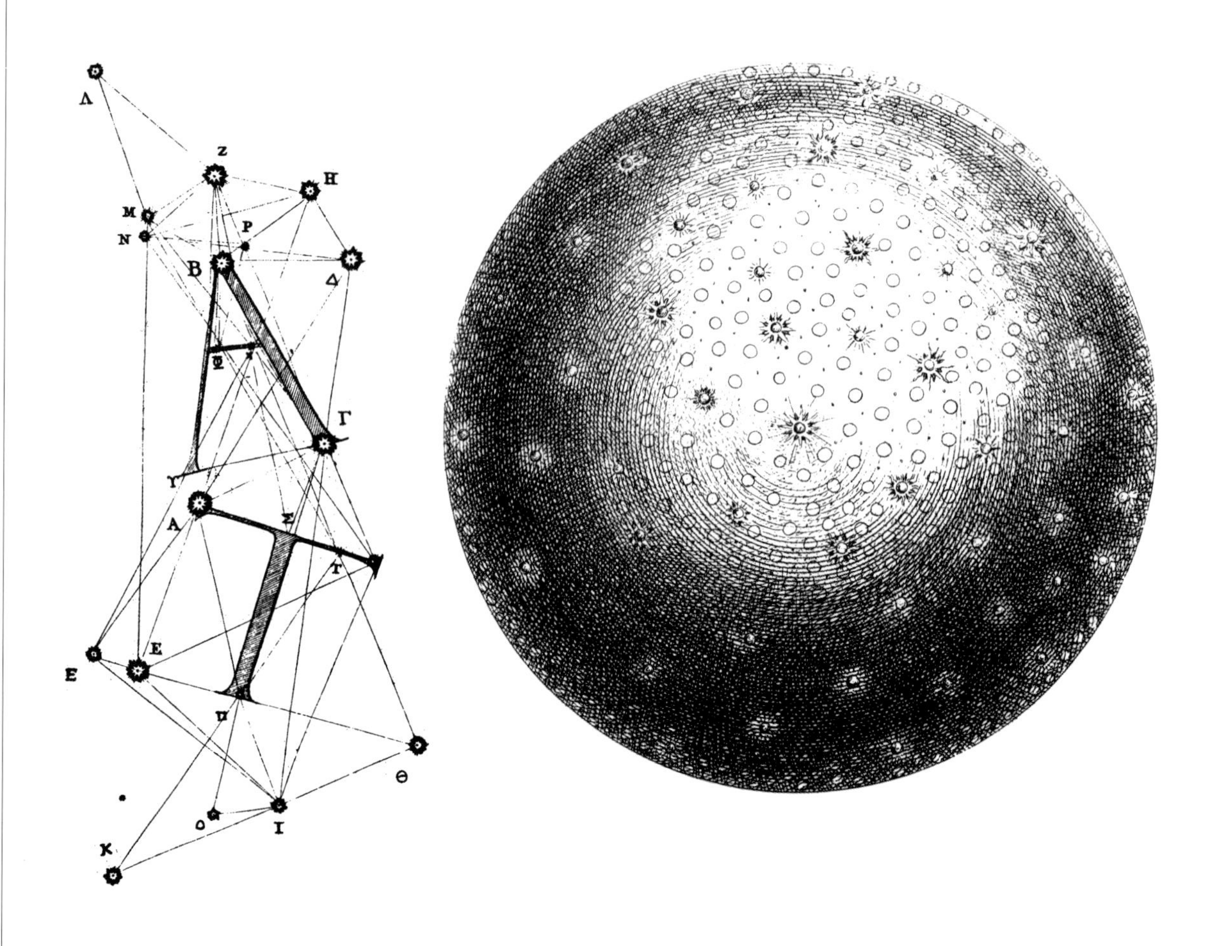

■221–223

1750年————イングランドの天文学者トマス・ライトは18世紀末に、それまで確実だとみなされていた宇宙の形状と構造についての意義ある疑問に取り組んだ。彼は1750年の『宇宙の新理論もしくは新仮説』で「すべての星は、おそらくは動いている」という説を提示した。

図 221：ライトはみずからの仮説を検証するために新しい星座図をつくり、試作としてプレアデス星団を取り上げた（同星団は図 **217** にも掲載）。彼は、もしAあるいはTの星々のいずれかが10年もしくは20年で位置を変えたなら、自説の正当性が証明されるとした。

図 222：動く星々の巨大な集まりは本図にあるように「共通の中心のまわりで（……）全般的な運動をする」こともライトによる仮説のひとつだった。彼は現在は楕円銀河と言われている、ほぼ球形の形状を直感したのである。

図 223：構造に関するもうひとつの原則は「天体のある種の“規則的不規則性”」であり、それはつまり銀河規模になった個々の星の集まりだった。「平原のように広がっている」様を想像するよう訴え、地球をAで示し［画面中央の集中線］、他の文字で表した星々が地球からの視点では平原上の「光の帯」にあると説明した。まさに、天の川銀河を太陽系内から見た姿だ。それから彼は、もしすべてが動いているという前提に同意するのなら、直線ではなくむしろ「軌道上」を動いていると考えるのが合理的だと主張し、本図をして「同じ平原からさして ずれない」場合にとられる形状だと述べた。渦状腕をもつ平らな円盤を想像することのなかったライトだが、現在では渦巻銀河と呼ばれる形状に理論上たどりついていたのだ。

▶他のライト作品は **132–133** の各図

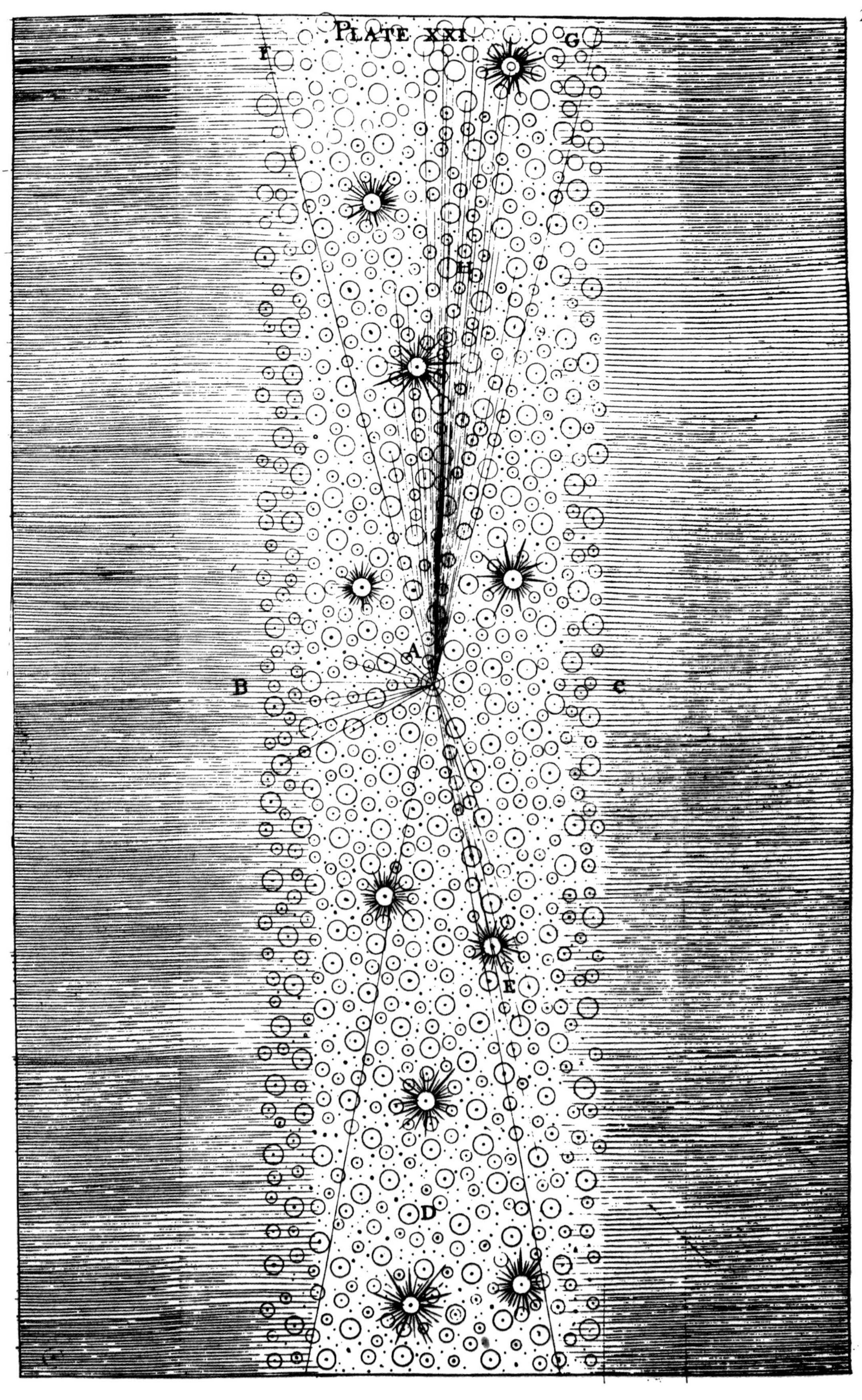
PLATE XXI
F
G
H
A
B
C
E
D
223

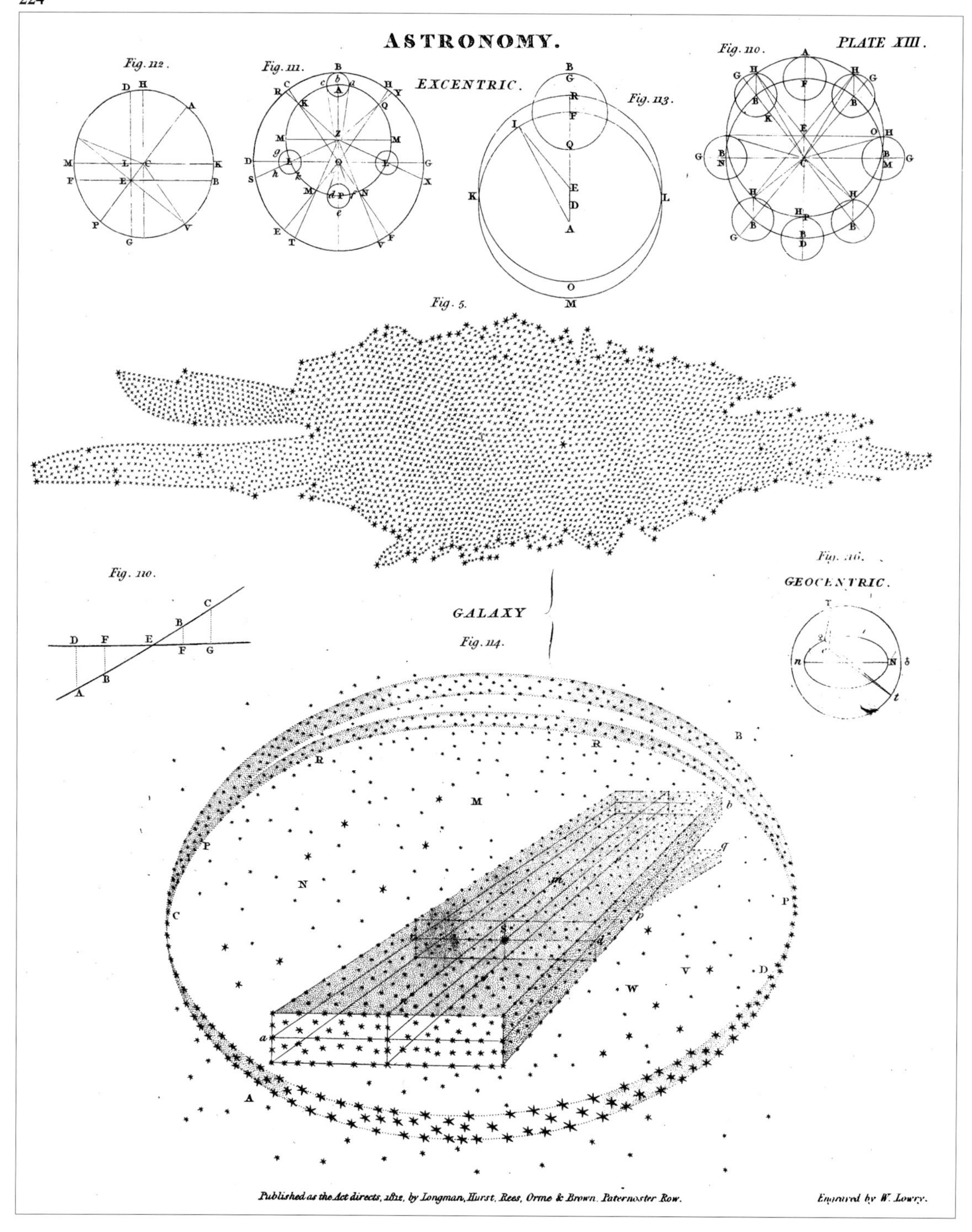

■224

1785年――――ウィリアム・ハーシェルはおそらくトマス・ライトのことなど知らなかっただろうが、ライトの30年後に、天の川銀河が望遠鏡で見る曖昧な光の塊に類似した「分離した星雲」であることを確信していると書いた。また彼は、これらの星雲の一部は天の川銀河より大きいと考えられるとも述べていた。データを利用して“人類の銀河”を表現できる時代が来ると、ハーシェルはひたすら“星の蒐集”に腐心するようになったが、自身の計測図においては天の川銀河が真に平らな円盤状だとは推論できていない。その理由は、彼の採った手法が星の一様な分布を仮定していたこと、そして銀河ガスと塵の遮蔽によって不可能であるにも

■225

1847–49年———頭上に広がる星空の円蓋という発想がきわめて効果的に表現されているのが、ここに挙げたプロイセンの建築家、画家、舞台設計家による、モーツァルトの「魔笛」第6幕第1場の図だろう。「夜の女王の宮殿における星の間（ま）」と題された舞台装置には、“秩序ある星空”という感覚がある。製作者が、プロイセン王国の鉄十字勲章をデザインした人物［カルル・フリードリヒ・シンケル］と聞けば納得がいくかもしれない。

225

かかわらず一定程度の精度をもつ望遠鏡ですべての星々を見られると仮定していたことにある。中央の図における不規則な形状は、ハーシェルが「星の計量（スター・ゲイジング）」とみずから呼んだ手法を用いて描いた天の川銀河で、中心からやや右の大きな星のしるしが太陽系だとされている（下図は太陽の推定位置における断面図）。ハーシェルの図は、トマス・ライトの図よりはるかによく知られているためか、しばしば天の川銀河の形状を描いた初の試みとされる。

226

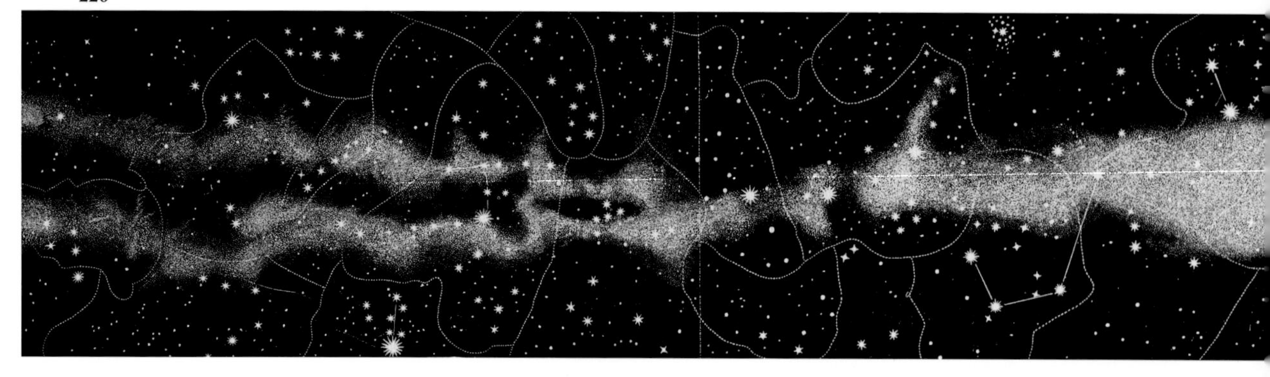

227

■226–227

1866年————北半球と南半球から見た天の川銀河を描いたこれら2つの図版は、フランスの天文学者、植物学者のエマニュエル・リエの『天界』に所収。1874年から1881年までリオ・デ・ジャネイロにある国立天文台の台長を務めていたリエは、南半球の空を観測する機会に恵まれていた。天の川銀河は、トマス・ライトが正しく推論したとおりに太陽系をその中に容れているため、地球から見える空の360度にわたって薄帯のように広がっている。

▶他の『天界』作品は **71–75、291–294** の各図

■228

1874–76年————フランスの画家、天文学者のエティエンヌ・トルーヴェロによる本図は、現代の映像技術なしで描かれたとは思えないほど繊細で説得力がある。これは1881年にチャールズ・スクリブナーズ・サンズ社が出版した多色刷石版画だが、そもそも1870年代半ばのパステルによる習作が基になっている。銀河の光がかすかな波のように反射し、水平線の彼方にうかがえる帆をいっぱいに広げた高速船の索具を星が照らす様に注目されたい。トルーヴェロは、彼自身が生み出したある特殊分野における、まさに名匠だった。

▶他のトルーヴェロ作品は **81、108–109、138、173–175、258、280、282–283** の各図

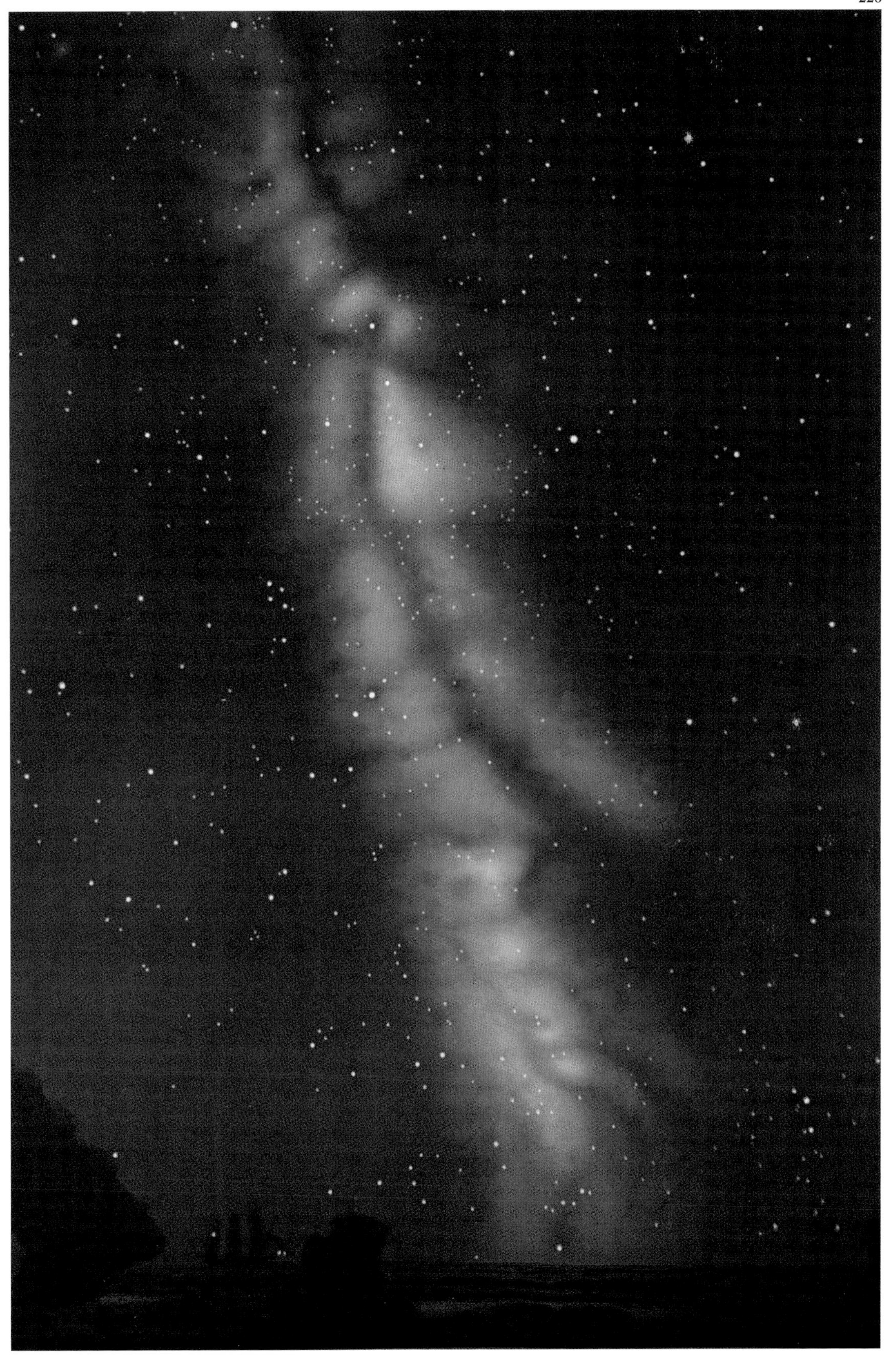

229

THE MIDNIGHT SKY AT LONDON, LOOKING SOUTH, JUNE 15.

230

THE MIDNIGHT SKY AT LONDON, LOOKING SOUTH, FEBRUARY 15.

231

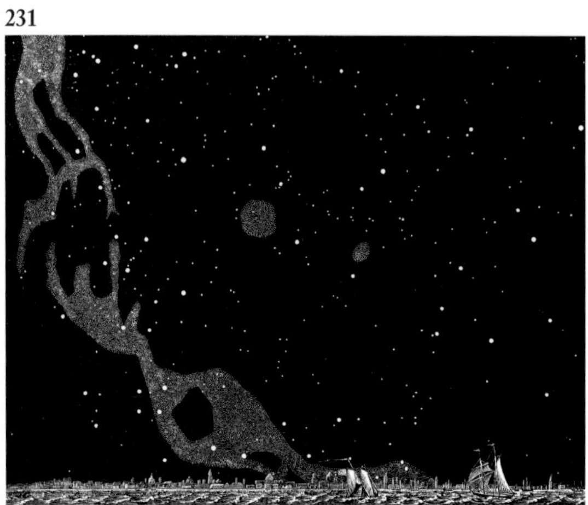

LOOKING SOUTH, NOVEMBER 15. *(Buenos Ayres.)*

232

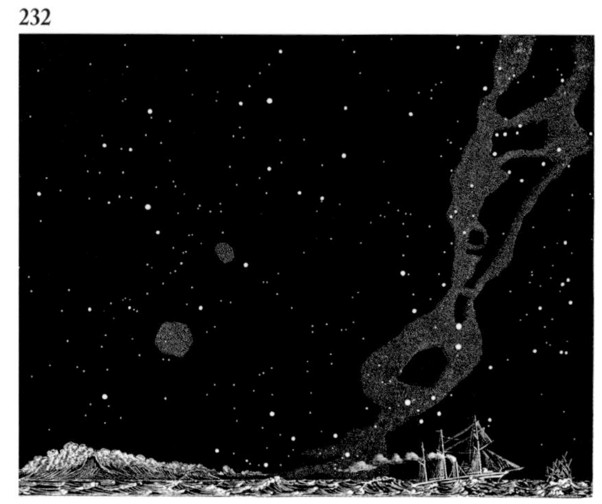

LOOKING SOUTH, AUGUST 15. *(Table Mountain, under the South-east Cloud.)*

■229–232

1869年———イングランドの天文学者でありグリニッジ王立天文台職員だったエドウィン・ダンキンは、1860年代に天の川銀河の軌道傾斜角と、ある特定の夜にロンドンと南半球からどの星が地平線上に見えるのかとを正確に計算し、同年代の終わりに星図に前景を組み合わせた32プレートを収録した『真夜中の空』*The Midnight Sky* を出版した。図は6月15日と2月15日のロンドン（図**229**、図**230**）、11月15日のブエノスアイレス（図**231**）、8月15日のケープタウンのテーブルマウンテン（図**232**）で、すべてが南の空を向いている。注目すべきは下2点にマゼラン雲が描かれていることだ。マゼラン雲は天の川銀河に最も近い伴銀河で［2017年現在、この定説は修正されつつある］、南半球で観測される。

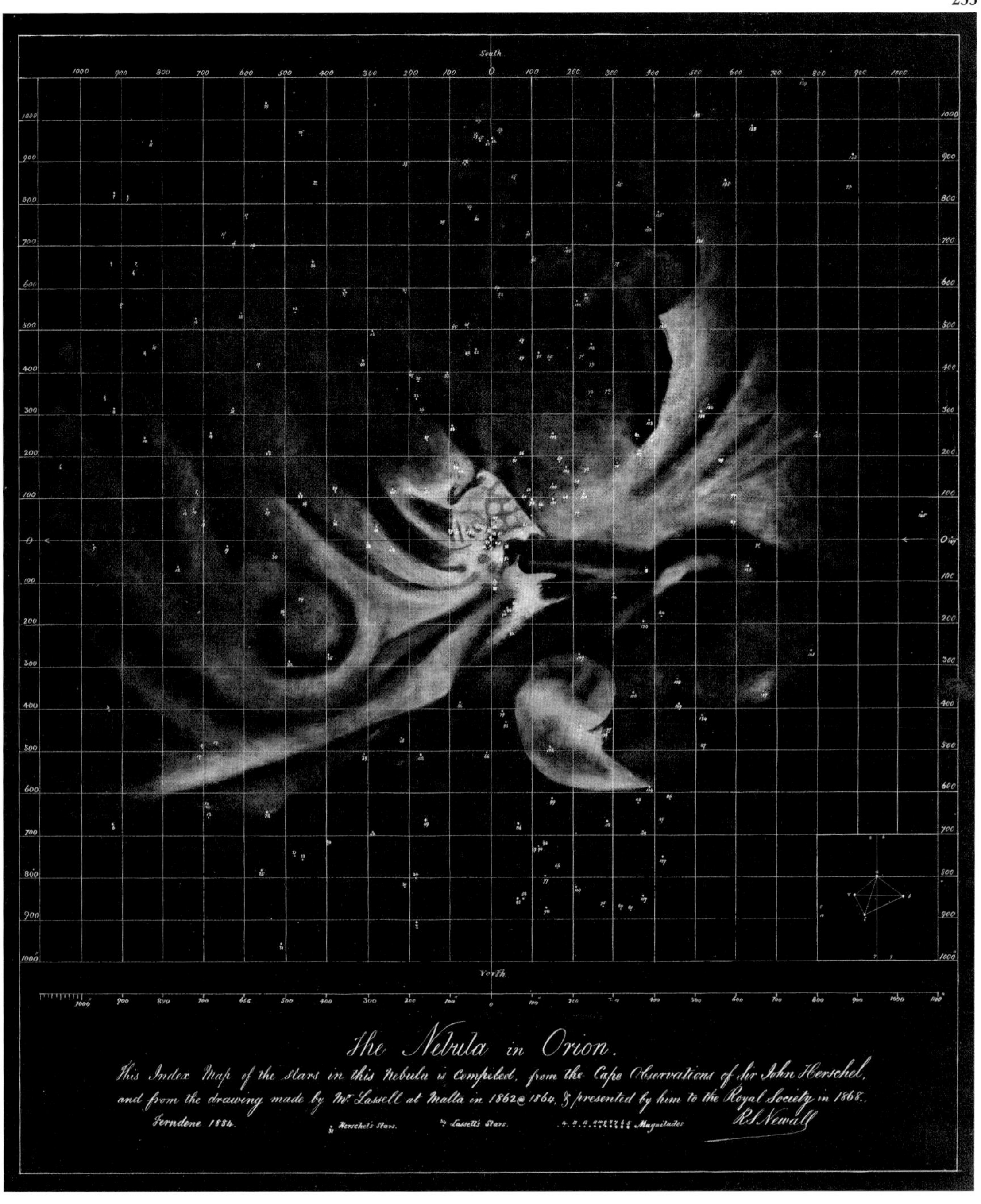

■233

1884年———スコットランドの技師、天文学者のロバート・スターリング・ニューオールによる、オリオン大星雲内の星を示した詳細星図。ごく初期のインターネットとも言える海底電信ケーブルを改良し敷設したことでよく知られているニューオールは天文学者でもあり、世界最大級の屈折望遠鏡をつくるため、技師としての成功によって蓄えた富を費やした。もっとも本星図は彼自身の観測ではなく、1830年代初期にジョン・ハーシェルがケープタウンで行った観測に基づいている。

■234

1948年――――チェコの天文学者アントニーン・ベツヴァールは1940年代にスロヴァキアのタトラ山脈にあるスカルナテ・プレソ天文台で研究を行い、恒星や銀河、星雲、宇宙塵の雲といった太陽系外天体の膨大な索引を編纂した。そして1948年、チェコ天文学会がベツヴァールの手描きによる図16点を収めた『スカルナテ・プレソ星図』の初版を発表する。同書は星図製作における大きな前進で、同年に国際市場へと紹介されるやまたたく間に評判を呼び、大半の天文台と何千人という天文学愛好家がこれを購入した。天の川銀河領域にあり、特徴的な濃い分子雲をもつペルセウス座（PERSEUS）が、本図を横切る青のグラデーション中央に表されている。例年のペルセウス座流星群は夜空のこの地域からやってくるのだ。図右には隣接するアンドロメダ座（ANDROMEDA）があり、彼方にあるアンドロメダ銀河［(NGC) 224M31］が赤い楕円によって表されている。その左下にはまた別の銀河となるさんかく座銀河［(NGC) 598M33］が見える。いずれも“人類の太陽系”がある局部銀河群の一員だ。

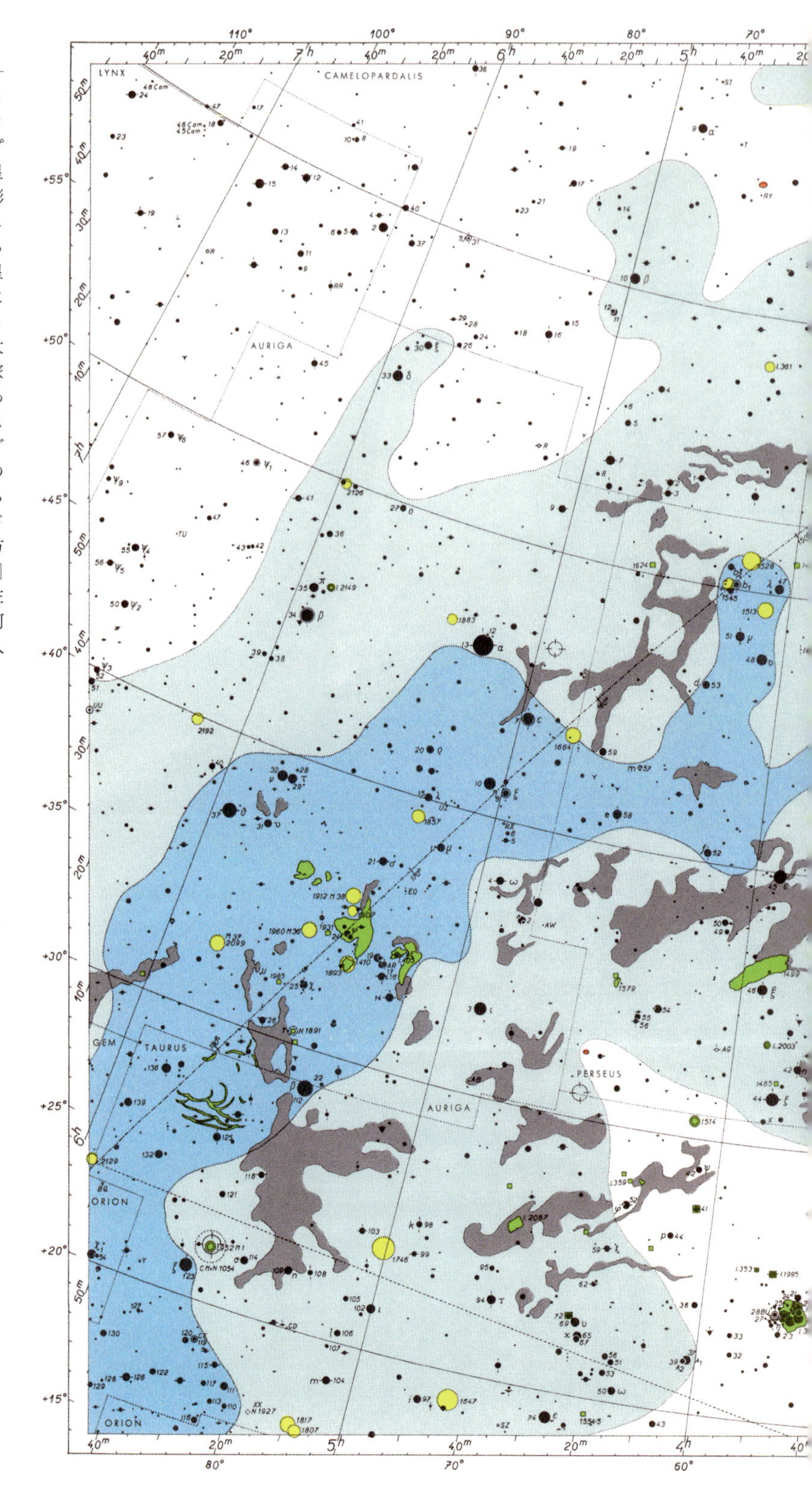

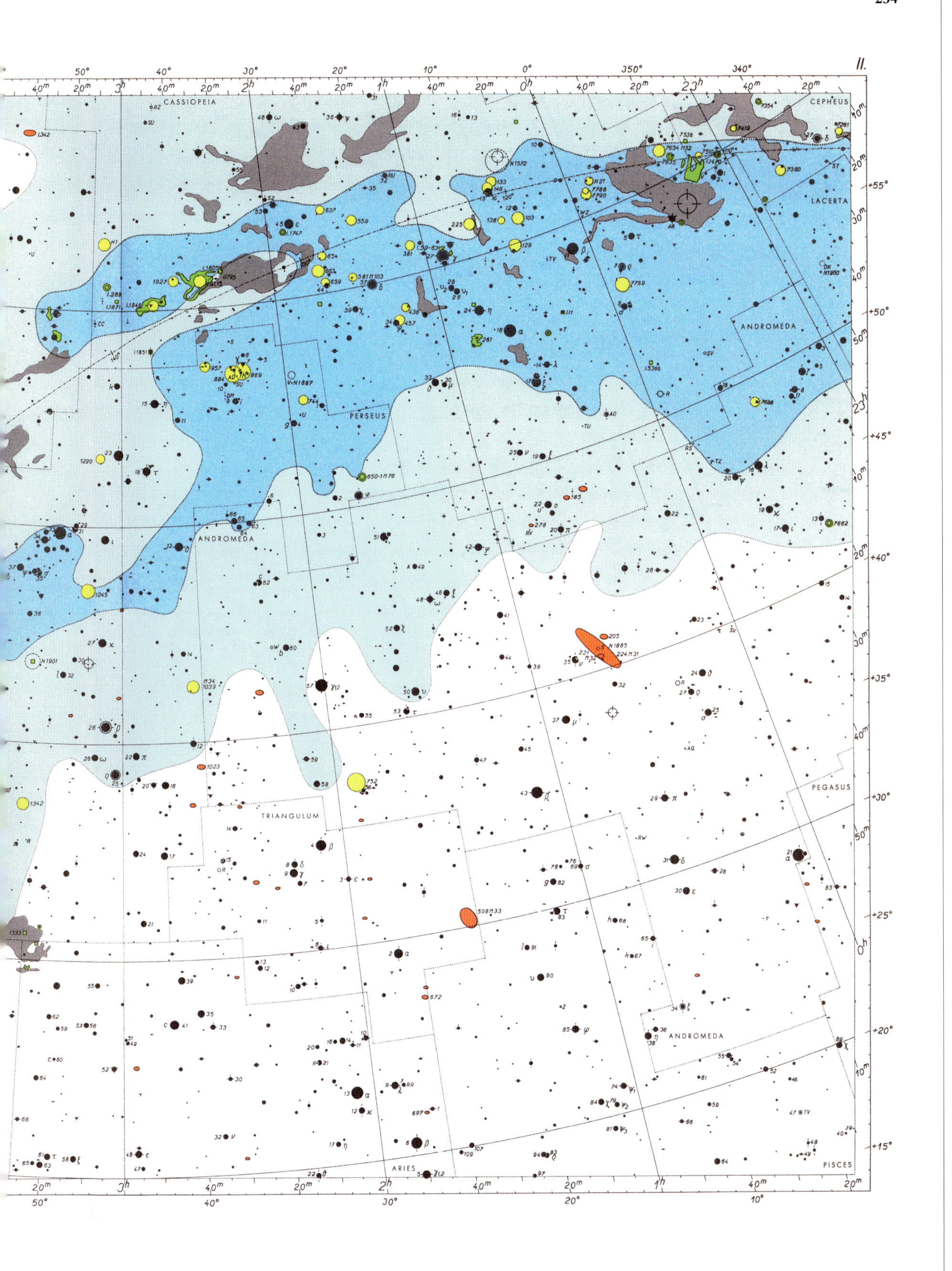
II.
CASSIOPEIA
CEPHEUS
LACERTA
ANDROMEDA
PERSEUS
TRIANGULUM
PEGASUS
ARIES
PISCES

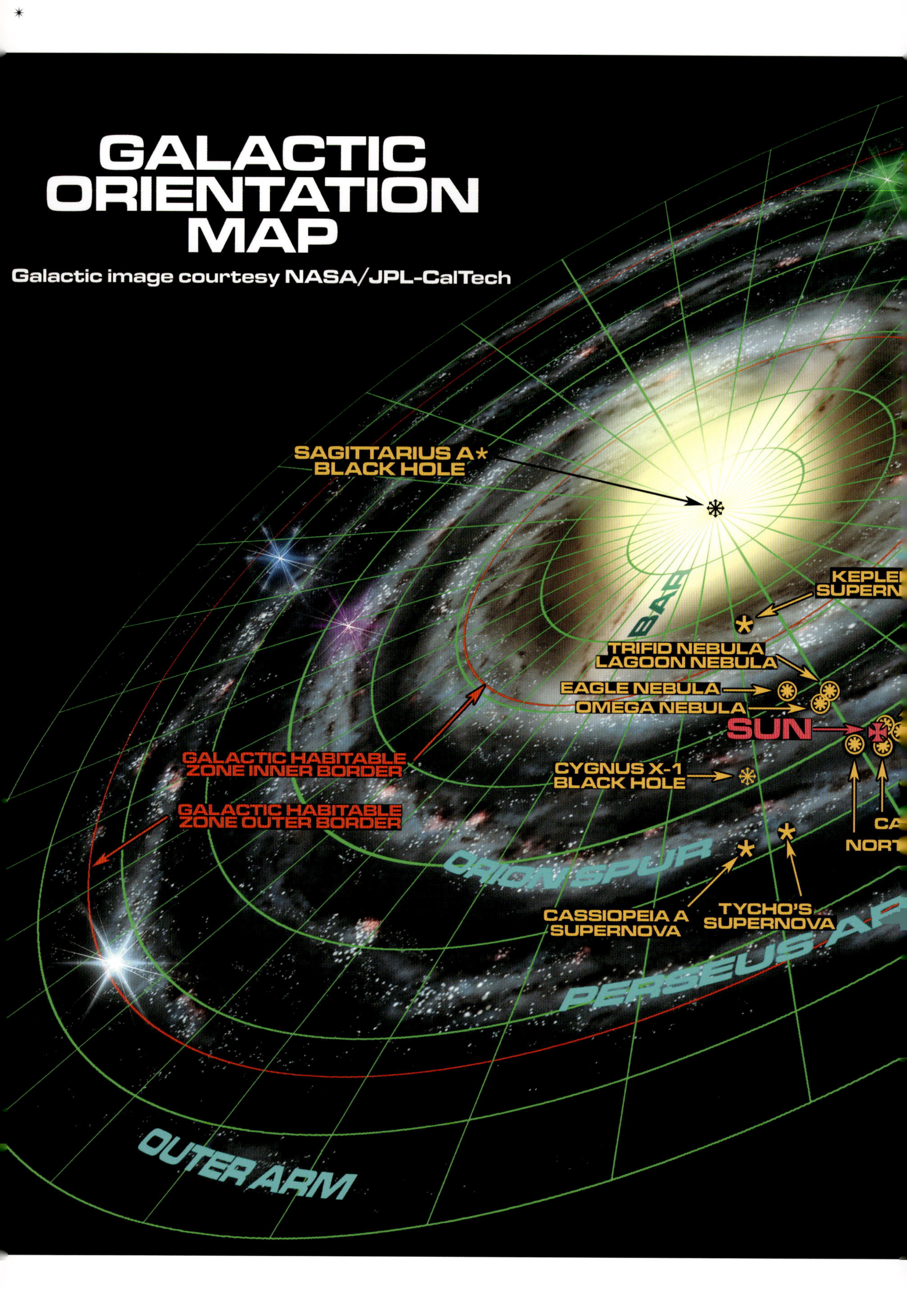
GALACTIC ORIENTATION MAP
Galactic image courtesy NASA/JPL-CalTech
SAGITTARIUS A* BLACK HOLE
BAR
TRIFID NEBULA
LAGOON NEBULA
EAGLE NEBULA
OMEGA NEBULA
SUN
CYGNUS X-1 BLACK HOLE
GALACTIC HABITABLE ZONE INNER BORDER
GALACTIC HABITABLE ZONE OUTER BORDER
ORION SPUR
CASSIOPEIA A SUPERNOVA
TYCHO'S SUPERNOVA
PERSEUS
OUTER ARM

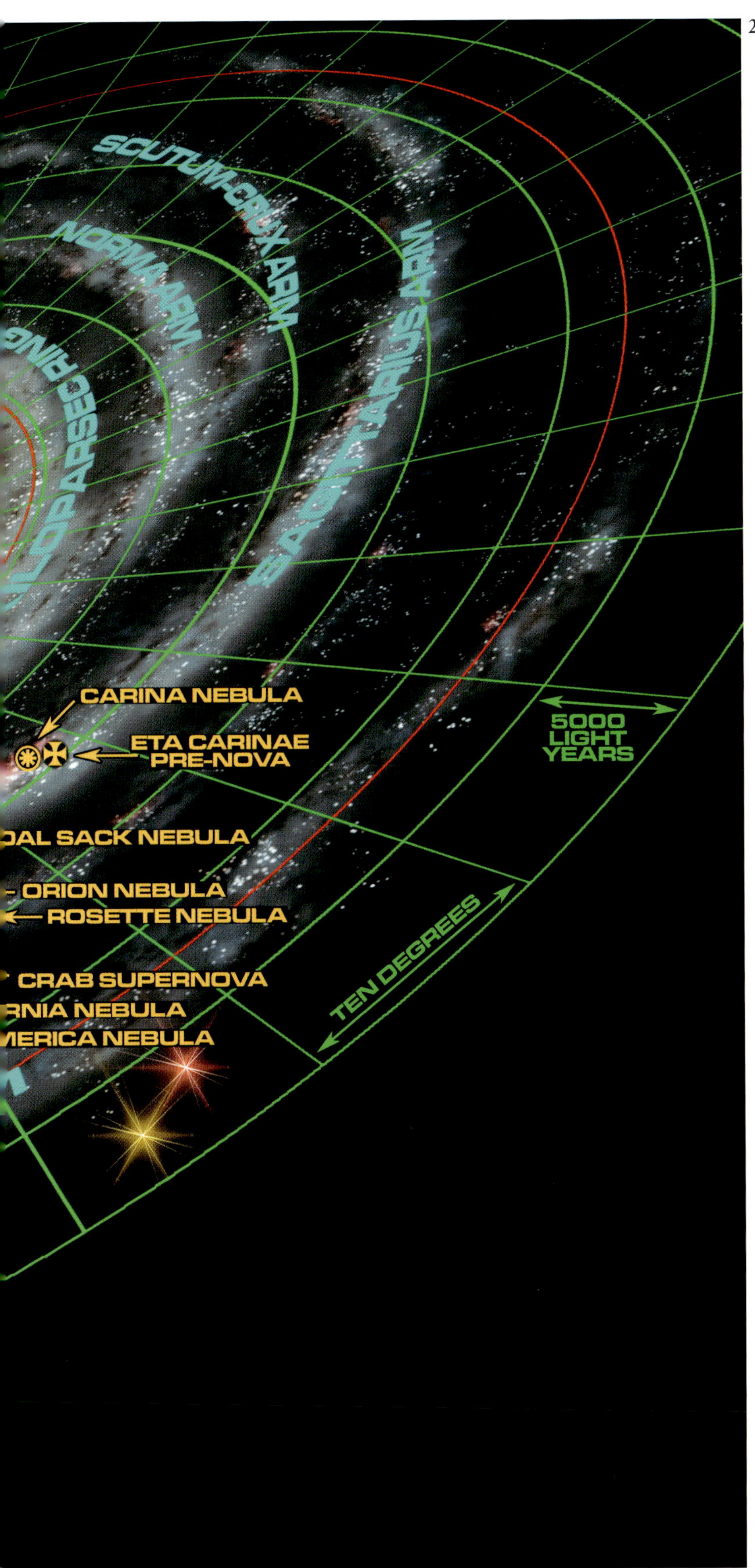

■235

2007年――20世紀を通じて広範囲にわたる星図製作が行われてきたものの、"人類の銀河"の構造を描き出そうという試みは驚くほど少なかった。理由の一部は、その多くが濃い塵や分子雲で遮られているため、推定の域を出ないことにある。銀河の基本的なデザインはわかっている。人類が住んでいる場所は厚さ約1000光年、直径約10万光年に及ぶ渦巻銀河の、中心核からほぼ4分の3付近にある。しかしまだ、細部の多くが議論の対象だ。この『銀河方位図』*Galactic Orientation Map* は、ソフトウェア・エンジニア、天体図製作者のウィンチェル・D・チャン・ジュニアが手がけた。オリオン弧（ORION SPUR）の内側に太陽系があり、そのまわりを天の川銀河の太陽系領域にある16の主要星雲とその他の天体が取り囲んでいる。

■236

2005–08 年―――スピッツァー宇宙望遠鏡の観測画像を担当する科学者ロバート・ハントが作成した本図は、現代の天の川銀河の描写としてはとりわけよく知られている。スピッツァーは赤外線望遠鏡であるため、可視波長光では見通せない濃い塵雲をもつ銀河領域であっても探査が行える。2003 年のスピッツァー打ち上げから間もなく、以前は遮られていた領域の映像によって、それまでの議論で達していた「天の川銀河の大型渦状腕は、ペルセウス腕（Perseus Arm）とたて・ケンタウルス腕（Scutum – Centaurus Arm）の 2 つしかない」という結論が補強された。本星図では、いて（射手）腕（Sagittarius Arm）とじょうぎ腕（Norma Arm）は支流に格下げになっている。何世紀にもわたっているこの種の“降格”に従って、地球が周回している太陽は最近まで独立した 2 本めの腕内にあると考えられていたが、ここではオリオン腕内に移動している。1990 年代から多くの天文学者が天の川銀河は中心核のまわりで棒状になっていると想定してきたが、スピッツァーのデータはその棒は想定より広範囲にわたっていると示唆している。ハントの星図は NASA の主要宇宙望遠鏡による研究に裏打ちされているが、多くの点でまだ議論の余地がある。4 本腕の銀河や、さらには棒のない銀河を示唆する正反対の証拠もあるのだ。

236

■237

2007年―――ウィンチェル・チャンによる天の川銀河内の太陽系を中心とした直径3000光年区域の星図には、最も明るい「標識」となる星だけが記されている。最初の1000光年だけで1000万もの星があるからだ。画面下部の写真からわかるように、天文学者によく知られている星雲の多くは地球から3000光年内の距離にある。銀河の中心方向（COREWARD）は図の右側。

■238

2008年―――天の川銀河には大量に水素があるため、天文学におけるあるイメージ化テクニックが特に有効となる。収集するデータを水素の記録に最適なHαスペクトル線と呼ばれる狭い波長に限定する方法だ。ここにある天の川銀河の中心を向いた画像は、天体物理学者ダグラス・フィンクバイナーのHα線観測に基づいている。画像は星図製作者ケヴィン・ジャーディンのサイトGalaxyMap.orgのインタラクティヴマップ「Milky Way Explorer」内にある（図中の丸囲みは分類された星雲）。

237

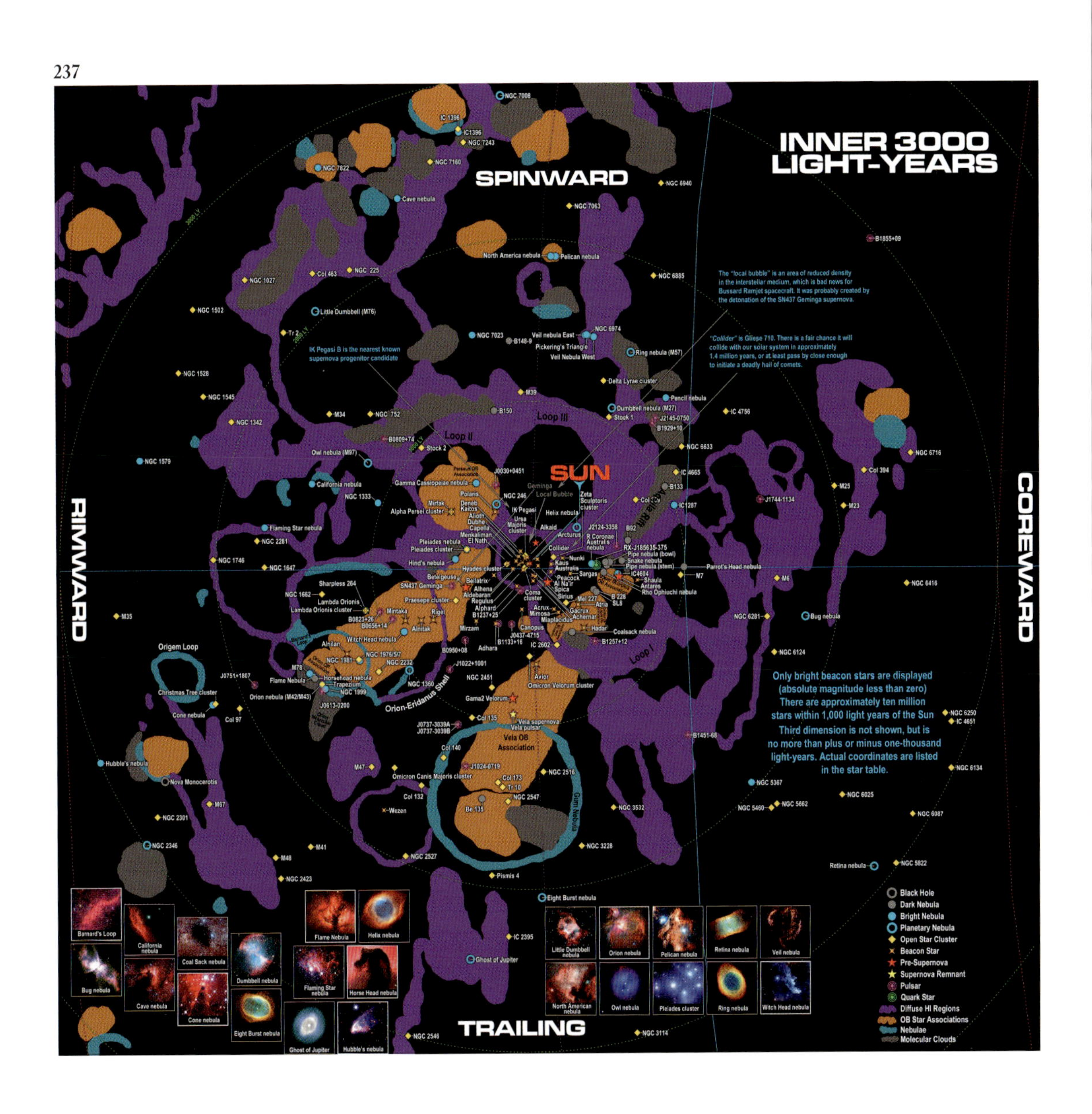

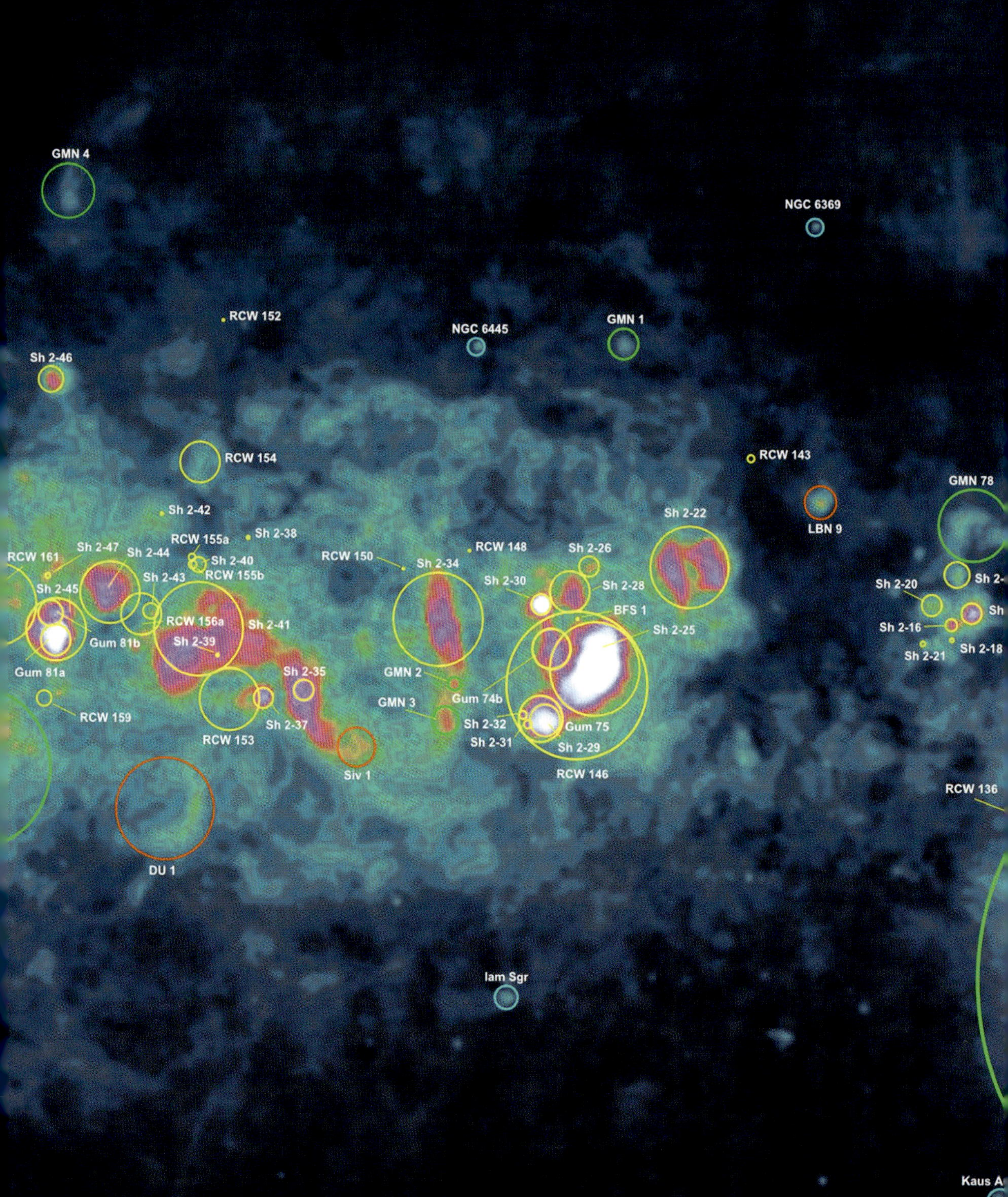

GMN 4
NGC 6369
RCW 152
NGC 6445
GMN 1
Sh 2-46
RCW 154
RCW 143
GMN 78
LBN 9
Sh 2-42
Sh 2-38
RCW 155a
Sh 2-22
RCW 148
Sh 2-26
Sh 2-47
Sh 2-44
RCW 161
Sh 2-40
RCW 155b
RCW 150
Sh 2-34
Sh 2-30
Sh 2-28
Sh 2-43
Sh 2-45
Sh 2-20
BFS 1
RCW 156a
Sh 2-41
Sh 2-25
Sh 2-16
Gum 81b
Sh 2-39
Sh 2-21
Sh 2-18
Gum 81a
Sh 2-35
GMN 2
Gum 74b
GMN 3
RCW 159
Sh 2-32
Gum 75
Sh 2-37
Sh 2-31
RCW 153
Sh 2-29
Siv 1
RCW 146
RCW 136
DU 1
lam Sgr

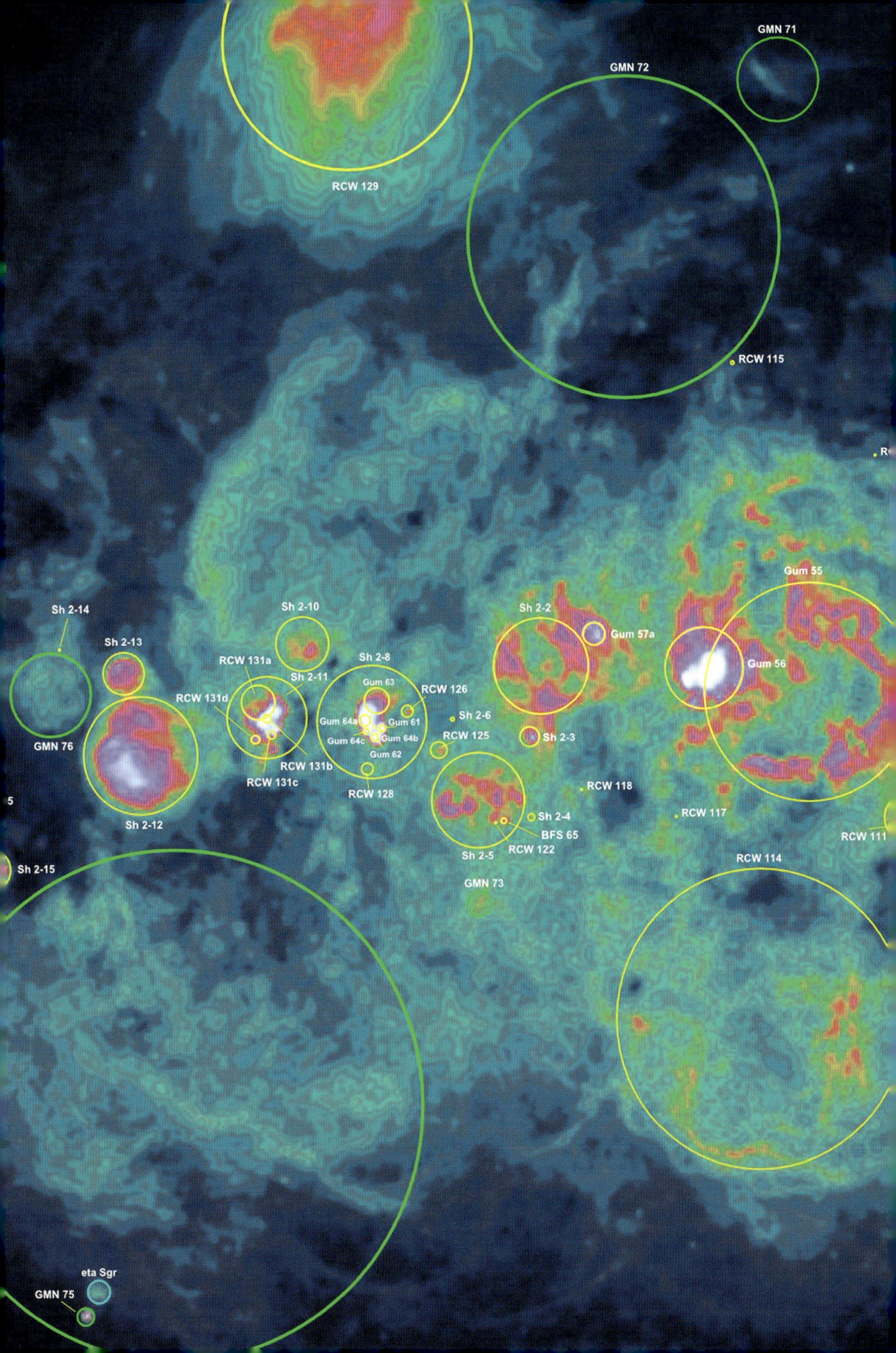
GMN 71
GMN 72
RCW 129
RCW 115
Gum 55
Sh 2-2
Gum 57a
Gum 56
Sh 2-10
Sh 2-14
Sh 2-13
RCW 131a
Sh 2-8
Sh 2-11
RCW 131d
Gum 63
RCW 126
Gum 64a
Gum 61
Sh 2-6
Gum 64c
Gum 64b
RCW 125
Sh 2-3
GMN 76
Gum 62
RCW 131b
RCW 131c
RCW 128
RCW 118
Sh 2-12
Sh 2-4
RCW 117
BFS 65
RCW 111
RCW 122
Sh 2-5
Sh 2-15
RCW 114
GMN 73
eta Sgr
GMN 75

第8章

食と太陽面通過

Eclipses and Transits

> 墓は口を開いて、経帷子の死人の群れが、／わけのわからぬ叫び声を発して街をうろつき、／星は炎の尾を引き、露は血の色に染まり、／太陽はむしばまれ、大海原を支配する／月も、この世の終わりを告げるかのように／病み蒼ざめたという（……）
> ―――シェイクスピア『ハムレット』*Hamlet*、第1幕第1場、ホレーシオの台詞
> ［全集23所収、小田島雄志訳、白水uブックスより］

歴史を通じて常に、“食”はたいへん不吉な知らせだと考えられてきた。関連する凶事の暗示は、語源そのものにも潜んでいる。食、すなわちeclipse（エクリプス）という言葉は「放棄」や「失墜」、「暗くなる」を意味するギリシア語ékleipsis（エクレイプシス）に由来するのだ。インドや中国、オスマン帝国では、日食を見て蛇が太陽を食べると想像し、そのときにはできる限りの大騒ぎをして追い払うため空に矢を放ったりもした。アラビアのロレンスはこの奇妙な慣習を利用し、軍を率いて1917年7月4日夜の月食の折、断崖に建つオスマン帝国の砦を急襲した。対する砦内のオスマン軍兵士は「脅かされている陣を救うために」鍋を叩き、ライフルを撃っていたのである。

日食も月食も、確かに衝撃的な出来事だ。最早期の食の記録の中にヒンドゥーの神話的な楽人アトリの作とされる詩歌がある。これは『リグ・ヴェーダ』*Rig Veda*［『リグ・ヴェーダ讃歌』、辻直四郎訳、岩波文庫］と呼ばれる古サンスクリット語（ヴェーダ語）で書かれた聖歌で、前12世紀頃に現在の形になったと考えられている。一方、1948年にシリアで発見されたエジプト新王国時代にまでさかのぼる粘土板には、前1223年3月5日に起きた皆既日食についての記述がある。また、中国にあって最古となる食観測は周朝の頃、前720年のことだと確認されているし、旧約聖書の「アモス書」に見受けられる明確な日食描写は［「その日が来ると（……）／わたしは真昼に太陽を沈ませ／白昼に大地を闇とする」（8：9）］、アッシリアの年代記『エポニム・カノン』*Eponym Canon*の前763年6月15日から始まる類似の描写で裏づけられる。

同じ頃、バビロニア人は何世紀にもわたって蓄積してきた天文記録を用いて、約18年のサロス周期を見出していた。これは太陽と月、地球がほぼ同じ配置になるまでの期間で、ほぼ同一の日食がこの長く引き延ばされた一定の秩序に基づく間隔を置いて起こるのだ。

★

日食は月が太陽正面を通過するときに起こり、観測者の位置と、月が近地点もしくは遠地点からどれほどの距離にあるかによって、太陽光線の一部かあるいは全部が遮られる。月が遠地点に近い場合、つまり地球からの最大距離にあるときには太陽をすべて遮ることができず、地球の最適な観測地点にいればなお月のまわりに明るい環（わ）が見て取れるのだ。それとは逆に近地点にある場合には太陽を完全に遮り、地球を横切る月の本影に重なった皆既日食が観測できる。

月食は、地球の影が月面に落ちるときに起こる。地球の本影の幅が月2つ分をゆうに超える9000キロ近い値となるため月食の進行は何時間もかかり、そのときに月を向いている地球の半分に当たる夜の地域からそれは眺められる。これとは対照的に、月が地球に投げかける影は細い帯のようなもので、そのため皆既日食は皆既帯のどの地点にいても数分しかつづかない。

日食は、地球で見られる最も壮大で劇的な宇宙からの“しるし”だ。皆既日食の瞬間、昼日中に夜のとばりが落ちて星々が姿を現し、いつもは光球の輝きに隠された外縁にある大気、すなわちコロナ（光冠）が宇宙へと流れ出しているのが見える。通常であれば、巨大なプロミネンス（紅炎）もまた同様にはっきりと識別できるだろう。画家、天文学者のエティエンヌ・トルーヴェロが描いた**図258**さながら、太陽面から外向きに延びていくのだ。日食を、山頂のような高所から

眺めてみてほしい。月の本影が驚くほどの速さで眼下の風景を横切っていく様が観察できるに違いない。そのはかなさと非現実的な力を目の当たりにすると、日食が有史以来の人類文化に大きな影響を与えてきたのも当然のことのように思われる。

月食は、日食ほど変化に富んだ“事件”ではない。しかし、部分月食ではなく皆既月食の場合、月は皆既のあいだ赤みがかったオレンジの光を空へと放つ——この色は地球におけるすべての日没と日の出による間接光が同時に照らすため生まれるのだ（ちなみに地球における月食は、月面で日食として現れるだろう）。

両種の食がともに最も重要な3つの天体の位置を明らかにすると考えられていたこと、そして何年という間隔で同じ配列が繰り返されると知られていたことから、日食も月食も天体力学への理解を前進させる大きな役割を果たしてきた。また、食のときの太陽と月の位置条件は、どちらもかなりな精度で理解されている。日食のときは太陽と月両方の視直径が0.5度となって空を占め、月食のときは太陽と月が互いにちょうど180度の関係となって地球と向き合うのだ。

★

食と同じく、金星による太陽面通過も予測するにはきわめて複雑な天体現象だ。これもまた周期的で、単純に言うと243年ごととなり、内訳としては121.5年と105.5年というちぐはぐな年数のあいだを継ぎ、あるいは隔てるように8年という年数が2つ入り込むのである。望遠鏡なしでの観測が難しいため、古代の天文学者が気づいていた可能性は低いが、こうした出来事をいぶかしんでいた者もあるいはいたかもしれない。水星は金星よりはるかに太陽に近いため、太陽面通過が毎世紀に13回あるいは14回と頻繁に起こる。

金星の太陽面通過を正確に予測し、その後観測した初めての人物が、ジェレマイア・ホロックスという天賦の才に恵まれた20歳のイングランド人青年であることは、天文学史における極上の挿話のひとつに数えられる。彼は1632年から1635年にケンブリッジ大学でコペルニクスやケプラー、ブラーエの研究について学んでいたが——つまり13歳か14歳で入学したことになるのだ［本書で採るホロックスの生年は1619年（1618年説もある）］——おそらくは経済的な事情で退学している。とはいえ天文学への取り組みはつづけ、コペルニクスの地動説とヨハネス・ケプラーの惑星楕円軌道説を固く信じていた。ホロックスは若き天文学者ウィリアム・クラブトゥリーと手紙のやりとりをしていた。2人はともにケプラーの惑星運動と恒星運動に関する天文表を、苦労しながら修正していたのである。それがケプラーによって1627年に発表された『ルドルフ表』*Tabulae rudolphinae astronomicae* で、一部はティコ・ブラーエの観測データにも基づいていた。

ケプラーは亡くなる前年の1629年に、ほどなくやってくるであろう水星の太陽面通過の日を天文学者たちに報じようと小冊子を出版した。この太陽面通過は実際1631年に起こり、ピエール・ガッサンディが観測している（このフランスの天文学者は水星の小ささと完璧な円形に驚きを隠さなかった。当時は惑星がいまだ完全な謎ととらえられていた時代で、あのティコ・ブラーエさえもそれがみずから光を放っているものと推測していた）。ケプラーは小冊子の中で、1631年の金星による太陽面通過も予測していたが、ヨーロッパからは見えない可能性があると注意を促してもいた（実際には地中海東岸では見えたはずだが、観測記録はない）。金星は1639年には通り過ぎないと思われ、次の太陽面通過は1世紀近くのちの1761年まで起こらないだろう、とケプラーは結論づけていた。

ホロックスはケプラーを尊敬していたもののこの偉大な天文学者が正しいことには納得しておらず、ランカシャーの生地リヴァプールや当時住んでいたプレストン近郊のフール村で金星の位置観測をつづけていたこともあり、『ルドルフ表』におけるその惑星の黄緯に誤りを発見したとみずから信じていた。彼の計算によると、金星の太陽面通過は常に8年という年数をあいだに挟んだ2種の年数という各サイクルで起こり、それが正しければ1639年がその世紀2度めで、かつ最後となる太陽面通過となるはずだった。ホロックスはクラブトゥリーに手紙を書き、1639年11月24日に太陽を観測するよう助言した（当時のイングランドはまだユリウス暦を使っていたため、手紙に実記された日付は12月4日となる）。ホロックスは、太陽光を紙に投射する装置を取り付け、望遠鏡を太陽鏡（ヘリオスコープ）に改造した。彼の予測によれば、太陽面通過が3時頃に始まるはずだった。

★

11月24日の日曜は、気がかりな曇り空だった。しかし午後3時15分に「まるで神の介在のように雲が消え去った」。そしてホロックスは「きわめて快い光景」を目にする——太陽の円盤を背景にした金星の暗いシルエットだ。彼の予測は完全に正しく、雲が晴れたときには太陽面通過はすでに始まっていた。その後ホロックスは太陽面通過の様子を日没までのわずか30分のあいだ観測し、紙に描いた6インチ［約15センチ］の目盛盤で、慎重に3回測定を行った。この金星による太陽面通過は望遠鏡が発明されて以来2度めであり、実測されるのは初めてだった。

20歳の天文学者があの偉大なヨハネス・ケプラーに異論をもち、みずからが正しいことを証明してみせたとはいかにも不可思議な成功譚である。クラブトゥリーもまた、雲間からその太陽面通過を目撃していた。おそらく地球上でクラブトゥリーとホロックスの2人だけがこれを目にしていたのだ。のちにクラブトゥリーは、衝撃のあまり「女性のように感情をあらわに」することに抗えなかった、と書いている。

金星が再び、太陽と地球のあいだにある絶え間ない滝さながらにまっすぐ放たれるエネルギーの波に乗り込むよう身構えるときまで——すなわちケプラーが予測していた1761年の太陽面通過まで——国籍を超えた天文学者たちの一団が、観測のためにと地球のあちこちに陣を張った。イングランドとフランス、オーストリアの天文学者は地球で最も離れた場所へと旅をした。彼らの目的は、互いに離れた場所からの各観測によって太陽視差を計り、太陽と地球の距離を確定させることにあった。

イングランドとフランスを巻き込んだ七年戦争のため状況は複雑だったが、1761年の金星による太陽面通過は史上初となる真の国際的な科学協力の機会となった。世界最高の天文学者たちをインド洋やシベリア、南アフリカ、南太平洋、南北アメリカなどへと送り込むためには、後方支援だけに留まらず大量の資材が必要とされた。観測地の正確な経度計測は不可欠であり、一方で広範囲にわたる準備観測もまた重要だった。

太陽面通過の日、予想外の現象が作業を難航させた。金星が太陽の縁に近づくと、光の環が金星のまわりに生じたのである——それまで知られていなかった金星の大気における太陽光の屈折だった。そしてこのあと、「黒滴効果（ブラック・ドロップ）」がつづく。揺れる水滴が惑星と太陽の縁をつないでいるように見える現象で、おそらくは地球の大気によるひずみ、また同時に望遠鏡の光学的な不完全性によって起こるものだ。

この2つによる収差のため、金星の太陽面通過の始まりと終わりのタイミングを正確に計算することが難しくなった——だが、その違いが視差計測のもとになるのである。実際のところ、かなり良好な推定値は、結局1761年における太陽面通過の観測結果から算出された地球と太陽の距離によって求められた。このデータと次回1769年の太陽面通過のタイミングとを合わせて、今も使われる1パーセク（3.26光年）という値が得られたのだ。現代の天体計測の重要な要素である天文単位系は、こうして確立されていく。

★

ジェレマイア・ホロックスについては、『太陽面における金星の観測』*Venus in sole visa* という表題の優雅な論文を著したものの、22歳で訪れた原因不明の突然死によってそれも未刊に終わった。だがこの論文は、21年後にポーランドの天文学者ヨハネス・ヘウェリウスによってついに発表され、その後イングランドでも刊行されることになる。クラブトゥリーはホロックスの死からわずか3年後、イギリスのピューリタン革命によって34歳でこの世を去った。

2人による金星の太陽面通過の観測は、前例のない偉業というだけでなくコペルニクス説の検証という点においても重要事であり、またイギリスの天体物理学の嚆矢ともとらえられる。ホロックスが長らえたとして、どれほどの業績をあげたのかは誰も知ることはできない。ともあれ19世紀後半、ウェストミンスター寺院に大理石製の銘板が埋め込まれた。そこには次のように記されている。

> ジェレマイア・ホロックスを偲んで……1641年1月3日、22歳を迎える頃に死す。その短い生涯のあいだに木星と土星の平均運動における不均衡を見抜き、月の軌道が楕円であることを見出し、月の軌道極点における運動を定め、月の交点の物理的根拠を推定し、そしてみずからの観測によって金星の太陽面通過を予測し、友ウィリアム・クラブトゥリーとともに太陽面通過を1639年11月24日に目撃した。この銘板は、2世紀余りを隔てた1874年12月9日、ニュートン記念碑に向かい合わせて設置されるものである。

★

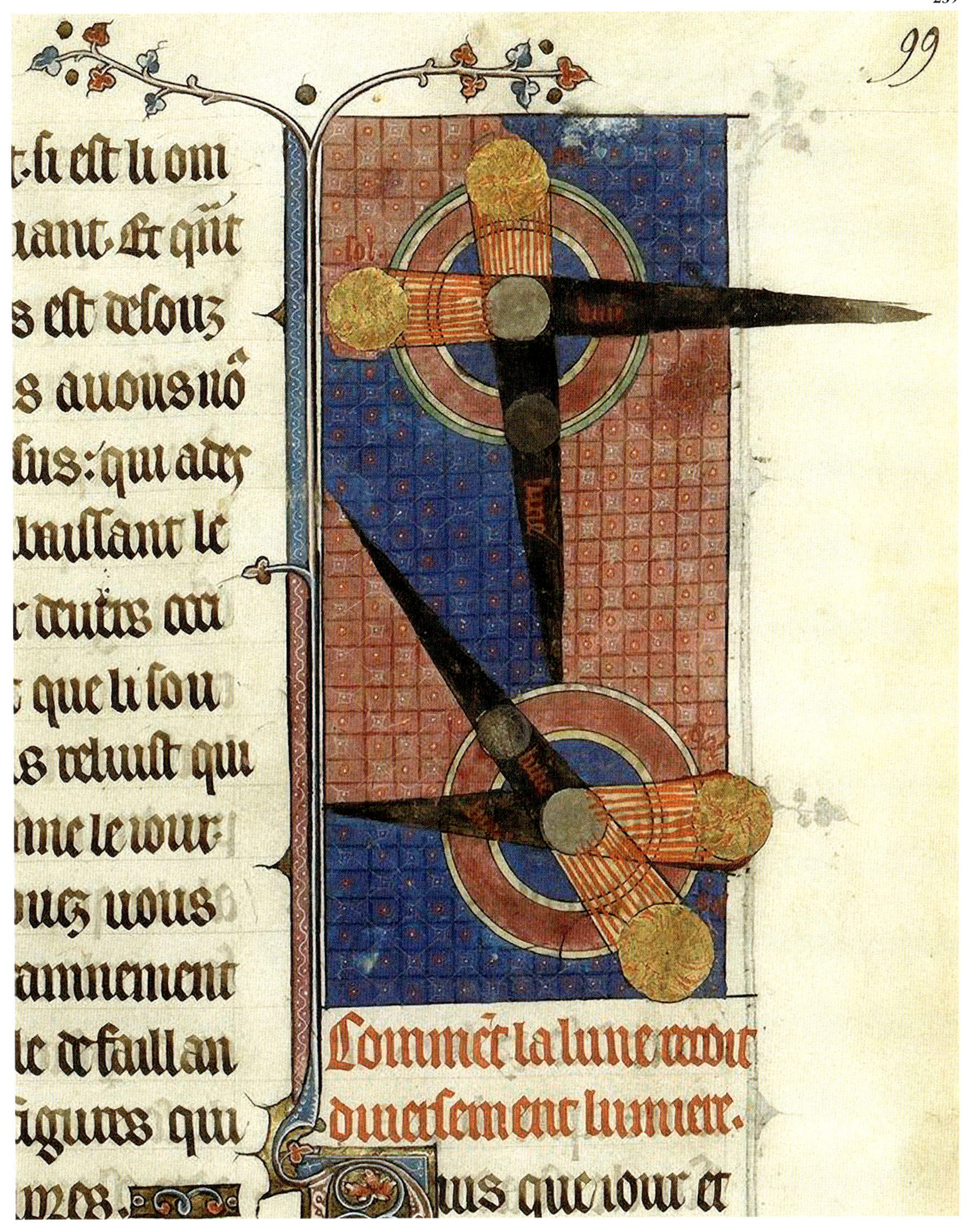

■239

1320–25年――――13世紀初頭のフランスの聖職者詩人ゴシュアン・ド・メッツによる『世界像』*L'image du monde* に所収。本図を掲載した版は一時期ベリー公が所有していた。これほど美しい月食図は同時代の史料にはなかなかみつからないだろう。図の作者は“ロマン・ド・フォーヴェルの親方（メートル）”という呼称によってひと括りにされる画工群のひとり。成立期を1245年にまでさかのぼるこのド・メッツによる百科全書はプトレマイオスの『アルマゲスト』などから多くの情報を取り入れており、「天空から見れば、地球は最も小さな星ほどの大きさをしているだろう」という中世にあって驚くような洞察もそこに含まれている（宇宙船ボイジャーのあの「ペイル・ブルー・ドット（薄青の点）」と呼ばれる写真が、ド・メッツの視点を証明するのは750年近いあとだ）。1480年、『世界像』は図版付き書物として英語に初訳されている。

240

■240

1444–50年————ダンテ『神曲：天国篇』の“歌（カント）”に添えられた、ジョヴァンニ・ディ・パオロによる日食を描いた作品。月光天に着いたダンテ（青い服の人物）は、導女（どうにょ）ベアトリーチェに「この物体の斑点」について問う。彼はそれを物体の「粗密」のせいだと信じているのだが、このあと当該の現象についての対話がつづき、ベアトリーチェが、ダンテの考えは間違っている、なぜなら月の斑点が密度の稀薄が原因であるとすれば「日食の際に／明瞭になるわけで、日の光が月の稀薄な部分を通して、／薄物をすかした時のように、すけて見えるはず」だが、実際そうはならないではないかと語る。論理確認のため科学に言及した彼女は、「考えが誤謬の中に深く沈んでいる」とダンテを叱るのだった［引用は前掲既訳より］。ここに挙げたテクストは、望遠鏡が初めて月に向けられる300年ほど前に書かれている［『天国篇』の成立は1316年頃から1321年］。

▶他のディ・パオロ作品は **20、52、96–97、122、162–165** の各図

241

■241

1499年————ヨハネス・デ・サクロボスコ『天球論』の機械印刷としては早期のものとなるヴェネツィア版に所収の、月食を描いた手彩色石版画。1230年頃初版の同書は、2世紀以上のあいだ読者にプトレマイオス的宇宙の複雑な惑星運動を明解に説いた。

▶同ヴェネツィア版に所収の別作品は図 **25**

■242

1478年————ドイツのミニアチュール作家ヨアキナス・デ・ギガンティブスによる装飾画付きの“食”予測表。トスカーナに生まれナポリで活動した人文学者クリスティアヌス・プロリアヌスによる『天文学』所収の1点。表左欄には縦に寝かせたラテン語で食の起こる予想年が、右欄には皆既状態の様子が描かれた両側に予想月日、食の長さがそれぞれ記されている。金箔が使われているのが日食。

▶他の『天文学』作品は図 **98**

anõ 1486

Erit eclipsis lu
ne die 18 febr
hõ 0 minut
44

Durabit ista
eclipsis per ho
ras 3 minut
44

Eode anõ.

Eclipsis solis
die 4 martij
hõ 13 minut
12

Durabit ista
eclipsis solis
hõ 1 & minũ
40

anõ 1487.

Lunae eclips
die 7 februa
rii hõ 10 min
23

Tempus dura
tionis eius e
hõ 3 minut
20

Eode anõ.

Erit eclipsis
sol die 19 iu
lii hõ 18 min
46

Tempus dura
tionis erit 1
hõ 0 minut
40

anõ 1488.

Eclipsis lunae
Ianuã die 28
hõ 2 minut
44

Durabit ista
eclipsis lun
hõ 0 & min
14

Eode anno.

Erit eclipsis
solis die 8 iu
lii hõ 12 min
4

Durabit ista
eclipsis solis 1
hõ · minũ

243

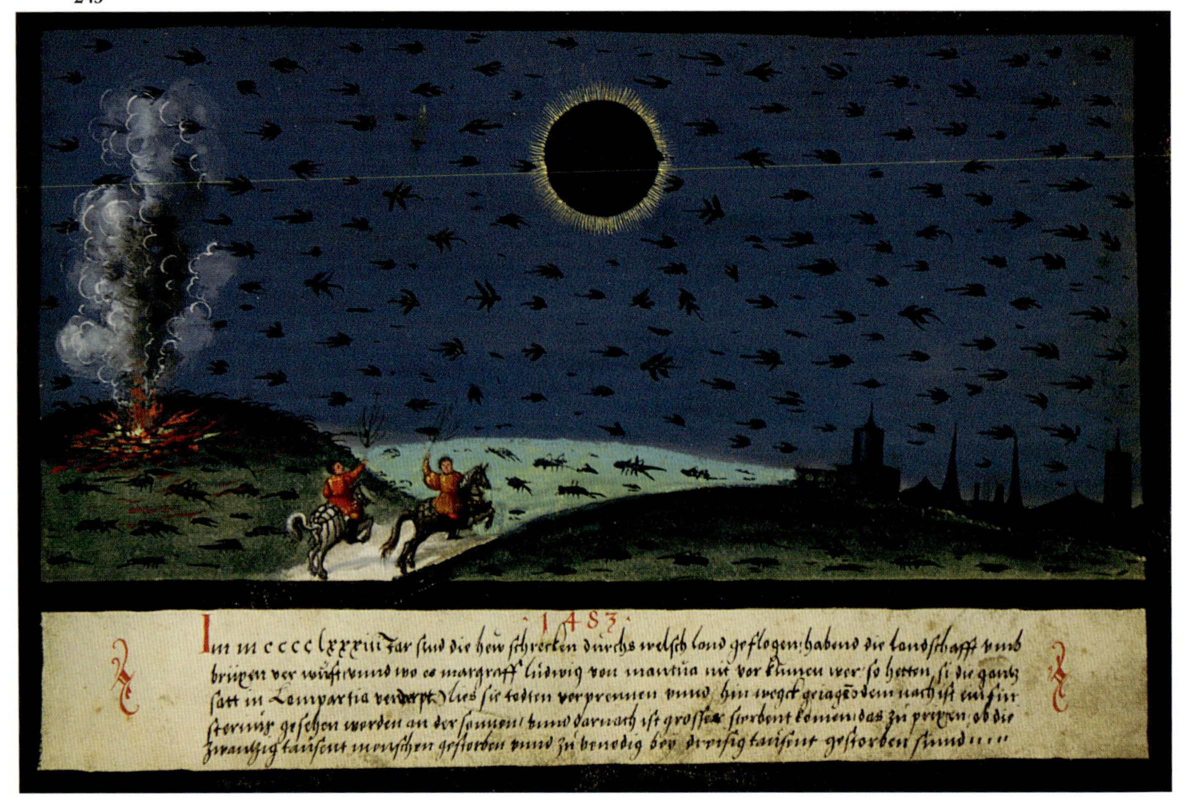

■243–244

1547–52年———ヨーロッパのオールドマスター［ギルド時代の優れた画工］作品を扱う美術商ジェイムズ・フェイバーは、2008年7月にミュンヘンのオークションで驚異的な書物を手に入れる。その表紙付き写本には奇跡を描いた167点の透明・不透明水彩作品が綴じられていた。フェイバーは描かれた最後の奇跡が1552年であることに注目し、紙と素材を徹底的に分析していく。結果は彼の勘のとおりで、『アウクスブルクの奇跡の書』*Augusburger Wunderzeichenbuch* として知れわたるようになる同書は、その成立を16世紀半ばまでさかのぼり、ほぼ確実に宗教改革のただ中でつくられたものだった。うち約60点の主題は天文現象で“食”、彗星、その他が描かれ、古ドイツ語による簡潔な説明が添えられていた。

図243：テクストは以下のとおり——「1438年、イナゴがヴェルシュラント〔南ヨーロッパ〕を飛び、ブリクセン〔ブレッサノーネ〕周辺

244

の田舎を荒廃させた。マントヴァ侯ルドヴィーコが防がなければ、ロンバルディアのすべての種（たね）が損なわれていただろう。彼はイナゴを殺して焼き、追い払った。その後、日食が観測されてブリクセンで2万人以上が、ヴェネツィアでは3万人ほどが犠牲となる大量死が起こった」。

図 244：テクストは以下のとおり――「1362年、ザクセン公オットーの皇帝在位時代、暴風雨の中ひとつの石――驚くほど巨大な――が空から落ちてきた。多くの人々に小さな血のように赤い十字のしるしが顕れ、太陽に巨大な"食"が出現した」

▶他の『奇跡の書』作品は **263–266、285–289** の各図

245

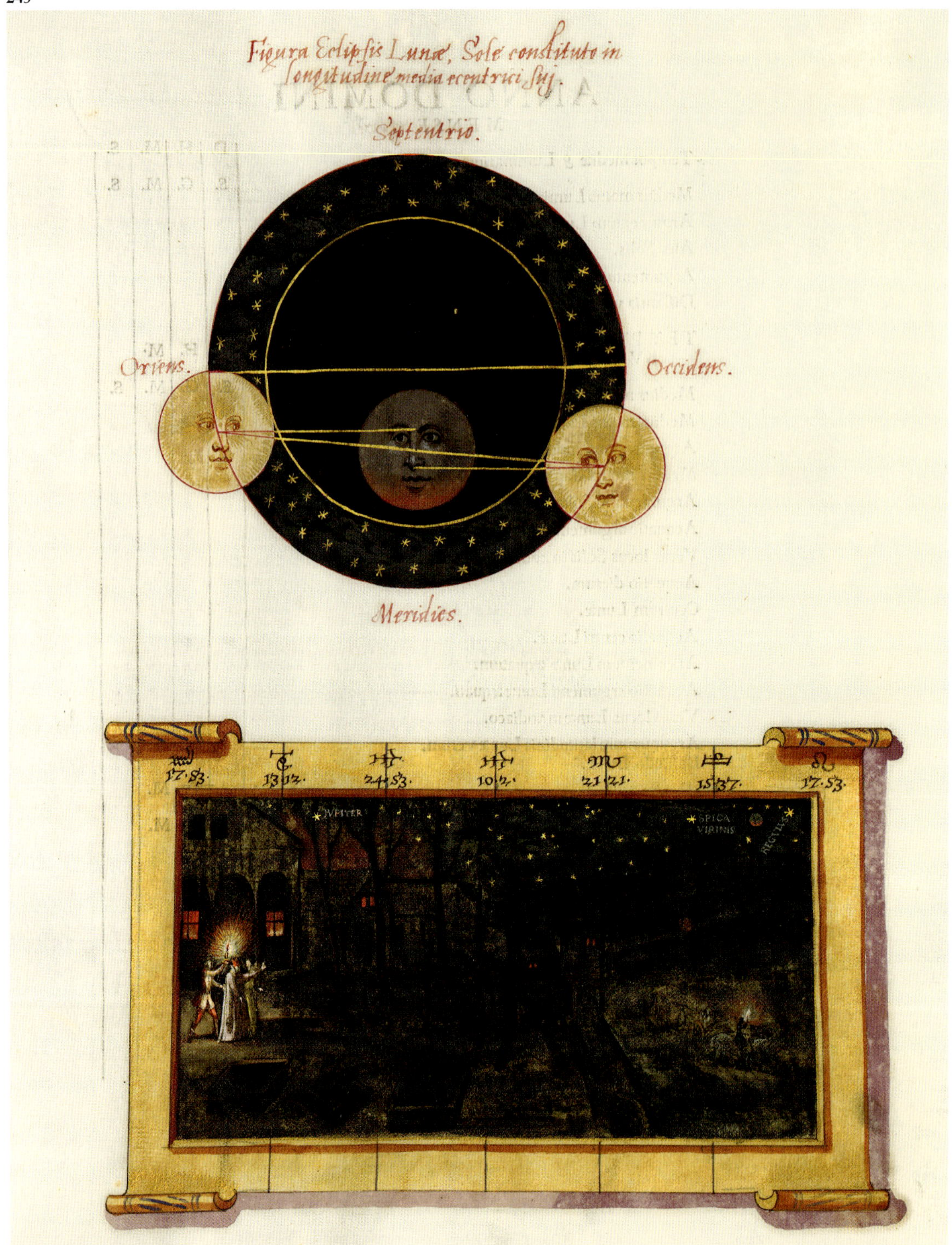

■245–246

1554年———ボヘミアの天文学者キュプリアヌス・レオウィティウスは、彼以前の天文学者レギオモンタヌスとフォン・ペウエルバッハによる天体運動表の修正によって評判を得、さらにそのあいだティコ・ブラーエの尊敬と友情も勝ち得ている。天文学者がしばしば占星術師でもあった時代に、歴史上の出来事を占星術の前兆に関連させて解釈したレオウィティウスは、特に“食”へと注意を払った。ここに挙げた彼による『光体の食』*Eclipses luminarium* 所収の装飾画は、1554年から1600年の食を予想した同書の部分である。レオウィティウスの書における食描写の多くには、見てのとおりだまし絵風の枠が描かれている。

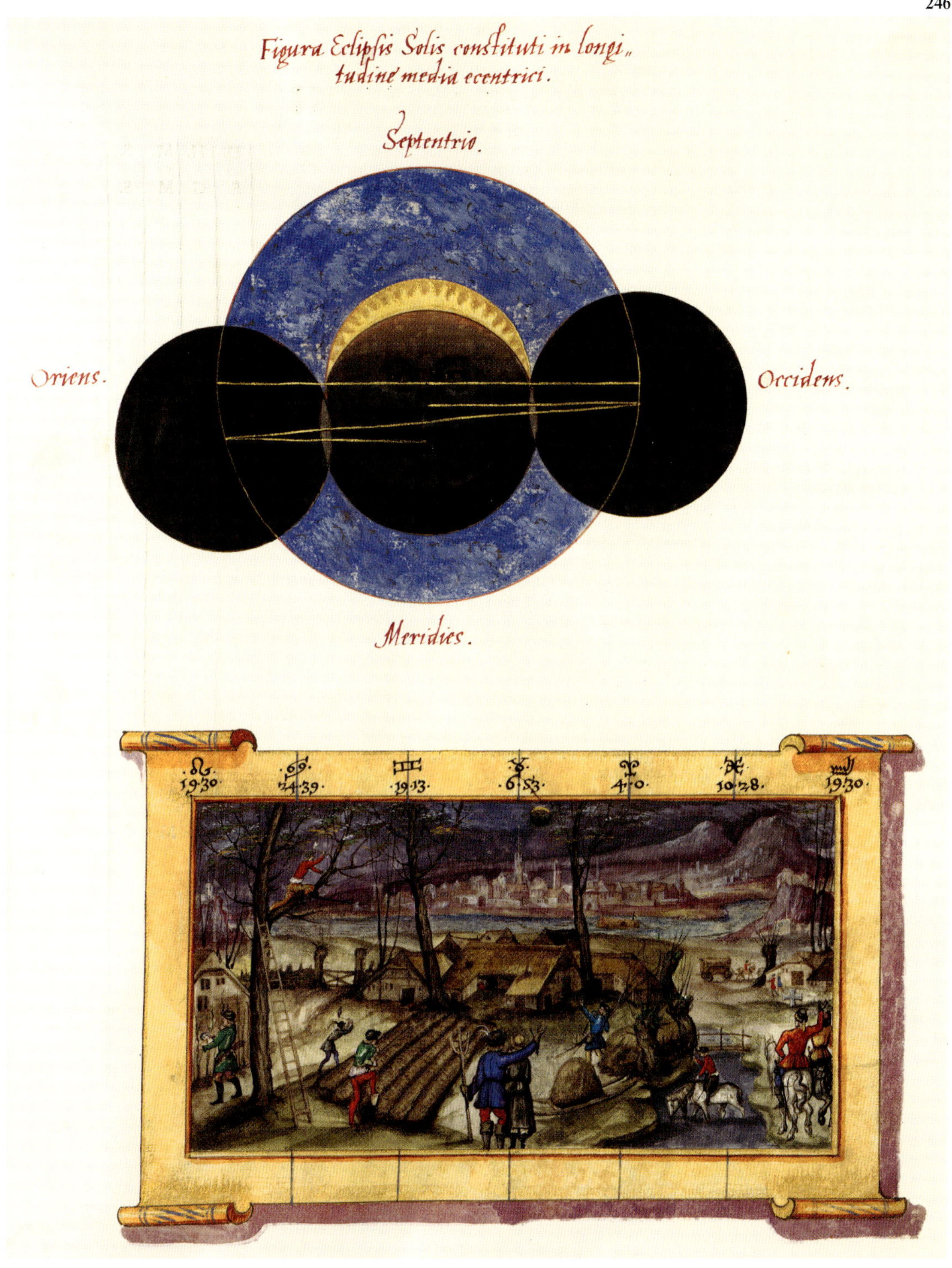

図 245：1569 年 3 月 2 日夜の月食。よく見ると木星［下図画面左上の星（JUPITER)］の下にたいまつをもつ人々が、そして彼らの向く画面右側にいる騎乗姿の男性の上空に食の月が、それぞれ描かれている。

図 246：1567 年 4 月 8 日の部分日食。下図左、勇敢に高い木を登っている男性は、近づいて食を見ようとしているわけではなく、手に斧を携えている。

247

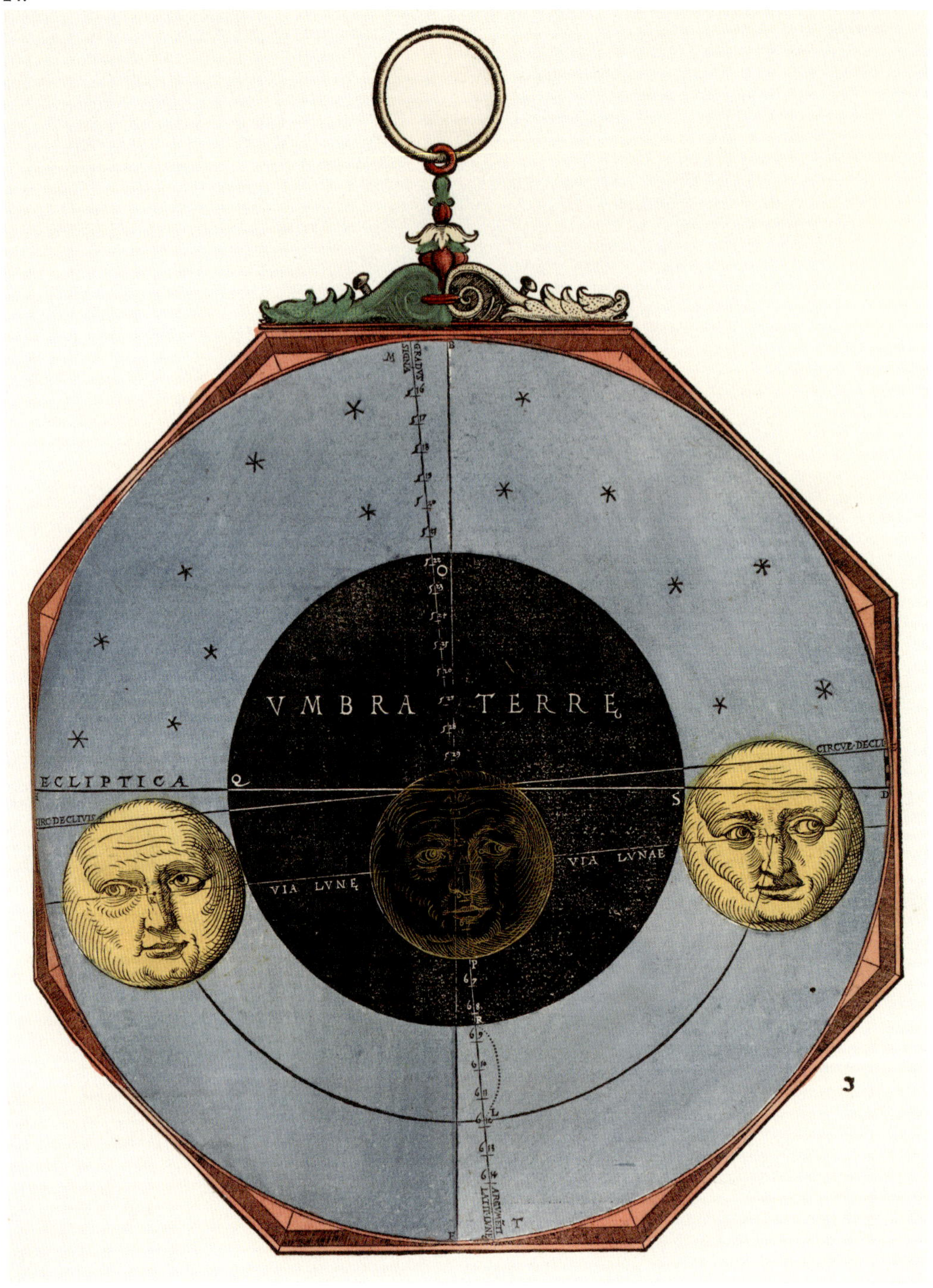

■247

1540年　ドイツの出版者、数学者、天文学者のペトルス・アピアヌスによる『皇帝の天文学』所収の月食図では、黒い円が地球の影（UMBRA TERRE）を表す。太陽が空でたどる道、すなわち黄道（ECLIPTICA）を表す線が水平に横切り、月の通り道（VIA LUNAE）である白道は対照的に黄道の下を斜めに走っている。地球の影は黄道にかかり、常に太陽と対向関係にある。アピアヌスの書にある類似した図版とは異なり、本図は“可動部”をもつヴォルヴェルではなく、アピアヌスが自著を献呈したカルル5世の神聖ローマ皇帝在位中となる1530年10月6日の月食を記念したものだ。

▶他のアピアヌスによる“装置”は**27、53、100、166、213**の各図

■248

1570年代————フランス・ルネサンスの宮廷画家アントワーヌ・カロン作とされる絵画。理想化されたパリの上空で日食が起こっている。本作の一題「“食”を研究する天文学者たち」は、のちにこれを1947年に購入することになったコートールド美術研究所のアンソニー・ブラントがつけた。現在はおそらく誤って「異教の哲学者を改宗させるアレオパゴスのディオニュシオス」と呼ばれ、ロサンゼルスのゲッティ美術館で公開されている。前景のギリシア風の衣装を着けて顎髭をたくわえた人物は、エジプト属州アレクサンドリアで活躍した天文学者クラウディオス・プトレマイオスだと思われる。カロンの生年［1521–1599］にパリで皆既日食はなかったが、1544年1月に96%が隠れる部分日食が起こっている。本作はその出来事の回想に基づいているのだろう。少なくとも5人が、天文学者にふさわしく渾天儀や羅針儀、割コンパスといった当時の道具を携えている（ノートを取っている階段のプットのまわりにもコンパスやL定規、直定規があることに注目されたい）。

249

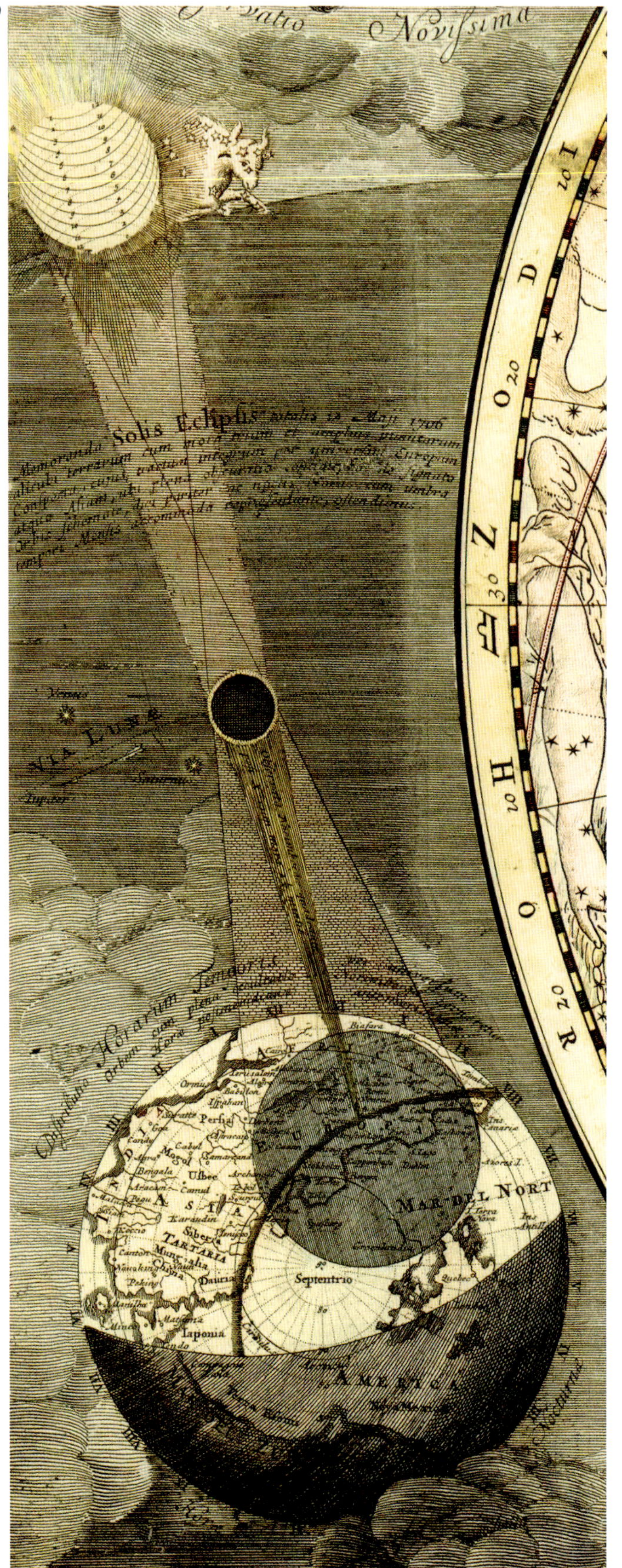

■249

1708年───1706年5月12日、劇的な皆既日食がヨーロッパ広域を暗闇にした。進行する食を観測できる地帯が薄い影の中に描かれている。この北半球の極側に投影された詳細な食描写は、アムステルダムの地図製作者カレル・アラルトのためにつくられたもので、見る者の視点は北極の何万マイルもの上空にある。このような構図がこれほどの高度への旅を思いつく道筋を開いていったのだ。

■250

1715年───ほぼ正確な計算ができるようになった時代の、皆既日食の進路を詳細に描いた最早期の1点。「ハレー」彗星の軌道を計算したことで有名な、イングランドの天文学者エドモンド・ハレーは、1715年4月22日における日食地図を本図同様の大判紙1枚の体裁で作成しているが、それは比較的正確だったとはいえ完璧ではなかった。1724年5月11日の皆既日食を迎えるに当たって、彼はこの1715年の日食地図の修正版を発行した。1724年もまた、ここに見られるような進路が予見されたのである。果たして同年の日食はこのとおりにイギリス海峡を渡り、南方のフランスへと進んでいった。

A Description of the Passage of the Shadow of the Moon over England as it was Observed in the late Total Eclipse of the SUN April 22d. 1715 Mane.

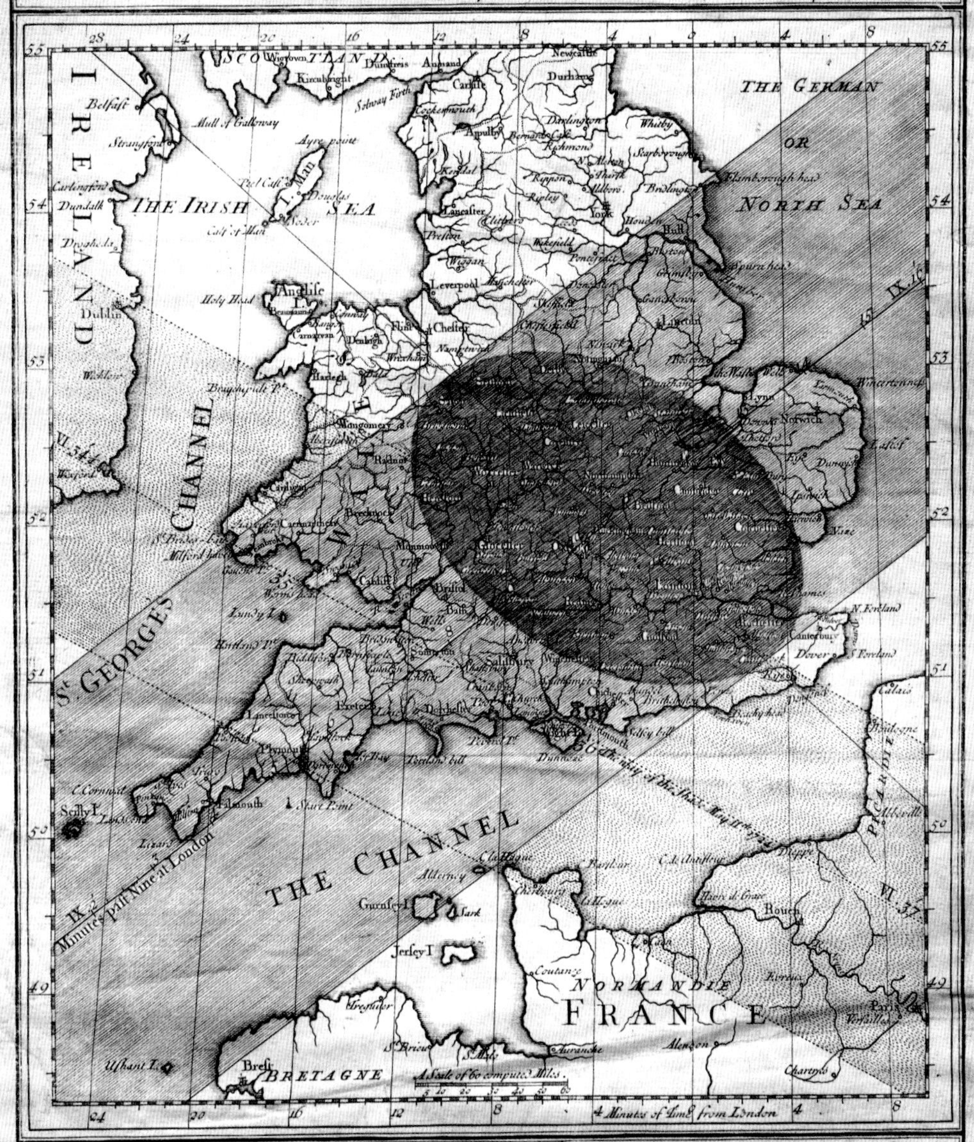

Since the Publication of our Predictions of this Eclipse has had the desired effect, and many curious Persons have been excited thereby to communicate their Observations from most parts of the Kingdom; we thought it might not be unacceptable to represent after the same manner the passage of the Shade, as it really happened; whereby it will appear that tho' our Numbers pretend not to be altogether perfect, yet the correction they need is very small.

At London the Eclipse was carefully Observed, to begin at 8h. 6' mane, and to become Total at 9h. 9'. It continued Total 3'. 23", and ended at 10h. 20'. And by the Accounts we have received from Abroad, the Center of the Shade past nearly over Plymouth, Exeter, Buckingham and Huntingdon, leaving Bath and Lynn a little on the left, and Oxford and Ely on the right. The Southern limit past over Cranbrook in Kent, leaving Newhaven and Canterbury a very little without: And the Northern limit entered on the Coast of Wales in St. Bride's-bay, & left England near Flamborough-head, all which the Map more particularly describes. The greater diameter of ye Shade having been 170 Geog: Miles or Minutes, and ye lesser 110.

The Numbers on the middle parallel line, as in our former, denote ye place of ye Center of ye Shade at so many minutes past Nine at London. By help of this and of ye other diameter of ye shaded Oval (conjugate to ye on wch ye Center moved) passing over ye places where the greatest Obscurity was at ye same instant as at London, we may very nearly find ye time of ye greatest darkness at any other place in ye Map. For drawing a line parallel to this conjugate diameter thro' ye proposed place, it will cross ye way of ye Shade at ye minute of ye greatest Obscurity reckon'd as at London, and by allowing ye difference of Meridians, at ye place itself. Thus for example, the greatest Eclipse will be found at York at 9h. 10', at Dublin 8h. 42½', at Brest 8h. 43½'. After ye same manner may ye time of Total Darkness be had, by drawing a line parallel to ye way of ye Shade by ye Place propos'd: For as much of that line as falls within ye shadowed Oval, measur'd on the Scale of minutes, will shew how long that place continu'd within the true Shade quam proxime.

We give you likewise ye Transit of ye Shade, as it will pass over ye West of England in ye Eclipse yt will be Anno 1724 May 11. P.M. in wch ye Northern limit passes very near Dublin & Oxford. But it will scarce reach London where it begins at 5h. 39', is greatest at 6h. 35½', & ends at 7h. 27½' in ye Evening.

Engrav'd and Sold by John Senex at the Globe in Salisbury Court near Fleetstreet

■251

1748年————数学者シモン・パンサーが1748年7月25日の金環食を描いたオランダのブロードシート（大判の刷りもの）。金環食のときは、月の見かけ上の大きさが太陽よりわずかに小さいため、陰になった月のまわりに輝く環（わ）ができる。パンサーはフランスの天文学者フィリップ・ド・ラ・イールの天文表を使って、食の開始と終了時間を推定した。本図では太陽の前を通過するときの月の様子が詳細に描かれているが、実際には太陽の光でまったく隠れていたはずだ（その上、日食のときに地球を向いているのが月の夜の側になっている）。

251

Begin: 9 Uur 26 minute.

Eynde 12 Uur 34 m.

Lootregt 11 Uur 52 m.

Grootste Verduystering 11 Uur 0 m.

Waterpas: 10 Uur 50 m.

MEET-KONSTIGE VERTONING VAN DE GROTE EN MERK-WAARDIGE ZONS-VERDUISTERING.

Die wezen zal den 25. Julius 1748. Hoe dezelve zig boven de Stad AMSTERDAM en andere omleggende STEDEN zal vertoonen. Als meede een nette Aanwyzinge, waar de Middelpunts-Schaduwe zal passeeren; en hoe verre deeze Eclips ten Zuiden en Noorden zal konnen gezien worden. Alles door de Meetkonst betoont, door SIMON PANSER,

Stads Mathematicus, Leermeester der Wis- Sterre- en Zeevaartkunde tot EMBDEN.

VERKLARINGE over deeze bovenstaande Afbeeldingen.

Embden, den 16. May 1748.

U. E. D. W. Dienaar

SIMON PANSER,

Stads Mathematicus &c.

t'Amsterdam, by R. en J. OTTENS, Kaart- en Boekverkopers in de Kalverstraat.

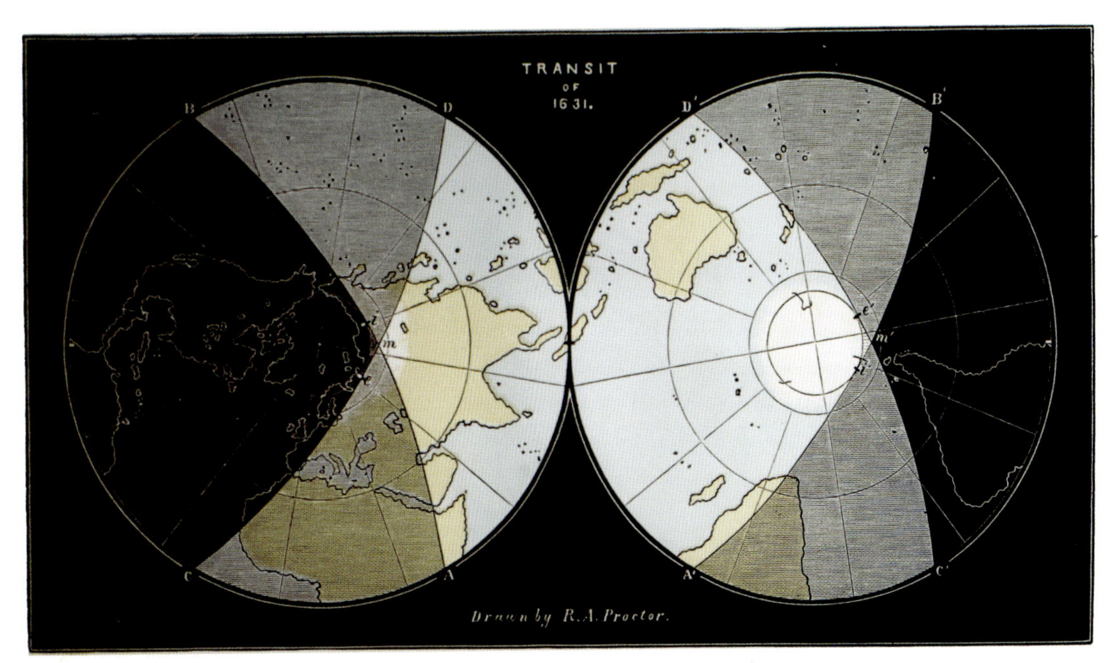

252

253

■252

1875年―――金星の太陽面通過は日食よりはるかに珍しい。1世紀を超える2種の年数が、8年の年数をあいだに置く周期で起こるのだ。太陽面通過自体は6時間余りかかる［これは金星が完全に太陽面に入っている時間である］。ここに挙げた地球両極の投影図は、イングランドの天文学者リチャード・プロクター著による『金星による太陽面通過』*Transits of Venus* に所収。描かれているのは1631年の太陽面通過で、長い通過時間内の地球の昼夜の境が線で示され、地球の自転のために影が重なり合う部分がある。

■253

1892年―――1874年の金星の太陽面通過は周期内訳における8年ぶりのもので、19世紀初だった。本図はオーストラリア、ニュー・サウスウェールズにあるシドニー大学天文台の台長を務めたヘンリー・チェンバレン・ラッセルによる『金星による太陽面通過の観測』*Observations of the Transit of Venus* に所収。描かれているのは、同台所属の観測天文学者ヘンリー・レネハンが、金星が太陽の縁を最初に通過するときに「澄んだ光の帯がはっきりと見えた」と報告したときのものだ。ラッセルの書は、大英帝国領土内の複数の場所で金星太陽面の通過観測を行う国際的取り組みにおいて、シドニー大学が担当した仕事によっている。

■254–257

1892年————ヘンリー・チェンバレン・ラッセルの『金星による太陽面通過の観測』所収となる各図には、7人の観測チームの報告が反映されている。

254

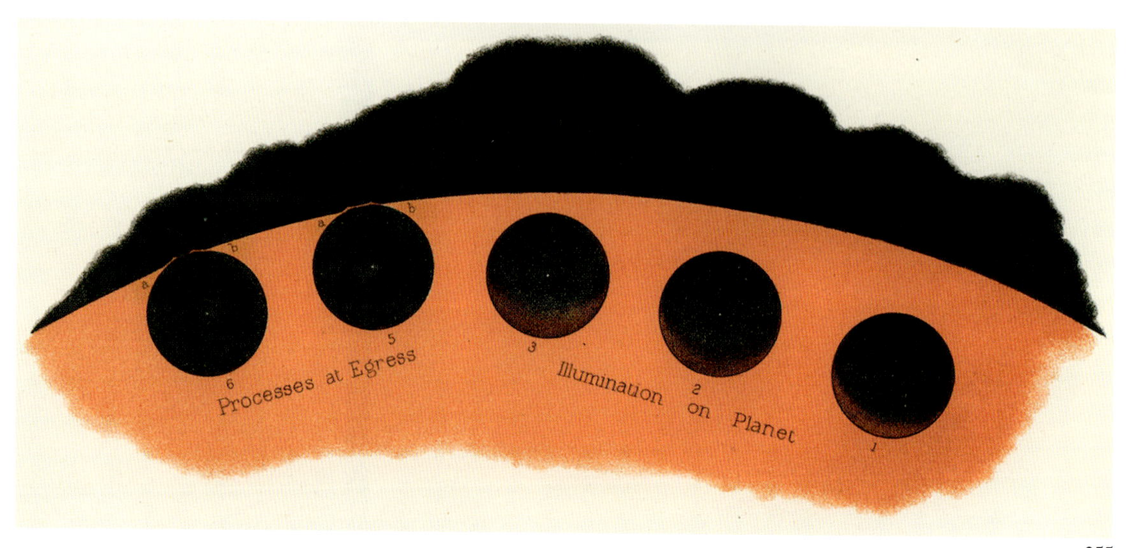

255

256

図 254：天文学愛好家ジェフリー・ハーストは、金星のまわり全体に「細いぼんやりした赤い光の帯が」見えたと報告した。
図 255：地質学者アーチボルド・リバーシッジも、ヘンリー・レネハン同様に金星が完全に太陽へと「潜入」する瞬間、金星と太陽のあいだに「煙の筋のようにかすんだ灰色の糸」が見えたと報告した（原文は「出現」と誤記されている）。また、金星は「内側から光っているように見えた」とも報告している。
図 256：A・W・ベルフィールドとアーチボールド・パークは、通過中に「豪華で深い青が周囲へと向かった」のを見た。
図 257：シドニーの天文学愛好家アルフレッド・フェアファックスは、太陽の縁を通過する金星のまわりに「さまざまな色と形」に満ちた「とても細いひと際明るい線を(……)はっきりと見た」。このプレートを見た本人の反応は、「こんな絵ではあの壮大さを伝えられない。実際の光輪はとても細く、私ならこうは描かない」というものだった。

257

Transit of Venus 1874.
Sydney, N. S. W.
Mr. A. Fairfax's Observations.

258

■258

1881年―――1878年7月29日、画家、天文学者のエティエンヌ・トルーヴェロは皆既日食を観測するためにワイオミング準州のクレストンへと旅をしたが、皆既の瞬間、本図のようにプロミネンス（紅炎）とともに太陽のコロナ（光冠）を観測することができた。トルーヴェロは太陽彩層のかすかな薄赤だけでなく、外側にあるコロナの薄い大気が四方へと流れ出る様もとらえている。本図はチャールズ・スクリブナーズ・サンズ社が出版した限定版の多色刷石版画集からの1点。

▶他のトルーヴェロ作品は **81**、**108–109**、**138**、**173–175**、**228**、**280**、**282–283** の各図

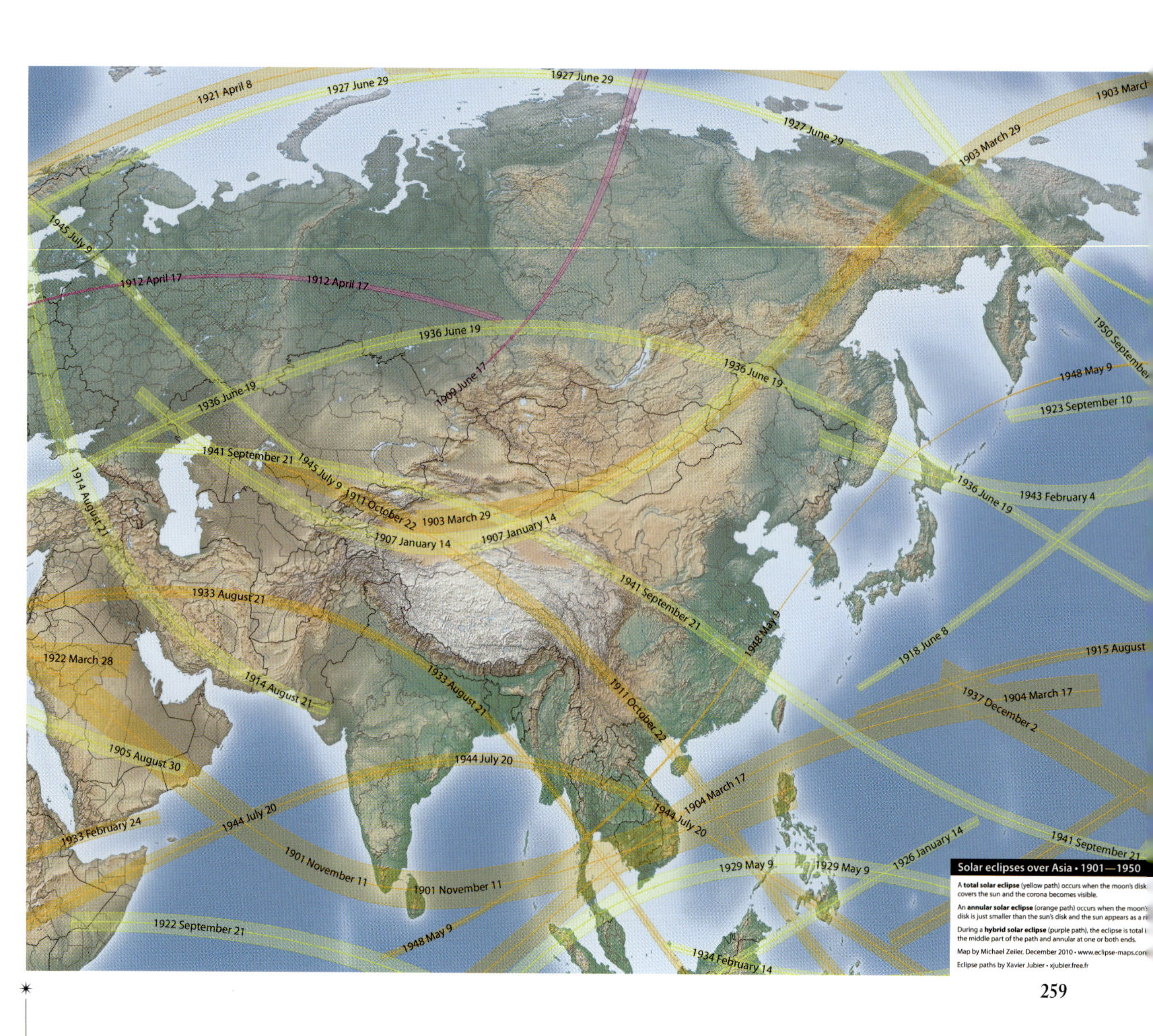

259

■259

2010年———皆既日食を自然における「最も驚異的な光景」と語るマイケル・ザイラーは、地理情報システムのスペシャリストで、パリの技師グザヴィエ・ジュビエから提供されたデータに基づき、過去と将来の食と太陽面通過を収めた一連の広範囲な地図を製作した。本地図は1901年から1950年までにアジアで起こった日食の進路を記録したもの。黄の進路が皆既日食、オレンジが金環食(ほとんどが月の陰になった太陽が環（わ）となって見える)、紫がハイブリッド日食（進路の中央付近でだけ皆既となる金環食）をそれぞれ表す。

Annular Solar Eclipse of 2012 May 20

Magnitude of eclipse

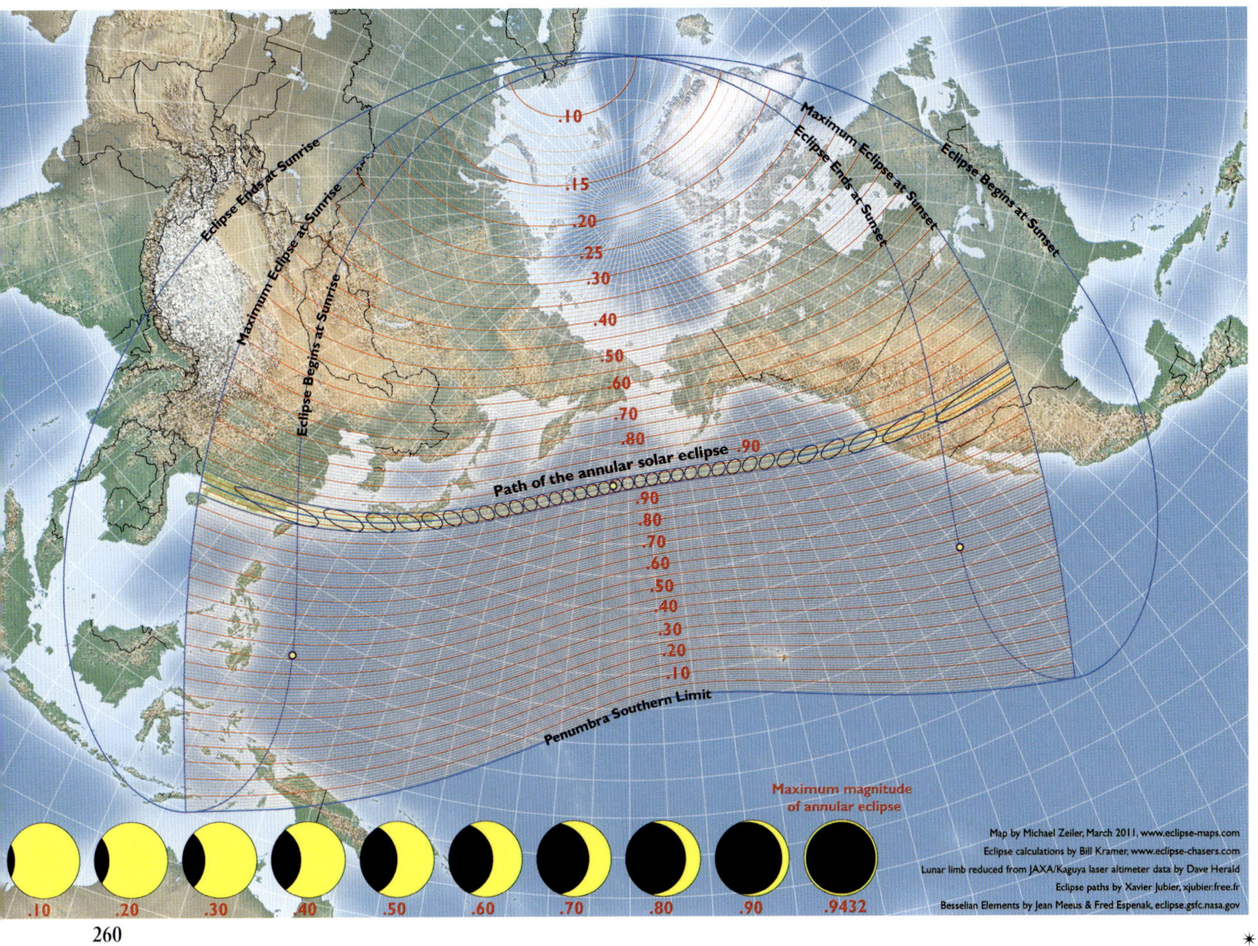

260

■260

2011年――――この複雑な金環食の地図には、中央にある食の進路からの距離によって異なる、光度の上昇と下降の度合いが描かれている。主要な進路の内側に描かれた連鎖する円はこの現象によってできる影の形を表し、歪曲は地球の屈曲と投影の角度から生じる。下部の図表には皆既状態の進路の上下の緯度線に合わせて、太陽がどう見えるかが描かれている。食地図製作者のマイケル・ザイラーは、満載された情報を簡潔で優雅な方法で伝えている。

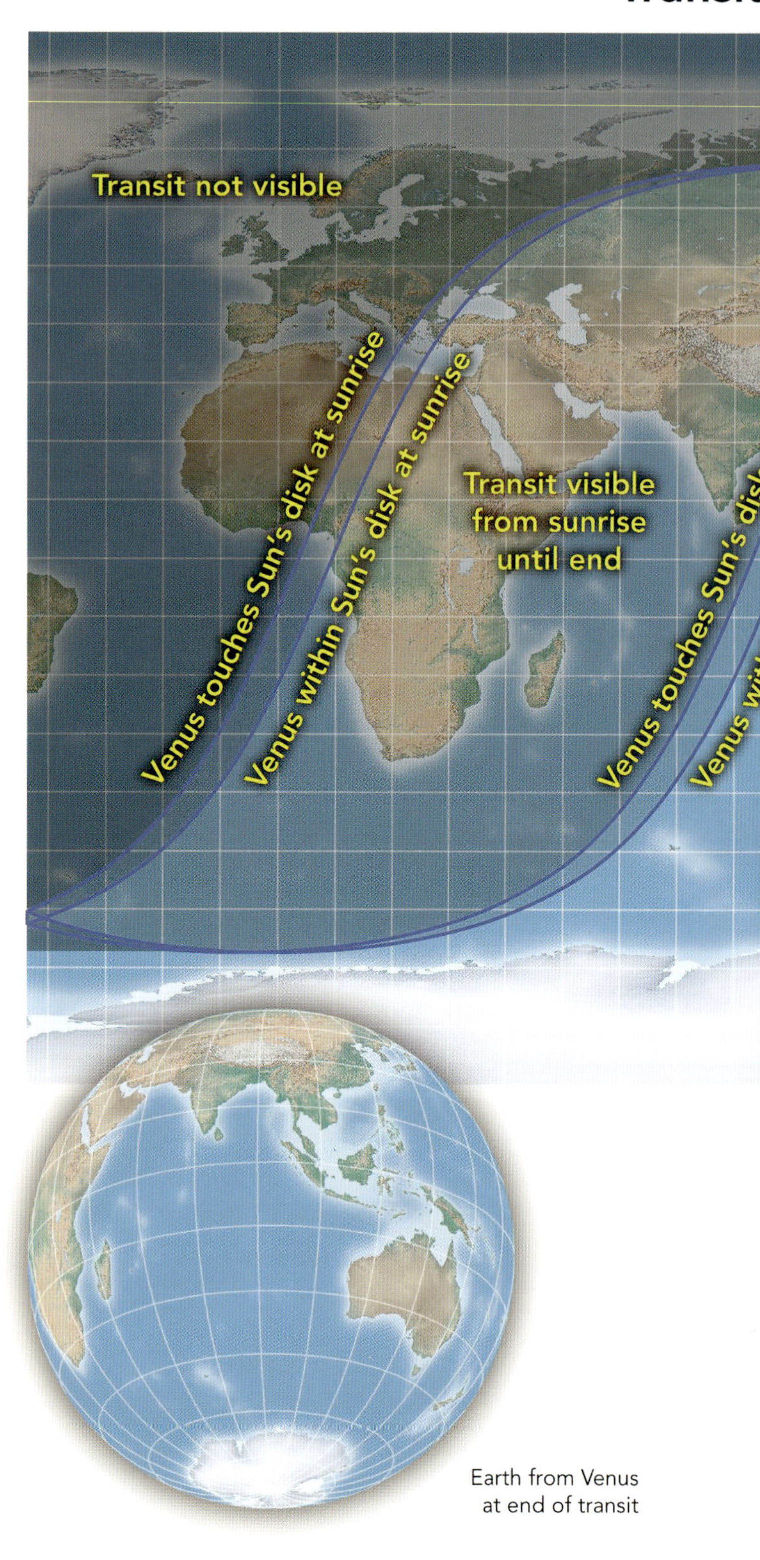

■261

2012年―――本章で述べてきたように、“食”と太陽面通過をこの先何世紀にもわたって正確に予測することは可能だ。マイケル・ザイラーは本地図で、2117年12月10日から11日にかけて起こる次の金星の太陽面通過が地球上のどこから見えるかを描いているのだが、これは**253**から**257**の各図で紹介したオーストラリアの観測者たちが作成した1874年の地図（本書には取り上げていない）とよく似ている。

f Venus, 2117 December 10-11

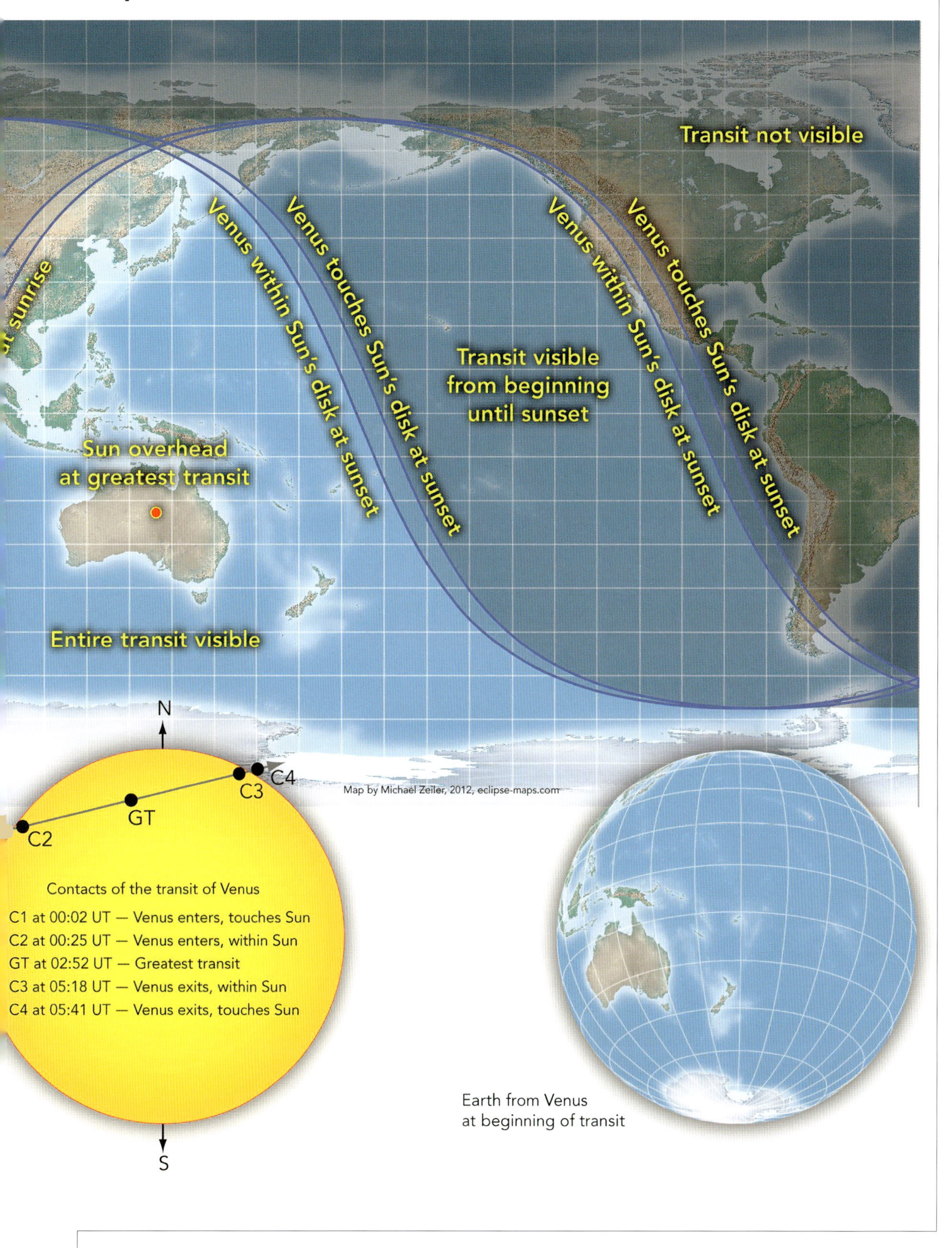
Transit not visible
t sunrise
Venus within Sun's disk at sunset
Venus touches Sun's disk at sunset
Venus within Sun's disk at sunset
Venus touches Sun's disk at sunset
Transit visible from beginning until sunset
Sun overhead at greatest transit
Entire transit visible
N
S
C2
GT
C3
C4
Map by Michael Zeiler, 2012, eclipse-maps.com
Contacts of the transit of Venus
C1 at 00:02 UT — Venus enters, touches Sun
C2 at 00:25 UT — Venus enters, within Sun
GT at 02:52 UT — Greatest transit
C3 at 05:18 UT — Venus exits, within Sun
C4 at 05:41 UT — Venus exits, touches Sun
Earth from Venus
at beginning of transit

第9章

彗星と隕石

Comets and Meteors

戻れ、家を立て直そう
あるいは永遠に去りゆけ、彗星のように
きらめいて冷たく凍えて
闇を引き剥ぎ、また闇におぼれ
――――北島（ペイ・タオ）「彗星」［詩集所収、是永駿訳、土曜美術社より］

彗星は“食”と同じくかつては破滅の前兆であり、ペストなどの疫病や侵略などの文明の危難に関連づけられていた。しかし食とは違って、目に見えるほとんどの彗星は引き延ばした環のような軌道にあり、周期的であることが一般には理解されておらず、そのため予測もできなかった（少数の例外を除けば今でもそうだ。ほとんどの彗星はいまだに突然現れる。彗星の本質はさしずめ太陽系の奥からやってくる汚れた巨大な雪玉で、なんらかの重力攪乱により太陽系内の惑星軌道へと押し出されたものだ）。太陽に近づくと凍ったガスと水が気化し始め、空にひとつ、もしくはそれ以上の尾を延ばす。このような尾は、なんたることか約3.2億キロもの長さになる場合もあるのだ。

彗星の尾の長さは、核の大きさや、岩や塵などの個体に対する凍結したガスと水の割合、太陽への軌道の距離によって決まる。サングレイザー［太陽をかすめるように通る彗星］の一部は太陽に近すぎて完全に蒸発してしまうが、その他はかなり小さくなりながらも太陽系の外側へと戻っていく。

特に際立つものは「大」彗星と呼ばれ、文化に深刻な影響を与えることさえある。たとえば、かつてないほどの長期となる10カ月ものあいだ姿を表していた1811年の大彗星などは、史上最も大がかりな演し物のひとつだった。きわめて突出したこの彗星にはコマ、つまり核のまわりの明るいガスと塵の“雲”がひと際長大に延びていた。その後、ウィリアム・ブレイクによる絵画「蚤の幽霊」の背景に描かれ、トルストイの『戦争と平和』*Война и мир*［全4巻、工藤精一郎訳、新潮文庫］では不吉さの表象として記されることになるのだが、そのどちらにおいても、彗星は世の終わりの先触れとして扱われている。実際、この彗星は1812年のナポレオンのロシア侵攻とそれに付随する戦役の前兆だったと広く噂されたのだ。彗星が“兆し”だったと納得しなければならないほど、人類は常に数々の災難にみまわれてきたのだろう。

隕石は当然のことながらまったく異なる現象で、物質の破片が地球の大気に時速およそ26万キロという速さで突入することによって起こる。規模と構成にもよるが、だいたいが現れたかと思えば燃えつき、さもなければ流れ星としての突進を生き延びた上で地面に衝突して、ひとつかそれ以上の隕石片――焦げた岩の欠片や、ときには鉄とニッケルの塊――を残すこともある。また、1972年の昼間火球さながらとなる大気圏への進入速度と進入角をもって燃え上がり、極超音速で地球をつかの間訪れたあと、（かなりの破片を飛散させてからだというのに）その道行きのとおり向こう側へと去っていく隕石もときおり現れるのだ。

★

アリストテレスは、彗星も隕石も大気現象だととらえていた。ひとつには、どちらの活動も惑星がいつも眺められる獣帯で行われるとは限らないからだ。隕石のほうは実際、大気への高速突入の結果ではあるのだが、そこには2面的な見識がある。地球は時速約10万7300キロで太陽を周回している。地球の公転軌道上に静止している宇宙ゴミがいくら放っておいてほしくても、地球は事実上それに衝突して、地上の視点からしたときの動く火球にしてしまうのだ。フロントガラスにぶつかってつぶれる虫にたとえる向きもあり、それは軌道力学的には正しい。しかし、夜空の中の華々しく動的な光り輝く軌跡に思いを馳せようというときには、どういうわけかそれはまったく間違っている。

ともあれ、彗星を大気の一部としたことで、アリストテレスは誤謬を犯している。彼の言及した例年降り注いでくる"大気現象"とは、実際のところ毎年8月12日と11月17日の辺りにピークを迎えるペルセウス座流星群としし座流星群における流れ星の飛散のようなもので、つまるところ彗星の通過後に残された宇宙ゴミのことではないかと考えられている。彗星の尾は物質を横断幕のようにまき散らしながら進むが、固体の破片は彗星の軌道上に残る。その軌道が地球の公転軌道に一致すると、年に1回地球がぶつかることになるのだ。

科学化された地球文明を生きるある種の人々は、彗星の到来を世界滅亡の予兆だとする原始的な迷信を奉じる者を見て鷹揚な含み笑いを浮かべるが、シューメイカー・レヴィー第9彗星の例を真剣に考えてみるべきだろう。この彗星は1992年に21の大きな断片に分かれ、1994年7月の6日間にわたって観測値で時速約3200キロという高速の火球になって木星に衝突した。木星のガス状大気の損傷部は、約6000キロから1万2000キロにまでわたったのだという――ほぼ地球の半径から直径に相当する値だ。このシューメイカー・レヴィーの核片による最大の衝突においては600万メガトン、つまり地球にあるすべての核兵器の600倍のエネルギーを放出したと推定される。

要するに、"食"のあいだに太鼓を打ち鳴らし、あるいは空に向けて銃を撃った人々を笑えないということだ。白亜紀と古第3紀の端境期となる6600万年前頃に起こった恐竜の絶滅について現在広く受け入れられている説では、巨大な彗星、もしくは小惑星の衝突がその原因と考えられてもいるのである。ちなみに天文学者は今や、小惑星と彗星の区別はそれほど明確ではないという認識にも達している。大量の揮発性ガスを有し、蒸気の存在する兆候を示す小惑星もあれば、火星と木星のあいだの主要小惑星帯に留まって、軌道の一部だけで彗星特有のコマを見せる彗星もあるわけで、繰り返し太陽を通過したことで揮発性物質のすべてを失った彗星、いわゆる死彗星もまた、あらゆる面で小惑星ということになるのだ。

★

彗星と隕石ははるかな昔に大量の水を地球にもたらし、さらには陸地の水のほとんどもその恩恵かもしれないとまで考えられている。また、生命の必要条件である有機分子は、何百万年にもわたって宇宙から地球へともたらされたとも見なされ得るのだ。つまり、彗星について弁証的に語るとするならば、それは生と死をもたらした謎めいた存在であり、その姿もまた長年にわたって描かれてきた、ということになる。

そうした"絵姿"は、奇妙な凧型の彗星がノルマン人のイングランド侵略成功の吉兆として祝福されている1070年頃の"バイユーのタピスリー"のように、早くから芸術作品にも表れている。また、パドヴァにあるジョット・ディ・ボンドーネによる1305年の「東方3博士の礼拝」などは、彗星を比較的忠実に描いた初期の一作となるだろう（図**262**）。ここでは彗星がベツレヘムの星の役割を果たしている――明らかに吉報と誕生の先触れだ（中世末期に活躍したジョットだが、その精緻な自然描写もあいまって、一般的に最初期のイタリア・ルネサンス画家だとみなされている）。とはいえ16世紀の『アウクスブルクの奇跡の書』に描かれた30以上の彗星図を見てみると、そのほとんどがさまざまな凶事の前兆として扱われてもいる。フランドルの写本『彗星の書』*Kometenbuch* 所収の13点の水彩作品にしてもやはりそうだ。この2種の書物からの実例については、本章内で追って紹介していこう（**263**から**266**、**267**から**269**の各図）。

彗星と隕石を大気現象だとするアリストテレスの発想は、惑星がすべて回転する天球にはめ込まれており、月の軌道の下層のみで変化が起こり得るという宇宙モデルに適合していた。しかしそれも、デンマークの天文学者ティコ・ブラーエが1577年の大彗星における視差の計測によって、彗星がまずもって大気圏の外側にあるものと証明するまでの話だ――ブラーエは、少なくとも月の3倍の彼方にそれがある、と見積ったのである。彗星は明らかに高層で変化する事象であり、貫くことができないとされる天球をその軌道が難なく通り抜けていることから、当然この推定はアリストテレスによる見解を根底からくつがえすことになった。

★

ヨハネス・ケプラーは天体力学という分野の創始者だが、一時期ブラーエに雇われていたこともある。彼はほとんどの彗星が長く延びた円軌道をもつことをつかめず、常に直線上を進むと主張した（頑固なコペルニクス信奉者だったケプラーは、軌道の見かけ上の曲線は地球の動きによる錯覚だと信じていたのだ）。しかし、ドイツの出版者、数学者、天文学者のペトルス・アピアヌスが1531年の観測から彗星の尾は常に太陽の反対方向にあると発見したことにより、ケプラーは彗星の"要点"をつかんだ。1625年、彼は次のように記している。「頭部は球状に集まった星雲のようなもので、いくぶん透きとおっている。尾あるいは髭は頭部から放出されたもので、太陽光を通過して逆側へと排出され、頭部が最終的に枯渇するまで流出がつづく。したがって、尾は頭部の屍骸だと言える」。

1687年、アイザック・ニュートンは『プリンキピア』に、彗星が太陽のまわりで放物線軌道を描くと書き、彼の万有引力の法則における逆2乗の法則を1680年のサングレイザー大彗星に適用しているものの、彗星は同書における中心的な話題ではなかった。しかし、ニュートンに『プリンキピア』の出版を勧めて費用まで負担した友人エドモンド・ハレーは、ニュートンの原理によって過去の数多くの彗星の記録を分析し、軌道上にある系外惑星の重力作用を計算した。その中で彼が調査を行ったのは、1682年の彗星だった。アピアヌスとケプラーの記録を研究するうち、2人がそれぞれ残した1531年と1607年の観測記録から、軌道と軌道要素のあいだにある類似点を識別できるようになっていたのである。

ハレーはアピアヌスとケプラーの彗星が1682年に現れた彗星と同一のものである可能性が高いと結論づけ、約76年の周期を算出した。つまり、この彗星は1758年に戻ってくるはずなのだ。彼が発表した予測は多くの評者からあからさまな嘲笑をもって迎えられ、みずからの死後における時期を予測したのだから、誤りが証明されたところでその屈辱からは逃れられるとまで腐された。ハレーは1742年、86歳で死亡し、彼が同一だとした彗星は予測年があと数日で終わろうという1758年12月25日に確かに戻ってきたのだった。

★

“ハレーの彗星”は200年以下の周期をもつ、唯一肉眼で視認される彗星だったのであり、また人の一生で1度以上は出現するかもしれない唯一の彗星でもあった〔以後、短周期の彗星は相当数発見されている〕。比較的正確に軌道周期がわかっていたためか、史料には早くから記されていたことがわかる。この彗星は、さかのぼれば前240年以来、ハレーの予測を入れて都合29回記録されていたわけで、つまりその周期性は古代から理解されていたと考えることもできる。タルムード〔ユダヤ教の口伝律法〕の一節にはこうある。「70年ごとに現れる星は、船長を惑わせる」。

この彗星は、偶然にもウィリアム征服王による1066年のイングランド制圧の直前にヨーロッパ上空に現れたものの、王麾下の船長らが迷うことはなかったようである。そしてまた、ジョットはそれから3回めの到来を1301年に目にした。同じ雪玉が、バイユーのタピスリーに“彗星の凧”として織り込まれ、パドヴァのスクロヴェーニ礼拝堂ではフレスコ画のキリスト生誕図に中空を飛ぶ天体として描かれたのだ（1835年に再来した彗星は図**276**で挙げたようにジョン・ハーシェルが南アフリカで観測しているし、図**267**の奇妙に分岐した彗星描写もまたおそらくハレーの彗星だろう）。

2061年、ハレー彗星は太陽系内に再帰する。金星と水星の軌道のあいだを滑り抜け、7月28日には太陽に最接近することになるだろう。

★

■262

1305年――――西洋美術にあって彗星が比較的忠実に描かれた初期の一作で、ジョット・ディ・ボンドーネがそれをベツレヘムの星に見立てたフレスコ画「東方3博士の礼拝」。ジョットは中世末期の人物だが、その精緻な自然描写から一般的に最初期のイタリア・ルネサンス画家だとみなされている。彼がヨーロッパ上空に現れたハレー彗星を目にしたのは1301年だった。本作はパドヴァのスクロヴェーニ礼拝堂にある、著名なフレスコ画連作の1点。

263

264

■263–266

1547–52年――――彗星は“食”と同様に、ヨーロッパ史にあって常に災難の先触れと考えられていた。『アウクスブルクの奇跡の書』に描かれた30以上の彗星図を見ると、そのほとんどはペストなどの疫病、戦争、天災、人災といったさまざまな事象の前兆として扱われている。

図263：テクストは以下のとおり――「1184年、彗星が3カ月以上その姿を現し、以後これまでなかったほどの豪雨や嵐、大風、雷鳴がつづいた。それはまるでローマの破壊を望むかのように振る舞い、多くの家畜がむごたらしく死んだ。そして人々は空にある光を見たことで死んだ」。

図264：テクストは以下のとおり――「1401年、尾をもつ大きな彗星がドイツ上空に現れた。そのあとにシュヴァーベンで恐ろしい疫病が蔓延した」。

265

266

☆

図 265：テクストは以下のとおり――「1007 年、驚くべき彗星が現れ、火と炎を四方に放った。ドイツとヴェルシュラント〔南ヨーロッパ〕では、それが地上に落ちる様が目撃された」。

図 266：テクストは以下のとおり――「1300 年、恐ろしい彗星が空に現れた。そして同年、聖アンデレの祭日に大地が地震で揺さぶられ、多くの建物が崩れた。このとき、初めての聖年が教皇ボニファティウス 8 世によって定められた」。

▶他の『奇跡の書』作品は **243、244、285–289** の各図

267

■267–269

1587年―――『アウクスブルクの奇跡の書』の類書ではあるものの、より簡潔で独特の焦点をもつ16世紀後半の写本『彗星の書』は、彗星と隕石の13点の水彩作品を収録している。フランドルもしくは北東フランスでつくられ、1238年頃の作者未詳のスペイン語論文『彗星の重要性について』*Liber de significatione cometarium* に基づいて手書きのフランス語で記された同書では、一方でほとんどの彗星図がプトレマイオスの『100の言葉』*De centum verbis* に由来すると述べられているが、実際のところ当該書に彗星についての記述はない（しかし、誤ってプトレマイオス作とされた書物に11の彗星が書かれているため、こちらを資料とした可能性はある）。

図267：本図に表された奇妙な2つの形状について、『彗星の書』のテクストには次のような記述がある――「この彗星はペルティカと呼ばれ、大きくて曖昧な光を帯びている。アリクインドが語るには、“彼女”が西にいるときは太陽の一部からできているような柱の形で現れ、東に昇るときには光が2つに分かれた熱い星のようだという（……）」。ペルティカは1531年に現れたと言われている。もしデータが正しいのなら、おそらくハレー彗星だろう。

☆

図 268：この彗星は、「折り重ねた」尾をもつと『彗星の書』に記されている。説明書きによると、マイルズ、シュヴァル、オムネス・クリネス、ラデスコドなどという名称なのだという［各原綴りはMiles、Cheval、Omnes crines、Ladescodo］。名がなんであれ、その下で繰り広げられている素朴な風景は、ピーター・ブリューゲルによる「イカロスの墜落のある風景」の粗野な類似品で、帆船が手漕ぎ船になって、農民は目を見開いたフクロウの下で1日の終わりを迎え“ほっとひと息”ついている。テクストは以下のとおり――「彗星が現れたとき光の中で終末の力を示したため、すべての人を怯えさえ仰天させた。地上の人々は（……）旧い法を捨て、新しい法をつくった。彼らは地位と衣裳を脱ぎ捨てた」。

269

☆

図 269：不気味な本図は、ほぼ確実に流星雨を描いている。個々の流星体のすべてが空の１点から放射されているかのようだ。"UFO理論家"にとっては、空飛ぶ円盤のような形態と放たれる光線とによる"明々白々とした史料"ということになるだろう。テクストは以下のとおり——「この彗星はアウロラ（曙光）と名づけられたが、一方でマトゥタ［ローマ神話で夜明けの女神］とも呼ばれている」。

270

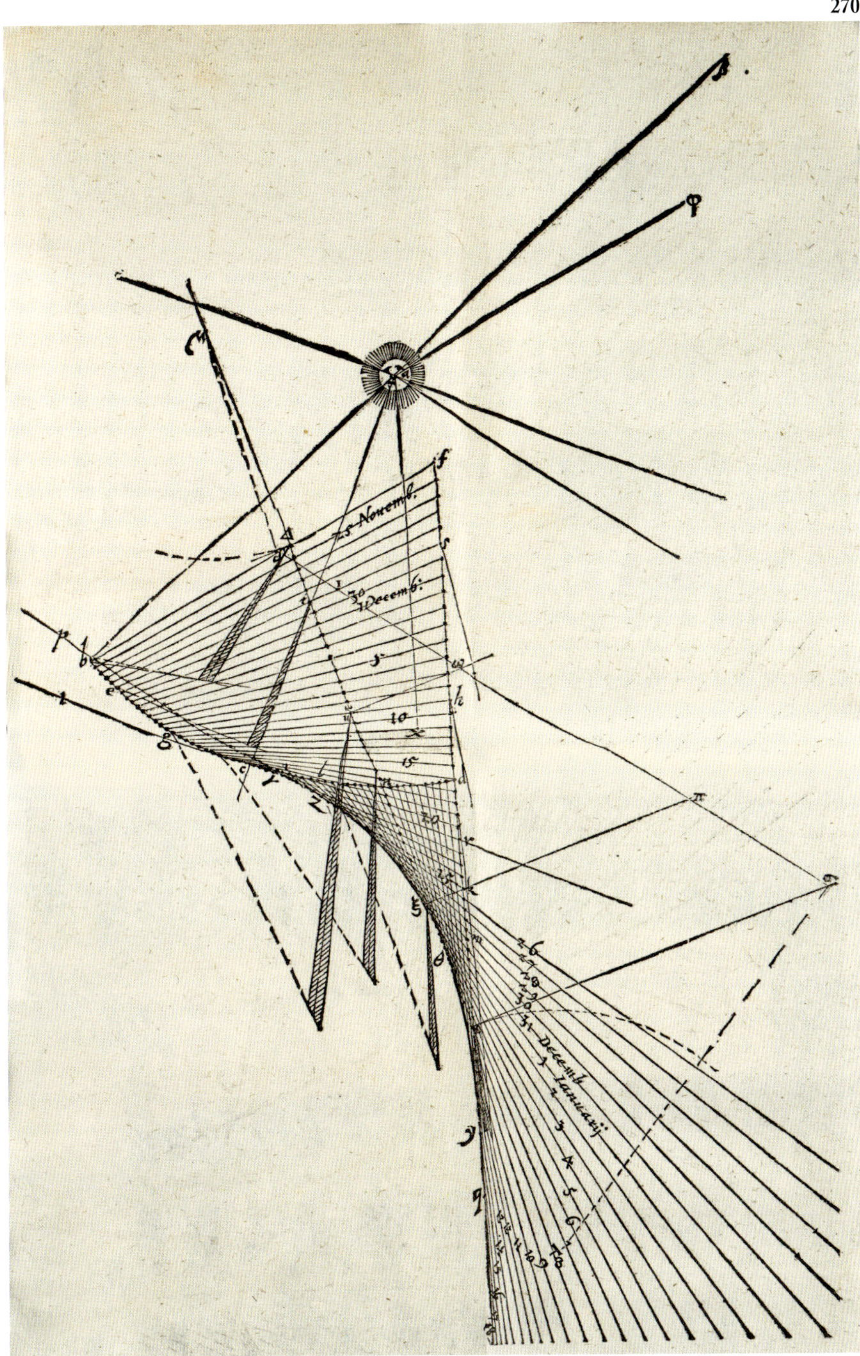

■270–271

1619年————図 **270**：ヨハネス・ケプラーの重要な遺産は惑星運動の法則だ。ドイツの数学者、天文学者だった彼は、惑星が楕円軌道を動いていることを認識した最初の人物だ。この認識は、それまで困惑のもとだった運動の矛盾を一挙に解明する画期的発見だった。ケプラーの法則はコペルニクス以来最も意義深い前進であり、ニュートンによる万有引力の出発点だった。しかしケプラーが彗星に関心を向けたとき、実は引き延ばしたような放物線軌道を帯びているにもかかわらず、間違いなく直線であることを主張している。ケプラーの論考『3彗星の記録』所収の本図は、20世紀から21世紀のテクノロジーや建築、デザインを予見しているかのようで、これは機械計算ができる何世紀も前の“コンピュータグラフィック”なのだ。もっとも、よく見ると太陽に向かって右下から左上へと斜めに動いている彗星が、実際に“直進している”ことがわかるだろう。なお、16世紀半ばから彗星の尾が太陽の逆側になることは理解されていた。本図に現れた曲線を描く波形は変化する尾の角度で、尾に対する直交線の連続と関連している。本図は1618年秋にたてつづけに現れた3つの彗星のうち、最も壮観だった最後の彗星のものだと思われる。

271

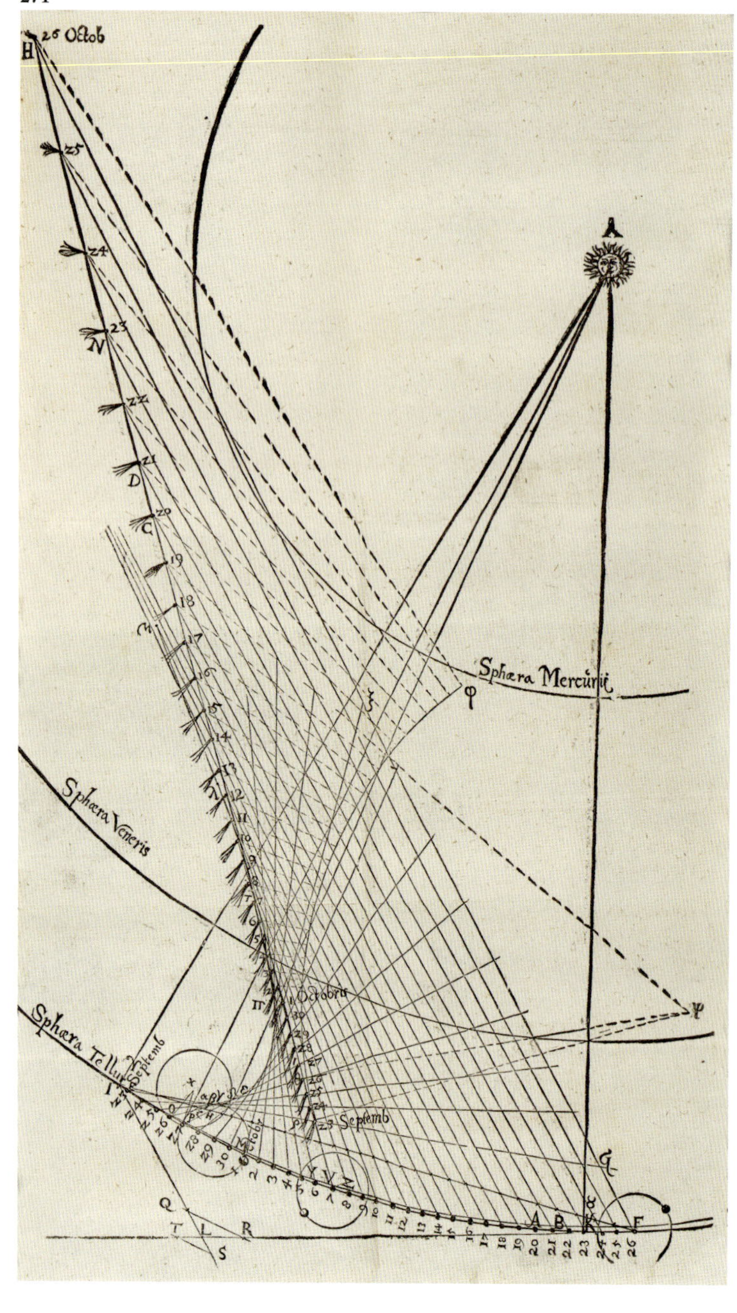

272

図 271：『3 彗星の記録』所収の太陽へと接近する彗星の図表。ケプラーと手紙を交わしていた友人の天文学者、ヨハネス・レムス・キエタヌスは、彗星の軌道を曲線と主張した。しかしケプラーは、それは地球の動きがつくり出した錯覚であると返した——惑星がときに逆行しているように見える錯覚と類似した現象で、逆行は実際に地球の公転によっているのだ。本図はその錯覚の仕組みを説明するためのもので、曲線を描く波形は変化する地球（図の下部で軌道を回っている）からの視点となる。地球と金星、火星の軌道を描いたケプラーは、彗星がアリストテレス＝プトレマイオスによる“惑星の球体”が存在しない大きな証拠となるにもかかわらず、“球体（スパエラ）”という用語を使っていた。

■272

1668年————ケプラーの論文から数十年ののち、ポーランドの天文学者スタニスワフ・ルビエニエツキが彗星を取り上げて、多くの図版を収録した『彗星の劇場』*Theatrum cometicum* をアムステルダムで出版した。同書は、ヨハネス・ヘウェリウス『彗星誌』*Cometographia* と並ぶ彗星に関する17世紀の2大重要書で、旧約聖書から17世紀後半までの400以上の彗星が記録されている。本図は1664年から翌1665年にかけての彗星の軌道で、“海獣”として描かれた鯨（同名の星座を表す）の顎を通って、黄道を抜けている。この彗星は当時の40年間で最も明るく、ヨーロッパの天文学者はこの現象に新たに注目し、その軌道と起源、性質を再び問い直すことになった。デンマークの天文学者ティコ・ブラーエは1577年の大彗星の視差を計測し、月の軌道のはるか外側にあると結論づけていたが、1世紀がたってもなお彗星を地球の“大気現象”だとするアリストテレスの見解に固執している天文学者もいた。

273

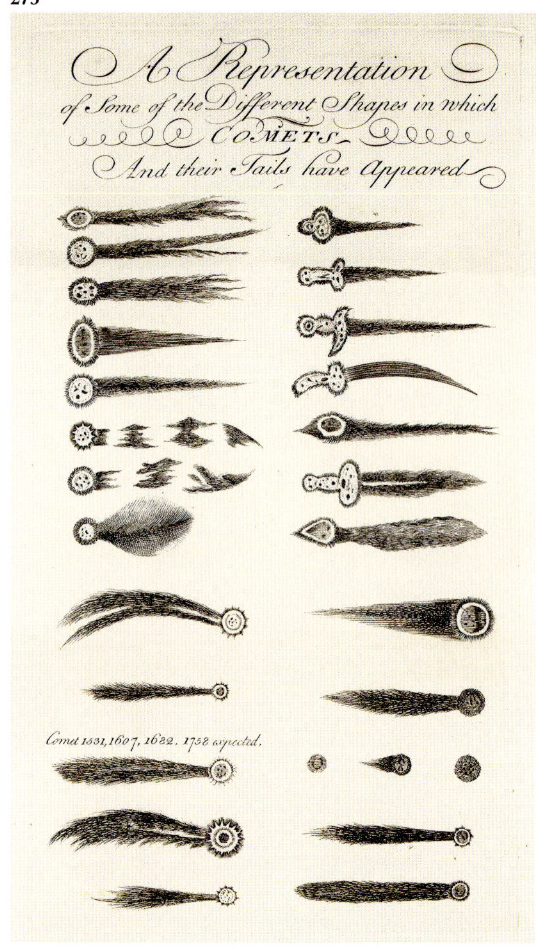

■273

1757年―――長い歴史のあいだ、天文学者と占星術師は牡牛や海獣、科学機器といった地上の形象を天空に見てきたが、彗星もまた例外ではなく、多くの描写において剣や箒にたとえられてきた。イングランドの天文学者エドモンド・ハレーによる1705年のラテン語テクスト *Synopsis Astronomia Cometicae* を死後英訳した *A Compendious View of the Astronomy of Comets*（邦訳題はともに『彗星天文学概論』）所収の本図は、ポーランドの天文学者ヨハネス・ヘウェリウスによる1668年の『彗星誌』から採られている。彗星が“鑑賞用”に2列に配置され、うち5つ［右段上4種とひとつ置いた1種の彗星］は決闘に赴く“剣”さながらだ。ハレーは1456年、1531年、1607年、1682年に観測された彗星が同一であり、1758年に戻ってくるという説で当時も名を馳せた。彼の説のとおりに彗星は戻りハレー彗星と呼ばれるようになったものの、当人は1742年に亡くなっており、その目で彗星を見ることはなかった。

■274

1742年―――ドイツの地図製作者ゲオルク・マテウス・ゾイッターによる美しい手彩色版画は、1742年の彗星が太陽に向かって上昇する進路を描いている。彗星は両性具有のケフェウス座の裾を通って、“地味な”きりん座の首へと達する。画面右側で描かれている彗星軌道は、中心に地球がある伝統的な渾天儀の中を通過している。ゾイッターはケプラーの説どおりに彗星を直線で描いているが、類似点はといえばただそれだけである。

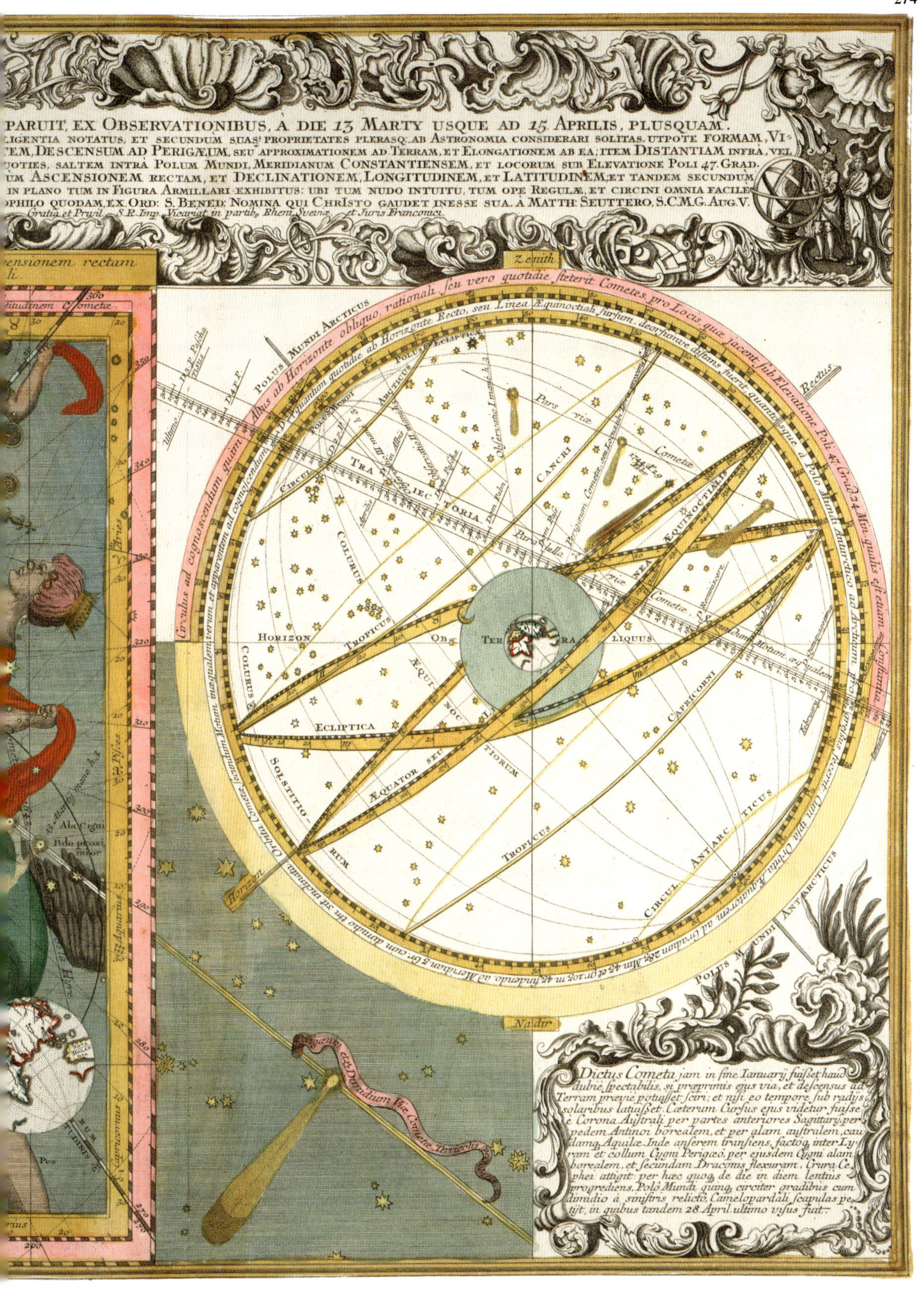

■275

1840年————かつてないほどの長期となる10カ月ものあいだ姿を表していた1811年の大彗星は、“史上最も大がかりな演し物”のひとつだった。きわめて突出したこの彗星にはコマ、つまり核のまわりの明るいガスと塵の“雲”がひと際長大に延びており、トルストイの『戦争と平和』に描かれるなど、ヨーロッパ中に多大な文化的影響を与えた。先触れである彗星を最も美しく描いた作品のひとつが、イングランド・ロマン派の画家ジョン・マーティンによるこの絵画だろう。旧約聖書のテーマを大画面で

美しく描くことで評判を得たマーティンは、同じ「大洪水の前夜」というテーマの過去の自作につづいて本作を描いた。美術史家ロバータ・オルソンと天文学者ジェイ・パサコフによると、座るノアの左側で空を指している人物はメトセラで、携えている巻物には彼の父エノクが残した占星術上の前兆が記してある。ノアの頭上にある雲に包まれた夕日は、この絵画の中で正確に描かれた6つの天体のうちのひとつとなる。不安げに空を見上げる犬にも注目されたい。

276

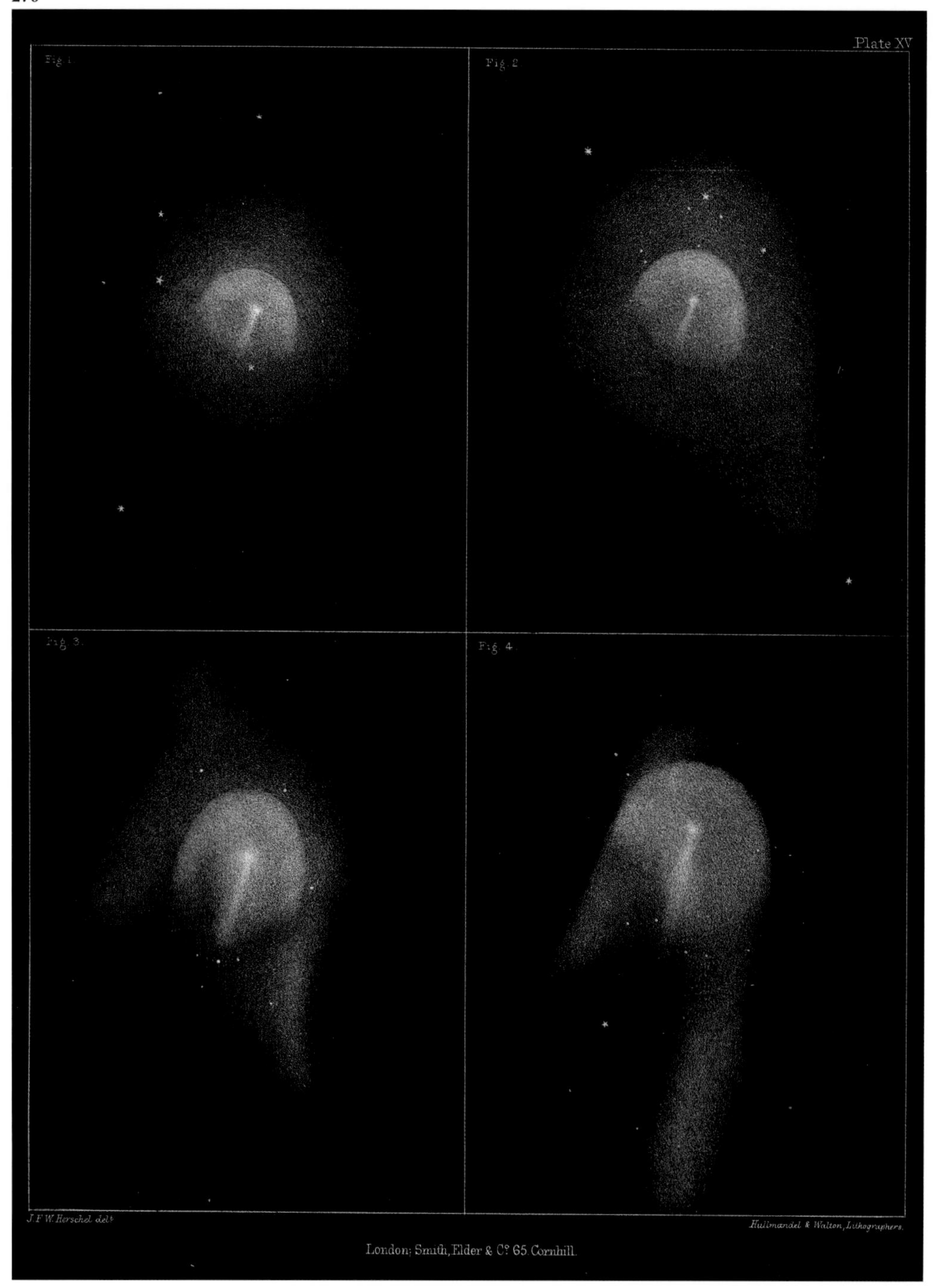

■276

1847 年―――イングランドの天文学者ジョン・ハーシェルは、南半球の星を分類するために南アフリカのケープタウンへと 1833 年に旅出った。彼はこのイギリス植民地に 5 年間滞在し、21 フィート［約 6.4 メートル］もの巨大望遠鏡を据えようとテーブルマウンテンの南西に建てた観測所から、1835 年に回帰したハレー彗星を観測した。同年 10 月 28 日から 1836 年 5 月 5 日までの約 7 カ月を観測に費やし、本図のような彗星とその核の物理的変化に気づいた彼は、磁力と電気が楕円という彗星の形状に関わっているという賛否両論のある説を打ち立てた。4 点からなる本図は、ジョンが観測から 11 年後に出版した『喜望峰における天文観測結果報告』*Results of Astronomical Observations at the Cape of Good Hope* に掲載されている。写真のような正確さは、白い紙の上に黒で印刷された原図をネガとして処理したことによって得られた（ジョンは化学者であると同時に写真術の草分けでもあり、その分野では「ポジティブ」と「ネガティブ」という言葉を考案している）。実際に彼が撮った写真は図 **70**。

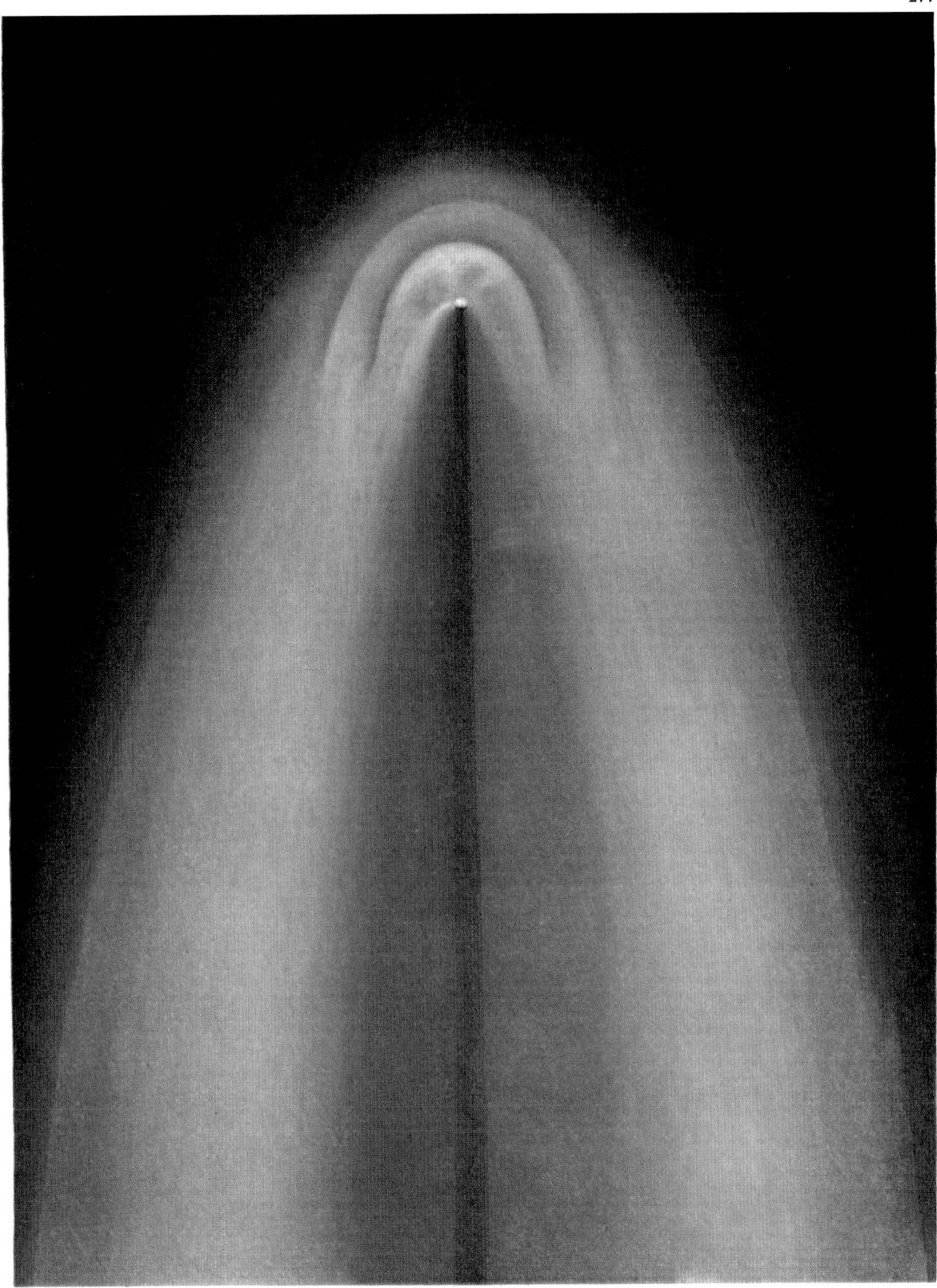

■277

1858年――――1811年の大彗星のあとに出現し、19世紀第2の衝撃となった彗星が、発見者であるイタリアの天文学者ジョヴァンニ・バッティスタ・ドナティにちなんで名づけられた1858年のドナティ彗星だ。ハーヴァード大学の天文学者、ジョージ・フィリップス・ボンドもまた同大の15インチ［約38センチ］大屈折望遠鏡を用いて初の撮影を試みており、その結果こそかんばしくなかったものの、一方で詳細なスケッチも描いていた。この図はその1点を彫版師ジェイムズ・W・ワッツが起こしたもので、アメリカ人として初めて英国王立天文学会ゴールドメダルを授賞したボンドが、のちに本作を見て次のように記している。「核(……)非常に明るく、太陽に向いた側面が丸くなっていた。核の明るさの増大は、あとになって表面からの新たな噴出の前触れだとわかった（……）最も内側のエンベロープ［覆い］に3つの隙間があり、そのあいだは明るい光線で仕切られていた」。そのあと、ボンドは本図に触れて「彫版師が卓越した表現に成功しているプレート中の彗星は、大屈折望遠鏡の視野に現れたとおりのものだ」と語っている。

■278

1871年―――隕石は彗星と混同されることもあるが、まったく異なる現象だ。彗星は、長期をかけて太陽を回るれっきとした公転軌道をもつ遠方の天体で、ときには数十年、数世紀、さらには何千年後に再帰し、宇宙ゴミの断片が地球の大気に高速で突入すると“動く火球”となる。隕石は個別で、もしくは1時間に何十、何百も降ってくる毎年の流星雨とともに飛来する。この現象は、地球の公転軌道が取り残された彗星や小惑星の帯と交差することによって起こる。イングランドの気象学者、気球操縦士ジェイムズ・グレイシャーによる『空中旅行』*Travels in the Air*（カミーユ・フラマリオンらとの共著）所収の本図では、熱気球と流星雨の“対面”が描かれている。

278

■279

1882年―――ジョゼフ・ジレットとW・J・ロルフによる天文学概説書『彼方の天界』*The Heavens Above* 所収の本図のように、流星雨のときにはすべての隕石が空の1点から放射されているように見える。

■280

1881年―――エティエンヌ・トルーヴェロによって誤認の上で描かれた天文現象の珍しい例。何十もの隕石が同時に現れる様を作者の芸術的才能に任せて描いているが、実際のところ隕石は1度には出現せず、流星雨のピーク時に比較的短い間隔で空を横切るだけだ。また、隕石は方向を変えることもなく、当然ここにあるようなジグザグ運動やUターンもしない。標題の「11月の隕石」（THE NOVEMBER METEORS）とはしし座流星群を意味し、毎年11月15日から19日頃に観測される。流星群は長周期彗星の破片だと考えられている。

▶他のトルーヴェロ作品は **81、108–109、138、173–175、228、258、282–283** の各図

279

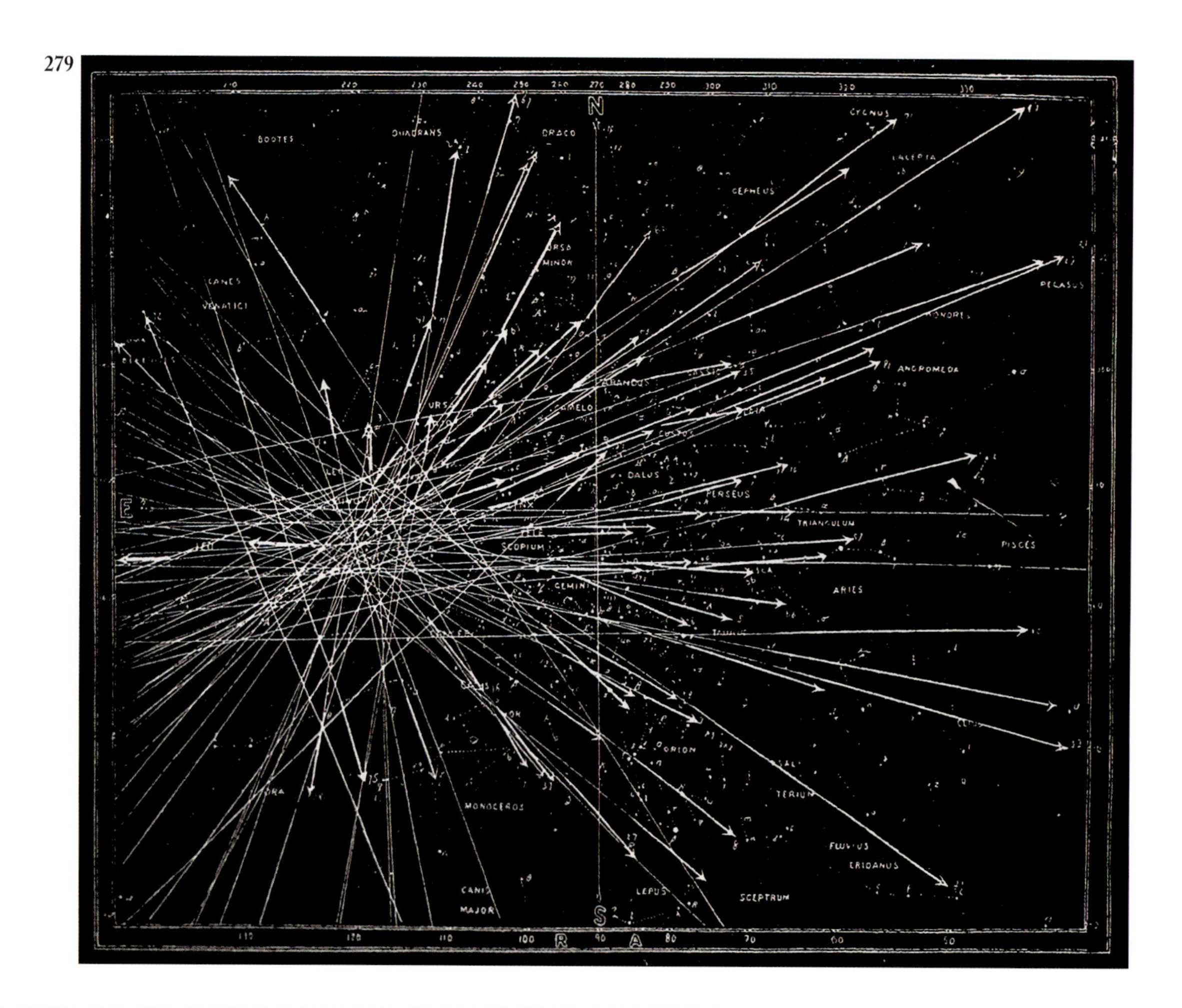

■281

1911年———繰り返し述べてきたように、彗星と隕石は破滅の前兆だと長らくとらえられてきた。それにしても本図のように、夏にかかるハリウッド大作の前宣伝さながらに描かれた、彗星のもたらす直接的“破滅”は珍しい。ハインリヒ・ハルダーが占星術師によって予測される“結果”を描いたスケッチを基にした本図は、ドイツの科学ジャーナリスト、ブルーノ・ビュルゲルの書の英訳『天文学入門』*Astronomy for All* に所収。

■282–283

1881年———この年の大彗星は、本章でも触れた19世紀における先発の2彗星ほどの世界的な騒動をもたらさなかったものの、エティエンヌ・トルーヴェロがここに描いたようにいかにも目を見張るものではあった。オーストラリアの実力ある天文学愛好家、ジョン・テバットが5月22日に発見したこの彗星は、6月22日に北半球でも見られるようになっており、本図はそれから数日後となる6月25日から翌26日にかけての夜を描いたトルーヴェロのスケッチを基にしている。当該の大彗星は1807年の彗星とほぼ同じ軌道を通っていたにもかかわらず“別もの”とされたが、その一方で同一軌道であることがなんらかの関係を示唆してもいた。ドナティ彗星と同様、この1881年の大彗星も核とコマによって形状を複雑に変えてゆき、ここにあるように尾が2つに分かれていた(図**283**は拡大図)。

▶他のトルーヴェロ作品は 81、108–109、138、173–175、228、258、280 の各図

282

第10章

オーロラと大気現象

Auroras and Atmospheric Phenomena

> だが、喜びは咲いたケシの花にも似て、／花をつかめば、花びらは散ってしまう。／あるいは、川に積もる雪にも似て、／つかの間は白く――永遠に融けてしまう。／あるいは、北極光の輝きにも似て、／指さす間もなく走り去ってしまう。
>
> ――ロバート・バーンズ「シャンタのタム（お話）」*Tam O'Shanter*
>
> ［詩集所収、ロバート・バーンズ研究会編訳、国文社より］

本書における天体描写のほとんどからは、その観測状況がいくばくも把握できない。たとえそうしたイメージのいたるところに環境や文化からの影響がかすかながらも明らかに及んでいるとしても、その“枠組”が絵画の一部であろうはずもないのだ。もっとも、ここで取り上げたすべての主題は事実上、天文学者や画家のまなざし、題材によっては望遠鏡のガラスや鏡、そしてときとして乱れた気流を歪めて生み出す円蓋さながらの大気のフィルターといったさまざまな“レンズ”を透して知覚されてはいる。

別の言い方をするなら、これらすべてのグラフィック表現における“境界”の外側とは、円蓋（ロトゥンダ）のある円形建物を伴うひとつの観測所、すなわち地球なのである。描写されたものは、この惑星の状況と真の意味で無関係にはなり得ず、同時にどうしても主観的な地上ゆえの表現になってしまう。空間と時間を問わずに固定されたある地点からの宇宙の眺めが世紀や千年紀を超えて変化や進化を遂げていく観測者群によって描かれてきたわけだが、それでもやはりその場所は宇宙に浮かぶことにまつわる地球の特質――地上にあるゆえの一定の感興――を常にたたえている。

赤道直径が約1万2756キロ、大気圏の高さがおよそ100キロ、体積が約1兆833億1978万立方キロ、そして質量をトンで表そうとするとたくさんの0が並ぶことになる球体、という言い古された地球の“嵩（かさ）”にはこだわらなくてもいいが――他に45億4000万歳という、宇宙そのものの約3分の1に相当する年齢もひと役買っている――その莫大さ自体が天地を図示しようとするときの諸々の効果を必然的に生み出しており、そのうちのいくつかはきわめて衝撃的なのだ。

この惑星の灼熱の固い内核によって溶けた液状の鉄は熱対流運動を起こし、そうして発生した強力な磁場が内から外へと延びて太陽風――太陽から絶え間なく放出される荷電粒子の流れ――の影響を受ける。ここで生じるのが、緑がかった、ときとして赤みを帯びるゆらめくプラズマの帯で、とりわけ北極や南極の各地方で見受けられ、上層大気の光子（フォトン）放出によって起こるというオーロラ現象だ。

これより下の大気層で観測され、そして南北の寒冷地帯ともなるといっそう頻繁に眺められるのが、単純な六方晶氷が太陽光を（そして月光をも）屈折させて起こるという複雑な「幻日」（月光の場合は「幻月」）であり、あるいは環天頂弧や内暈（ないうん）（22度ハロ）であり、さらにはローウィッツやパリーの各弧、外接ハロ、幻日弧（向日アーク）、そして接弧（タンジェントアーク）などといった不可解な学術用語によって記述されるその他一連の大気現象である。

一方、“地上”にあるあらゆる氷晶のはるか上空、オーロラを超えた大気層の外側でありながらもまだその延長であるかのように映るところで拡散する黄道光が、泉や滝のように見えるときもある。これは太陽系の公転面上に広がる、常に黄道の平らな円盤内にある惑星間塵の巨大な“雲”に太陽光が反射したために起こるもので――1683年にイタリア系フランス人天文学者ジョヴァンニ・ドメニコ・カッシーニによって初めて説き明かされている。

★

このようなすべての現象が、ともすれば軽信に傾きがちな“地上の民”の心を何世紀にもわたって動かしてきた。たとえば1535年4月12日の朝、中世ストックホルムの上空が、幻惑を誘う複雑に連動したさまざまな弧（アーク）、ハロ、環天頂弧、さらには余分な太陽と見まごうもの――いわば幻日――でいっぱいになったというのだが、それらのどれもが大気中を飛び交う異常なほどぶ厚い六方晶氷の層を原因としていたことは間違いない。記録に留められている限り、こうした高緯度地方で類例となる個々の現象が起こることはよく知られていたにもかかわらず、このときの光景ばかりは前代未聞で、不安をかきたてさえするものだった。

かの地の権威ある聖職者オラウス・ペトリが、市中のざわめく場面を描くよう依頼を行っている。ひとつには、当該の現象が宗教改革に不快を示す神の意向の顕れだという噂を払拭しようと決意したからだ。王のスウェーデン・カトリック教会に対する過剰なやり方を憂慮していたペトリはまた、教会がルター主義への移行においていっそうの敬意をもって扱われるべきだと信じていたし、4月12日に空に広がった前兆をどのように扱うべきかを決めかねてもいた。

その夏、ペトリは完成した「幻日」を信徒たちに公開した（図**284**は1636年の模写で、原図は破棄されている）。ストックホルムを覆った不気味な空は改革賛成派の行きすぎに対する神の警告とも取れるし、王国の神学上の進路を認めるものとも取れると語った彼は、理解をうながそうと前兆には2つの種類があることを説明した――曰く、神が人を正しき道へと導くために遣わしたものと、悪魔が人をよこしまな道へと迷い込ませるために生じさせたものである。手がかりはほとんどなく、とペトリは言葉をつなぐ。どちらがどちらであるのかは――自分にもわからない。

彼の依頼による絵画は、いわばある種の暗号だった。この作品はストックホルムの象徴となり、1000クローネ紙幣に使われるまでになった。

多くの点が不明確なため、ストックホルム上空における実際の光景を知るのは今となっては難しいが、「幻日」に描かれたすべての現象は自然がもたらしたものであり、原因はきわめて単純な類いの六方晶氷にあった――これは、大気中を飛び交う氷晶と言ったときに通常想像されるいっそう複雑な薄片とは別物である。六方晶氷は本質的に寒冷な天候下にあって虹に相当する現象を生み出すのであり、ただ、零（お）ちてくる球状の水滴の代わりに、この角張った結晶が複雑なプリズムさながらの仕掛けで太陽光を屈折させるだけなのだ。

作品右上の太陽の両側には幻日があるが、実際のところそれらは常に水平方向に位置し、太陽と同じ高度に見えるはずだ。また、内暈も描かれてはいるものの、現実の常態とは違って太陽を中心としていない。その代わり、太陽は120度幻日の環（わ）に沿って位置しており、その環と2つの90度環の交差するところに2つの幻日がある。一方、ハロの中心にうかがえる三日月型は、環天頂弧と呼ばれる。この現象が起こるとき太陽は常に32度より低いはずだが、作中ではそう描かれていないし、環天頂弧が太陽の横にくることはなく常に上方にあるはずで、その状態は「空の笑顔」と呼ばれる。

★

本章に収められた他の図版には、観測者が残した記録（さらには近年のコンピュータによるシミュレーション）の“偏差”として理解できるようなものも含めた、さまざまな大気現象が表現されている。そのうちのひとつが、北極探険家フリチョフ・ナンセンが描いた月による幻日現象、幻月だ（図**296**）。さらに、16世紀の『アウクスブルクの奇跡の書』から取り上げた図のように、あたかも奇跡さながらに合理的な説明が不可能に思われる作品もある（図**285**から**289**の各図）。

ナンセンは、北極と南極の探検家たちを魅了したまた別の現象も描いている。つまりオーロラだ（図**297**）。それは地球と太陽の力がぶつかり合った結果として視界に現れる。北極光、あるいは南極光とも呼ばれる北と南のオーロラは、大気上層の電離した窒素と酸素分子が電子を取り戻し、光子を放つときに生じる巨大なプラズマ場だ。電離は太陽からの荷電粒子の流れが地球の磁気圏と衝突したときに生じ、太陽から放たれた自由電子と陽イオンの障害となる地球の昼間側の磁力線中に、バウショック〔太陽風と惑星磁場の相互作用による惑星間空間に起こる衝撃波〕を生み出す。このときの乱気流で磁力線が分断や再結合を起こし、太陽プラズマの磁気圏への侵入や混合が可能になる。地球の夜の側では、極オーロラの主役である、いわゆる磁気圏尾部が宇宙へと約640万キロも流れ、光るプラズマを北と南のローブと呼ばれる領域へと放つ。すでに紹介した**113**と**115**の各図は、こうした複雑な相互作用のコンピュータによるシミュレーションとなる。

いくぶん直感には反するだろうが、オーロラは磁気圏尾部から「上流」に当たる地球とそのまわりへと向かうプラズマの流れによって生じる。プラズマは地球の昼間側で太陽風に向かって延びており、その流れの一部が分岐した上で地球の磁力線沿いに地表へと降下して上空約80キロ超の上層大気へとぶつかり、オーロラが生まれるのだ。オーロラはしばしば、ほぼ東西に延びた光るカーテンとして現れる。カーテンの形は極近くではほぼ垂直となる磁気線の影響だ。そして、観測者の前にこのカーテンが降り、緑がかった光線の霧があちこちに延びる現象がコロナと呼ばれる。

太陽活動が特に活発なときのオーロラ現象は、まるで荒れ狂う嵐のようになることがある。史上最も激しかった1859年の2日間にわたる大磁気嵐は、コロナガスの噴出によって生み出された――このときは、太陽フレアによる磁気を帯びた太陽風の大爆発も頻出している。その年の8月後半から9月にはオーロラが通常よりもいっそう南の地点でも観測され、9月2日のボストン上空の北極光などは真夜中に外で新聞が読めるほど明るかったと報じられている。現在これに匹敵するほどのオーロラ現象が起こった場合、人工衛星の電子機器は焦げて異音を発し、地上の電力網も麻痺してしまうだろう。

★

1899年、デンマークの画家ハラルド・モルトケは、オーロラ研究に特化した同国気象研究所によるアイスランド冬期調査への参加を打診された。調査隊には最新の分光写真機やその他の科学機器が配備されていたが、写真乳剤には北極光をとらえるほどの充分な感度がなく、仕様は当然カラーでもなかった。北部沿岸の小村アークレイリで行われる調査へのモルトケの参加は、研究事業において大きな意味があるものと考えられた。いまだ謎とされる現象の本質の一部でも彼がとらえることができれば、と期待を集めていたのである。

偶然にも1899年から翌1900年の冬はオーロラ活動が活発な時期で、モルトケは夜間の観測時にはその場で北極光のスケッチを鉛筆で厚紙に描き、同時に時間と特徴をそこに記した。朝には小さな作業室にこもり、スケッチを基にした観察画の制作に当たった。当初はパステルを試してみたのだがその成果は思惑どおりとは言えず、やがて彼は油彩こそがみずから目にした現象の輝かしい光とはかない美をとらえることができると気づいた。

モルトケは長いアイスランドの冬を通じて腕を磨き、続く4月に蒸気船〈ボタニカ〉号が調査隊を迎えに来たときには19点の非凡な作品を描き上げていた。彼の絵画は、科学的探求と真の芸術家の洞察力が組み合わせられ、揺らめく光の炎が主役で地平が脇に回る、空景(スカイスケイプ)とでも言うべき新境地にまで達していた。ある極上の作例では、うねるオーロラの炎と抽象的な惑星の姿があいまって、言葉に尽くせないほど力強い、物言わぬ宇宙の力が表現されている（図**299**）。それは絵画とその“枠組”との融合であり、すなわち宇宙における地球、地球にもたらされた宇宙なのである。それはまた、今まさにそこで起きている類いの、永続する「光あれ(フィアト・ルクス)」だった。

「人類の住む球体において、オーロラは他の何にも似ていない」とモルトケは記す。「それは謎めいている。それは本能的に**超自然**、**神々しい**、**奇跡的**といった言葉を使ってしまうほど、人類の空想を超えた位階にある。私はほんの少しずつ、この舞い踊るような啓示を再現する術(すべ)を学んだ。ほんの少しずつ、その恣意性の中に荒々しく激しい現象でさえ従う法があることを理解した」。

そして、それは良きものだったのである。

★

■284

1535年————ストックホルムを描いた最早期の絵画「幻日」は、当該の現象の最早期の描写とも考えられている。1535年4月12日の朝、ストックホルムの上空が、弧（アーク）、ハロ、環天頂弧、さらには“余分な太陽と見まごうもの”でいっぱいになった——いずれも大気中を飛び交う異常なほどぶ厚い六方晶氷の層の中で起こったのである。市中のざわめくその場面を描くよう依頼を行った人物が当地の権威ある聖職者オラウス・ペトリで、彼はこの現象が宗教改革に不快を示す神の意向の顕れだという噂を払拭しようと決意していたのだが、一方でそれを改革賛成派の行きすぎに対する神の警告とも受け取っていた（本図は1636年の模写で、原図は破棄されている）。

285

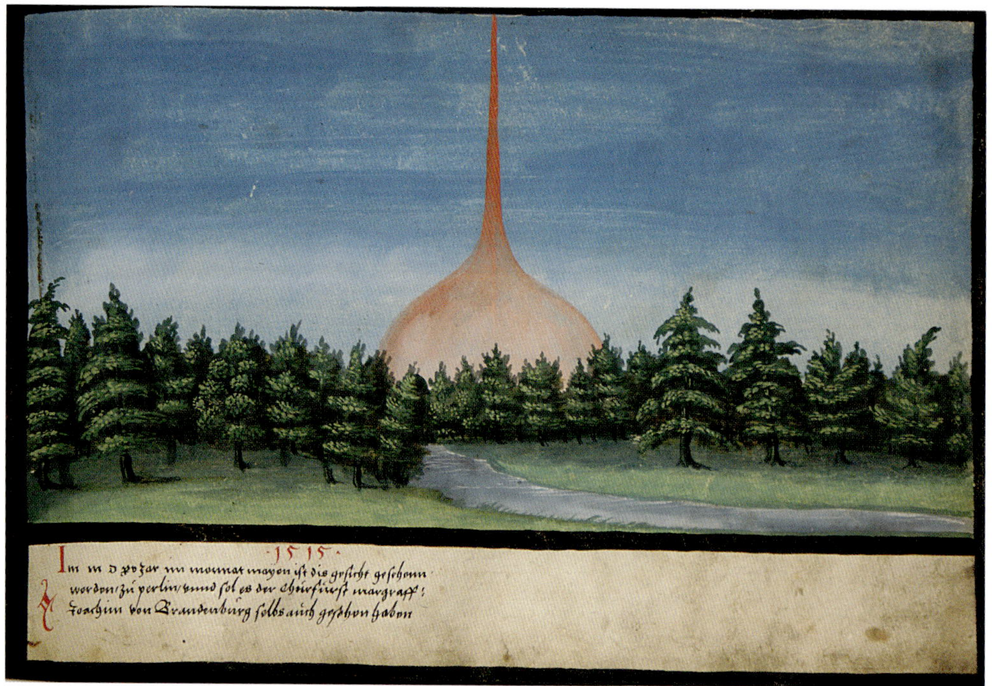

286

■285–289

1547–52 年———『アウクスブルクの奇跡の書』所収の図版 167 点の多くは、幻の太陽、つまり幻日やハロ、黄道光、光背（オーラ）、オーロラ、さらには説明がいっそう難しい幻影や空中に浮かぶ火といった大気現象を描いている。

図 285：本図は春や秋の空にときおりうっすらとその姿を現す黄道光を描いたものだと思われるのだが、当該の現象は赤道近くを除くと常に水平線に対して傾（かし）いでいるはずで、このような垂直状の形態はいかにも不可解だ。黄道光現象は太陽系の公転面上に平らに広がっている惑星間塵の“雲”が原因となる。テクストは以下のとおり——「1515 年 5 の月、ベルリン近郊でこの現象は起こった。選帝侯にしてブランデンブルク辺境伯のヨアヒムもその目で見たと言われている」。

図 286：幻日を中心とする幻日環の異型と思われる。テクストは以下のとおり——「1528 年、5 の月の第 16 日め、正午を過ぎた第 11 時から第 12 時のあいだにこの形象がアウクスブルク上空の太陽とその近くに現れ、1 時間半かあるいはそれ以上留まった」。

287

288

図 287：『アウクスブルク☆の奇跡の書』所収の本図は、通常ならさらに北でしか見られない珍しいオーローラを描いているのかもしれない。テクストは以下のとおり――「1542 年、信頼できる人々が、アウクスブルク上空の雲の中、夜の第 12 時に大きな燃える鍋のような火が長々と現れるのを見た」。

図 288：この驚くべき光景に科学的な説明はつかないが、こうして奇跡は真の奇跡となるのだ。テクストは以下のとおり――「1531 年、片手に剣をたずさえた血まみれの半身像が、シュトラスブルクを始めとする諸地域で見受けられた。またここに描かれているように、燃える城とそれに対向する騎馬小隊までもが目にされた」。

289

☆

図 289：アリストテレスもまた「2つの偽の陽（ひ）が陽とともに昇り、そのまま陽が沈むまで留まった」という現象を記しているのだが、非常に明るい幻日はときとして太陽が3つに分かれたかのように映る。とはいえ『アウクスブルクの奇跡の書』所収の本図はまた別格で、複数の星々が周回している惑星からの視点をまさに描いているのかもしれない。テクストは以下のとおり――「1533年、ここに描かれているように、3つの太陽がまるでそのまわりに燃える雲をまとっているかのごとく同時に同じ強さをもって輝いた。それらの仕儀はミュンスターの町の監視さながらで、町と家々はあたかも燃えているかのようだった」。

▶他の『奇跡の書』作品は 243、244、263–266 の各図

1533
nd drey sonnen in gleichem schein als ob sie
umb sich; vnnd stunden vber der stat vnnd
d heuser brennend, wie hir gemalt

■290

1580年———16世紀からこちらヨーロッパ全土で印刷機が普及し、地球や天体のさまざまな出来事を知らせる扇情的な片面刷りブロードシートが出版されるようになった。この南ドイツで頒布された作例には「ニュルンベルク近隣のアルトドルフを見舞った、1580年1月12日午後1時から日没頃までの太陽についての見聞」という見出しが付されている。ここに描かれているのはいわゆる“パリーの弧”として知られる珍しい現象だが、命名のもとになったウィリアム・エドワード・パリーよりも時代を2世紀半近く先駆けている。北極探険家のパリーは1820年に北西航路発見のために行った探検を通じてこの現象を観測したのだ。本図の太陽の上にかかる“逆Uの字”のうち、最外縁が接弧（タンジェントアーク）で中央が内暈（ないうん。22度ハロ）となるが、その内暈中央の白い“めくれ”のように描かれているのが“パリーの弧”である。幻日が太陽の両側に見え、各弧が虹色になっている細かい観察から当該現象の頻度がうかがえるものの、現実の“配色”は赤が常に太陽の直近に置かれなければならない。

292

293

294

■291–294

1866年―――フランスの天文学者、植物学者のエマニュエル・リエによる『天界』に所収の天体における大気現象を描写した図4点。

図 **291**：オーローラがつくる光るカーテンやその他の形状は、地球の磁気圏と太陽光の荷電粒子の相互作用によって生じる。
図 **292**：空中の氷晶によって起こる幻日。
図 **293**：黄道光は太陽系の公転面にある惑星間塵に光が当たることによって起こる。
図 **294**：太陽の荷電粒子による磁気圏との衝突で生じるコロナと呼ばれる冠状のオーロラ。

▶他の『天界』作品は **71–75**、**226–227** の各図

■295

1865年———北極探険家アイザック・ヘイズによるスケッチと記述を部分的に基としたハドソン・リヴァー派の画家フレデリック・エドウィン・チャーチによる「北のオーロラ」と題された“輝かしい”一作では、ヘイズによる1860年から翌1861年にかけての探検行の頭上で、北極光が巨大な弧を描いて揺れている。異質な風景と空の不気味な光、ぽつんと灯のともった探検船といった描写のすべてが、のちのSF作品における象徴表現を先取りしたかのように映る。

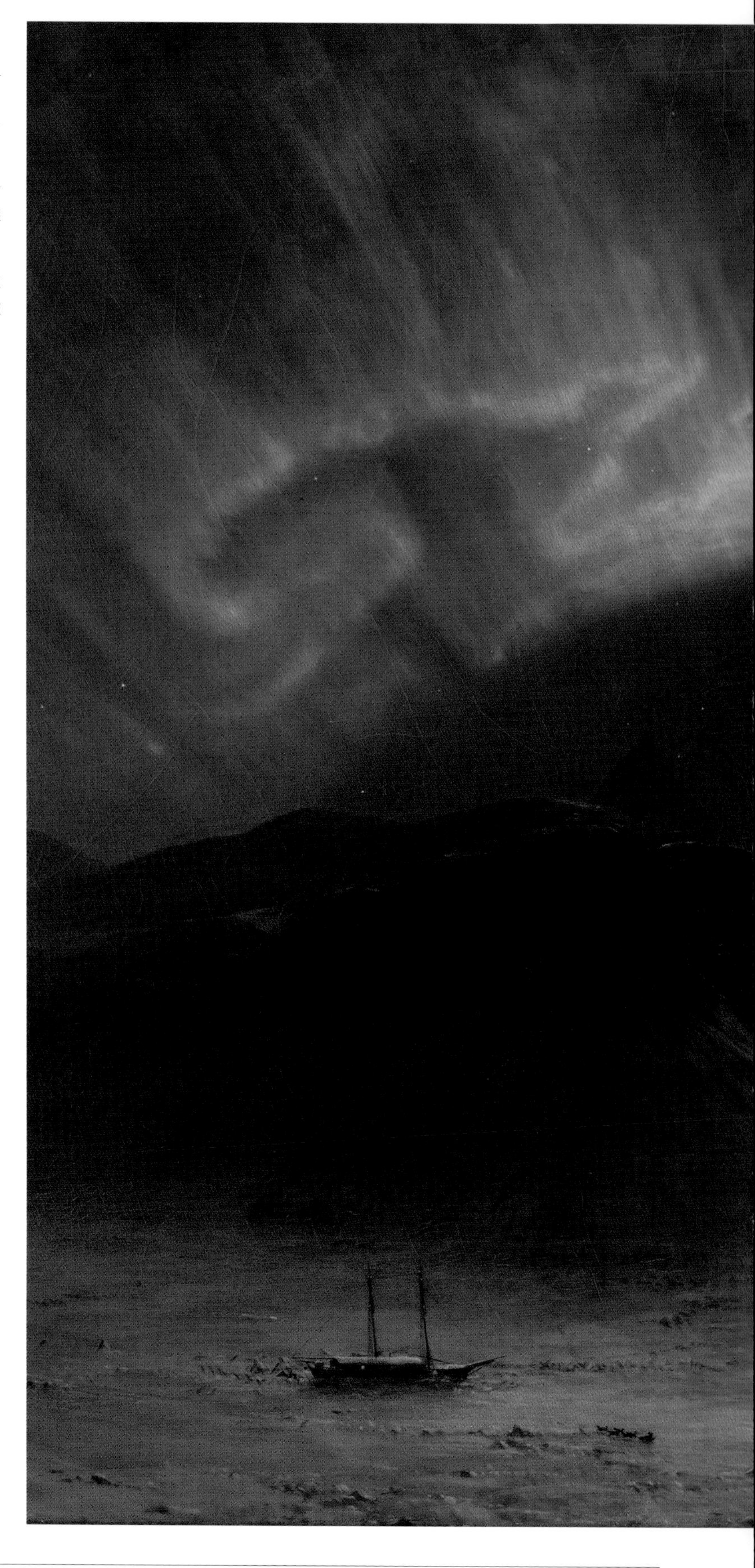

■296–297

1896年――――ノルウェーの北極探検家でノーベル平和賞受賞者でもあるフリチョフ・ナンセンによる2点の絵画。結局のところ失敗に終わった、船と犬ぞりで北極点を目指すという1893年から1896年にかけての野心的な〈フラム〉号の探検中に描かれ、1897年の出版後ベストセラーとなった彼の探検記『極北』*Farthest North*［上下、沢田洋太郎訳、福音館日曜日文庫（邦訳に図**297**は未収）］で発表された。

図**296**：探検6カ月め、〈フラム〉号の乗組員たちは月による幻日現象、幻月を目にした。

図**297**：オーロラは荷電粒子が地球の高層大気の薄いガス中に電子を放出するときに生じるプラズマが、過剰なエネルギーを光として放出するときに起こる。本図や図**294**のように、地球の磁気線がつくった揺れるカーテンを真下から眺めると、きわめて強い爆発的な太陽風によるコロナと呼ばれる放射状に特化した動的なオーロラ現象を目にすることがある。

298

■298–299

1899–1901 年――――デンマークの画家、作家のハラルド・モルトケは 1898 年から 1904 年にかけて 4 回の北極探検に参加したが、うち 2 回は出資元である同国の気象研究所の主導によるオーロラ研究に特化した探検で、彼の描いたオーロラ図はその研究に不可欠なものだった。

図 298：フィンランド北部の教会の上に広がる「北のオーロラ」の図。モルトケが当該の 2 回にわたる探検で描いた 24 点のうちの一作。

300

■300

☆

図 299：モルトケの描いた“放電による空景（スカイスケイプ）”は、うねる布のようなオーロラの炎が抽象的な地球の風景と溶け合う、言い尽くせないほど強力な宇宙の力を描いている。

1315–21年————「コーラ」chora という語はプラトンにまでさかのぼり、彼はこの言葉を宇宙、中でも形状が物質化する宇宙、言い換えるなら「可視宇宙」というほどの意味で使っていた。このフレスコ画は14世紀の未詳の画家によるもので、現存するビザンツ帝国時代の傑出した教会のひとつ、イスタンブールのコーラ修道院の天井に描かれている。15世紀のオスマン帝国による征服後に修道院がモスクとして使われた500年間、本作はしっくいで塗り固められていたが、1948年から建物の修復が始まり、1958年にはカーリエ博物館として新たに開かれた。このフレスコ画の表題は「終末のときに天空の巻物を掲げる天使」という。

解説

Postscript

松井 孝典

五感で感じられる世界を「見える世界」と表現しよう。見える世界の外側には、物質としては有限だが空間としては果てのない「見えない世界」が広がっている。具体的には、地球であり、太陽系であり、銀河系であり、宇宙である。現生人類（ホモサピエンス）は文明を築き、この「見えない世界」を「ヴィジュアル化」しようと試みてきた。ヴィジュアル化といってもそれは、哲学的記述であり、数学的記述であり、物理学的記述であり、絵画的記述である。本書は、古代ギリシア以来のそうした試みを、絵画を中心に紹介し、解説した図鑑である。

文明の軌跡は、その本質を考えれば「見えない世界を見える化」する作業としてたどることができる。この分野の、古今の貴重な絵画を網羅的、俯瞰的に紹介するという意味では、稀有な本とも言える。文明とは何か。筆者の定義では、地球システムの中に新たに「人間圏」という構成要素を作って生きる生き方である。原著の書名の語源「コスモグラフィー（宇宙誌）」は、コスモス、すなわち秩序ある体系としての世界（宇宙）に由来する言葉で、そこには人間圏も含まれ、したがって、本書の特徴を上記のようにとらえることができる。

その知的営みの歴史は本書でも簡単に紹介されているが、ここでは、その記述の背景について、より広い意味で概観的に振り返っておこう。現生人類は、1万年くらい前、文明という生き方（具体的には農耕牧畜）を選択した。それと同時に、「世界」（見える世界＋見えない世界）について考え始めた。どの民族も、「世界」とその起源についての神話を持つ。この事実は、それが文明、さらに言えば現生人類の持つ特質であることを示唆している。現生人類の、人類としての特質は、じつは、外界を投影して脳の内部にそのモデルを構築できる、その能力にある。

「世界」とその起源について、神話から合理的説明へと転換したのは、それほど古いことではない。前6世紀くらいのことだ。のちに自然哲学者と呼ばれるイオニアの哲学者たちが、「世界」とは何かについて、超越的な自然神に頼らない合理的説明を考え始めた。その探究は、ギリシアの哲学者に引き継がれ、プラトン、アリストテレスにより、その後1500年近く続く考え方が提唱された。

古代イオニアにおいてなぜこのような合理的精神が芽生えたのか、その理由はよく分からない。筆者は秘かに、ザラスシュトラ（ギリシア語読みでゾロアスター）の思想の影響があるのではないかと考えている。

ザラスシュトラは神話的な超越的自然神の代わりに、人間の理性そのものに、神を求めた。神を科学に置き換えれば、今でも通用する考え方だ。それがアフラ・マズダという最高神である。物質界が誕生する前は、精神界のみが存在した。アフラ・マズダ（光）の世界である。その後、精神界から物質界が分化し、それとともに我々や、対立神としての闇（悪）の神々が誕生した。その結果、この世は光（善）と闇（悪）の対立抗争する時代に至った、と彼は説く。それが現世である。物質界に存在する我々の存在理由とは、悪との闘争に加わる善の戦士としての存在にある。

この善悪二元論の思想と歴史観は単純明快で、今でもあちこちで見かけるような物語だ。注目すべきは、善悪判断の理性を人間に求める考え方だ。このような思想が、前12世紀から前9世紀に、古代アーリア人が跋扈した地に誕生したという事実に、驚きを禁じ得ない。

ザラスシュトラの思想は変質しつつ、ゾロアスター教と呼ばれる宗教に受け継がれ、前7世紀ごろ誕生したアケメネス朝ペルシアの帝国内に、広く行き渡るようになる。それがイオニアの地に伝わったと考えていいだろう。そこで合理的精神が復活したのは偶然だろうか？

しかしギリシアの合理的精神は、ヘレニズムの終焉とともに廃れ、ローマ時代に至ると、ほとんど影が薄くなる。それはキリスト教が国教となる時期と軌を一にしている。その後「世界」に関する知識は更新されず、停滞する。「歴史は鑑」という経験主義、歴史主義の時代である。こうした智の停滞は約1500年続いた。時代が大きく変わるのは、経験主義に代わり、啓蒙主義の時代が始まった時である。

その背景に、徐々にではあるが、自然の理解が進んだこと、東方からもたらされた数学の影響とその発展などが挙げられよう。技術的には航海術が進み、その結果としての新大陸発見がある。ギリシア以来の世界観が覆された、という意味で、これは決定的な影響を及ぼした。ギリシアの古典のみを学ぶのが正統的学問という伝統が、その根拠を失ったからだ。「世界」について、より良い説明を求めるという機運が、急速に高まった。

その後は、まさに合理的精神に基づくより良い説明を求めることが、時代風潮となる。なじみ深い科学の時代の始まりである。この時代風潮が文明の急速な発展をもたらし、「見えない世界」、すなわち宇宙や太陽系や地球についてのより深い理解につながった。その経緯は本書においても紹介されている。

本書で紹介されている絵画の多くは、それぞれの時代に著された本の、挿絵として使われたものだ。コペルニクスの『天球回転論』に、200万ドルの値が付いていることは、本書を読んで知った。筆者の好きなフラマリオンの啓蒙書（世界で初めて一般向けに書かれた本）ですら、数百ドルはする。これらの書に限らず、本書に掲載された挿絵の原本の多くは、筆者にとってなじみ深い。その挿絵に興味があり、一度は目をとおしたいと思っていたものが多いが、今回、それらを目にすることができ、解説を頼まれた僥倖を喜んでいる。

19世紀以後の、世界（宇宙）観の変遷についても少し述べておきたい。「世界」は何からできているか、についての理解の進展である。「世界」を絵画的に示すためには、空間や時間をどう表示するか、その仕方が重要である。そのためには時間や空間の性質が理解されなければならない。

17世紀、ニュートンにより、「世界」は「時間と空間と粒子」からなるという、ギリシア以来のデモクリトス的世界観が確認された。しかし、重力とは何かという問題は棚上げされたままであった。その後19世紀になり、ファラデーとマックスウェルにより、電磁場という概念が提唱された。空間とは、何もない空虚なる存在ではなく、粒子と同じく、実体として存在することが明らかにされた。それは電子や光子など、基本粒子に満ちあふれた雲のような存在だ。この「場」こそが、電磁力という力の正体だったのだ。ここに至って、「世界」は「時間と空間と場と粒子」からなることとなった。

それでは重力も同様ではないか、そう考えたのがアインシュタインだ。そこに至る思考過程で、力学における速度という相対的な概念と、電磁気学における光の速度という絶対的な概念との矛盾を解決するために、特殊相対論を提唱した。延び縮みする時空という全く新しい発想である。電磁力の正体が、電子の及ぼす周囲の場への影響（ファラデーの力線）だとするなら、重力とは、物体がその周囲の空間に及ぼす時空の歪みではないか、そう喝破したのが、天才の天才たる所以と言えよう。一般相対論により、「世界」は、「時間と空間が統合された時空間＋場＋粒子」からなることが明らかにされた。

20世紀初頭、一般相対論の提唱から少し遅れ、ヴェルナー・ハイゼンベルクやポール・ディラックにより、極微の世界が明らかにされた。それによると「世界」は、「時空間＋場と粒子が一体化した量子場」からなる。以来100年近く、世界は何からできているかについて決定的な進展はない。知られているのは、一般相対論と量子力学との間の、明白な矛盾である。一般相対論は量子場（量子化された場）を想定せず、一方、量子力学は、時空間は曲がるということが考慮されていない。

宇宙という極大の世界を記述する一般相対論と、根源的な極微の世界を問う量子論とは、通常なら接点を持たない。そうである限り問題は生じない。しかし、ブラックホールや、宇宙の始まりという極端な場合を考えると、必ず接点が生まれる。例えば、極微の世界でも、プランクの長さまで粒子を縮めれば、ブラックホールが生まれ、時空は歪むし、膨張する宇宙では、その始まりであるビッグバンのその前に、必ず、極微の世界を経由する。その時に何が起こるか、それを記述できなければ、宇宙を記述する理論としては中途半端なのだ。

現在、それらを統合する可能性のある理論が2つ提唱されている。ひとつは超弦理論と呼ばれるもので、もうひとつはループ量子重力理論と呼ばれるものだ。いずれ、どちらが統合理論として妥当かの、証拠が得られるかもしれない。しかし、今のところは何とも言い難い。

興味深いのはいずれも、宇宙は無数にあることを予言している点だ。だとすると、「この宇宙」の特徴は「生命や人間」を生み出す宇宙、すなわち「人間原理」という考え方を示唆していることになる。なお、両理論の違いは、空間を切り刻んでいった先が、連続か、それとも離散的か、という空間の本質に関わる。

宇宙を可視化しようとする場合、最も難しい問題は、我々が3次元の曲がった空間の中にいるということだ。4次元の世界に住んでいれば、3次元の曲がった空間をイメージできる。例えれば、3次元に住む我々が、2次元の球面を想像できるようなものだ。ただし3次元に住んでいても、それを表示する仕方としては、可能性があるかもしれない。1個の球体は、端で貼り合わされた2枚の円盤として表せる。同様に、1個の3次元球面は、端で貼り合わされた2個の球体として表されてもよい。

ダンテ・アリギエーリの『神曲』の天国篇第30歌には、光の点と天使が織りなす球面が宇宙を取り巻き、同時に宇宙に取り巻かれていることを示唆する記述がある。ダンテの宇宙の伝統的な描写では、球体の大地が宇宙の中心に位置しており、その周りを複数の球体が取り囲んでいる。この天球をベアトリーチェによって導かれ、昇って行った一番外側の天球から頭上を見上げて、ダンテは、光の点を見たという。その光は天使が織りなす巨大な球面に取り巻かれ、その球面は眼下の我々の宇宙の球面を取り巻き、同時にそれに取り巻かれていたという。それこそアインシュタインが解明した3次元球面のイメージかもしれない。そう主張する数学者もいる。誰か、その伝統的な描写の図を描く、現代の画家はいないのだろうか？ ★

◉まつい・たかふみ―――1946年生まれ。東京大学名誉教授（比較惑星学・アストロバイオロジー）、千葉工業大学惑星探査研究センター所長。『宇宙誌』（講談社学術文庫）、『生命はどこから来たのか？』（文春新書）他、著書多数。

◉**Title Page**: USGS/NASA; map by Paul Spudis and James Prosser. ◉ **Chapter 1**: 1-6: Courtesy of U. of Oklahoma History of Science collections; 7-11: Courtesy the Huntington Library; 12: Courtesy Walters Art Museum; 13-16: Biblioteca Nationale Spain; 17: Courtesy Joanna Ebenstein; 19: Courtesy the U. of Oklahoma History of Science collections; 20: Image copyright © The Metropolitan Museum of Art. Image source: Art Resource, NY; 21: Courtesy ESA/Planck. ◉ **Chapter 2**: 22: State Library of Lucca; Courtesy the U. Library, Ghent; 24: Isabella Steward Gardiner Museum, Boston; 25: Courtesy Dr. Owen Gingerich; 26: National Library of France; Courtesy the Huntington Library; 28: Wikimedia; 29: Courtesy the Rijksmuseum; 30: Courtesy the U. of Michigan Library; 31-32: Courtesy the National Library of Poland; 33: Courtesy the Yale Beinecke Library; 34: Courtesy Barry Lawrence Ruderman Antique Maps, Inc.; 35: Courtesy the U. of Oklahoma History of Science collections; 36: Courtesy the Boston Public Library; 37: Courtesy the David Rumsey Historical Maps Collection; 38-39: Courtesy the U. of Oklahoma History of Science collections; 40: Courtesy the Library of Congress Geography and Map Division Washington, D.C.; 41-42: Courtesy the U.S. Army Corps of Engineers Engineering Geology and Geophysics Branch; 43: Courtesy the David Rumsey Historical Maps Collection; 44: Courtesy Bill Rankin, from radicalcartography.net. Map based on data by Peter Bird, USCLA, and earthquake data from NEIC and USGS; 45: Courtesy the Canadian Geological Survey; 46: Courtesy NASA Goddard Space Flight Center Scientific Visualization Studio. Image by Greg Shirah (NASA/GSFC) (Lead) and Horace Mitchell (NASA/GSFC) based on data interpreted by Hong Zhang (UCLA) and Dimitris Menemenlis (NASA/JPL CalTech); 47-48: Courtesy Cameron Beccario, earth.nullschool.net. ◉ **Chapter 3**: 49: Wikimedia; 50: Courtesy the Getty Museum; 51: Courtesy the British Library; 52: Courtesy the British Library; 53: Courtesy the Huntington Library; 54: Courtesy Ton Lindenmann; 55: Courtesy the Royal Astronomical Society; 56: Courtesy the Library of Congress; 57-58: MFA Images, Museum of Fine Arts, Boston; 59-63: Courtesy the Wolbach Library, Harvard; 64: 1708 plates courtesy the U. of Michigan Library; 1660-61 edition color data courtesy Ton Lindenmann; 65: Courtesy the National Library of Poland; 66: Biblioth.que de l'Observatoire de Paris; 67: Dipartimento di Fisica e Astronomia, Universit. di Bologna; 68-69: Courtesy the Saxon State and U. Library, Dresden; 70: Courtesy the Getty Museum; 71-75: Courtesy the American Association of Variable Star Observers (AAVSO); 76-79: Courtesy the Wolbach Library, Harvard; 80: Courtesy the Library of Congress; 81: Courtesy the U. of Michigan Library; 82: Courtesy Carlton Hobbs LLC; 83: Courtesy Anne Verdillon, Nain.de.Jardin blog; 84: Courtesy Olga Shonova; 85: Courtesy AAVSO; 86-87: Courtesy the Sternberg Astronomical Institute, via Henrik Hargitai, planetologia.elte. hu/ipcd/; 89-90: Apollo maps, Apollo Lunar Surface Journal, Thomas Schwagmeier; 91: Courtesy USGS/NASA/USAF; map by S. R. Titley; 92: Courtesy USGS/NASA/USAF; map by Don Wilhelms and John McCauley; 93: Courtesy USGS/NASA; map by David Scott, John McCauley, and Mareta West. 94: Courtesy USGS/NASA. ◉ **Chapter 4**: 95: Courtesy the U. Library, Ghent; 96-97: Courtesy the British Library; 98: Rylands Medieval Collection, U. of Manchester; 99: Courtesy the Library of Congress; 100: Courtesy the Huntington Library; 101-102: Courtesy the British Library; 103: Courtesy Owen Gingerich; 104-105: Courtesy the U. of Michigan Library; 106: Courtesy the National Library of Poland; 107: Image copyright © The Metropolitan Museum of Art. Image source: Art Resource, NY; 108: Courtesy the Wolbach Library, Harvard; 109: Courtesy the U. of Michigan Library; 110-111: Courtesy AAVSO; 112: Courtesy NCAR-Wyoming supercomputing facility ©UCAR, image courtesy Matthias Rempel, NCAR; 113-115: Courtesy Homa Karimabadi and Burlen Loring. ◉ **Chapter 5**: 115-118: Courtesy the U. Library, Ghent; 119-120: Courtesy the Biblioth.que nationale de France; 121-122: Courtesy the British Library; 123: The Ashmolean Museum Yousef Jameel Centre for Islamic and Asian Art; 124: Courtesy Owen Gingerich; 125-126: 1708 plates courtesy the U. of Michigan Library; 1660-61 edition color data courtesy Ton Lindenmann; 127: Courtesy Owen Gingerich; 128-129: Courtesy U. of Oklahoma History of Science collections; 130: Courtesy U. of Oklahoma History of Science collections; 131: Courtesy the Rijksmuseum; 132-133: Courtesy the Wolbach Library, Harvard; 134-135: Courtesy the Old Print Gallery; 136: Courtesy the U. of Cambridge Institute of Astronomy Library; 137: Wikipedia; 138: Courtesy the Wolbach Library, Harvard; 139: Courtesy Dr. Francesco Bertola; 140: Courtesy R. Brent Tully; 141-144: Courtesy John Dubinski; 145: Courtesy Daniel Pomarede, COAST Project (CEA-Saclay/Irfu); 146-147: Courtesy J. Richard Gott and Mario Juric; 148-151: Simulation performed by Fr.d.ric Bournaud using the RAMSES code developed by Romain Teyssier, visualization using the SDvision code developed by Daniel Pomar.de, as part of the COAST Project (CEA-Saclay/Irfu); 152-155: Simulation performed by Lauriane Delaye and Fr.d.ric Bournaud using the RAMSES code developed by Romain Teyssier, visualization using the SDvision code developed by Daniel Pomar.de, as part of the COAST Project.; 156-159: Courtesy AMNH-Hayden Planetarium, from Dark Universe, directed by Carter Emmart, produced by Vivian Trakinski; 160: Courtesy R. Brent Tully, Daniel Pomar.de, Helene Courtois (U. Lyon 1) and Yehuda Hoffman (Hebrew U.) ◉ **Chapter 6**: 161: Courtesy the U. Library, Ghent; 162-165: Courtesy the British Library; 166: Courtesy the Huntington Library; 167: Library of Congress; 168: 1708 plates courtesy the U. of Michigan Library; 1660-61 edition color data courtesy Ton Lindenmann; 169: Dipartimento di Fisica e Astronomia, Universit. di Bologna; 170: Courtesy Ton Lindenmann; 171-172: Courtesy the Library of Congress; 173-175: Courtesy the Public Library of Cincinnati and Hamilton County; 176: Courtesy AAVSO; 177: Courtesy the U. of Cambridge Institute of Astronomy Library; 178-179 and 181: Courtesy the Wolbach Library, Harvard; 180: Courtesy AAVSO; 182: Bonestell LLC; 183: Courtesy Olga Shonova; 184: Courtesy NASA/JPL/Dan Goods. Image by Richard Grumm; 185-187: Courtesy Olga Shonova; 188: USGS/NASA; map by Paul Spudis and James Prosser; 189: USGS/NASA; based on maps provided by the USSR Academy of Sciences; 190: USGS/NASA; map by Alexander Basilevsky; 191: USGS/NASA; map by Kenneth Tanaka and David Scott; 192: USGS/NASA; map by Kenneth Tanaka and Corey Fortezzo; 193: USGS/NASA; map by Baerbel Lucchitta; 194: Courtesy Ralph Aeschliman; 195-196: USGS/NASA; maps by Scott Murchie and James Head; 197: Courtesy Daniel Fabrycky, Kepler science team; 198-201: Courtesy Abel Mendez Torres, U. of Puerto Rico at Arecibo; 202-203: Courtesy Alex Parker ◉ **Chapter 7**: 204: Courtesy Owen Gingerich; 205: Library of Congress; 206: Courtesy the British Library; 207: Courtesy the British Library; 208: Forschungbibliothek Gotha; 209: Courtesy the Biblioth.que nationale de France; 210: Wikipedia France; 211: Courtesy the Biblioth.que nationale de France; 212: Courtesy Sotheby's; 213: Courtesy the Huntington Library; 214: Courtesy Owen Gingerich; 215-216: Courtesy Barry Lawrence Ruderman Antique Maps, Inc.; 217: Library of Congress; 218: Courtesy Ton Lindenmann; 219-220: 1708 plates courtesy the U. of Michigan Library; 1660-61 edition color data courtesy Ton Lindenmann; 221-223: Courtesy the Wolbach Library, Harvard; 224: Courtesy Owen Gingerich; 225: Image copyright © The Metropolitan Museum of Art. Image source: Art Resource, NY; 226-227: Courtesy AAVSO; 228: Courtesy the Public Library of Cincinnati and Hamilton County; 229-232: Courtesy AAVSO; 233: Courtesy the U. of Cambridge, Institute of Astronomy Library; 234: Courtesy Sky and Telescope Magazine/Sky Publishing, F+W Media, Inc.; 235: Courtesy Winchell D. Chung Jr.; 236: NASA, JPL, Spitzer Space Telescope; map by Robert Hunt; 237: Courtesy Winchell D. Chung Jr.; 238: Courtesy Kevin Jardene, data Douglas Finkbeiner. ◉ **Chapter 8**: 239: Courtesy the Biblioth.que nationale de France; 240: Courtesy the British Library; 241: Courtesy Owen Gingerich; 242: Rylands Medieval Collection, U. of Manchester; 243-244: Courtesy Day & Faber; 245-246: Bayerische Stattsbibliothek; 247: Courtesy the Huntington Library; 248: Courtesy the Getty Museum; 249: Courtesy the Library of Congress; 250: Courtesy the U. of Cambridge, Institute of Astronomy Library; 251: Library of Congress; 252-257: Courtesy AAVSO; 258: Courtesy the Public Library of Cincinnati and Hamilton County; 259-261: Courtesy Michael Zeiler, www.eclipse-map.com. ◉ **Chapter 9**: 262: Wikimedia; 263-266: Courtesy Day & Faber; 266-269: Courtesy Universit.tsbibliothek Kassel - Landesbibliothek und Murhardsche Bibliothek der Stadt Kassel; 270-271: Courtesy the Yale Beinecke Library; 272: Courtesy the National Library of Poland; 273-274: Courtesy the Yale Beinecke Library; 275: Royal Collections Trust; 276: Courtesy Dennis Di Cicco, Sky and Telescope magazine; 277: Courtesy the U. of Cambridge, Institute of Astronomy Library; 278: Courtesy NOAA; 279: Courtesy AAVSO; 280: Courtesy the U. of Michigan Library; 281: Bruno Burgel, Astronomy For All. AAVSO; 282-283: Courtesy the U. of Michigan Library. ◉ **Chapter 10**: 284: Wikimedia Commons; 285-289: Courtesy Day & Faber; 290: Courtesy Owen Gingerich; 291-294: Courtesy AAVSO; 295: Smithsonian American Art Museum, via Wikipedia; 296-297: Courtesy © David C. Bossard, 19thcenturyscience.org.; 298-299: Courtesy Peter Stauning; 300: Courtesy Karen Howes, the Interior Archive. ◉ **Case**: USGS/NASA.

索引

＊本書に掲載した図版の標題もしくは収録資料名を、作者名の50音順に並べた(本文に作者表記のない場合は標題のみ)。
＊(　)内は引用図版の発表年／制作年であり、初版年／初出年とは必ずしも一致しない。また、掲載指示は頁番号ではなく図版番号とした。

ア

アイマルトによる月面図（1693–98）67
アイマルトによる土星図（1693–98）169
『アウクスブルクの奇跡の書』*Augusburger Wunderzeichenbuch*（1547–52）243–244, 263–266, 285–289
アシュリマンによる火星図（2005）194
アピアヌス『皇帝の天文学』*Astronomicum caesareum*（1540）27, 53, 100, 166, 213, 247
アポロ11号による月面着陸の関連図（1969）88–90
アメリカ地質調査所、NASA、アメリカ空軍の提供による月面図（1967–1979）91–94
アメリカ地質調査所、NASAの提供による火星図（1999）193
アメリカ地質調査所、NASAの提供による金星図（1989）189
アラトゥス『現象』*Phaenomena*（ラテン語版、9世紀）206–207
アラルトによる日食図（1708）249
アル＝カズヴィーニー『被造物の驚異と万物の珍奇の書』*Aja'ib al-Makhluqat wa Ghara'ib al-Mawjudat*（1550–1600）123
アル＝スーフィー『星座の書』*Kitāb Şuwar al-Kawākib al-Thābita*（1428, 1436）208, 211
ヴァイキング探査機による火星図（1987）191
ヴァイゲル『スペクルム・テッラエ、もしくは地球の鏡』*Speculum terrae, das ist, Erd–Spiegel*（1665）33
ヴァン・アエルスト「ヨハネ黙示録」の挿画（1593）29
ウィルキンズによる月面図（1960）85
渦巻銀河の形成シミュレーション（2010）148–155
宇宙マイクロ波背景放射による全天図（2013）21
エマート「ダーク・ユニヴァース」（2013）156–159
エルマンゴー『愛の聖務日課書』*Breviari d'amor*（1375–1400）51, 121

カ

ガッサンディ、メランによる月相図（1635）57–58
カッシーニによる月面図（1679）66
カナダの地質調査による北極圏の地勢図（2008）45
カリマバディによる太陽風のシミュレーション（2012）113–115
ガリレイ『星界の報告』*Sidereus nuncius*（1610）56, 167, 217
ガリレイ『太陽黒点とその諸現象に関する記録および証明』*Istoria e dimonstrazioni intorno alle mocchie solari e loro accidenti*（1613）103
カロン「"食"を研究する天文学者たち」もしくは「異教の哲学者を改宗させるアレオパゴスのディオニュシオス」（1570年代）248
旧約聖書（オーストリア版、1507）12
ギルバート『我々の月下界における新哲学』*De mundo nostro sublunari philosophia nova*（1600頃）54
キルヒャー『地下世界』*Mundus subterraneus*（1664）31–32, 106
キルヒャー『光と影の大いなる術』*Ars magna lucis et umbrae*（1646）65
クイン『歴史地図』*An Historical Atlas*（1830）17
グリムによる月面図（1888）82
グレイシャー他『空中旅行』*Travels in the Air*（1871）278
クレスケス『カタルーニャ図』*Atles català*（1375）119–120
ケプラー『宇宙の神秘』*Mysterium cosmographicum*（1595）128
ケプラー『宇宙の調和』*Harmonice mundi*（1617）129
ケプラー『3彗星の記録』*De cometis libelli tres*（1619）270–271
「幻日」（1535）284
ゴシュアン・ド・メッツ『世界像』*L'image du monde*（1320–25）239
ゴダード宇宙飛行センターによる表層海流図（2011）46
ゴット、ジュリックによる宇宙図（2003）146–147
コペルニクス『天球回転論』*De revolutionibus orbium coelestium* のための手稿（1520–41）124
コーラ修道院の天井画（1315–21）300
コルビーによる太陽系図（1846）171–172

サ

ザイラーによる金環食地図（2011）260
ザイラーによる金星の太陽面通過予想地図（2012）261
ザイラーによる日食の進路図（2010）259
サープ、ヘーゼンによる海底地図（1976）43
シェーデル『ニュルンベルク年代記』*Liber chronicorum*（1493）7–11
重力流のシミュレーション（2014）160
シュミット、ロールマン『月の山脈図』*Charte der Gebirge des Mondes*（1878）80
ショイヒツァー『神聖物理学』*Physia sacra*（1735）18
ジョヴァンニ・ディ・パオロ「天地創造と楽園追放」（1445）20
ジョヴァンニ・ディ・パオロによるダンテ『神曲』*La divina commedia* の挿画（1444–50）52, 96–97, 122, 162–165, 240
ジョット・ディ・ボンドーネ「東方3博士の礼拝」（1305）262
シラー『キリスト者の星界』*Coelum stellatum christianum*（1627）218
ジレット、ロルフ『彼方の天界』*The Heavens Above*（1882）279
シンケル「夜の女王の宮殿における星の間（ま）」（1847–49）225
『彗星の書』*Kometenbuch*（1587）267–269
スキャパレッリによる火星図（1888）177
「世界地図の道化帽」（1580–90）28
セラリウス『大宇宙の調和』*Harmonia macrocosmica*（1660）30, 64, 104–105, 125–126, 168, 219–220
ゾイッターによる彗星の進路図（1742）274

タ

「太陽の石」（1479）99
ダビンスキによる銀河衝突のシミュレーション（2003）141–144
タリー、フィッシャー『近傍銀河星図』*Nearby Galaxies Atlas*（1987）140
ダンキン『真夜中の空』*The Midnight Sky*（1869）229–232
チャーチ「北のオーロラ」（1865）295
チャン『銀河方位図』*Galactic Orientation Map*（2007）235
チャンによる天の川銀河図（2007）237
朝鮮の天球図（前1世紀－後6頃）205
ティエポロ「惑星と大陸の寓意」（1752）107
ディッグズ『天体軌道の完全なる記述』*A Perfect Description of the Caelestiall Orbes*（1576）214
デカルト『哲学の原理』*Principia philosophae*（1644）130
デューラーによる南天の星座図（1515）212
デンデラ神殿の天井レリーフ（前50）204

ドランダ「世界における諸時代相」（1573） 13–16
トリスモジン『太陽の輝き』*Splendor solis*（1582） 101–102
トルーヴェロによる銀河図（1881） 138, 228
トルーヴェロによる月面図（1881） 81
トルーヴェロによる彗星・隕石図（1881） 280, 282–283
トルーヴェロによる太陽図（1881） 108–109
トルーヴェロによる日食図（1881） 258
トルーヴェロによる惑星図（1881） 173–175
トーレスによる惑星シミュレーション（2011） 198–201

ナ

ナスミス、カーペンター『月：惑星、世界、衛星とみなされる天体』*The Moon: Considered as a Planet, a World, and a Satellite*（1874） 76–79
ナンセン『極北』*Farthest North*（1896） 296–297
ニコレ『古代地理学と現代地理学の古典的かつ普遍的地図』*Atlas classique et universel de geographie ancienne et moderne*（1850） 37
ニューオールによるオリオン大星雲図（1884） 233
ニュートン『世界体系についての試論』*A Treatise of the System of the World*（1728） 35
「ニュルンベルク近隣のアルトドルフを見舞った、1580年1月12日午後1時から日没頃までの太陽についての見聞」（1580） 290
ネブラディスク（前2000–前1600） 49

ハ

バイヤー『ウラノメトリア』*Uranometria*（1603） 215–216
パーカー「複数世界：“ケプラー”が見出した惑星候補」（2013） 202–203
ハーシェル（ウィリアム）による天の川銀河図（1785） 224
ハーシェル（ジョン）『喜望峰における天文観測結果報告』*Results of Astronomical Observations at the Cape of Good Hope*（1847） 276
ハーシェル（ジョン）による月面写真（1842） 70
パーソンズによるM51「星雲」図（1845） 136
バーネット『地球の神聖理論』*Telluris theoria sacra*（1684） 34
ハリオットによる月面図（1613） 55
バルトロメウス・アングリクス『事物の諸性質について』*De proprietatibus rerum*（1410–1500） 26
ハレー『彗星天文学概論』*A Compendious View of the Astronomy of Comets*（1757） 273
ハレーによる日食の進路図（1715） 250
パンサーによる金環食図（1748） 251
ハントによる天の川銀河図（2005–08） 236
ビアンキーニによる金星図（1728） 170
ピカールによる複数世界の図（1673） 131
ビュルゲル『天文学入門』*Astronomy for All*（1911） 281
ヒルデガルト・フォン・ビンゲン『神の業の書』*Liber divinorum operum*（1210–30） 22
ファーガソンによるルーレット盤型の宇宙モデル（1893） 40
ファブリキー「オーラリ（太陽系儀）」（2011） 197
ファン・ゴッホ「星月夜」（1889） 137
フィスクによる水路図（1944） 41–42
フィンクバイナー、ジャーディンによる天の川銀河図（2008） 238
ブラエによる極を中心とした地図（1695） 36
フラッド『両宇宙誌』*Utriusque cosmi, maioris scilicet et minoris, metaphysica, physica, atque technica hisotoria*（1617） 1–6, 19
フラマリオン『一般天文学』*Astronomie populaire* 38, 176
フラマリオン『大気：一般気象学』*L'atmosphère: météorologie populaire*（1888） 39
フランコ＝フラマン派の画家による月相図（1277以降） 50
プロクター『金星による太陽面通過』*Transits of Venus*（1875） 252
フロスト『天文学の2体系』*Two Systems of Astronomy*（1846） 134–135
プロリアヌス『天文学』*Astronomia*（1478） 98, 242
ヘウェリウス『月理学、もしくは月の描写』*Selenographia, sive lunae descriptio*（1647） 59–63
ペシェックによる火星図（1970年代早期） 185–187
ペシェック、サディル『月と惑星』*The Moon and Planets*（1963） 84, 183
ベツヴァール『スカルナテ・プレソ星図』*Atlas Coeli Skalnaté Pleso*（1948） 234
ペッカリオによるインド洋と大西洋の風の流れ（2013） 47–48
ペトラルカ『勝利』*Trionfi*を描いた絵画、ペセリーノによる（1450頃） 24
ペトラルカ『勝利』*Trionfi*を描いた図（1400–1500） 209
『ベリー公のいとも豪華なる時祷書』*Très riches heures du Duc de Berry*（1412–16） 210
ベルトラによる宇宙図（1982） 139
ポマレード、トゥイシエによる銀河団のシミュレーション（2006） 145
ボーンステル「タイタンから見た土星」（1944） 182
ボンドによるドナティ彗星のスケッチ（1858） 277

マ

マイヤーによる月面図（1750） 68–69
マゼラン探査機による金星図（1989） 190
マーティン「大洪水の前夜」（1840） 275
マリナー4号による火星図（1965） 184
マリナー10号による水星図（1984） 188
ミットン『若者のための星の書』*The Book of Stars for Young People*（1925） 111
木星の衛星ガニメデの図（1989–92） 195–196
モルトケによるオーロラ図（1899–1901） 298–299

ヤ

ヨハネス・デ・サクロボスコ『天球論』*Tractatus de sphaero*（1499） 25, 241

ラ

ライト『宇宙の新理論もしくは新仮説』*An Original Theory or New Hypothesis of the Universe*（1750） 132–133, 221–223
ラッセル『金星による太陽面通過の観測』*Observations of the Transit of Venus*（1892） 253–257
ランキンによるプレートテクトニクス図（2006） 44
ラングリー『新天文学』*The New Astronomy*（1900） 110
ランベール『花々の書』*Liber floridus*（1121） 23, 95, 116–118, 161
リエ『天界』*L'espace celeste* 71–75, 226–227, 291–294
リコネサンス・オービターなどの探査機による火星図（2012） 192
リッチョーリ『新アルマゲスト』*Almagestum novum*（1651） 127
ルドー『別世界へ』*Sur les autres mondes*（1937） 83
ルナ3号、ゾンド3号による月面図（1967） 86–87
ルビエニエツキ『彗星の劇場』*Theatrum cometicum*（1668） 272
レオウィティウス『光体の食』*Eclipses luminarium*（1554） 245–246
レンペルによる黒点のシミュレーション（2009） 112
ローウェル『火星』*Mars*（1896） 178–181